中等职业教育-应用本科教育贯通培养教材

药物制剂技术

YAOWU ZHIJI JISHU

本科阶段

于燕燕　主编

林文辉　沙娜　甘莉　副主编

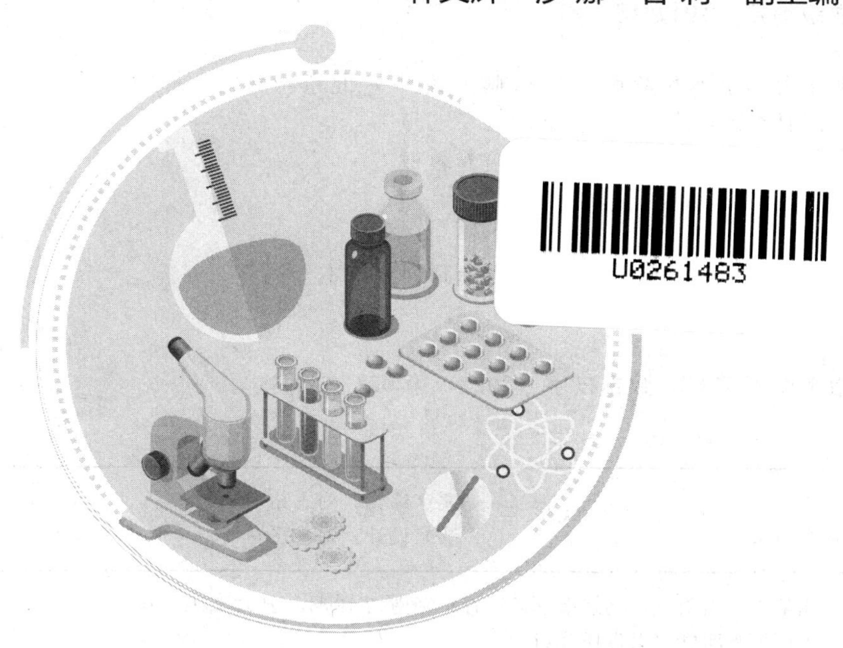

U0261483

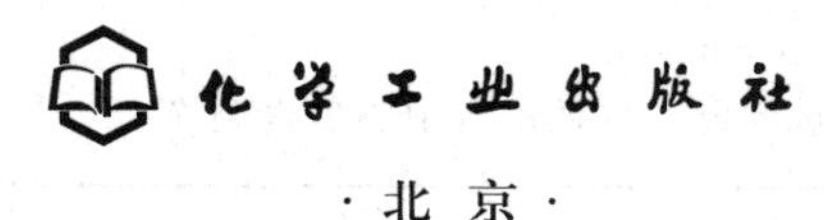

化学工业出版社

·北京·

内 容 简 介

《药物制剂技术》（本科阶段）是为适应高素质应用型技能人才的培养需要，为中职-应用本科贯通（中本贯通）培养开发的教材之一，主要内容包括绪论、药物制剂单元操作、剂型、制剂新剂型新技术和生物药剂学基础。通过本课程的学习可使学生获得药物制剂技术的基本理论、制备技术、生产工艺和质量控制、生物药剂学基础理论等与药物制剂实际工业化生产密切相关的专业知识，可为学生从事药物制剂的研究与生产奠定基础。

《药物制剂技术》（本科阶段）可供应用型本科的药品制造类、食品药品管理类等专业及相关专业使用，也可供药品生产企业技术人员及自学者参考。

图书在版编目(CIP)数据

药物制剂技术：本科阶段 / 于燕燕主编. -- 北京：化学工业出版社，2022.8

中等职业教育-应用本科教育贯通培养教材

ISBN 978-7-122-41325-3

Ⅰ.①药… Ⅱ.①于… Ⅲ.①药物－制剂－技术－高等学校－教材 Ⅳ.①TQ460.6

中国版本图书馆 CIP 数据核字（2022）第 074621 号

责任编辑：刘俊之　　文字编辑：刘志茹

责任校对：李雨晴　　装帧设计：韩　飞

出版发行：化学工业出版社（北京市东城区青年湖南街 13 号　邮政编码 100011）

印　　装：大厂聚鑫印刷有限责任公司

787mm×1092mm　1/16　印张 19¾　字数 516 千字　2022 年 9 月北京第 1 版第 1 次印刷

购书咨询：010-64518888　　售后服务：010-64518899

网　　址：http://www.cip.com.cn

凡购买本书，如有缺损质量问题，本社销售中心负责调换。

定　　价：59.00 元

版权所有　违者必究

本教材是根据上海市“中职-应用本科教育贯通培养模式试点”人才培养方案和《药物制剂技术》课程标准开发的，适用于中本贯通制药工程专业，也适用于本科、中、高等职业院校制药类相关专业使用。

《药物制剂技术》（本科阶段）一书主要包括药物剂型及制剂的理论、生产制备技术和质量控制等综合性应用技术等内容，是制药工程专业的核心专业课程，通过本教材的学习可使学生获得药物制剂技术的基本理论、制备技术、生产工艺和质量控制等与药物制剂实际工业化生产密切相关的专业知识，可为学生从事药物制剂的研究与生产奠定坚实的基础。

本教材的内容经过精心选择设计，内容丰富，既反映出药物制剂技术专业进展的新内容，又结合了传统的经典内容。 全书内容紧凑、体系合理，与《药物制剂技术》（中职阶段）内容相辅相成，体现了一贯制的教学理念，具有科学性、系统性和实用性。

本教材以培养能够从事药品生产运行、药品质量管理等相关工作，具有国际视野、富有创新精神和实践能力的高素质技术技能应用型人才为目标，紧紧围绕现代制剂技术展开叙述，从而使本教材准确定位于以下四个方面：

1. 培养学生熟练掌握常规剂型（固体、液体等）的工艺设计、生产技术、工艺环节质量标准、制剂设备使用与维护等核心能力。

2.培养学生掌握各种常用剂型的定义、工艺流程、操作要点和质量要求，掌握粉碎、过筛、混合、制粒、灭菌、固液分离、干燥等单元操作。

3.培养学生理解各种常用辅料的性质、用途，并了解药物制剂稳定性、有效性与安全性等基本知识。

4.介绍生物药剂学的基本概念与理论，根据药物的吸收、分布、代谢和排泄规律，阐述药物理化性质、制剂和给药途径对药物疗效的影响，说明药物与剂型设计的关系。

本教材总体内容系统性强，共分为四篇，其特色在于根据制药工程中本贯通教育的教学要求，将药剂学中偏重于工程的内容进行了归纳集中，首先介绍了药物制剂的各单元操作，包括粉碎、筛分、混合、制粒、干燥、压片、包衣、灭菌与无菌技术等知识，本部分内容由林文辉编写；然后以各种剂型为载体，按照固体制剂、液体制剂、半固体制剂及其他剂型的顺序，系统地介绍了制剂的处方、设计原理、实际制药工艺和常用的设备，本部分内容由沙娜编写；在常用的制剂技术和设备的基础上介绍了新型的制剂技术和设备，本部分内容由甘莉编写；最后介绍了生物药剂学的基本概念与理论，阐述了药物制剂与体内疗效的关系，本部分内容由于燕燕编写。各部分内容相对独立又有一定的内在联系，特色鲜明，通过本教材的学习能够使学生系统地掌握药物制剂研发和工业化生产过程，从而具备从事药物制剂研发和生产的基本能力。

本教材由上海市医药学校和上海应用技术大学共同组织编写，于燕燕担任主编，林文辉、沙娜、甘莉担任副主编。在教材编写过程中，得到了上药集团等相关企业专家的大力支持，也借鉴和参考了相关的教材和文献并融入了有关专家的指导意见，在此表示衷心感谢!

由于编者学识水平所限，书中不足之处在所难免，敬请广大读者批评指正。

编者

2022 年 1 月

CONTENTS 目录

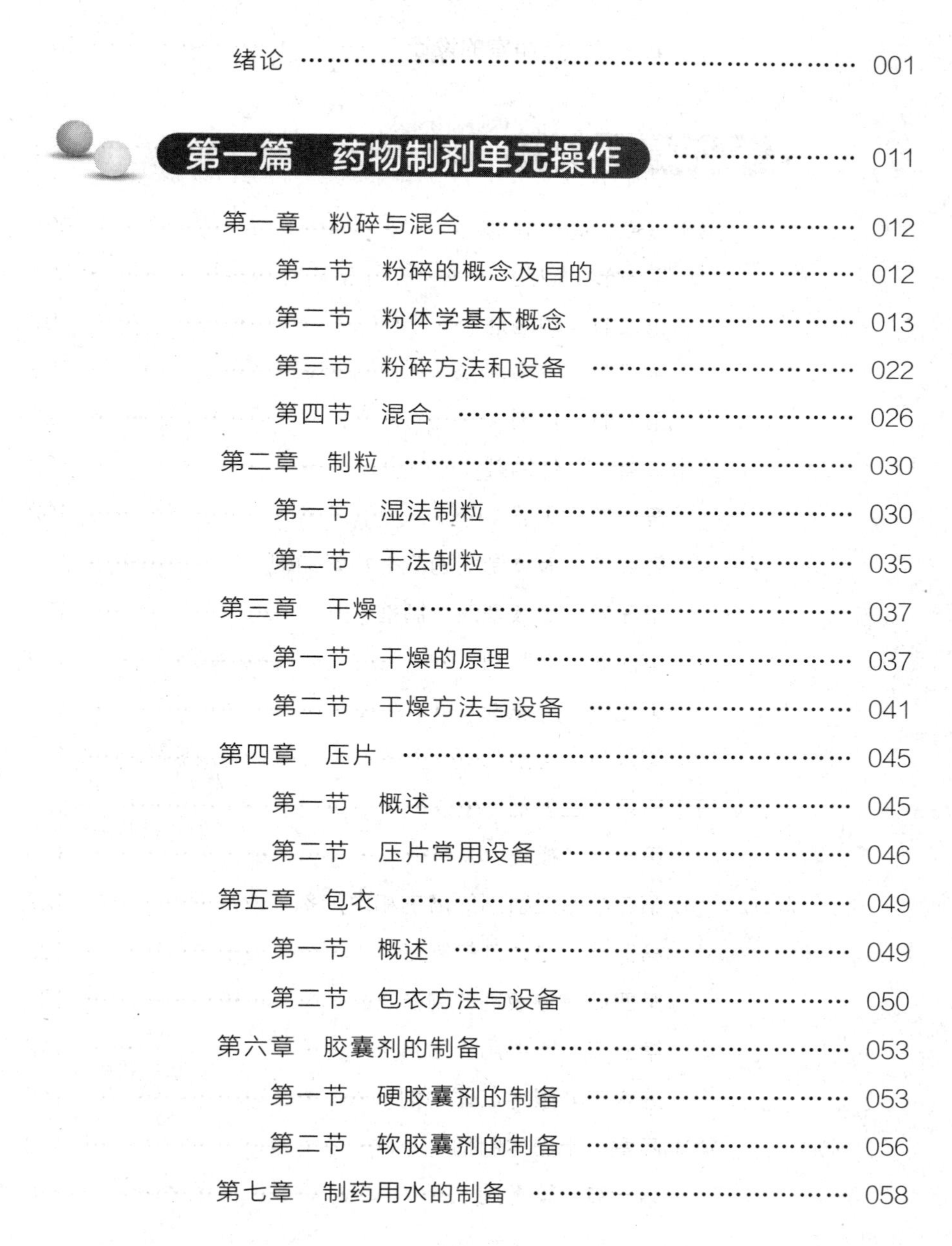

绪 论

一、基本概念

1. 药物制剂技术、剂型与制剂的概念

药物制剂技术（pharmaceutical preparation technology）系指在药剂学理论指导下的药物制剂生产与制备技术及其质量控制等，是药剂学理论在药品生产制备过程中的应用和体现。为了对药物制剂技术这一概念有更深刻的理解，首先需掌握剂型与制剂的概念。

药物（drugs）一般都是采用化学合成、植物提取或生物技术等方法制得，其形态往往是粉末状态、结晶状态或浸膏状态，患者无法直接使用。因此，必须将这些粉末状的、结晶状的、浸膏状的药物加工成便于患者使用的某种给药（应用）形式（如丸剂、冲剂、片剂、膜剂、栓剂、软膏剂、胶囊剂、气雾剂、滴鼻剂、乳剂等），这些为适应治疗或预防的需要而制备的药物应用形式称为药物剂型，简称剂型（dosage form）。目前国内外药典中收载的剂型有几十种。

一种药物可以制成不同的剂型，例如：加替沙星可制成片剂供口服给药；也可制成注射剂，用于静脉给药；还可以制成滴眼剂，用于眼部给药。从另一个角度看，一种剂型也可以有多种不同的药物，如片剂中有盐酸二甲双胍片、格列苯脲片、硝苯地平缓释片、土霉素片、格列比嗪控释片、氧氟沙星片、维拉帕米缓释片、头孢氨苄片等；注射剂中有塞替派注射液、头孢拉定注射液、左旋氧氟沙星注射液、氨基酸注射液等。因此，在各种剂型中都包含许多不同的具体品种，我们将其称为药物制剂，亦即：根据《中华人民共和国药典》（简称《中国药典》）和药政管理部门批准的标准，为适应治疗或预防的需要而制备的药物应用形式的具体品种，称为药物制剂，简称制剂（preparations）。应当说明的是：凡按医师处方专为某一患者调制的并确切指明具体用法、用量的药剂称为方剂，方剂一般是在医院药房中调配制备的，研究方剂的调制理论、技术和应用的科学称为调剂学。

任何一个药物制剂的生产制造，必然涉及有关的基本理论、处方设计、制备工艺和合理应用四个方面的问题。例如，想要研制一种药物的注射剂时，首先要研究或改善这种药物的水溶性、考察它在水中是否稳定，等等，这些都属于基本理论的研究范畴；下一步就要进行处方设计的有关工作，例如该注射剂中应该加入多少水、加入哪种有助于药物稳定的抗氧化剂、pH 应如何调节等；进一步就要开展有关制备工艺的研究，如药物的粉碎方法、药液的配制与过滤、怎样进行灭菌及其灌装等；最后，该注射剂的合理应用问题必须在有关研究的基础上，明确地写在使用说明书中，如：肌内注射或静脉注射，每次若干毫升、每日几次等。因此，药物制剂技术的研究内容理所当然地包括药物制剂的基本理论、处方设计、制备工艺和合理应用四个方面的问题。从以上的论述中可以清楚地看出：药物制剂技术涉及许多相关的学科，数学、化学、物理学、生物化学、微生物学、药理学、化

工原理、机械设备等，因此药物制剂技术是一门综合性技术科学。

2. 剂型的分类及重要性

（1）剂型的分类

由于常用的剂型有 40 余种，有必要按照适当方法进行分类，以便于学习和掌握。

① 按给药途径分类　这种分类方法将给药途径相同的剂型分为一类，与临床使用密切结合。它能反映出给药途径与应用方法对剂型制备的特殊要求；缺点是同一种制剂，由于给药途径和应用方法的不同，可能在不同给药途径的剂型中出现，例如溶液剂可以在口服、肌内注射、透皮吸收等多种给药途径中出现。

a. 经胃肠道给药剂型　这类剂型是指药物制剂经口服进入胃肠道，经胃肠道吸收而发挥药效的剂型，其给药方法比较简单，如常用的散剂、片剂、颗粒剂、胶囊剂、溶液剂、乳剂、混悬剂等。容易受胃肠道中的酸（或酶）破坏的药物一般不能简单地采用这类剂型。

b. 非经胃肠道给药剂型　这类剂型是指除经口服胃肠道给药途径以外的所有其他剂型。

(a) 注射给药剂型　如注射剂（包括静脉注射、肌内注射、皮下注射、皮内注射等多种注射途径）。

(b) 呼吸道给药剂型　如喷雾剂、气雾剂、粉雾剂等。

(c) 皮肤给药剂型　如外用溶液剂、洗剂、搽剂、软膏剂、硬膏剂、糊剂、贴剂等，给药后在局部起作用或经皮吸收发挥全身作用。

(d) 黏膜给药剂型　如滴眼剂、滴鼻剂、眼用软膏剂、含漱剂、舌下片剂等，黏膜给药可起局部作用或经黏膜吸收发挥全身作用。

(e) 腔道给药剂型　如栓剂、气雾剂等，用于直肠、阴道、尿道、鼻腔、耳道等，腔道给药可起局部作用或吸收后发挥全身作用。

② 按分散系统分类　这种分类方法便于应用物理化学的原理来阐明各类制剂特征，但不能反映用药部位和用药方法对剂型的要求，甚至一种剂型由于分散介质和制法不同，可以分到几个分散体系中，如注射剂就可分为溶液型、混悬型、乳剂型等。

a. 液型　这类剂型是药物以分子或离子状态分散于分散介质中所形成的均匀分散体系，也称为低分子溶液，如芳香水剂、溶液剂、糖浆剂、酯剂、注射剂等。

b. 胶体溶液型　这类剂型是药物以高分子形式分散在分散介质中所形成的均匀分散体系，也称为高分子溶液，如胶浆剂、火棉胶剂、涂膜剂等。

c. 乳剂型　这类剂型是油类药物或药物油溶液以液滴状态分散在分散介质中所形成的非均匀分散体系，如口服乳剂、静脉注射乳剂、部分搽剂等。

d. 混悬型　这类剂型是固体药物以粒子状态分散在液体分散介质中所形成的非均匀分散体系，如合剂、洗剂、混悬剂等。

e. 气体分散型　这类剂型是液体或固体药物以粒子状态分散在气体分散介质中所形成的分散体系，如气雾剂。

f. 粒子分散型　这类剂型通常是药物以不同大小粒子呈液体或固体状态分散，如微球剂、微囊剂、纳米囊等。

g. 固体分散型　这类剂型是固体药物以聚集体状态存在的分散体系，如片剂、散剂、颗粒剂、丸剂等。

③ 按制法分类　这种分类法不能包含全部剂型，故不常用。例如，浸出制剂（如流浸膏剂、酊剂等）是用浸出方法制成的剂型；无菌制剂（如注射剂）是用灭菌方法或无菌技术制成的剂型等。

④ 按形态分类　这种分类法是将药物剂型按物质形态分类，即分为：液体剂型（如芳香水剂、溶液剂、注射剂、合剂、洗剂、搽剂等）、气体剂型（如气雾剂、喷雾剂等）、固体剂型（如散剂、丸剂、片剂、膜剂等）和半固体剂型（如软膏剂、糊剂等）。形态相同的剂型，制备工艺也比较相近。例如，液体剂型制备时多采用溶解、分散等方法，固体剂型多采用粉碎、混合等方法，半固体剂型多采用熔化、研和等方法。

以上的剂型分类方法各有特点，但均不完善，各有其优缺点。因此，本书根据医疗、生产实践、教学等方面的长期沿用习惯，采用综合分类的方法。

(2) 剂型的重要性

药物剂型与给药途径、临床治疗效果有着十分密切的关系，现简述给药途径与药物剂型的关系。纵观人体，可以找到十余个给药途径，它们是：口腔、舌下、颊部、胃肠道、直肠、子宫、阴道、尿道、耳道、鼻腔、咽喉、支气管、肺部、皮内、皮下、肌内、静脉、动脉、皮肤、眼等。药物剂型必须根据这些给药途径的特点来制备，例如，结膜给药途径以液体、半固体剂型最为方便，注射给药途径须以液体剂型使用才能实现。有些剂型可多种途径给药，如溶液剂可口服、皮肤、鼻腔、直肠等多种途径给药。总之，药物剂型必须与给药途径相适应。

良好的药物剂型可以发挥出良好的药效，从以下几个方面可以明显地看出剂型的重要性。

① 剂型可改变药物的作用性质　例如，硫酸镁口服剂型用作泻下药，但5%注射液静脉滴注，能抑制大脑中枢神经，有镇静、镇痉作用。

② 剂型能改变药物的作用速率　剂型不同，可使药物的作用速率不同。例如，注射剂、吸入气雾剂等，发挥药效很快，常用于急救；丸剂、缓（控）释制剂、植入剂等属于长效制剂。医生可按疾病治疗的需要选用不同作用速率的剂型。

③ 改变剂型可降低（或消除）药物的毒副作用　氨茶碱治疗哮喘病效果很好，但有引起心跳加快的毒副作用，若改成栓剂则可消除这种毒副作用；缓释与控释制剂能保持血药浓度平稳，从而可在一定程度上降低药物的毒副作用。

④剂型可产生靶向作用　如静脉注射的脂质体新剂型是具有粒子结构的制剂，在体内能被现有的药用网状内皮系统的巨噬细胞所吞噬，使药物在肝、脾等器官浓集性分布，即发挥出药物剂型的肝、脾靶向作用。

⑤剂型可影响疗效　固体剂型（如片剂、颗粒剂、丸剂）的制备工艺不同会对药效产生显著的影响；药物晶型、药物粒子大小的不同，也可直接影响药物的释放，从而影响药物的治疗效果。

二、药物制剂技术的任务与发展

1. 药物制剂技术的任务

药物制剂技术的主要任务可以从科研、生产、临床等若干方面进行归纳。

(1) 基本理论的研究

为了提高制剂的生产水平和技术含量，制成安全、有效、稳定的制剂，必须对药物制剂的有关基本理论进行研究。例如，分散系物理化学理论、生物药剂学和药物动力学理论等，都显著地促进了药物制剂技术的不断发展；关于片剂的成型理论，对于片剂的生产和质量控制有重要的指导意义；以表面活性剂形成胶束的理论来增加药物溶解度，在药物制剂技术中已有了一定的应用，很有必要进行更为深入的理论研究；用流变学的基本方法，作为混悬液、乳浊液、软膏等剂型质量控制的客观指标，可以优化制剂的质量；把物理化学的动力学理论与药物制剂技术制剂稳定性相结合，可以预测药物制剂的有效期，对提高药物制剂的安全性具有重要意义。

(2) 新剂型的研究与开发

因为剂型是药物应用的具体形式，所以除了药物本身的性质和药理作用外，某个药物的具体剂型也直接影响着该药的临床效果。常用的片剂、丸剂、胶囊、溶液剂、注射剂等普通制剂，很难完全满足高效、速效、低毒、控制药物释放和发挥、定向给药作用等多方面实际要求。例如，普通片剂需要一日数次服药，不仅使用不便、容易漏服，而且血中药物浓度的波动较大、峰谷现象严重（峰浓度时会超过治疗浓度范围而增加毒副作用，谷浓度时又达不到有效治疗浓度而失去治疗作用)。目前已有多种缓释、控释新剂型开发，一般是通过有效地控制药物释放，延长服药间隔、使血药浓度达到并保持在治疗浓度范围之内，克服了峰谷现象，从而减少副作用、提高疗效，并增加了患者服药的顺应性。又如，阿霉素对肿瘤细胞的杀伤力很强，但它对心肌细胞的毒性很大，会使患者无法坚持用药；若制成具有靶向性的阿霉素脂质体（liposomes，国外已上市的一种新剂型)，这种给药系统（drug delivery system，DDS）可增加阿霉素对肿瘤细胞的靶向作用、降低其心肌毒性，从而达到提高疗效、降低毒性的双重作用。透皮给药系统（transdermal therapeutic system，TTS）也是一种新剂型，它可避免口服给药可能发生的肝首过效应及胃肠灭活，维持恒定的血药浓度或药理效应，达到长效、减少副作用、延长作用时间、加强用药顺应性、患者可自主用药等多方面的目的。因此，积极研究与开发新的剂型是药物制剂技术一项非常重要的任务。

(3) 新辅料的研究与开发

高分子材料在药物剂型中的应用非常广泛，制剂处方中的很多辅料（辅助成型等的材料）都属于高分子材料。从某种意义上讲，没有辅料就没有剂型，没有新的高分子辅料也没有新剂型。伴随着新剂型的研究与开发，制剂的种类不断增加，对辅料种类和性能的要求也越来越高。目前现有的药用辅料已经满足不了新剂型的需要和制剂工业的迅速发展。缓（控）释制剂及靶向制剂的不断涌现，完全依赖于性能优良的新辅料的支持。例如，采用肠溶辅料——丙烯酸树脂对普通片剂进行包衣，可以实现肠位释放药物，减少胃酸和部分酶对药物的破坏；又如，使用生物可降解、生物相容性好的高分子辅料聚乳酸将药物制成微球、小丸或圆片，可以植入体内给药，达到每月用药一次甚至每年用药一次的目的；在上述透皮给药系统中，提高药物的透皮吸收率是其关键，所以对新的透皮吸收促进剂氮酮（azone）以及植物挥发油的研究越来越多。总之，新型药用辅料对于制剂性能的改良、生物利用度的提高及药物的缓（控）释等都有非常显著的作用。因此，药用辅料的更新换代越来越成为制剂工作者关注的焦点。随着有关方面的研究增多，各种新型药用辅料不断问世，并在实践中得以广泛应用。

(4) 制剂新机械和新设备的研究与开发

任何药物制剂，都是由适当的制剂机械和设备生产出来的，研制适合于我国实际情况的制剂新机械和新设备，对于提高我国的制剂生产效率、保证制剂质量、制剂产品进入国际市场具有重要意义。例如，高速渗透泵激光打孔机的研制成功，使我国的渗透泵式控释片剂实现了工业化生产，缩小了我国缓（控）释制剂技术与国际先进水平的差距。

(5) 中药新剂型的研究与开发

中医药是中华民族的宝贵遗产。在继承、整理、发展和提高中医中药理论和中药传统剂型的同时，运用现代科学技术和方法，研制开发现代化的中药新剂型，是中医药走向世界的必由之路。目前，我国已研制开发了中药注射剂、中药颗粒剂、中药片剂、中药胶囊剂、中药滴丸剂、中药栓剂、中药软膏剂、中药气雾剂等 20 多个新的中药剂型，丰富和发展了中药的剂型和品种，提高了中药的疗效。但是，中药新剂型的研究与开发仍然是我国药物制剂技术一项艰巨的重要任务。

（6）生物技术药物制剂的研究与开发

生物技术是当今科学技术活动中最活跃、最具有前途的新技术之一，从中派生出来的医药生物技术，为新药的研制开创了一条崭新的道路。如预防乙肝的基因重组疫苗、预防新冠病毒的RNA疫苗、治疗严重贫血症的红细胞生长素、治疗糖尿病的人胰岛素、治疗侏儒症的人生长激素、治疗血友病的凝血因子等特效药都是现代生物技术医药新产品（生物技术药物），它们正在改变医药科技界的面貌，为人类解决疑难病症提供了最有希望的途径。这些生物技术药物的出现，为药物制剂技术提出了新的课题：因为生物技术药物本身普遍具有活性强、剂量小的优点和性质不稳定的缺点，要将它们用于临床治疗，必须制成使其安全稳定的制剂和使用方便的新剂型，这是摆在药物制剂技术工作者面前的一项新任务。

（7）医药新技术的研究与开发

药物制剂技术发展史已经证明，医药新技术应用于药物制剂技术，会大大促进药物制剂技术的发展，如微囊化技术、固体分散技术、包合技术（某些难溶性药物被环糊精衍生物包合后可制成注射剂）等使制剂质量显著提高，制剂的品种和数量也不断增加。例如，纳米技术可将药物加工成100nm左右的超微颗粒，再进一步制成方便携带和使用的超微颗粒气雾剂，可大大提高多种药物的生物利用度。因此，医药新技术的研究与开发也是今后药物制剂技术的重要任务之一。

2. 药物制剂技术的发展

（1）国外药物制剂技术的发展

国外药物制剂技术发展最早的是埃及与巴比伦王国（今伊拉克地区）。《伊伯氏纸草本》是约公元前1552年的著作，记载有散剂、硬膏剂、丸剂、软膏剂等许多剂型，并有药物的处方和制法等。被西方各国认为是药物制剂技术鼻祖的格林（Galen，大约公元131～201年）是罗马籍希腊人，与我国汉代张仲景同期。在格林的著作中记述了散剂、丸剂、浸膏剂、溶液剂、酒剂等多种剂型，人们称之为“格林制剂”，至今还在一些国家应用。在格林制剂等基础之上发展起来的现代药物制剂技术已有150余年的历史：1843年Brockedon制备了模印片；1847年Murdock发明了硬胶囊剂；1876年Remington等发明了压片机，使压制片剂得到迅速发展；1886年Limousin发明了安瓿，使注射剂也得到了迅速发展。

进入20世纪以后，由于各基础学科的迅速发展，学科划分越来越细，药物制剂技术逐渐形成了一门独立的学科。例如，1947年有人研制成缓释制剂，于70年代以后应用于临床。随着与医药科学相关的各种基础理论科学的发展，药物制剂技术的发展首先表现在基础理论研究方面。从20世纪50年代开始，物理化学基本原理与药物制剂技术相结合，促进了药物制剂技术的基本理论的发展，如药物稳定性、溶解理论、流变学、粉体学等。60～80年代，药物制剂技术发展到一个新的阶段，即生物药物药剂学阶段；人们对药物制剂在体内的生物效应有了新的认识，从而改变了过去认为只有药物本身的化学结构才决定药效的片面看法，认识到剂型因素在一定条件下对药物的药效具有决定性影响，从而使药物制剂的生物利用度测定成为新药研究不可缺少的重要内容。对药物在体内的吸收、分布、代谢、排泄过程及影响因素等药物动力学的研究，已受到广泛的重视，临床药学、社会药学也于80年代在国外兴起，引起科学界的高度重视。

新辅料、新工艺和新设备的不断出现，也为药物制剂技术的发展奠定了十分重要的基础。高速压片机的出现使片剂的生产实现了自动化，大幅度提高了片剂的生产效率和产品质量，同时也对片剂的辅料和制粒方法提出更高要求。经皮吸收制剂的发展也十分迅速，新型促渗剂的使用，大大提高了药物的透皮吸收效果，离子导入法经皮吸收的研究，已成为重点研究课题之一。可使药物按一定规律缓慢或恒速地释放、在体内较长时间保持有效药物浓度的缓控释制剂，近年来发展较快，并在临床中达到了提高药效、延长药物作用时间和减少副作用的目的。具有给药方便、吸收快、无首过效应、生物利用度高等特点的黏膜给药制剂近年来已引起高度重视，包括鼻黏膜、结膜、口腔黏膜（舌下、口含）、阴道黏膜、子宫黏膜等。靶向给药制剂也取得重要成果，静脉乳剂、复合乳剂、微球制剂、纳米粒制剂、脂质体制剂等都有很大发展，如阿霉素脂质体等三个脂质体产品已上市。

(2) 国内药物制剂技术的发展

我国历史悠久，对世界文明包括医药做出了伟大的贡献。早在夏禹时代就制成了至今仍常用的剂型——药酒。据历史记载，公元前1766年已有汤剂这一剂型出现，是应用最早的中药剂型之一。在《黄帝内经》中已有汤剂、丸剂、散剂、膏剂及酒剂等剂型的记载；在我国汉代张仲景（大约公元142～219年）的《伤寒论》中和《金匮要略》中又增加了栓剂、洗剂、软膏剂、糖浆剂等剂型，并记载了可以用动物胶、炼制的蜂蜜和淀粉糊为黏合剂制成丸剂。公元15世纪，我国医药学家李时珍编著了《本草纲目》，其中收载了药物1892种，剂型40余种，这充分体现了中华民族在药物制剂技术的发展过程中做出的重大贡献。

从19世纪初到1949年之前，国外医药技术对我国药物制剂技术的发展产生了一定影响，引进一些技术建立了一些药厂（主要是简单的合成和进口原料加工生产注射剂、片剂等制剂），但规模较小、水平较低、产品质量较差。新中国成立后，我国的医药事业有了飞速发展。1950年全国制药工业会议决定，在优先发展原料药以解决“无米之炊”的基础上发展制剂工业。为了适应医药工业的发展，1956年上海医药工业研究院药物制剂研究室成立，多次召开过全国性的注射剂和片剂等生产经验交流会，促进了我国医药制剂工业的迅速发展。

改革开放以来，在药用辅料的研究方面，开发了若干新材料。例如，稀释剂微晶纤维素、可压性淀粉、黏合剂聚维酮、崩解剂羧甲基淀粉钠、低取代羟丙基纤维素、薄膜包衣材料丙烯酸树脂系列产品、优良的表面活性剂泊洛沙姆、蔗糖脂肪酸酯、栓剂基质半合成脂肪酸酯等。在生产技术和设备方面的进步也很大。例如，已研制成功微孔滤膜及与之配套的聚碳酸酯过滤器用于控制注射剂中的粒子性异物，显著提高了注射液的质量；设计制造了多效蒸馏水生产设备，节约能源并提高了注射用水的质量；生产并应用了更先进的灭菌设备和技术，使灭菌效果更为可靠；在口服固体制剂的生产中，广泛地应用新辅料，采用微粉化技术及其他提高溶出度的新技术，提高了产品质量；在片剂等生产中采用了流化喷雾制粒和高速搅拌制粒技术，使产品质量得以提高；采用薄膜包衣技术，既节约工时、材料，又提高产品质量；在缓控释制剂方面，已有一些品种获得新药证书和生产批文；透皮吸收给药系统已有几个产品被批准生产；靶向、定位给药系统的研究也取很大进展，例如脂质体、微球、纳米粒等。

三、药物制剂技术的分支学科及其密切相关学科

由于药物制剂技术是以多门学科的理论为基础的综合性技术科学，在其不断发展过程中，各学科互相影响、互相渗透，形成了许多药物制剂技术的分支学科。现将这些分支学科及其密切相关学科简介如下。

1. 物理药剂学

物理药剂学（physical pharmacy，亦称物理药学）是运用物理学原理、方法和手段，研究药剂学中有关处方设计、制备工艺、剂型特点、质量控制等内容的边缘科学。由于药

物制剂的加工过程主要是物理过程或物理化学过程，所以从20世纪50年代开始，物理药剂学逐渐发展起来，它的出现和发展使药剂学由简单的剂型制备迈向了科学化和理论化。近年来，物理学的理论和方法在药剂学的应用日渐增多，这对物理药剂学的发展起到了促进作用。国内外已有物理药剂学的专著和教科书，在本书中也编入了许多物理药剂学的内容。

2. 工业药剂学

工业药剂学（industrial pharmacy）是研究药物制剂在工业生产中的基本理论、技术工艺、生产设备和质量管理的科学，是药剂学的重要分支学科。其基本任务是研究和设计如何将药物制成适宜的剂型，并能批量生产出品质优良、安全有效的制剂，以满足医疗与预防的需要，这也是本书所介绍的主要内容。

3. 生物药剂学与药物动力学

生物药剂学（biopharmaceutics）是研究药物在体内的吸收、分布、代谢与排泄的机理及过程，阐明药物因素、剂型因素和生理因素与药效之间关系的边缘科学。它从20世纪60年代起迅速发展，着重于药物的体内过程，在药物的处方（剂型）设计、制剂工艺以及最大限度地提高生物利用度等方面进行了大量的基础性研究。例如，固体制剂尤其是片剂的溶出速率问题、生物利用度问题等，为各种药物制剂的有效性和安全性提供了科学保证，它与下述的药物动力学具有密不可分的联系。

药物动力学（pharmacokinetics）是采用数学的方法，研究药物的吸收、分布、代谢与排泄的经时过程及其与药效之间关系的科学。它在20世纪70年代发展为一门独立的学科，已成为药剂学的重要基础学科和边缘学科，对指导制剂设计、剂型改革、安全合理用药等提供了量化的控制指标。

4. 临床药学

临床药学（clinical pharmacy）是以患者为对象，研究合理、有效与安全用药的科学，与药剂学密切相关。它的主要内容包括：临床用制剂和处方的研究、药物制剂的临床研究和评价、药物制剂生物利用度研究、药物剂量的临床监控、药物配伍变化及相互作用研究等。临床药学的出现使药剂工作者直接参与对患者的药物治疗活动，符合医药结合的时代要求，可以较大幅度地提高临床治疗水平。

5. 药用高分子材料学

药用高分子材料学（polymer science in pharmaceutics）是研究各种药用高分子材料的制备、结构和性能及其在药物制剂中的应用的一门学科，它对创制新剂型、新制剂和提高制剂质量起着重要的支撑作用和推动作用，与药剂学密切相关。高分子材料在药物剂型研究中的应用非常广泛，制剂处方中的很多辅料（辅助成型等的材料）都属于高分子材料，从某种意义上讲，没有辅料就没有剂型，没有新的高分子辅料也没有新剂型。目前已经形成了“药用高分子材料学”这一新的学科（在国内药物制剂专业中也设置了“药用高分子材料学”这门课程并出版了有关教材）。药用高分子材料学主要是应用高分子物理、高分子化学和聚合物工艺学的有关内容，为新剂型设计和新剂型处方提供新型高分子材料和新方法。

四、药物制剂的质量控制

1. 药典

（1）概述

药典（pharmacopoeia）是一个国家记载药品标准、规格的法典，其特点在于：由权威医药专家组成的国家药典委员会编辑、出版，由国家政府颁布、执行，具有法律约束力；所收载的品种是那些疗效确切、副作用小、质量稳定的常用药品及其制剂；明确规定其质量标准，并在一定程度上反映出国家在药品生产和医药科技方面的水平。因此，药典在保证人民用药安全有效、促进药物研究和生产等方面上具有重大作用。只有严格实施药典的规定，才能保障药品的安全、有效。

随着科学技术水平的不断提高，新的药物和新的制剂不断被开发出来，对药物及制剂的质量要求也更加严格，药品的检验方法也在不断更新。因此，各国的药典经常需要修订。例如，《中国药典》是每5年修订出版一次（在新版《中国药典》中，不仅增加新的品种，而且增设一些新的检验项目或方法）。在新版《中国药典》出版之前，往往由国家药典委员会编辑出版增补本，以利于新药和新制剂的临床应用，这种增补本与《中国药典》具有同等的法律效力。

（2）《中华人民共和国药典》

《中华人民共和国药典》，简称《中国药典》，其中收载的品种是：医疗必需、临床常用、疗效肯定、质量稳定、副作用小、我国能工业化生产并能有效控制（或检验）其质量的原料药及其制剂。

《中国药典》（2020年版）共收载品种5911种，新增319种，修订3177种，不再收载10种，因品种合并减少6种。一部收载中药及中成药2711种，二部收载化学药品2712种，三部收载生物制品153种，新增生物制品通则2个，总论4个，四部收载通用技术要求361个和药用辅料335种，其中制剂通则38个、检验方法281个、指导原则42个。

（3）外国药典

据不完全统计，世界上已有近50个国家编制了国家药典，另外还有3种区域性药典和世界卫生组织（WHO）组织编制的《国际药典》等。这些药典无疑对世界医药科技交流和国际医药贸易具有极大的促进作用。例如，《美国药典》（Pharmacopoeia of the United States）简称USP；《英国药典》（British pharmacopoeia）简称BP；《日本药局方》（Pharmacopoeia of Japan）简称JP；《国际药典》（Pharmacopoeia Internationalis）简称Ph. Int.，是WHO为了统一世界各国药品的质量标准和质量控制的方法而编纂的，但它对各国无法律约束力，仅作为各国编纂药典时的参考标准。

2. 国家药品标准

除《中国药典》以外，还有《中华人民共和国卫生部药品标准》和《国家药品监督管理局药品标准》收载由卫生部或国家药品监督管理局新批准生产的药物及制剂，作为相关药品的质量标准。某些企业已生产多年、疗效肯定，但质量标准仍需进一步提高的药品也收载在上述这些药品标准中。

我国有约9000个药品的质量标准，过去是由省、自治区和直辖市的卫生部门批准和颁发的（常称之为地方性药品标准）。目前，国家食品药品监督管理局已经对其中临床常用、疗效较好、生产地区较多的品种进行质量标准的修订、统一、整理和提高，使其升为《国家药品监督管理局药品标准》。

3. 药品生产质量管理规范与药品安全试验规范

药品生产质量管理规范（Good Manufacturing Practice for Pharmaceuticals，简称GMP）是药品生产与质量全面管理监控的通用准则，适用于药品及其制剂生产的全过程。各国的GMP在各自的国度内施行并具有法律意义。WHO也制定了GMP，作为世界医药工业生产和药品质量要求的指南，是加强国际医药贸易、监督与检查的统一标准。

（1）国外GMP的发展过程

GMP作为制药企业药品生产和质量的法规，在国外已有30年的历史。美国食品药品管理局（FDA）于1963年首先颁布了GMP，是世界上最早的一部GMP。在实施过程中，经过数次修订，可以说是至今较为完善、内容较详细、标准最高的GMP。现在美国要求，凡是向美国出口药品的制药企业以及在美国境内生产药品的制药企业，都要符合美国GMP要求。

1969年，WHO也颁发了自己的GMP，并向各成员国推荐，受到许多国家和组织的重视，经过三次修改，也是一部较全面的GMP。1971年，英国制定了《GMP》（第一版），1977年又修订出第二版；1983年公布了第三版，后由欧共体GMP替代。1972年，欧共体公布了《GMP总则》，指导欧共体国家药品生产；1983年进行了较大的修订；1989年又公布了新的GMP，并编制了一本《补充指南》；1992年又公布了欧共体药品生产管理规范新版本。1974年，日本以WHO的GMP为蓝本，颁布了自己的GMP，现已作为一个法规来执行。1988年，东南亚国家联盟也制定了自己的GMP，作为东南亚联盟各国实施GMP的文本。

此外，德国、法国、瑞士、澳大利亚、韩国、新西兰、马来西亚等国家也先后制定了GMP。到目前为止，世界上已有100多个国家、地区实施了GMP或准备实施GMP。当今世界上GMP分为三种类型：

国家颁发的GMP：例如，我国国家药品监督管理局颁布的《药品生产质量管理规范》（1998年修订）、美国FDA颁布的《cGMP》（现行GMP）、日本厚生省颁布的《GMP》。

地区性制定的GMP：例如，欧共体颁布的《GMP》、东南亚国家联盟颁布的《GMP》。

国际组织制定的GMP：例如，WHO颁布的《GMP》（1991年）。

（2）我国GMP的推行过程

我国提出在制药企业中推行GMP是在20世纪80年代初，比最早提出GMP的美国，迟了20年。1982年，中国医药工业公司参照一些先进国家的GMP制定了《药品生产管理规范》（试行稿），并开始在一些制药企业试行。1984年，中国医药工业公司又对1982年的《药品生产管理规范》（试行稿）进行修改，变成《药品生产管理规范》（修订稿），经原国家医药管理局审查后，正式颁布推行。1988年，根据《药品管理法》，国家卫生部颁布了我国第一部《药品生产质量管理规范》（1988年版），作为正式法规执行。1991年，根据《药品管理法实施办法》的规定，原国家医药管理局成立了推行GMP、GSP委员会，协助国家医药管理局，负责组织医药行业实施GMP和GSP工作。1992年，国家卫生部又对《药品生产质量管理规范》（1988年版）进行修订，变成《药品生产质量管理规范》（1992年修订）。1992年，中国医药工业公司为了使药品生产企业更好地实施GMP，出版了GMP实施指南，作了比较具体的技术指导，起到比较好的效果。1993年，原国家医药管理局制定了我国实施GMP的八年规划（1993～2000年），提出“总体规划，分步实施”的原则，按剂型的先后，在规划的年限内，达到GMP的要求。1995年，经国家技术监督局批准，成立了中国药品认证委员会，并开始接受企业的GMP认证申请和开展认证工作。1998年，国家药品监督管理局总结当时实施GMP的情况，对1992年修订的GMP进行修订，于1999年6月18日颁布了《药品生产质量管理规范》（1998年修订），1999年8月1日起施行，共14章88条具体标准与要求，并有附录对无菌药品、非无菌药品、原料药、生物制品、放射性药品、中药制剂等生产和质量管理特殊要求进行了补充规定。在此基础上《药品生产质量管理规范（2010年修订）》已发布，并自2011年3月1日起施行。

国家药品监督管理局为了加强对药品生产企业的监督管理，采取监督检查的手段，即规范GMP认证工作，由国家药品监督管理局药品认证管理中心承办，经资料审查与现场检查审核，报国家药品监督管理局审批，对认证合格的企业（车间）颁发《药品GMP证书》，并予以公告，有效期5年（新开办的企业为1年，期满复查合格后为5年），期满前3个月内，按药品GMP认证工作程序重新检查、换证。

药品安全试验规范（good laboratory practice，简称GLP）是试验条件下，进行药理、动物试验（包括体内和体外试验）的准则，如急性、亚急性、慢性、毒性试验、生殖试验、致癌、致畸、致突变以及其他毒性试验等临床前试验，是保证药品安全有效的法规。

药品安全试验规范1965年由日本制药团体联合会发表，1975年日本已规定研究开发新药必须进行动物试验，并规定了试验基本观点、技术和方法。美国于1976年由美国食品药品管理局（FDA）提出GLP草案，1978年正式实行，1979年订入美国联邦法律中。目前加拿大、德国、法国、瑞典及欧盟等都已制定了GLP，我国正在制定中。

4. 处方、处方药与非处方药

（1）处方的概念与分类

处方系指医疗和生产部门用于药剂调制的一种重要书面文件，分为法定处方、医师处方和协定处方。所谓法定处方主要是指《中国药典》、部颁（国家）标准收载的处方，它具有法律的约束力，在制造或医师开写法定制剂时，均需遵照其规定。医师处方是医师对个别患者用药的书面文件，该处方除了作为发给患者药剂的书面文件外，还具有法律上、技术上和经济上的意义。协定处方是指根据医院内部或某一地区医疗的具体需要，由医师与医院药剂科协商制定的处方，它适合于常用药物的大量配制和储存。就临床而言，也可以这样说：处方是医师为医疗或预防的需要而开写给药局的有关制备和发出某种制剂的书面凭证。

（2）处方药与非处方药

国家药品监督管理局1999年6月11日通过了《处方药与非处方药分类管理办法》（试行）并于2000年1月1日起施行。2001年2月28日通过并于2001年12月1日起实施的《中华人民共和国药品管理法》规定："国家对药品实行处方药与非处方药的分类管理制度"，这也是国际上通行的药品管理模式。通过加强对处方药的监督管理，规范对非处方药的监督管理，规范药品生产、经营行为，引导公众科学合理用药，对减少药物滥用和药品不良反应的发生、保护公众用药安全有效等起到十分重要的作用。

处方药的英语称谓是 prescription drug，相应地，非处方药的英语称谓是 nonprescription drug，但是在国外，由于非处方药是患者可以自行判断、购买和使用并能保证安全的药品，所以又经常被称为"可在柜台上买到的药物"（over the counter，简称OTC）。处方药和非处方药不是药品本质的属性，而是管理上的界定。无论是处方药还是非处方药都是经过国家药品监督管理部门批准的，其安全性和有效性是有保障的。

处方药是必须凭执业医师或执业助理医师处方才可调配、购买并在医生指导下使用的药品，所以只应针对医师等专业人员作适当的宣传介绍。处方药可以在国务院卫生行政部门和国务院药品监督管理部门共同指定的医学、药学专业刊物上介绍，但不得在大众传播媒介发布广告或者以其他方式进行以公众为对象的广告宣传。

所谓非处方药是由专家遴选的、不需执业医师或执业助理医师处方并经过长期临床实践被认为患者可以自行判断、购买和使用并能保证安全的药品，主要是用于治疗各种消费者容易自我诊断、自我治疗的常见轻微疾病。非处方药标签和说明书除必须符合国家药品监督管理局规定外，其用语应当科学、易懂，便于消费者自行判断、选择和使用。在非处方药的包装上，必须印有国家指定的非处方药专有标识，每个销售基本单元包装必须附有标签和说明书。

第一篇

药物制剂单元操作

第一章 粉碎与混合

固体药物的疗效不仅与药物的属性有关，在很大程度上与物料的粉体学性质（粒径、粒径分布、性状、表面状态等）也有着密切的关系。药物粒径减小，比表面积增加，会使药物的生物利用度提高，而其疗效也就会更好。

在药品的实际生产过程中，通常先利用粉碎操作得到粉体粒子。由于粉碎后的粉体粒子大多粗细不均，为获得粒度均匀的粉体粒子，还需按照规定的粒度要求利用筛分操作将其分离。然后，再通过混合将不同物料按指定的处方比例混合均匀，经过制粒及其他单元操作后制成各种剂型。不难看出，以上提及的粉碎、筛分、混合和造粒等操作，均为药物制剂生产中常用的单元操作，也是组成药物制剂工艺的基本单元。

第一节 粉碎的概念及目的

一、粉碎的概念

固体药物的粉碎（crushing）是将大块物料借助机械力破碎成适宜大小的颗粒或细粉的操作过程。粉碎的主要目的在于减小粒径，增加比表面积（m^2/m^3或m^2/kg）。物料被粉碎的程度可用粉碎度（degree of crushing，n）表示。粉碎度由粉碎前的粒度D_1与粉碎后的粒度D_2的比值（n）表示。例如将一个边长为1mm的立方体粒子，粉碎为边长10μm的粒子，则粉碎比$n=100$。由此可知，粉碎度越大，物料被粉碎得越细。粉碎度的大小应根据药物的性质、剂型和用途等来确定。

$$n=\frac{D_1}{D_2}$$

二、粉碎的目的和影响

制剂过程进行粉碎操作的目的在于：①提高难溶性药物的溶出速度以及生物利用度；②各成分混合均匀；③提高固体药物在液体、半固体、气体中的分散度；④从天然药物中提取有效成分等。显然，粉碎对药品质量有很大的影响，但也必须注意粉碎过程可能带来的不良作用，如晶型转变、热分解、黏附与团聚性的增大、堆密度的减小、粉末表面吸附的空气对润湿性的影响、粉尘飞扬、爆炸等。

三、粉碎过程

粉碎过程依靠外加机械力的作用破坏物质分子间的内聚力来实现。在外力的作用下，被粉碎物料的内部可产生压缩、拉伸、剪切等各种应力。当应力超过临界值（一般为弹性极限）时物料破碎或发生塑性变形，当塑性变形达到一定程度后破碎。物料在弹性变形范围的破碎称为弹性破坏（或脆性破坏），塑性变形之后的破坏称为韧性破坏。理论上，在外力作用下，物料内部的应力超过其本身分子间引力，物料才能破碎。但因物料内部构造上存在固有缺陷，物料破碎时实际的破坏强度有时仅是理论破坏强度的0.1%～1%。

粉碎过程常用的外加力有冲击（impact）、压缩（compression）、剪切（cutting）、弯曲（bending）、研磨（rubbing）等，参见图1-1。被处理物料的性质、粉碎程度不同，所需施加的外力也有所不同。冲击、压碎和研磨作用对脆性物质有效，纤维状物料用剪切方法更有效；粗碎以冲击力和压缩力为主，细碎以剪切力、研磨力为主；要求粉碎产物能产生自由流动时，用研磨法较好。实际上多数粉碎过程是上述的几种力综合作用的结果。

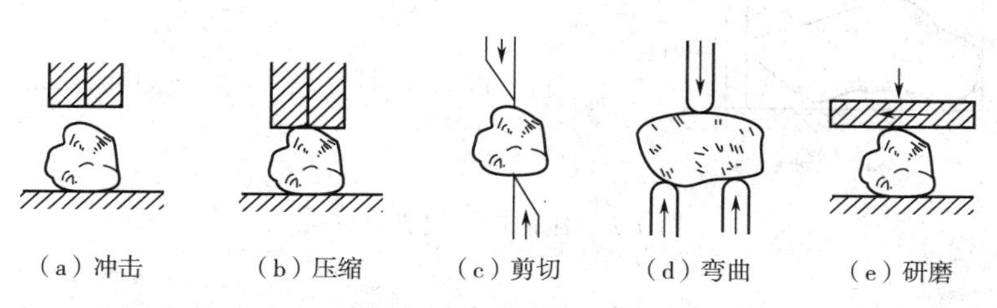

图1-1　粉碎用外加力

第二节　粉体学基本概念

粉体（powder）是无数个细小固体粒子几何体的总称。研究粉体基本性质及其应用的学科称为粉体学（micromeritics）。粒子（particle）是粉体中不能再分离的运动单元，也是组成粉体的基础。制剂中常用的粉体粒度范围在几微米到十几毫米之间。通常将粒径小于100μm的粒子称为“粉”，大于100μm的粒子称为“粒”。一般情况下，粒径小于100μm时容易产生粒子间的相互作用而流动性较差，粒径大于100μm时粒子的自重大于粒子间相互作用而流动性较好。组成粉体的单元粒子也可能是单体的结晶，也可能是多个单体粒子聚结在一起的粒子，为了区别单体粒子和聚结粒子，将单体粒子叫一级粒子（primary particle），将聚结粒子叫二级粒子（second particle）。在粉体的处理过程中，由范德华力、静电力等弱结合力的作用而生成的不规则絮凝物（random floc）和由黏合剂的强结合力的作用聚集在一起的聚结物（agglomerate）都属于二级粒子。

固体制剂制备过程中，无论是原辅料的粉末或者结晶，还是制成的中间体（颗粒、小丸）亦或是最终形态的制剂（片剂、颗粒剂等）的集合体均属于粉体的范畴。

一、粒径

粒子的大小是决定粉体其他性质的最基本的性质。球形颗粒的直径、立方形颗粒的边长等规则粒子的特征长度可直接表示粒子的大小。但通常处理的粉体中，组成粉体的各粒子形态不同且不规则，很难像球体、立方体等规则粒子以特征长度表示其大小。对于一个不规则粒子，其粒径的测定方法不同，其物理意义不同，测定值也不同。根据实际应用选择适当的测定方法，求其相当径或有效径等。粒径的表示方法有以下几种。

1. 几何学粒径

根据几何学尺寸定义的粒径，见图1-2。一般用显微镜法、库尔特计数法等测定。近年来计算机的发展为几何学粒径（geometric diameter）提供了快速、方便、准确的测定方法。

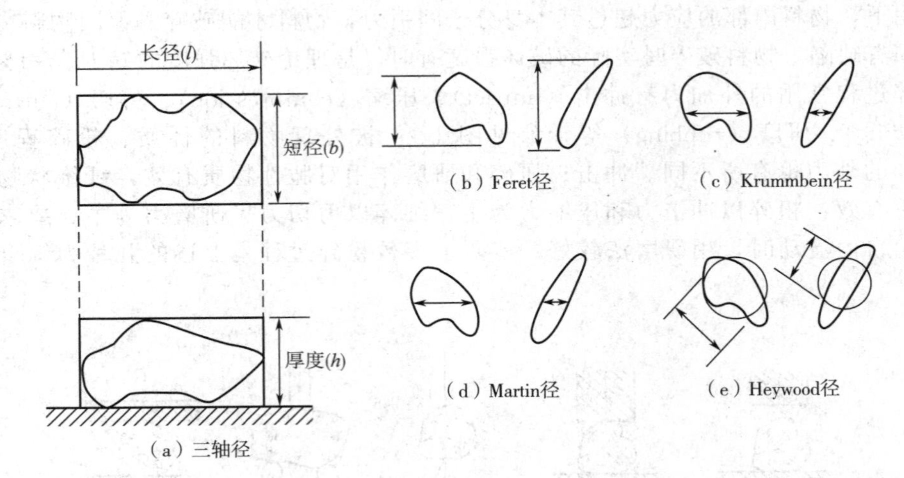

图1-2 各种粒径的表示方法

① 三轴径：在粒子的平面投影图上测定长径 l 与短径 b，在投影平面的垂直方向测定粒子的厚度 h，以此表示长轴径、短轴径和厚度。三轴径反映粒子的实际尺寸。

② 定方向径（投影径）

Feret 径（或 Green 径）：定方向接线径，即一定方向的平行线将粒子的投影面外接时平行线间的距离。

Martin 径：定方向等分径，即一定方向的线将粒子的投影面积等份分割时的长度。

Krummbein 径：定方向最大径，即在一定方向上分割粒子投影面的最大长度。

③ Heywood 径：投影面积圆相当径，即与粒子的投影面积相同圆的直径，常用 D_H 表示。

④ 体积等价径（equivalent volume diameter）：与粒子的体积相同的球体直径，也叫球相当径。用库尔特计数器测得，记作 D_V。粒子的体积 $V=\pi D_V^3/6$。

2. 筛分径

又称细孔通过相当径。当粒子通过粗筛网且被截留在细筛网时，粗细筛孔直径的算术或几何平均值称为筛分径（sieving diameter），记作 D_A。

算术平均径：

$$D_A=\frac{a+b}{2}$$

几何平均径：

$$D_A=\sqrt{ab}$$

式中，a 为粒子通过的粗筛网直径；b 为粒子被截留的细筛网直径。粒径的表示方式是（$-a+b$），即粒径小于 a，大于 b。如将某粉体的粒度表示为（$-1000+900$）μm时，表明该群粒径小于1000μm，大于900μm，算术平均径为950μm。

3. 有效径

粒径相当于在液相中具有相同沉降速度的球形颗粒的直径（settling velocity diameter）。有效径（effect diameter）根据 Stock 方程计算所得，因此又称 Stock 径，记作 D_{Stk}。

$$D_{Stk}=\sqrt{\frac{18\eta}{(\rho_p-\rho_l)g}\times\frac{h}{t}}$$

式中，ρ_p、ρ_l分别为被测粒子与液相的密度；η 为液相的黏度；h 为等速沉降距离；t 为沉降时间。

4. 比表面积等价径

比表面积等价径（equivalent specific surface diameter）与待测粒子具有等比表面积的球的直径。可采用透过法、吸附法测得比表面积后计算求得。这种方法求得的粒径为平均径，不能求粒度分布。

粒径的测定方法可分为直接测定法和间接测定法。直接测定法有显微镜法（microscopic method）、筛分法（sieving method）；间接测定法有库尔特计数法（Coulter counter method）、沉降法（sedimentation method）、比表面积法（specific surface area method）等，这些方法是利用与粒子大小有关的某些特性，如渗透性、沉降速度、光学性质等来间接测定。

粒径的测定原理不同，适用范围也不同，表 1-1 列出了粒径的不同测定方法与适用范围。

表 1-1　粒径的测定方法与适用范围

测定方法	粒径/μm	测定方法	粒径/μm
光学显微镜	＞0.5	库尔特计数法	1～600
电子显微镜	＞0.01	气体透过法	1～100
筛分法	＞45	氮气吸附法	0.03～1
重力沉降法	0.5～100	激光衍射法	0.01～2000
离心沉降法	0.01～10		

二、粒度分布

粒度分布（particle size distribution）表示粉体中不同粒径的粒子群的分布情况，是反映粒子均匀程度的重要参数。粒度分布对粉体的相对密度、流动性等性质具有很大影响，甚至影响到药物的溶出和生物利用度。粒度分布常用频率分布与累积分布表示。

频率分布（frequency size distribution）表示不同粒径粒子在整个粒子群中所占的百分数（微分型）；累积分布（cumulative size distribution）表示小于（pass）或大于（on）某粒径的粒子在整个粒子群中所占的百分数（积分型）。百分数的基准可用个数基准（count basis）、质量基准（mass basis）、面积基准（surface basis）、体积基准（volume basis）、长度基准（length basis）等。在制药工业的粉体处理过程中，实际应用较多的是质量和个数基准分布。可先用个数基准测定粒度分布，然后利用软件处理直接转换成所需的其他基准，非常方便。频率分布和累积分布可用表格法、柱状图或曲线表示，如表 1-2 和图 1-3 所示。表 1-2 中列出用个数基准及质量基准表示的某粒子群的频率粒度分布和累积粒度分布。

表 1-2　频率粒度分布和累积粒度分布

粒径/μm	频率分布		累积分布			
	质量/%	个数/%	质量/%		个数/%	
			>粒径	<粒径	>粒径	<粒径
<20	6.5	19.5	100.0	0	100.0	0
20～25	15.8	25.6	93.5	6.5	80.5	19.5
25～30	23.2	24.1	77.7	22.3	54.9	45.1
30～35	23.9	17.2	54.5	45.5	30.8	69.2
35～40	24.3	7.6	30.6	69.4	13.6	86.4
40～45	8.8	3.6	16.3	83.7	6.0	94.0
>45	7.5	2.4	7.5	92.5	2.4	97.6
				100.0		100.0

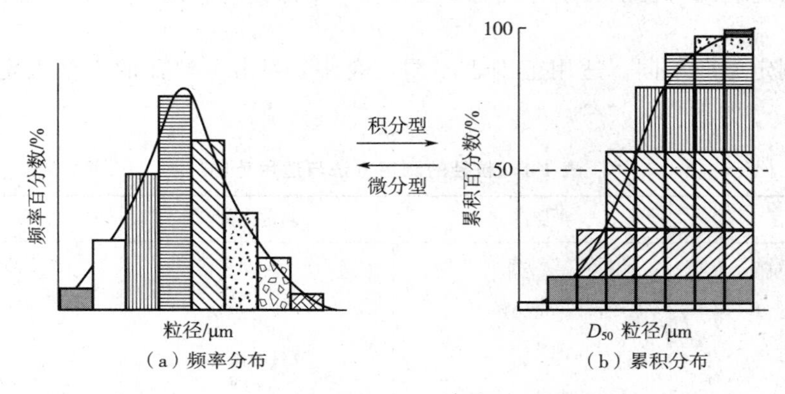

（a）频率分布　（b）累积分布

图 1-3　粒度分布示意图

三、平均粒径

由于粉体由许多不同大小的粒子组成，所以无法用某一个粒子的粒径表示。通常可以由平均粒径表示，为了求出不同粒径组成的粒子群的平均粒径，首先求出前面所述具有代表性的粒径，然后求其平均值。求平均值的方法如表 1-3 所示。中位径（或称中值径）是最常用的平均径表示方法，它是指在累积分布中累积值正好为 50%所对应的粒径，常用 D_{50}表示，参见图 1-3。

表 1-3　各种平均粒径与计算公式

名称	个数基准平均径
算术平均径（arithmetic mean diameter）	
几何平均径（geometric mean diameter）	$(d_1^{n_1} \cdot d_2^{n_2} \cdots\cdots d_n^{n_n})^{1/n}$
调和平均径（harmonic mean diameter）	$\sum n / \sum (n/d)$

名称	个数基准平均径
众数径（mode diameter）	频数最多的粒子直径
中位径（medium diameter）	累积中间值（D_{50}）
长度平均径（surface length mean diameter）	$\sum nd^2/\sum nd$
体面积平均径（ volume surface mean diameter）	$\sum nd^3/\sum nd^2$
重量平均径（weight mean diameter）	$\sum nd^4/\sum nd^3$
面积平均径（surface mean diameter）	$(\sum nd^2/\sum n)^{1/2}$
体积平均径（volume mean diameter）	$(\sum nd^3/\sum n)^{1/3}$
比表面积径（specific surface diameter）	$\varphi/\rho S_w$

注：d 为粒径；n 为粒子数；φ 为比表面积形状系数；ρ 为粒子的真密度；S_w为重量比表面积。

四、粒子形态

粒子形态系指一个粒子的轮廓或表面上各点所构成的图像。粉体中粒子形态各异，描述粒子形态的术语也很多，如球形、立方形、片状、柱状、鳞状、棒状、针状等。粒子形态不仅与粉体的流动性、比表面积、堆密度、吸附性及溶出度等有密切关系，还会直接影响粉体在操作中的行为。如球形、边缘光滑的椭圆形粒子，通常流动性良好；而形状不规则的粒子以及纤维状粒子则容易形成架桥，流动性差。

为了用数学方式定量地描述粒子的几何形状，习惯上将粒子的某些性质与球或圆的理论值比较形成的无量纲组合称为形状指数（shape index），将测得的粒子各种大小和粒子体积或面积之间的关系称为形状系数（shape factor）。

1. 形状指数

① 球形度（degree of sphericility，φ_s）亦称真球度，表示粒子接近球体的程度。

$$\varphi_s=\pi D_v^2/S$$

式中，D_v为粒子的球相当径，即 $D_v=(6V/\pi)^{1/3}$；S 为粒子的实际体表面积。一般不规则粒子的表面积不好测定，用下式计算球形度（φ）更实用。

$$\varphi=\frac{\text{粒子投影面相当径}}{\text{粒子投影面最小外接圆直径}}$$

② 圆形度（degree of circularity，φ_c）表示粒子的投影面接近于圆的程度。

$$\varphi_c=\pi D_H/L$$

式中，D_H为 Heywood 径，即 $D_H=(4A/\pi)^{1/2}$；L 为粒子的投影周长。

2. 形状系数

将平均粒径为 D，体积为 V_p，表面积为 S 的粒子的各种形状系数（shape factor）表示如下。

① 体积形状系数（φ_v）

$$\varphi_v=V_p/D^3$$

显然，球体的体积形状系数为 $\pi/6$；立方体的体积形状系数为 1。

② 表面积形状系数（φ_s）

$$\varphi_s = S/D^2$$

球体的表面积形状系数为π；立方体的表面积形状系数为6。

③ 比表面积形状系数（φ）用表面积形状系数与体积形状系数之比表示。

$$\varphi = \varphi_s/\varphi_v$$

球体的$\varphi=6$，立方体的$\varphi=6$。某粒子的比表面积形状系数越接近于6，该粒子越接近于球体或立方体，不对称粒子的比表面积形状系数大于6，常见粒子的比表面积形状系数在6～8范围内。

五、粒子的比表面积

粒子的比表面积（specific surface area）是单位质量（或体积）粒子所具有的表面积。根据计算基准不同可分为体积比表面积S_v和质量比表面积S_m。

① 体积比表面积指单位体积粉体的表面积（S_v），单位cm^2/cm^3。

$$S_v = \frac{s}{v} = \frac{\pi d^2 n}{\frac{\pi d^3}{6} n} = \frac{6}{d}$$

式中，s为粉体粒子的总表面积；v为粉体粒子的体积；d为粒径；n为粒子总个数。

② 质量比表面积指单位质量粉体的表面积（S_m），cm^2/g。

$$S_m = \frac{s}{m} = \frac{\pi d^2 n}{\frac{\pi d^3 \rho n}{6}} = \frac{6}{d\rho}$$

式中，m为粉体的总质量；ρ为粉体的粒密度；其他同前。

比表面积是表征粉体中粒子粗细的一种量度，也是表示固体吸附能力的重要参数。可用于计算无孔粒子和高度分散粉末的平均粒径。比表面积不仅对粉体性质，而且对制剂性质和药理性质都有重要意义。

六、粉体的密度与空隙率

1. 粉体的密度

粉体的密度（density）系指单位体积粉体的质量。由于粉体的颗粒内部和颗粒间存在空隙，不同方法测得的粉体体积含义不同。因此粉体的密度根据所指的体积不同可分为真密度、粒密度、堆密度。

① 真密度（true density，ρ_t）系指粉体质量（m）除以其真实体积（V_t，不包括颗粒内外空隙的体积）求得的密度，即$\rho_t=m/V_t$，如图1-4（a）中的斜线部分所示。

② 粒密度（granule density，ρ_g）系指粉体质量除以包括开口与封闭细孔在内的颗粒体积V_g所求得的密度，即$\rho_g=m/V_g$。

③ 堆密度（bulk density，ρ_b）系指粉体质量除以该粉体所占容器的体积V求得的密度，亦称堆密度，即$\rho_b=m/V$，如图1-4（c）所示。填充粉体时，经一定规律振动或轻敲后测得的密度称振实密度（tap density，ρ_{bt}）。

若颗粒致密，无细孔和空洞，则$\rho_t=\rho_g$；几种密度的大小顺序在一般情况下为$\rho_t \geq \rho_g > \rho_{bt} \geq \rho_b$。

2. 空隙率

空隙率（porosity，ε）指粉体粒子间的空隙和粒子本身空隙所占的总体积与粉体总体积之比值。颗粒的充填体积（V）是粉体的真体积（V_t）、颗粒内部空隙体积（$V_{内}$）与颗

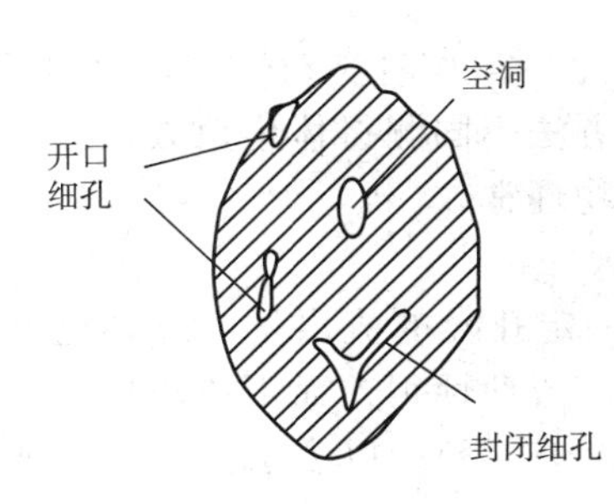

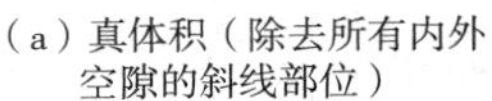
（a）真体积（除去所有内外空隙的斜线部位）

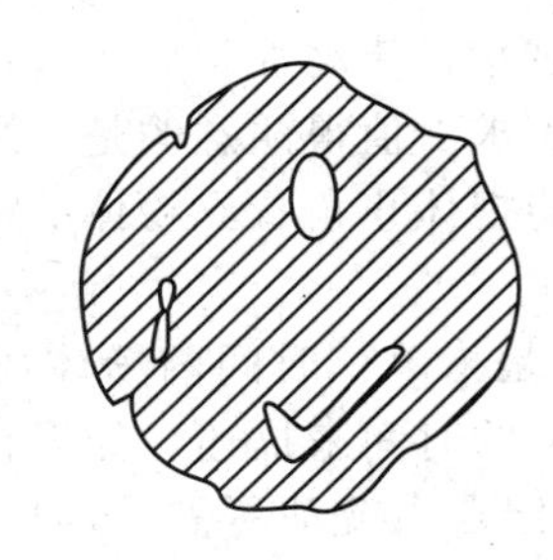
（b）颗粒体积（除去开口细孔，但包括空洞和封闭细孔）

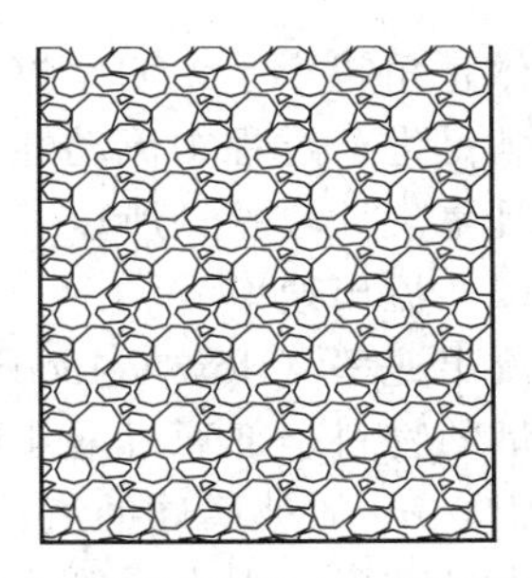
（c）粉体堆体积（所有粉体层体积，包括颗粒间和颗粒内空隙）

图 1-4　根据粉体密度的定义测定粉体体积的方法

粒间空隙体积（$V_{间}$）之和，即 $V=V_t+V_{内}+V_{间}$。根据定义，颗粒内空隙率 $\varepsilon_{内}=V_{内}/(V_t+V_{内})$；颗粒间空隙率 $\varepsilon_{间}=V_{间}/V$；总空隙率 $\varepsilon_{总}=(V_{内}+V_{间})/V$。也可以通过相应的密度计算求得，如下式所示：

$$\varepsilon_{内}=\frac{V_g-V_t}{V_g}=1-\frac{\rho_g}{\rho_t}$$

$$\varepsilon_{间}=\frac{V-V_g}{V}=1-\frac{\rho_b}{\rho_g}$$

$$\varepsilon_{总}=\frac{V-V_t}{V}=1-\frac{\rho_b}{\rho_t}$$

粉体的空隙率与粒子形态、大小以及排列等相关，而且对粉体的压缩成形性、吸湿性以及制剂的崩解、溶出等具有很大影响。

七、粉体的流动性与充填性

1. 粉体的流动性

粉体的流动性（flowability）与粒子的形状、大小、表面状态、密度、空隙率等有关，加上颗粒之间的内摩擦力和黏附力等的复杂关系，粉体的流动性无法用单一的物性值来表达。然而粉体的流动性对颗粒剂、胶囊剂、片剂等制剂的重量差异以及正常的操作影响较大。粉体流动性可用休止角、流出速度、压缩度来衡量。

（1）休止角

粒子在粉体堆积层的自由斜面上滑动时受到重力和粒子间摩擦力的作用，当这些力达到平衡时处于静止状态。休止角（angle of repose，θ）则是此时粉体堆积层斜面与水平面所形成的夹角。常用的测定方法有注入法、排出法、倾斜法等，如图 1-5 所示。休止角不仅可以直接测定，而且可以通过测定粉体层的高度（h）和圆盘半径（r）计算而得，即 $\tan\theta=h/r$。休止角是检验粉体流动性好坏最简便的方法。

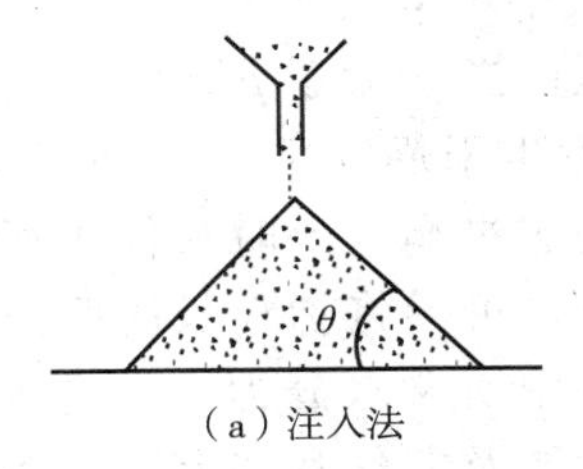

（a）注入法

（b）排出法

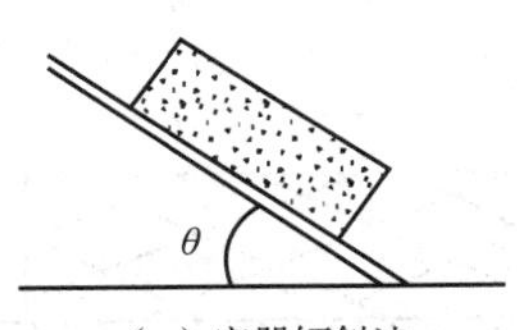

（c）容器倾斜法

图 1-5　休止角的测定方法

休止角越小，说明摩擦力越小，流动性越好，一般认为$\theta \leqslant 30°$时流动性好，$\theta \leqslant 40°$时可以满足生产过程中流动性的需求。值得注意的是，测量方法不同测得休止角数据有所不同，且重现性较差，所以并不能把休止角看作粉体的一个物理常数。

（2）流出速率

流出速率（flow velocity）是指单位时间内粉体通过一定孔径的流出量，或者也可用一定量的物料全部通过漏斗所需的时间来描述。如果粉体的流动性很差而不能流出时，可加入100μm的玻璃球助流，测定自由流动所需玻璃球的量（w%），以表示流动性，玻璃球加入量越多，则表示粉体流动性越差。

（3）压缩度（compressibility）

将一定量的粉体在无振动情况下装入量筒后测量最初松体积；然后经过轻敲法（tapping method）使粉体处于最紧状态，测量最终的体积；计算最松密度ρ_0与最紧密度ρ_f；根据下述公式计算压缩度C。

$$C=\frac{\rho_f-\rho_0}{\rho_f}\times 100\%$$

通常压缩度小于20%时流动性较好，压缩度增大时流动性下降；20%～40%流动性差，而当压缩度达到40%～50%时粉体则很难从容器中自动流出。

粒子间的黏着力、摩擦力、范德华力、静电力等作用阻碍粒子的自由流动，影响粉体的流动性。为了减弱这些力的作用采取增大粒径、改善粒子形态及表面粗糙度、控制粉体含湿量或加入助流剂等措施来提高粉体流动性。

2. 粉体的充填性

粉体的充填性（packbility）是粉体集合体的基本性质，在颗粒剂、胶囊剂、片剂等生产（分装、填充）和质量控制（重量差异、含量均匀度等）过程中具有重要意义。充填性的常用表示方法有：①松比容（specific volume）是粉体单位质量所占体积；②堆密度（bulk density）是单位体积粉体的质量；③空隙率（porosity）是粉体的松体积中空隙所占体积比；④空隙比（void ratio）是空隙体积与粉体真体积之比；⑤充填率（packing fraction）是粉体的真体积与松体积之比；⑥配位数（coordination number）是一个粒子周围相邻的其他粒子个数。其中堆密度与空隙率反映粉体的充填状态，紧密充填时密度大，空隙率小。

八、粉体的吸湿性与润湿性

1. 吸湿性

吸湿性（moisture absorption）是指固体表面吸附水分的现象。粉体吸湿后，会产生凝聚、结块、流动性降低，甚至变色、降解等，从而导致称取、混合困难，水分增加也使得药物稳定性降低。

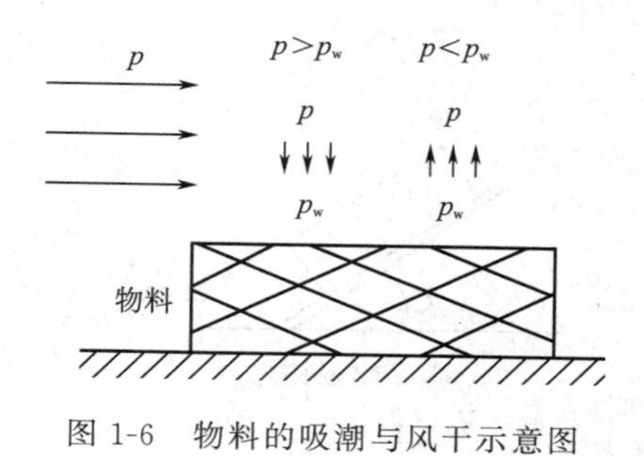

图 1-6　物料的吸潮与风干示意图

药物的吸湿性与空气状态有关。如图1-6，图中p表示空气中水蒸气分压，p_w表示物料表面产生的水蒸气压。当p大于p_w时发生吸湿（吸潮）；p小于p_w时发生干燥（风干）；p等于p_w时吸湿与干燥达到动态平衡，此时粉体中所含有的水分称为平衡水分。可见将物料长时间放置于一定空气状态后物料中所含水分为平衡含水量。平衡水分与物料的性质及空气状态有关，不同药物的平衡水分随空气状态的变化而变化。

药物的吸湿特性可用吸湿平衡曲线来表示，在不同湿度下测定其平衡吸湿量，再以吸湿量对相对湿度作图，即可绘出吸湿平衡曲线。

（1）水溶性药物的吸湿性

水溶性药物在相对湿度较低的环境下，几乎不吸湿，而当相对湿度增大到一定值时，吸湿量急剧增加（见图 1-7），一般把这个吸湿量开始急剧增加的相对湿度称为临界相对湿度（critical relative humidity，CRH）。CRH 是水溶性药物固定的特征参数，这一参数可用来衡量药物吸湿的难易程度。CRH 越小则越易吸湿；反之则不易吸湿。

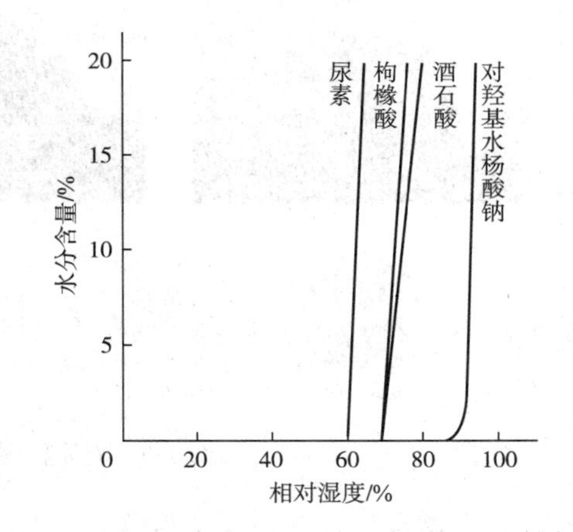

图 1-7　水溶性药物的吸湿平衡曲线

在药物制剂的处方中多数为两种或两种以上的药物或辅料的混合物。水溶性物质的混合物吸湿性更强，根据 Elder 假说，水溶性药物混合物的 CRH 约等于各成分 CRH 的乘积，而与各成分的量无关。即

$$CRH_{AB}=CRH_A \cdot CRH_B$$

式中，CRH_{AB}表示 A 与 B 物质混合后的临界相对湿度；CRH_A和 CRH_B分别表示 A 物质和 B 物质的临界相对湿度。根据如上计算公式可知水溶性药物混合物的 CRH 值比其中任何一种药物的 CRH 值低，更易于吸湿。

测定 CRH 的意义如下：①CRH 值可作为药物吸湿性指标，一般 CRH 越大，越不易吸湿；②为生产、贮藏的环境提供参考，应将生产及贮藏环境的相对湿度控制在药物的 CRH 值以下，以防止吸湿；③为选择防湿性辅料提供参考，一般应选择 CRH 值大的物料作辅料。

（2）水不溶性药物的吸湿性

水不溶性药物的吸湿性随着相对湿度变化而缓慢发生变化（见图 1-8），无临界值。水不溶性药物的混合物的吸湿性具有加和性。

2. 润湿性

润湿性（wetting）是固体界面由固-气界面变为固-液界面的现象。粉体的润湿性对片剂、颗粒剂等固体制剂的崩解、溶出等具有重要意义。

固体的润湿性用接触角 θ 表示，即液滴在固液接触边缘的切线与固体平面间的夹角。当液滴滴到固体表面时，润湿性不同可出现不同形状，如图 1-9 所示。当接触角 $\theta=0°$时，为完全润湿；当 $0°<\theta\leqslant 90°$时，为能够润湿；当 $90°<\theta<180°$时，为不能润湿；当 $\theta=180°$，为完全不能润湿。

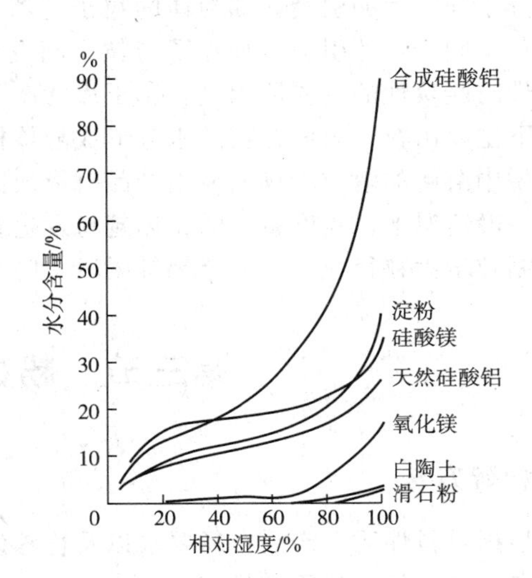

图 1-8　非水溶性药物（或辅料）的吸湿平衡曲线

接触角最小为 0°，最大为 180°，接触角越小润湿性越好。

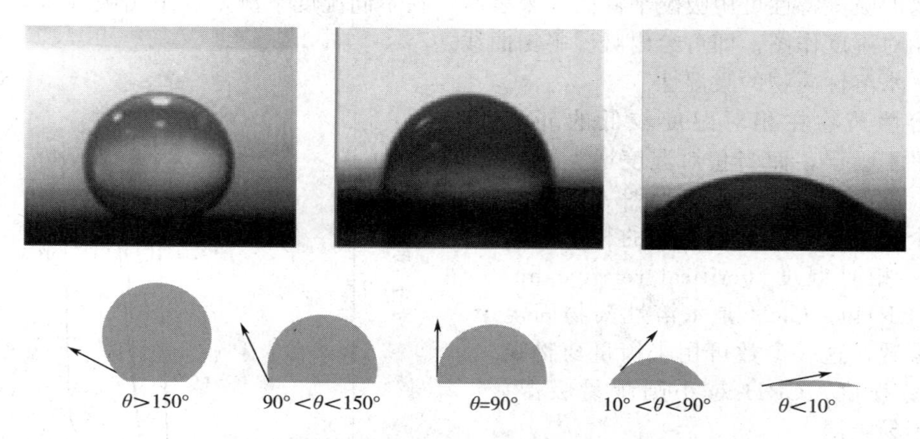

图 1-9　液体在固体表面的润湿状态

接触角的测量方法大体有两种。

① 直接测量法：将粉体压缩成平面，水平放置后滴上液滴直接由量角器测定。也可用接触角测量仪直接测定。

② 在圆筒管中精密充填粉体，下端用滤纸轻轻堵住后浸入水中，测定水在管内粉体层中上升的高度与时间，根据 Washburn 公式计算接触角：

$$h^2=\frac{r\gamma_1\cos\theta}{2\eta}\cdot t$$

式中，h 为 t 时间内液体上升的高度；γ_1、η 分别表示液体的表面张力与黏度；r 为粉体层内毛细管的半径。毛细管的半径不好测定，常用于比较相对润湿性。片剂崩解时，水首先浸入片剂内部的毛细管中后浸润片剂，由 Washburn 公式预测片剂的崩解具有一定指导意义。

九、黏附性与凝聚性

在粉体的处理过程中经常发生黏附器壁或形成凝聚的现象。黏附性（adhesion）系指不同分子间产生的引力，如粉体的粒子与器壁间的黏附；凝聚性或黏着性（cohesion）系指同分子间产生的引力，如粒子与粒子间发生的黏附而形成聚集体（random floc）。产生黏附性与凝聚性的主要原因是：①干燥状态下主要由范德华力与静电力发挥作用；②润湿状态下主要由粒子表面存在的水分形成液体桥或因水分减少而产生的固体桥发挥作用。在液体桥中溶解的溶质干燥而析出结晶时形成固体桥，这正是吸湿性粉末容易固结的原因。

一般情况下，粒度越小的粉体越易发生黏附与凝聚，因而影响流动性和充填性。可以通过制粒增大粒径或加入助流剂等手段，防止黏附与凝聚。

第三节　粉碎方法和设备

一、粉碎方法

根据物料性质、产品粒径要求以及粉碎设备的不同，可采用不同的粉碎方法。

（1）自由粉碎与闭塞粉碎

粉碎过程中，若将达到规定粒度的细粉及时移出则称为自由粉碎（free crushing）。反之，若粉末不能及时排出始终保持在粉碎系统中，则称为闭塞粉碎（packed crushing）。自由粉碎效率较高，常用于连续操作。而闭塞粉碎，由于细粉始终在系统中，并在粗粒间起到缓冲作用，能量消耗大，降低了粉碎效率，常用于小规模的间歇操作。

（2）循环粉碎与开路粉碎

在粉碎产品中存有尚未充分粉碎的物料，经筛选将过大的物料筛出并返回再次粉碎，这种操作为循环粉碎。若物料只通过设备一次，则称为开路粉碎。

（3）干法粉碎与湿法粉碎

干法粉碎是使物料处于干燥状态下进行粉碎的操作，制剂生产中多采用此法。湿法粉碎是指向待粉碎物料中加入液体进行粉碎的方法，因液体对物料有一定的渗透和劈裂作用，故而有利于提高粉碎效率，降低能耗，并可避免粉尘飞扬，减少对操作人员的健康危害，因此该方法可用于刺激性较强、有毒以及产品细度要求较高的物料的粉碎。

（4）低温粉碎

低温粉碎是利用物质在低温下脆性增加的特点，将物料或粉碎机进行冷冻后再进行粉碎的方法。对于粉碎热敏性、热塑性、强韧性、挥发性及软化点或熔点较低物料的场合，均可采用低温粉碎。

（5）混合粉碎

将两种或两种以上物料混合后再粉碎的操作称为混合粉碎。该法可避免一些黏性或热塑性物料在单独粉碎过程中的黏壁及附聚现象。但由于各种物料的硬度、混合比有所不同，混合粉碎时各种物料的粉碎程度可能会有差别。

二、粉碎设备

（1）研钵

一般用瓷、玻璃、玛瑙、铁或铜制成，但以瓷研钵和玻璃研钵最为常用，主要用于小剂量药物的粉碎或实验室规模散剂的制备。

（2）球磨机（ball mill）

系在不锈钢或陶瓷制成的圆柱筒内装入一定数量大小不同的钢球或瓷球构成。使用时将药物装入圆筒内密盖后，用电动机转动。当圆筒转动时，带动钢球（或瓷球）转动，并带到一定高度，然后在重力作用下抛落下来，球的反复上下运动使药物受到强烈的撞击和研磨，从而被粉碎。

球磨机与其中研磨球的运动状态如图 1-10 所示。当球磨机转速过小时［图 1-10（c）］，球往下滑落，靠研磨作用，粉碎效果较差；当球磨机转速过大时［图 1-10（d）］，研磨球以及其中的物料受到的离心力超过其重力作用，而使其会随筒体旋转，失去物料与研磨球的相对运动；而只有当转速适宜时［图 1-10（b）］，研磨球才会随筒体上升至一定

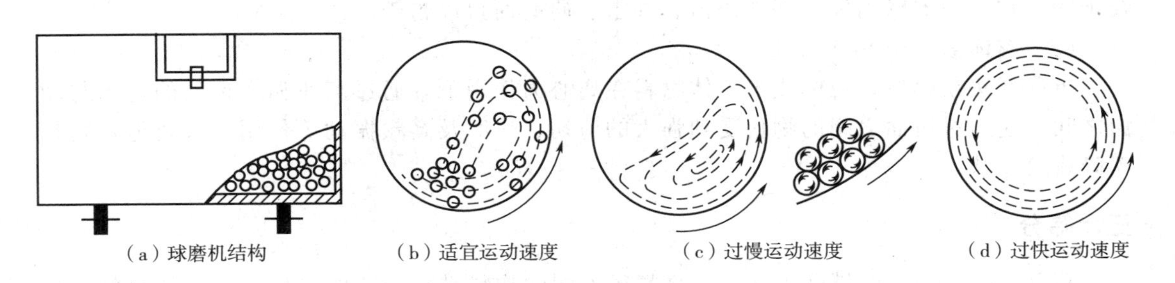

图 1-10　球磨机与球的运动状态

高度后，沿抛物线抛落，靠冲击和研磨的联合作用将物料粉碎，此时粉碎效果最佳。由此可以看出，圆筒的转速对物料粉碎效果影响较大。临界转速 v_c（critical velocity）是使球磨机的球体在离心力的作用下开始随圆筒做旋转运动的速度。一般筒体的适宜转速为 $(0.5 \sim 0.8)v_c$。

$$v_c = (gr)^{\frac{1}{2}}$$

式中，r 为离心半径；g 为重力加速度。

除了筒体转速之外，研磨球的材质、大小、筒体内球和物料的总装量都会影响粉碎效果。一般筒体内球和物料的总装量为筒体总容积的 50%～60%为宜。

球磨机的结构和粉碎机理比较简单。该法粉碎效率较低，粉碎时间较长，但由于密闭操作，适合于贵重物料的粉碎、无菌粉碎、干法粉碎、湿法粉碎、间歇粉碎，必要时可充入惰性气体，所以适应范围很广。

（3）冲击式粉碎机（impact mill）

冲击式粉碎机对物料的作用力以冲击力为主，适用于脆性、韧性物料以及中碎、细碎、超细碎等，应用广泛，因此具有“万能粉碎机”之称。其典型的粉碎结构有冲击柱式（图 1-11）和锤击式（图 1-12）。

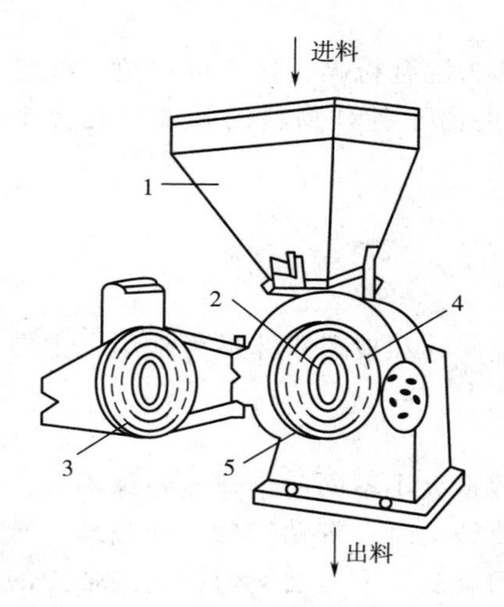

图 1-11　冲击柱式粉碎机

1—料斗；2—转盘；3—固定盘；4—冲击柱；5—筛圈

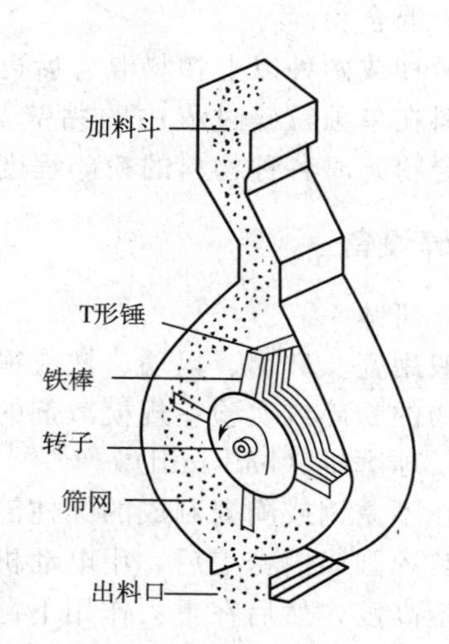

图 1-12　锤击式粉碎机

（4）流能磨（fluid-energy mills）

亦称气流粉碎机（jet mill），物料被气流带入粉碎室被气流分散、加速，并在粒子与粒子间、粒子与器壁间发生强烈撞击、冲击、研磨而得以粉碎。

（5）胶体磨（colloid mill）

也称湿法粉碎机，流体或半流体物料在离心力作用下，通过高速相对运动的定齿与动齿之间，使通过齿面之间的物料受到强大的剪切、研磨及高频振动等作用，有效地将物料粉碎成胶体状。

三、筛分

筛分（sieving）即借助于筛网，将粒径不同的物料进行分离的操作。筛分的目的在于使得粒子群粒径分布范围变小、粒径趋于均匀一致，有利于多种制剂操作。

颗粒剂、散剂等固体制剂都有关于粒子粒度要求，而且在混合、制粒、压片等单元操作中，粒径的大小、粒径分布对于混合均匀程度、粒子的流动性、充填性、重量差异、片剂的硬度、裂片等都有显著影响。筛分法操作简单、经济，是医药工业中应用最为广泛的分级操作之一。

1. 筛分的影响因素

① 物料的含湿量：含湿量增加，黏性增加，易成团或堵塞筛孔。

② 粒子的性状：粒子表面状态不规则，密度小则不宜过筛。

③ 物料的粒径分布：粒径越小，因表面能、静电等影响容易使粒子聚结而堵塞筛孔无法过筛。

④ 筛面运动性质及其装置参数：筛分装置的参数，如筛面的倾斜角度、振动方式、运动速度、筛网面积、物料层厚度以及过筛时间等，应保证物料与筛面充分接触。

2. 筛分设备

筛分常用的药筛分为冲眼筛和编织筛。冲眼筛系在金属板上冲出圆形的筛孔而成。其筛孔坚固，不易变形，多用于高速旋转粉碎机的筛板及药丸等粗颗粒的筛分。编织筛是具有一定机械强度的金属丝（如不锈钢、铜丝、铁丝等），或其他非金属丝（如丝、尼龙丝、绢丝等）编织而成，其优点是单位面积上的筛孔多、筛分效率高，可用于细粉的筛选。用非金属制成的筛网具有一定弹性，耐用。尼龙丝对一般药物较稳定，在制剂生产中应用较多，但编织筛线易移位致使筛孔变形，分离效率下降。

药筛的孔径大小用筛号表示。我国有药典标准和工业标准。《中国药典》2020年版标准筛的规格见表1-4。工业标准筛用“目”表示筛孔的大小，“目”是指每英寸（2.54cm）长度内所编织的筛孔的数目。

表1-4 《中国药典》2020年版标准筛规格表

筛号	一号筛	二号筛	三号筛	四号筛	五号筛	六号筛	七号筛	八号筛	九号筛
筛孔平均内径/μm	2000±70	850±29	355±13	250±9.9	180±7.6	150±6.6	125±5.8	90±4.6	75±4.1
目号	10	24	50	65	80	100	120	150	200

《中国药典》2020年版将固体粉末分为六个等级，还规定了各个剂型所需要的粒度。

① 最粗粉　能全部通过一号筛，但混有能通过三号筛不超过20%的粉末；

② 粗粉　能全部通过二号筛，但混有能通过四号筛不超过40%的粉末；

③ 中粉　能全部通过四号筛，但混有能通过五号筛不超过60%的粉末；

④ 细粉　能全部通过五号筛，并含能通过六号筛不少于95%的粉末；

⑤ 最细粉　能全部通过六号筛，并含能通过七号筛不少于95%的粉末；

⑥ 极细粉　能全部通过八号筛，并含能通过九号筛不少于95%的粉末。

医药工业中常用筛分设备的操作要点是将欲分离的物料放在筛网上面，采用几种方法使粒子运动，并与筛网面接触，小于筛孔的粒子漏到筛下。根据筛面的运动方式可分为摇动筛以及振荡筛等。

（1）摇动筛

根据药典规定的筛序，按孔径大小从上到下排列，最上为筛盖，最下为接收器，如图1-13（a）。把物料放入最上部的筛上，盖上盖，固定在摇动台进行摇动和振荡数分钟，即可完成对物料的分级。此种筛可用电机带动，水平旋转的同时定时地在上部锤子的敲打下进行上下振荡运动。处理量少时可用手摇动。常用于测定粒度分布或少量剧毒药、刺激性药物的筛分。

(2) 振荡筛

图 1-13 (b) 所示为机械振荡筛的外形。在电机的上轴及下轴各装有不平衡重锤，上轴穿过筛网与其相连，筛框以弹簧支撑于底座上，上部重锤使筛网产生水平圆周运动，下部重锤使筛网发生垂直方向运动，故筛网的振荡方向有三维性，物料加在筛网中心部位，筛网上的粗料由上部排出口排出，筛分的细料由下部的排出口排出。振荡筛具有分离效率高，单位筛面处理能力大，维修费用低，占地面积小，重量轻等优点，被广泛应用。

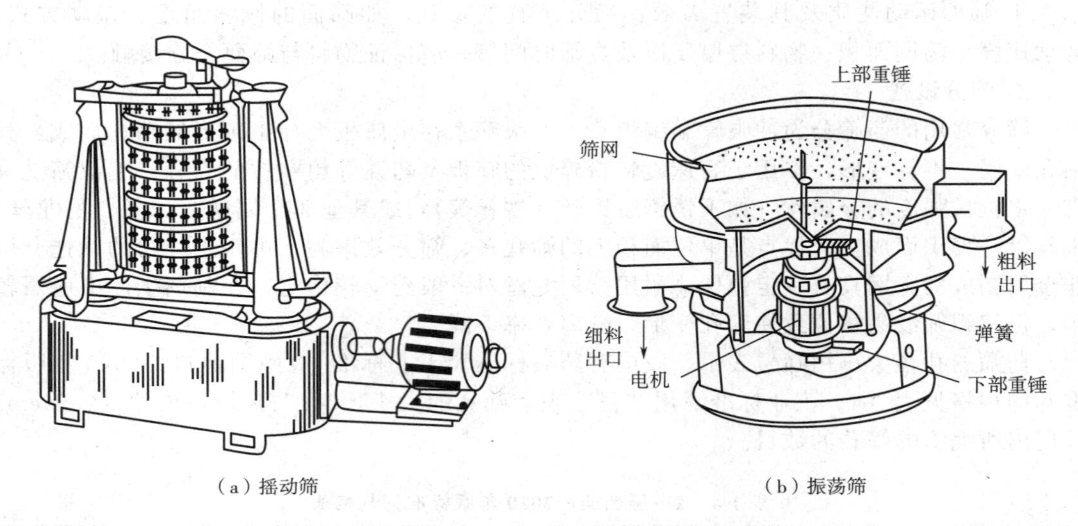

(a) 摇动筛　　(b) 振荡筛

图 1-13　筛分设备

此外，还有其他筛分设备，如滚筒筛、多用振动筛等。

第四节　混合

将两种以上组分的物质均匀混合的操作统称为混合。根据物质的形态，广义上混合包括液-液、固-液、气-液、固-固混合，而通常我们将固体粒子间的称为混合，少量液体与固体混合的情况则称为捏合（kneading）。

混合操作以含量的均匀一致为目的，是保证制剂产品质量的重要措施之一。固体的混合不同于互溶液体的混合，是以固体粒子作为分散单元，因此在实际混合过程中完全混合几乎办不到。为了满足混合样品中各成分含量的均匀分布，应尽量减小各成分的粒度，以提高分散度和混合均匀度。

一、混合机理

粒子经随机的相对运动完成混合，混合机理概括起来有 Lacey 提出的三种运动方式。

① 对流混合（convective mixing）　固体粒子群在机械转动的作用下，产生较大的位移时产生的总体混合。

② 剪切混合（shear mixing）　由于粒子群内部力的作用结果，产生滑动面，破坏粒子群的团聚状态而进行的局部混合。

③ 扩散混合（diffusive mixing） 由于粒子的无规则运动，在相邻粒子间发生相互交换位置而进行的局部混合。

上述三种混合方式在实际操作过程中并不是独立进行，而是相互联系的。只不过所表现的程度因混合器的类型、粉体性质、操作条件等不同而存在差异而已。一般来说，在混合开始阶段以对流与剪切混合为主导作用，随后扩散的混合作用增加。必须注意，混合不同粒径的、自由流动的粉体时常伴随分离而影响混合程度。

二、混合的影响因素

在混合机内多种固体物料进行混合时往往伴随着离析现象（segregation）。离析是与粒子混合相反的过程，会妨碍混合，使已混匀的物料重新分层，降低混合程度。在实际的混合操作中影响混合速度及混合度的因素有很多，归纳起来主要有物料因素、设备因素、操作因素等。

1. 物料因素

物料的粒径、粒度分布、粒子形态及表面状态、密度、含水量、流动性（休止角、内部摩擦系数等）、黏附性、团聚性等都会影响混合过程。尤其是在各个成分的粒径、粒子形态、密度等存在显著差异时，则不易均匀混合，而且混合或放置过程中也容易发生离析现象。一般情况下，①小粒径、大密度的颗粒易于在大颗粒的缝隙中往下流动而影响均匀混合，但当粒径小于30μm时，粒子密度的影响可忽略；②球形颗粒容易流动而易产生离析；③当混合物料中含有少量水分，可有效地防止离析。

2. 设备因素

混合设备的形状及尺寸、内部插入物（挡板、强制搅拌等）、材质及表面情况等都可能影响混合的效果。应根据物料的性质选择适宜的混合设备。

3. 操作因素

物料的充填量、装料方式、混合比、混合机的转动速度及混合时间等操作因素均会影响物料的混合程度。如V形混合机的装料量占容器体积的30%左右时，混合效果最佳。转动型混合机的转速过低时，粒子在物料层表面向下滑动，各成分粒子的粉体性质差距较大时易产生分离现象；转速过高时，粒子受离心力的作用随转筒一起旋转而几乎不产生混合作用。

为了达到均匀的混合效果，以下一些问题，必须给予充分考虑。

① 各组分的混合比例 当各组分间比例悬殊时，应当采用等量递加混合法（又称配研法）进行混合，即量小药物研细后，加入等体积其他细粉混匀，如此倍量增加混合至全部混匀，再过筛混合。

② 各组分的密度 当各组分间密度悬殊时，密度小者浮于上面，密度大者沉于底部，则不易混匀。操作时应注意装料顺序，将密度小者先放入，然后再放入密度大者。但当粒径小于30μm时，粒子的密度大小将不会成为导致分离的因素。

③ 各组分的黏附性与带电性 有的药物粉末会黏附于混合器上，既影响混合效果，又会造成物料的损失。一般应将量大或不易被吸附的物料垫底，量少或易被吸附者后加入。物料在混合过程中容易摩擦产生静电时，通常可加少量表面活性剂或润滑剂加以克服，如硬脂酸镁、十二烷基硫酸钠等具有抗静电作用。

④ 含液体或易吸湿成分的混合 当处方中含有液体组分时，可用处方中其他固体组分或吸收剂将液体吸收后操作。常用的吸收剂有磷酸钙、白陶土、蔗糖和葡萄糖等。若含有易吸湿组分，则应针对吸湿原因加以解决。如结晶水在研磨时释放而引起湿润，则可用等物质的量无水物代替；若某组分的吸湿性很强（如胃蛋白酶等），则可在低于其临界相

对湿度条件下，迅速混合并密封防潮。

⑤ 形成低共熔混合物　某些物料按一定比例混合，可形成低共熔混合物而在室温条件下出现润湿或液化现象。如水合氯醛、樟脑、麝香草酚等，以一定比例混合研磨时极易润湿、液化，而形成低共熔混合物。操作过程中应尽量避免形成低共熔物的混合比。

三、混合设备

实验室常用的混合方法有搅拌混合、研磨混合和过筛混合。而批量生产时常用的混合设备大致分为两大类，即容器旋转型和容器固定型。

1. 容器旋转型混合机

借助容器本身的旋转作用带动物料上下运动而使物料混合的设备。其形式多样，主要有水平圆筒形混合机、V形混合机、双锥形混合机等，如图1-14。其中，V形混合机以对流混合为主，混合速度快，在容器旋转型混合机中其混合效果最好，应用非常广泛（见图1-15）。

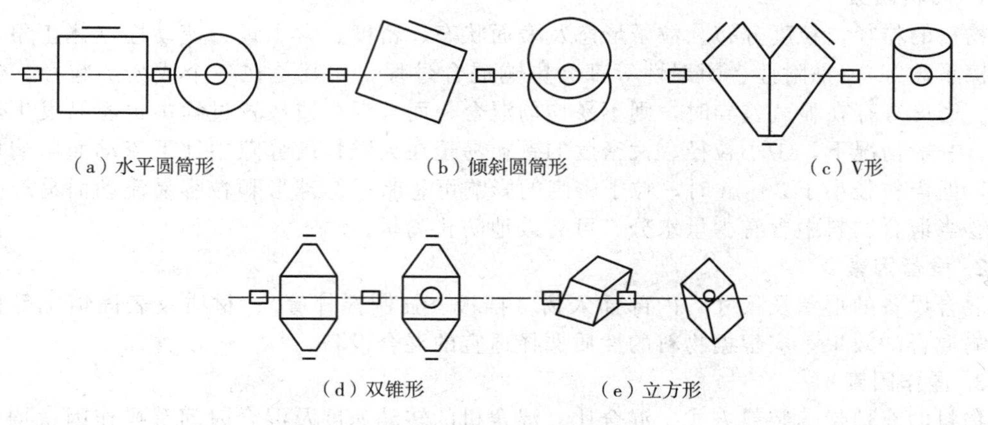

图1-14　旋转型混合机形式

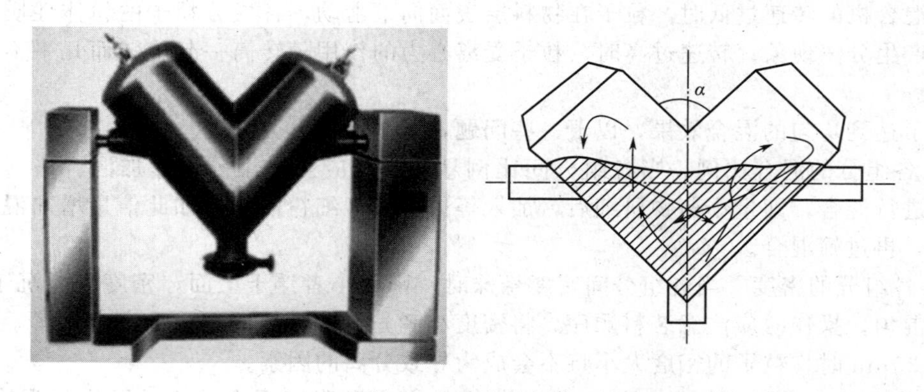

图1-15　V形混合器

此外，三维运动混合机也是近些年应用比较多的一种容器旋转型混合机。三维运动混合机在运行中，由于混合桶体具有多方向运转动作，使物料在混合过程中，加速了流动和扩散作用，同时避免了一般混合机因离心力作用所产生的物料密度偏析和积累现象，混合无死角，能有效确保混合物料的最佳品质。

2. 容器固定型混合机

容器固定型混合机是物料在容器内靠叶片、螺旋带或气流的搅拌作用进行混合的设备。主要有搅拌槽式混合机、锥形垂直螺旋混合机，如图 1-16 和图 1-17 所示。

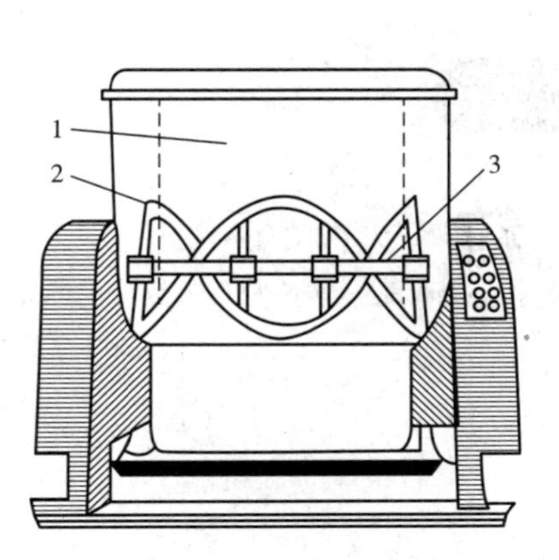

图 1-16　搅拌槽式混合机

1—混合槽；2— 搅拌桨；3— 固定轴

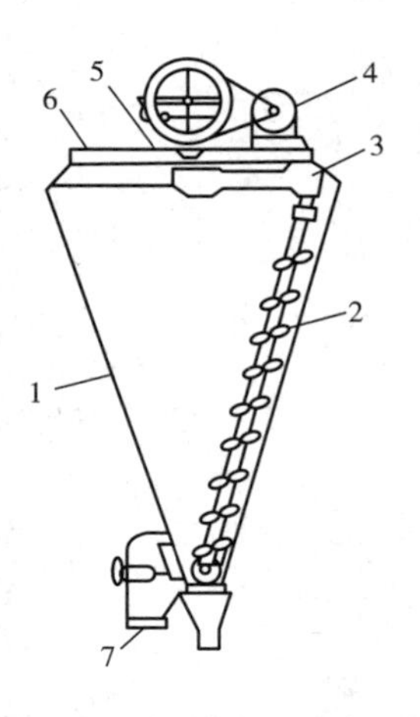

图 1-17　锥形垂直螺旋混合机

1—锥形筒体；2— 螺旋桨；3— 摇动臂；4—电机；5—减速器；6—加料口；7—出料口

第二章

制　粒

制粒（granulation）是指原、辅料经过加工，制成具有一定形状和大小粒状物的操作。通过这样的操作使得细粒物料团聚为较大粒度的产品，它几乎与所有的固体制剂的制备有关。

制粒的目的主要包括：①改善物料的流动性，对于流动性差的物料细粉，制成颗粒可改善其流动性，保证物料分剂量的准确；②改善物料的可压性，制粒可增加物料的堆密度，压片时空气容易溢出，改善其压力的均匀传递，减少松片、裂片现象的发生；③防止物料中各成分的离析；④防止生产过程中粉尘飞扬及在器壁上的吸附。

制粒方法可归纳为三大类：湿法制粒（挤压过筛制粒、高速搅拌制粒、流化床制粒、挤出滚圆制粒、喷雾干燥制粒）、干法制粒和其他制粒方法（熔融制粒、液相中球晶造粒等）。

第一节　湿法制粒

湿法制粒（wet granulation）是指将液体黏合剂加入药物粉末中，依靠黏合剂的架桥或黏结作用使粉末聚结在一起而制备颗粒的方法。由于湿法制粒的颗粒具有外形美观、流动性好、耐磨性较强、压缩成形性好等优点，在医药工业中应用最为广泛。湿法制粒通常可采用挤压过筛制粒法、高速搅拌制粒法、流化床制粒法（一步制粒法）、喷雾干燥制粒法等。

一、湿法制粒机理

Rumpf 提出粒子间的结合力有五种不同方式：

① 由范德华力、静电力和磁力产生的固体粒子间引力　这种作用力在粒径$<50\mu m$时非常显著，而且随粒子间距离的减少而增大，这种力在干法制粒中意义更大。

② 自由流动液体（freely movable liquid）　在粉末粒子间架桥而产生的界面张力和毛细管力。这种液体的加入量对制粒产生较大影响，液体的加入量可用饱和度 S 表示：在颗粒的空隙中液体架桥剂所占体积（V_L）与总空隙体积（V_T）之比，即 $S=V_L/V_T$ 。液体在粒子间的充填方式见图 1-18。

液体在颗粒内以少量（钟摆状）存在时，颗粒松散；以毛细管状存在时，颗粒发黏；以索带状存在时得到较好的颗粒。可见液体的加入量对湿法制粒起着重要作用。

③ 不可流动液体（immobile liquid）产生的附着力与黏着力　不可流动的高黏度液体

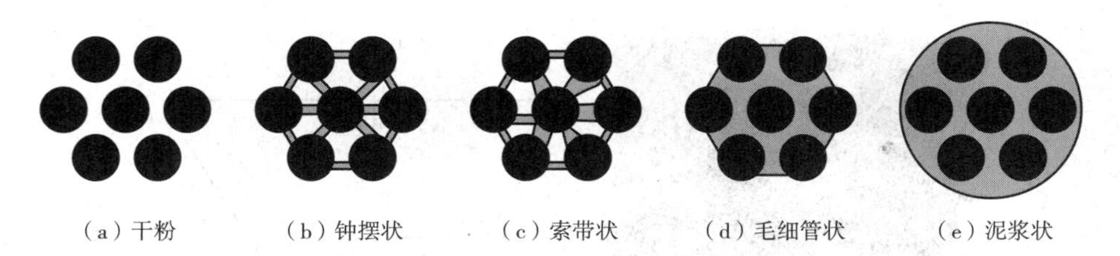

图 1-18 液体的充填方式

的表面张力很小，易涂布于固体表面，产生强大的结合力。淀粉糊制粒产生这种结合力，如图 1-19 (a)。

④ 粒子间固体桥（solid bridges） 固体桥［图 1-19 (b)］的形成机理可归纳为：结晶析出，黏合剂固化，熔融物冷却固结，烧结和化学反应等。湿法制粒后干燥时产生黏合剂的固化或结晶析出的固体桥，熔融制粒或压片时产生熔融-冷凝固体桥。

⑤ 粒子间机械镶嵌（mechanical interlocking bonds） 机械镶嵌发生在块状颗粒的搅拌和压缩操作中。结合强度较大［如图 1-19 (c)］，但一般制粒时所占比例不大。

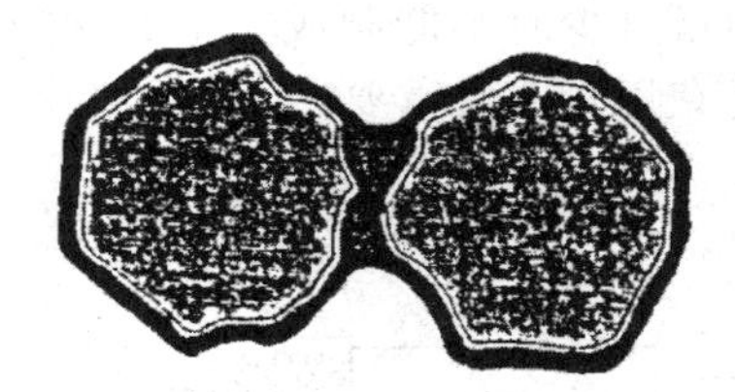
(a) 粒子表面附着液层的架桥

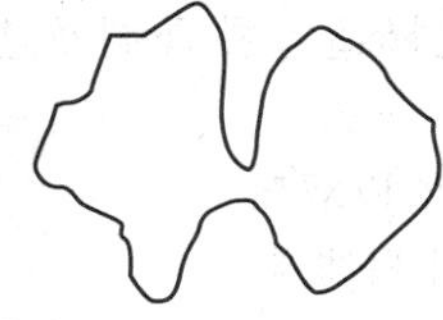
(b) 粒子间固体桥

(c) 粒子间机械镶嵌

图 1-19 粒子间的架桥方式

由液体架桥产生的结合力主要影响粒子的成长过程、颗粒的粒度分布等，而固体桥的结合力直接影响颗粒的强度和其他性质，如溶解度。

湿法制粒首先是液体将粉粒表面润湿，水是制粒过程中最常用的液体，制粒时含湿量对颗粒的成长非常敏感，而且影响颗粒的粒度分布。研究结果表明，含湿量大于 60% 时粒度分布较均匀，含湿量在 45%～55% 范围时粒度分布较宽。

在湿法制粒时产生的液体桥经干燥后固化，形成一定强度的颗粒。从液体架桥到固体架桥的过渡主要有以下两种形式：

① 架桥液中被溶解物质（可溶性黏合剂或药物）经干燥后析出结晶而形成固体架桥；

② 高黏度的液体架桥剂在干燥时溶剂蒸发，残留的黏合剂成为固体架桥。

二、湿法制粒方法与设备

1. 挤压制粒

先将药物粉末与处方中的辅料混合均匀后加入黏合剂制备软材，然后将软材用强制挤压的方式通过具有一定大小的筛孔而制粒的方法称为挤压制粒。少量制备时可人工将软材挤压通过筛网制粒；大批量生产时多采用制粒设备，如摇摆式颗粒机、螺旋挤压制粒机、旋转挤压制粒机等。

(1) 摇摆式制粒机

摇摆式制粒机设备结构简单，易于操作，可用于湿法制粒，也可用于整粒。如图 1-20 所示。

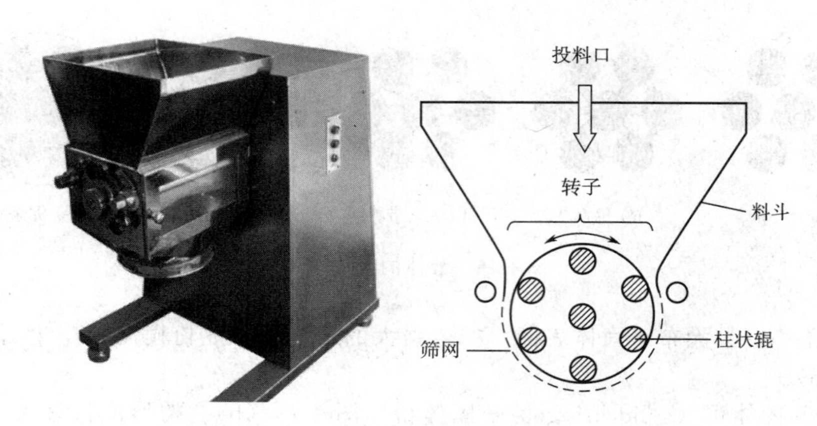

图 1-20 摇摆式制粒机

摇摆式制粒机借助辊轮的摇摆式往复转动，将软材挤压通过筛网，得到湿颗粒。制得颗粒的大小可通过选择不同孔径的筛网来控制，操作简便。缺点是采用摇摆式制粒机时，需要事先用其他设备制软材（捏合）。而且制软材（捏合）是关键步骤，黏合剂用量过多时软材被挤压成条状，并重新黏合在一起；黏合剂用量过少时不能制成完整的颗粒，而成粉状。因此，在制软材的过程中选择适宜黏合剂及适宜用量非常重要。

（2）螺旋挤压制粒机

螺旋挤压制粒机分为单螺杆型和双螺杆型，挤出形式有前出料和侧出料两种（见图 1-21）。以双螺旋挤压制粒机为例，制粒时将物料加于混合室内双螺杆上部的加料口，两个螺杆分别由齿轮带动做相向旋转，借助于螺杆上螺旋的推力将物料挤压到右端的制粒室，在制粒室内被滚筒挤压，通过筛筒的筛孔而形成颗粒。

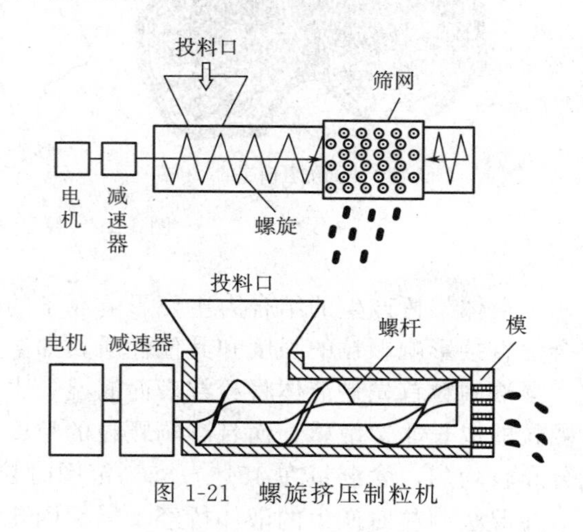

图 1-21 螺旋挤压制粒机

（3）旋转挤压制粒机

该设备的主要部件是由电机带动旋转的圆环形筛框，筛框内置有筛圈，筛圈内有 1～3 个可自由旋转或由另一电机带动旋转的挤压通过筛孔而成粒（见图 1-22）。挤压制粒的压力由筛圈与辊子间的距离调节。

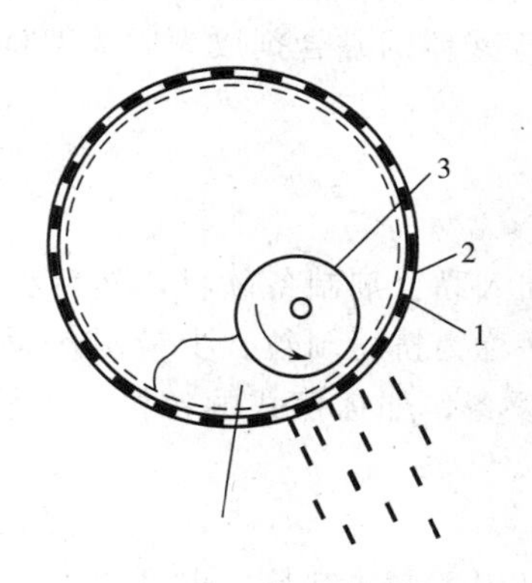

图 1-22 旋转挤压制粒机

1—筛圈；2—补强圈；3—挤压辊轮

2. 高速搅拌制粒

高速搅拌制粒是将药物粉末和辅料加入高速搅拌制粒机容器内，搅拌混匀后加入黏合剂高速搅拌制粒的方法。图 1-23 所示为常用高速搅拌制粒装置。虽然搅拌器的形状多种多样，其结构主要由容器、搅拌桨、切割刀所组成。

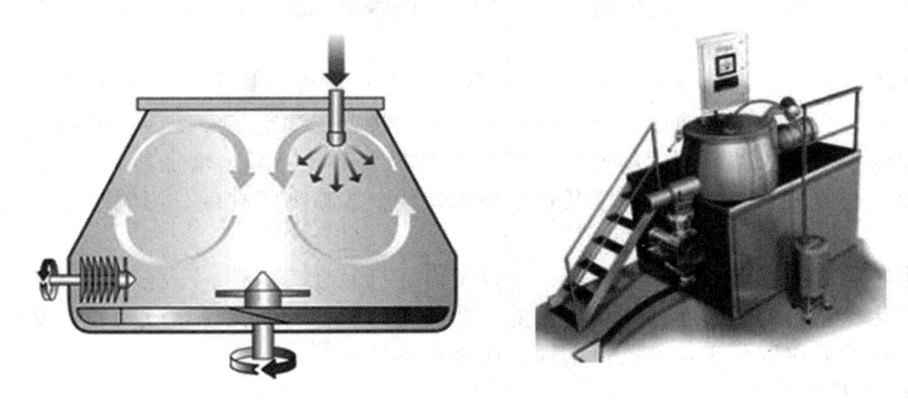

图 1-23　高速搅拌制粒装置

搅拌制粒的机理是：在搅拌桨的作用下使物料混合、翻动、分散甩向器壁后向上运动，形成较大颗粒；在切割刀的作用下将大块颗粒绞碎、切割，并和搅拌桨的搅拌作用相呼应，使颗粒得到强大的挤压、滚动而形成致密且均匀的颗粒。粒度的大小由外部破坏力与颗粒内部团聚力所平衡的结果而定。

高速搅拌制粒的特点是：①制得的颗粒粒径分布均匀、流动性好、能够满足高速压片机的要求，提高片剂的质量和压片效率；②在一个容器内进行混合、捏合、制粒过程，与传统的挤压制粒相比，具有省工序、操作简单、快速等优点；③黏合剂用量比传统工艺减少 15%～25%；④可制备致密、高强度，适于填充胶囊剂的颗粒，也可制备松软、适合压片的颗粒，且可减少粉尘飞扬，因此在制药工业中的应用非常广泛。

高速搅拌制粒法中，影响粒子大小与致密性的主要因素有：①黏合剂的种类、用量、加入方式；②原料的粒径；③搅拌速度；④搅拌桨的形状与角度、切割刀的位置等。

3. 流化床制粒

流化床制粒（fluid bed spray granulation）指在流化床内，当物料粉末在气流作用下保持悬浮的流化状态时，向流化层喷入液体黏合剂，使粉末聚结成颗粒的方法。由于操作过程中粉末粒子的运动状态与液体沸腾相似，故也称之为“沸腾制粒”，又由于在一台设备内可一次性完成混合、黏结成粒、干燥等过程，所以又称为“一步制粒法”。

流化床制粒机的示意图如图 1-24 所示。主要结构由容器、气体分布装置（如筛板等）、喷嘴、气固分离装置（如图中滤袋）、空气进口和出口、物料排出口等组成。制粒时药物粉末

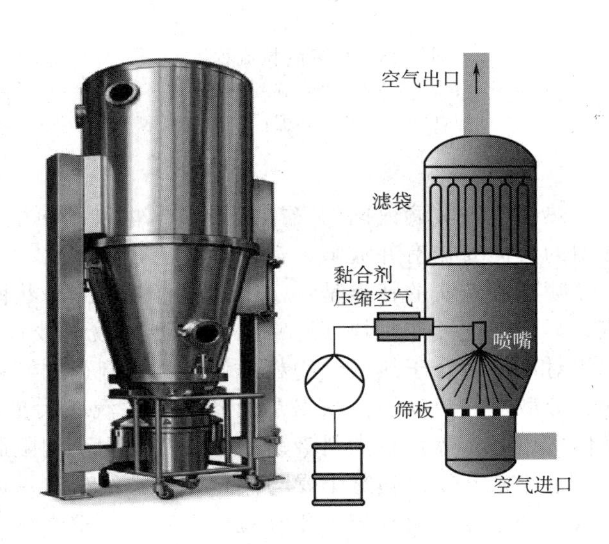

图 1-24　流化床制粒机示意图

与各种辅料装入容器中，通过床层下部筛板吹入适宜温度的气流，使物料在流化状态下混合均匀，然后开始喷入液体黏合剂，黏合剂液体均匀喷于悬浮松散的粉末层时，液滴使其接触到的粉末润湿并聚结在液滴周围形成粒子核，同时再由继续喷入的液滴落在粒子核表面产生黏合架桥作用，使粒子核与粒子核之间、粒子核与粒子之间相互结合，逐渐长大成较大的颗粒。干燥后，粉末间的液体架桥转化为固体桥，就形成了多孔性、表面积较大的柔软颗粒。

流化床制粒的影响因素较多，除了黏合剂、原料粒度的影响外，操作条件的影响较大。主要有①空气的上升速度，影响物料的流态化状态；②空气温度，影响物料表面的润湿与干燥的平衡；③黏合剂的喷雾量，影响粒径的大小（喷雾量增加粒径变大）；④喷雾速度，影响粉体粒子间的结合速度及粒径的均匀性；⑤喷嘴的高度，影响喷雾均匀性与润湿程度等。

流化床制粒的特点如下：①在同一台设备内进行混合、制粒、干燥，甚至是包衣等操作；②简化工艺、节约时间、劳动强度低；③制得的颗粒为多孔性柔软颗粒，密度小、强度小，且颗粒的粒度分布均匀、流动性、压缩成形性好。

4. 喷雾干燥制粒

喷雾干燥制粒是将药物溶液或混悬液喷雾于干燥室内，在热气流的作用下使雾滴中的水分迅速蒸发以直接获得球状干燥细颗粒的方法。该法在数秒内即完成药液的浓缩、干燥与制粒过程，原料液含水量可达70%～80%以上。

图1-25为喷雾制粒的流程图。原料液由贮槽7进入雾化器1喷成液滴分散于热气流中，空气经蒸汽加热器5及电加热器6加热后沿切线方向进入干燥室2与液滴接触，液滴中的水分迅速蒸发，液滴经干燥后形成固体粉末落于器底，干品可连续或间歇出料，废气由干燥室下方的出口流入旋风分离器3，进一步分离固体粉末，然后经风机4和袋滤器后放空。

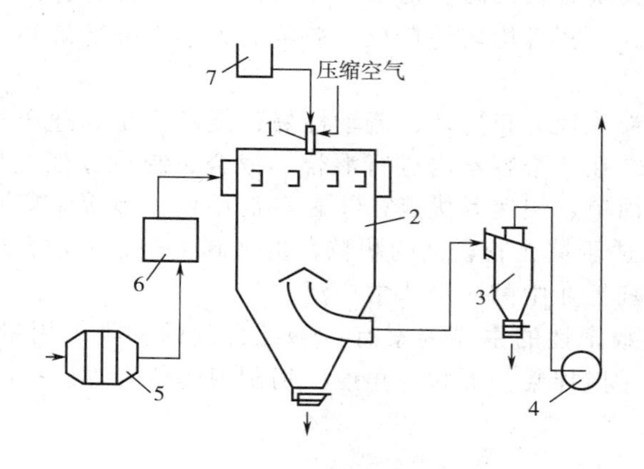

图1-25　喷雾制粒流程图

1—雾化器；2—干燥室；3—旋风分离器；4—风机；5—加热器；6—电加热器；7—料液贮槽

原料液的喷雾是靠雾化器来完成，因此雾化器是喷雾干燥制粒机的关键部件。常用雾化器有三种型式，即压力式雾化器、气流式雾化器、离心式雾化器。

热气流与雾滴流向的安排主要根据物料的热敏性、所要求的粒度、粒密度等来考虑。常用的流向安排有并流型、逆流型及混合流型。

喷雾制粒法的特点是：①由液体直接得到粉状固体颗粒；②热风温度高，雾滴比表面积大，干燥速度非常快（通常只需数秒～数十秒），物料的受热时间极短，干燥物料的温度相对低，适合于热敏性物料的处理；③制得的颗粒多为中空球状粒子，具有良好的溶解性、分散性和流动性。缺点是设备高大、汽化大量液体，因此设备费用高、能量消耗大、操作费用高；黏性较大料液易粘壁使其使用受到限制，需用特殊喷雾干燥设备。

近年来开发出喷雾干燥与流化床制粒结合在一体的新型制粒机。由顶部喷入的药液在干燥室经干燥后落到流态化制粒机上制粒，整个操作过程非常紧凑。

5. 复合型制粒

复合型制粒机是搅拌制粒、转动制粒、流化床制粒法等各种制粒技能结合在一起，使混合、捏合、制粒、干燥、包衣等多个单元操作在一个机器内进行的新型设备。复合型制粒方法以流化床为母体进行多种组合，即搅拌和流化床组合的搅拌流化床型、转盘和流化床组合的转动流化床型、搅拌-转动和流化床组合在一起的搅拌转动流化床型等，图 1-26 表示复合型制粒机的典型结构。这种方法综合了各种设备的功能特点，取长补短，功能多，占地面积小，省功省力在自动化的实施中具有无可估量的价值。

（a）搅拌流化床　　（b）转动流化床　　（c）搅拌转动流化床

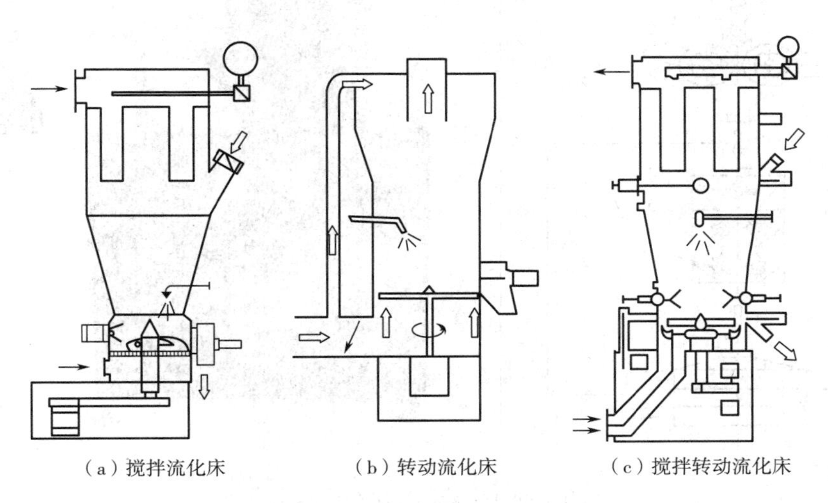

图 1-26　复合型制粒机示意图

第二节　干法制粒

干法制粒（dry granulation）是将药物和辅料的粉末混合均匀，压缩成大片状或板状后，粉碎成小颗粒的方法。该法靠压缩力使粒子间产生结合力，其制备方法有压片法（slugging）和滚压法（roller compaction）。干法制粒压片法的工艺流程如图 1-27 所示。

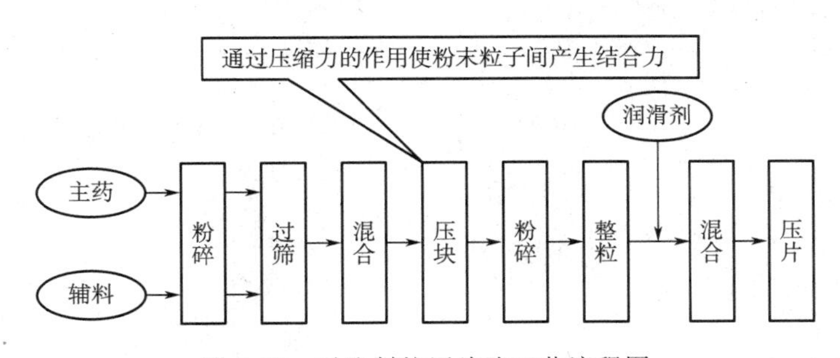

图 1-27　干法制粒压片法工艺流程图

压片法系利用重型压片机将物料粉末压制成直径为 20～25mm 的胚片，然后破碎成一定大小颗粒的方法。

滚压法系利用转速相同的两个滚动圆筒之间的缝隙，将药物粉末滚压成板状物，然后破碎成一定大小颗粒的方法。

图 1-28 表示干法制粒机结构的示意图与其操作流程。将药物粉末投入料斗 1 中，用

加料器 2 将粉末送至压轮 3 进行压缩，由压轮压出的固体胚片落入料斗，被粗碎轮 4 破碎成块状物，然后依次进入具有较小凹槽的中碎轮 5 和细碎轮 6 进一步破碎制成粒度适宜的颗粒，最后进入振荡筛进行整粒。粗粒重新送入 4 继续粉碎，过细粉末送入料斗 1 与原料混合重复上述过程。

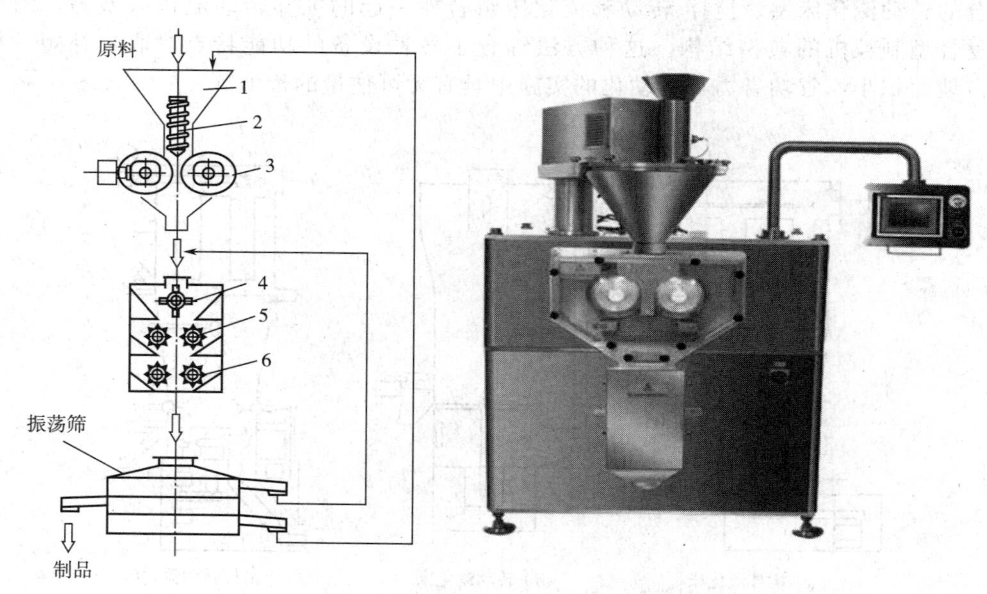

图 1-28　干法制粒机结构示意图

1—料斗；2—加料器；3—压轮；4—粗碎轮；5—中碎轮；6—细碎轮

干法制粒压片法常用于热敏性物料、遇水易分解的药物，如克拉霉素、阿司匹林等。干法制粒时需要加入干黏合剂，以增加粉末物料间的结合力，保证片剂的硬度与脆碎度合格。常用的干黏合剂有甲基纤维素、羟丙甲纤维素等。干法制粒方法简单、省工省时，但应注意由于高压引起的晶型转变及活性降低等问题。

第三章

干　燥

干燥（drying）是利用热能或其他适宜的方法去除湿物料中的溶剂，从而获得干燥固体产品的操作过程。在制剂的生产中需要干燥的物料多数为湿法制粒所得的物料，也有固体原料药以及中药浸膏等。干燥的目的：①使物料便于加工、运输、贮藏和使用；②保证药品的质量和提高药物的稳定性；③改善粉体的流动性和充填性等。但过分干燥容易产生静电，或压片时易产生裂片等，给生产过程带来麻烦，因此在制剂过程中物料的含湿量为重要参数之一，应根据情况适当控制水分含量。在制剂生产中需要干燥的物料多数为湿法制粒物，但也有固体原料药以及中药浸膏等。

干燥的温度应根据药物的性质而定，个别对热稳定的药物，如磺胺嘧啶等，可适当放宽到70～80℃，甚至可以提高到80～100℃以缩短干燥时间。一些含结晶水的药物，如硫酸奎宁，干燥温度不宜过高，时间不宜过长，否则将失去过多的结晶水，使颗粒松脆而影响压片和片剂崩解。干燥时应控制合适的温度，以免颗粒表面变干结成一层硬膜而影响内部水分的蒸发，一般以50～60℃为宜。

颗粒的干燥程度应适当，因为干颗粒的含水量对片剂成型及质量有很大影响。通常干颗粒的含水量应控制在1%～3%，含水量太多，压片时易黏冲，含水量太低易于松片裂片。但对某些品种应视具体情况而定，如阿司匹林片的干颗粒含水量应低于0.3%～0.6%，否则药物易水解；四环素片要求水分控制在10%～14%之间；对氨基水杨酸钠片应为15%左右，否则影响压片或片剂崩解。

第一节　干燥的原理

物料的干燥是传热传质同时进行的过程。图1-29表示对流干燥时热空气与湿物料之间发生传热和传质过程的示意图。物料表面温度为t_w；湿物料表面的水蒸气分压为p_w（物料充分润湿时p_w为t_w时的饱和蒸气压）；紧贴在物料表面有一层气膜，其厚度为δ；气膜以外是热空气主体，其温度为t，水蒸气分压为p。因为热空气温度t高于物料表面温度t_w，热能从空气传递到物料表面，其传热推动力是温差$(t-t_w)$。而物料表面产生的水蒸气压p_w大于空气中的水蒸气分压p，因此水蒸气从物料表面向空气扩散，其扩散推动力为(p_w-p)，

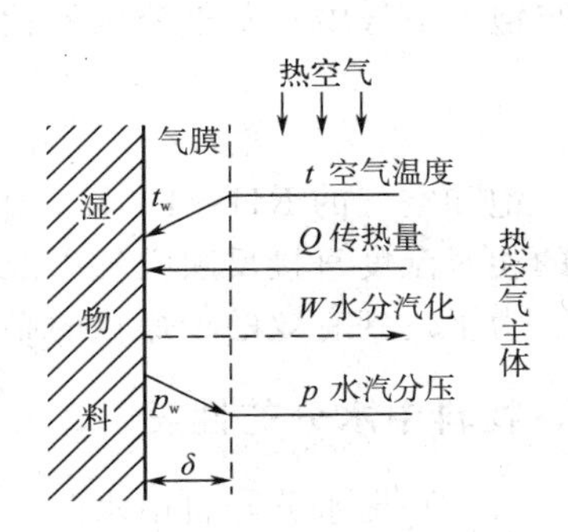

图1-29　热空气与物料间的传热与传质

湿物料得到热量后，其表面水分首先汽化，内部的水分则以液态或气态扩散至物料表面，并不断向热空气中汽化，这是一个传质过程。这样热空气不断地把热能传递给湿物料，而湿物料中的水分不断地汽化到空气中，直至物料中所含水分量达到该空气的平衡水分为止，湿物料中的湿分不断减少而达到干燥的效果。

干燥过程得以进行的必要条件是被干物料表面所产生的水蒸气分压 p_w 大于干燥介质中的水蒸气分压 p，即 $p_w-p>0$；如果 $p_w-p=0$，表明干燥介质与物料的水分处于平衡状态，干燥即行停止；如果 $p_w-p<0$，表明物料不仅不能被干燥，反而会吸潮。

物料的干燥速率与物料中空气的性质、水分的性质有关。

一、湿空气的性质

我们周围的空气是绝干空气和水蒸气的混合物，称为湿空气。能用于干燥的湿空气必须是不饱和空气，从而继续容纳水分。在干燥过程中，采用热空气作为干燥介质的目的不仅是提供水分汽化所需的热量，而且是降低空气的相对湿度，以提高空气的吸湿能力。空气性质对物料的干燥影响很大，而且随着干燥过程的进行不断发生变化。

(1) 干球温度与湿球温度

① 干球温度（dry bulb temperature）是用普通温度计在空气中直接测得的温度，常用 t 表示。

② 湿球温度（wet bulb temperature）是在温度计的感温球包以湿纱布放置在空气中，传热和传质达到平衡时所测得的温度，常用 t_w 表示，见图 1-30。湿球因表面蒸发需要消耗热量，从而使湿球温度降低。当热交换达到平衡时，湿球温度计所显示的度数即为湿球温度。

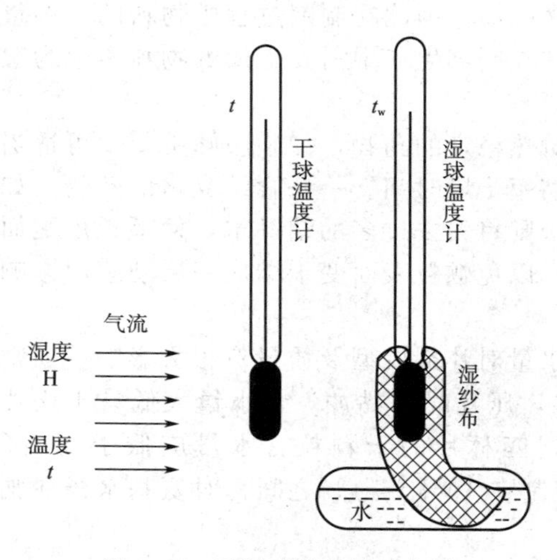

图 1-30　干湿球温度计示意图

湿球温度与空气状态有关，倘若空气达到饱和时，湿球温度与干球温度相等；空气未饱和时湿球温度低于干球温度；空气湿度越小，干球温度与湿球温度的差值越大。

(2) 湿度与相对湿度

空气的湿度（humidity）系指单位质量干空气带有的水蒸气的质量（kg 水蒸气/kg 干空气）。

相对湿度（relative humidity，RH）是指在一定总压及温度下，湿空气中水蒸气分压 p 与饱和空气中水蒸气分压 p_s 之比的百分数，常用 RH% 表示。即

$$RH\% = \frac{p}{p_s} \times 100\%$$

饱和空气的 RH=100%；未饱和空气的 RH<100%；绝干空气的 RH=0%。因此空气的相对湿度直接反映空气中湿气的饱和程度。

为了达到有效的干燥目的必须选用适宜的空气和干燥方法。

二、物料中水分的性质

(1) 平衡水分与自由水分

根据物料中所含水分能否干燥除去，可将水分划分为平衡水分与自由水分。

平衡水分（equilibrium water）系指在一定空气条件下，物料表面产生的水蒸气压等于该空气中水蒸气分压，此时物料中所含的水分。平衡水分是干燥过程中不能够被除去的水分。

自由水分（free water）系指物料中除了平衡水分之外，多含的那部分水分，也称为游离水分。自由水分是干燥过程中能够被除去的水分。

平衡水分与物料性质、空气状态有关，物料干燥时应根据干燥要求选择适宜的空气条件。

（2）结合水分与非结合水分

根据干燥的难易程度来划分，可将水分划分为结合水分与非结合水分。

结合水分（bound water）系指以物理化学方式结合的水分，数字上等于 RH＝100％时物料的平衡水分。这种水分与物料的结合力较强，干燥速度缓慢。结合水分仅与物料性质有关，包括动植物细胞壁内的水分、物料内毛细管中的水分、可溶性固体溶液中的水分等。

非结合水分（nonbound water）系指以机械方式结合的水分，与物料的结合力很弱，干燥速度较快。

从以上分析可以了解到结合水分仅与物料性质有关，平衡水分与药物性质及空气状态有关。

三、干燥器的物料衡算

（1）物料中含水量的表示方法

湿物料是由绝干物料与水分所组成，可用湿基含水量与干基含水量表示：

湿基含水量 w 是以湿物料为基准表示的质量分数，即：

$$w=\frac{\text{湿物料中水分的质量}}{\text{湿物料总质量}}\times 100\%$$

干基含水量 x 是以绝干物料为基准表示的质量分数，即：

$$x=\frac{\text{湿物料中水分的质量}}{\text{湿物料中绝干物料质量}}\times 100\%$$

在干燥过程中，湿基含水量的基准发生变化，而干基含水量的基准不发生变化，因此在干燥计算中常采用干基含水量。湿基含水量的测定方便，在工业生产中使用较多。这两种表示方法可以互相换算。

（2）水分蒸发量 W（kg/s）与空气消耗量 L（kg 干空气/s）

图 1-31 为干燥器的物料衡算示意图。根据干燥前后的物料量（G_1、G_2）、物料中的含水量（w_1、w_2或 x_1、x_2）以及空气在干燥过程中状态的变化（如空气的湿度由 H_1变化到 H_2）等进行物料衡算。由于在干燥前后绝干物料量 G 不变，即 $G=G_1(1-w_1)=G_2(1-w_2)$，绝干空气量（L）不变，因此物料衡算时使用这些量更为方便。

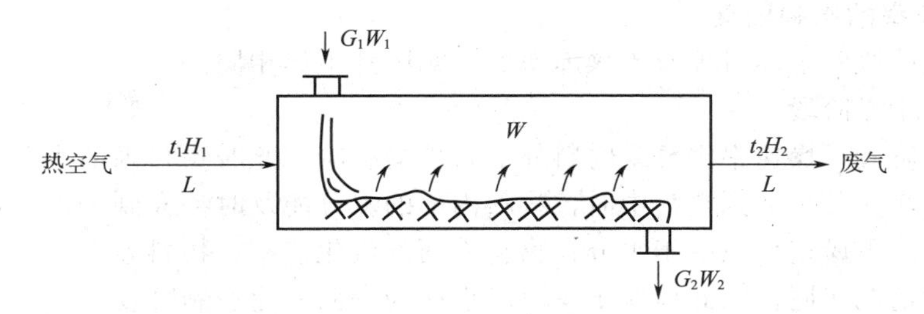

图 1-31　干燥器物料衡算示意图

按干基计算水分蒸发量：

$$W=G(x_1-x_2) \tag{1-1}$$

按湿基计算水分蒸发量：

$$W=G_1\frac{w_1-w_2}{1-w_2}=G_2\frac{w_1-w_2}{1-w_1}$$

空气消耗量 L（kg 干空气/s）：

$$L=\frac{W}{H_2-H_1}$$

四、干燥速率及其影响因素

1. 干燥速率

干燥速率（drying rate，U）是指单位时间内在单位干燥面积上被干燥物料所汽化的水分量，其单位为 $kg/(m^2 \cdot s)$。物料的干燥速率与物料中空气的性质、水分的性质有关。物料的干燥速率曲线如图 1-32 所示。从 $A \sim B$ 为物料短时间的预热段，空气有部分热量消耗于物料加热。物料的含水量从 x 至 x_0，干燥速率从 B 至 C 保持恒定，称为恒速干燥阶段。物料的含水量低于 x_0，直至达到平衡水分 x^*，即 CDE 阶段，干燥速率随着物料含水量的减少而降低，称为降速阶段。图中的 C 点为恒速与降速阶段的分界点，称为临界点，与该点对应的物料含水量 x_0 称为临界含水量。

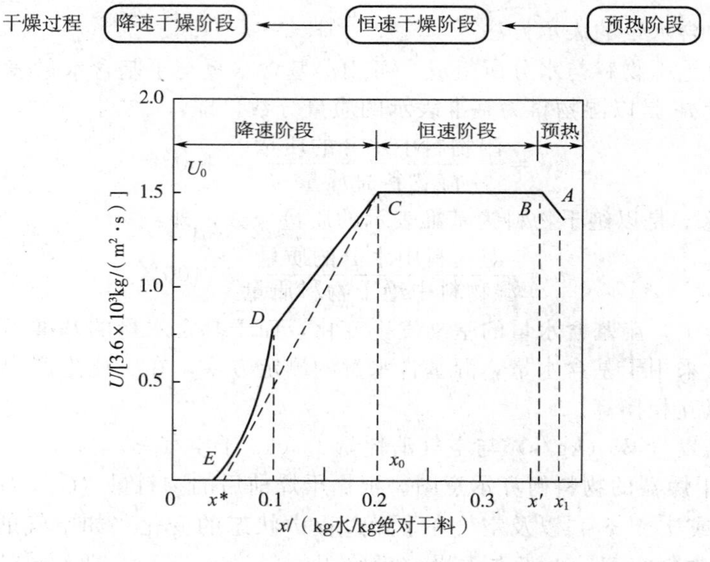

图 1-32　物料的干燥速率曲线

2. 干燥速率的影响因素

不同干燥阶段的干燥机理及干燥速率的影响因素不尽相同。

（1）恒速干燥阶段

恒速干燥阶段干燥速率主要受物料外部条件的影响。此时物料内部水分含量较多，水分从物料表面汽化并扩散到空气中时，物料内部的水分能及时补充到表面，使表面保持充分湿润的状态。干燥速率取决于水分在物料表面的汽化速率，物料表面的水分汽化完全与纯水汽化时的情况相同，因此恒速干燥阶段也称为表面汽化控制阶段。

该阶段的强化途径有：①提高空气温度或降低空气的湿度（或水蒸气分压 p），以提高传热和传质的推动力；②改善物料空气的接触情况，提高空气的流速使物料表面气膜变薄，降低传热和传质的阻力。

(2) 降速干燥阶段

降速干燥阶段的干燥速率主要由物料内部水分向表面的扩散速率所决定，内部水分的扩散速率主要取决于物料本身的性质、结构、形状和尺寸等。当物料内部水分含量低于x_0时，物料内部水分向表面的移动已不能及时补充表面水分的汽化，物料表面逐渐变干，温度上升，物料表面的水蒸气分压低于恒速干燥阶段的水蒸气分压，因而传质推动力（p_w-p）下降，干燥速率也降低。

该阶段的强化途径有：①提高物料的温度；②改善物料的分散程度，以促进内部水分扩散至表面。而改变空气的状态及流速对干燥的影响不大。

第二节　干燥方法与设备

由于被干燥物料的性质、干燥程度、生产能力的大小等不同，所采用的干燥方法及设备也不同。

一、干燥方法

干燥方法的分类有多种。

(1) 按操作方式分类　可分为间歇式和连续式。间歇式适用于小批量、要求缓慢干燥的物料；而连续式干燥生产能力高，产品质量稳定。

(2) 按操作压力分类　可分为常压式和真空式。

(3) 按热量传递方式分类　可分为传导干燥、对流干燥、辐射干燥和介电加热干燥。

① 传导干燥：将热能通过与物料接触的壁面以传导方式传递给物料，使物料中的水分受热、汽化而达到干燥的操作。

② 对流干燥：将热能以对流方式由热气流直接传递给湿物料，物料受热汽化水分并由气流带走而干燥的操作。此时热空气既是载热体，又是载湿体。这种方法目前被普遍应用于制药工业。

③ 辐射干燥：将热能以电磁波的形式发射，入射至湿物料表面被吸收而转变为热能，将物料中的水分受热、汽化而达到干燥的操作。

④ 介电加热干燥：将湿物料置于高频电场内，由于高频电场的交变作用将物料中的水分受热、汽化而达到干燥的操作。

二、干燥设备

常用的干燥设备种类繁多，主要有烘箱干燥、流化床（沸腾）干燥、喷雾干燥、微波与远红外干燥、冷冻干燥等。

1. 厢式干燥器

厢式干燥器有平行流式厢式干燥器、穿流式厢式干燥器、真空厢式干燥器和热风循环烘箱四种。

平行流式厢式干燥器，厢内设有风扇、空气加热器、热风整流板及进出风口。料盘置于小车上，小车可方便地推进推出。

穿流式厢式干燥器，与平行流式不同之处在于料盘底部为金属网（孔板）结构。导风板强制热气流均匀地穿过堆积的料层，其干燥速度为平行流式3～10倍。

真空厢式干燥器的传热方式大多用间接加热、辐射加热、红外加热等。间接加热是将热水或蒸汽通入加热夹板，再通过传导加热物料，箱体密闭在减压状态下工作。

热风循环烘箱是一种可拆装的箱体设备（见图 1-33）。利用蒸汽和电为热源，通过加热器加热，使大量热风在箱体内进行热风循环，经过不断补充新风入箱体，然后不断从排湿口排出湿热空气，使箱体内物料的水分逐渐减少。

厢式干燥器结构简单，适用于小批量生产或干燥时间要求比较长的物料以及易碎物料，投资少。其主要缺点有劳动强度大，热能利用率低，生产效率低，物料干燥不均匀。尤其干燥速率过快时，容易导致外层干而内部残留水分过多的现象，有时还会造成可溶性成分在颗粒间的迁移而使得固体制剂含量不均。

图 1-33　厢式干燥器

2. 流化床干燥器

热空气以一定速度自下而上穿过松散的物料层，使物料形成悬浮流化状态的同时进行干燥的操作。物料的流态化类似液体沸腾，因此生产上也叫沸腾干燥器。流化床干燥器有立式和卧式，在制剂工业中常用卧式多室流化床干燥器，如图 1-34 所示。

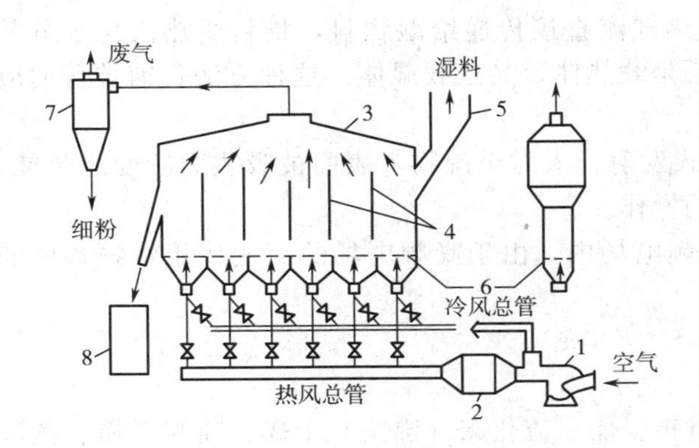

图 1-34　卧式多室流化干燥器示意图

1—风机；2—预热器；3—干燥室；4—挡板；5—料斗；6—多孔板；7—旋风分离器；8—干料桶

将湿物料由加料器送入干燥器内多孔气体分布板（筛板）上，空气经预热器加热后吹入干燥器底部的气体分布板，当气体穿过物料层时物料呈悬浮状做上下翻动的过程中得到干燥，干燥后的产品由卸料口排出，废气由干燥器的顶部排出，经袋滤器或旋风分离器回收其中夹带的粉尘后排空。

流化床干燥器结构简单，操作方便，操作时颗粒与气流间的相对运动激烈，接触面积大，强化了传热与传质，提高了干燥速率；物料的停留时间可任意调节，适用于热敏物料的干燥；与厢式干燥器相比，由于操作过程中颗粒上下翻滚呈流化状态，互相并无紧密接触，且颗粒与热空气充分接触，因此干燥均匀，一般不会发生可溶性成分迁移的现象。流化床干燥器不适宜于含水量高、易黏结成团的物料，要求粒度适宜。

3. 喷雾干燥器

直接把药液喷入干燥室中进行干燥的方法。设备结构及操作完全与喷雾制粒相同，因此可参见喷雾干燥制粒的相关内容。喷雾干燥蒸发面积大，干燥时间非常短（数秒～数十秒），在干燥过程中雾滴的温度大致等于空气的湿球温度，一般为50℃左右，适合于热敏物料及无菌操作的干燥。干燥制品多为松脆的空心颗粒，溶解性好。如在喷雾干燥器内送入灭菌料液及除菌热空气可获得无菌干品，如抗生素粉针的制备、奶粉的制备都可采用这种干燥方法。

4. 微波干燥器

属于介电加热干燥器。微波干燥的原理是将物料置于高频交变电场内，水分子作为一种中性分子，在强外加电场力的作用下极化，并趋向与外电场方向一致地整齐排列。改变电场的方向，水分子又会按新的电场方向重新整齐排列。若外加电场不断改变方向，水分子就会随着电场方向不断地迅速转动。在此过程中水分子间产生剧烈的碰撞和摩擦，部分能量转化为热能使湿物料中的水分子迅速获得热量而汽化，从而进行干燥。

微波干燥器加热迅速、均匀、干燥速度快、热效率高，对含水物料的干燥特别有利，微波操作控制灵敏、操作方便。缺点是成本高，对有些物料的稳定性有影响。

5. 冷冻干燥

冷冻干燥是将含有大量水分的物料（溶液或混悬液）预先冻结至冰点以下（通常－40～－10℃），使水变为冰，然后在高真空下逐渐升高温度，使水分直接由固态的冰升华变为气态，从料液中除去的方法。由于冷冻干燥是利用升华达到去除水分的目的，因此也称为升华干燥。冷冻干燥过程一直在较低温状态下操作，因此对于热敏感，且水溶液不稳定的药物，均可采用冷冻干燥的方法制备干燥粉末。

（1）基本原理

冷冻干燥的基本原理可用纯水在大气压力下的三相图加以说明（见图1-35）。图中*OA*线是冰水的平衡曲线，在此线上冰、水共存；*OB*线是水和水蒸气的平衡曲线，在此线上水、汽共存；*OC*线是冰和水蒸气的平衡曲线，在此曲线上冰、汽共存；*O*点是冰、水、汽的三相平衡点，温度为0.0098℃（图上0.01℃），压力为610.38Pa（4.58mmHg）。由图1-35可以看出，当压力低于610.38Pa时，不管温度如何变化，都只有水的固态或（和）气态存在，此时固相（冰）受热时不经过液相直接变为气相；而气相遇冷时放热直接变为冰。

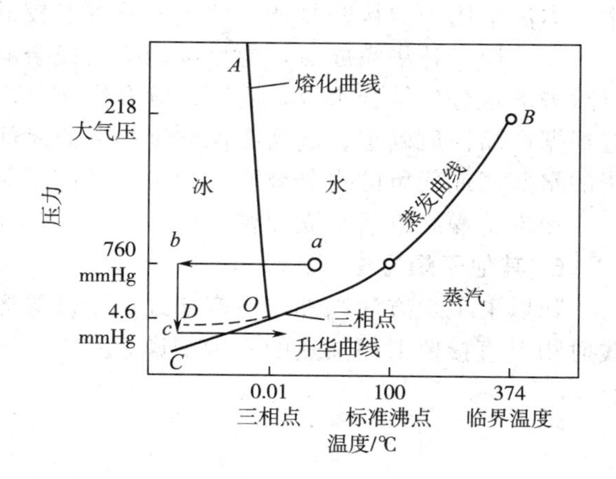

图1-35　水的三相平衡图

如果处于*a*点的水经过恒压降温过程，将沿*ab*线移动并在*OA*的交叉点上结冰，然后到达*b*点，由*b*点开始再经恒温减压到达*c*点，再经恒压升温操作，水分（冰）将沿*cd*方向移动，在*OC*线的交叉点上开始汽化（升华）成水蒸气，并到达*d*点，汽化水蒸气被减压抽取，则物料最终得以干燥。

（2）冷冻干燥的特点

冷冻干燥的产品具有如下优点：①可避免药品因高热而分解变质；②所得产品质地疏松，加水后迅速溶解恢复药液原有的特性；③含水量低，一般在1%～3%范围内，由于干燥在真空条件下完成，因此不易氧化，有利于产品长期储存；④因污染机会相对较少，故产品中的微粒物质比用其他方法生产的少；⑤产品剂量准确，外观优良。

而冷冻干燥法的主要缺点则在于其使用溶剂不能随意选择，只能够用水；有时某些产品重新溶解时出现混浊。此外，本法采用特殊设备，成本较高。

(3) 冷冻干燥的生产工艺

冷冻干燥的生产工艺可以分为预冻、减压、升华、干燥等几个过程。

预冻是恒压降温过程。药物温度降低冻结成固体，温度一般应降至产品低共熔点以下10～20℃，以保障完全冻结。若预冻不完全，当压力降低到一定程度时，溶于溶液的气体迅速逸出而引起类似“沸腾”现象，而使部分药液可能冒出，使得产品表面凹凸不平。

进行冷冻干燥之前，应先测出其低共熔点。低共熔点是冷却过程中冰和药物析出结合(低共熔混合物) 时的温度。测定低共熔点的方法有热分析法和电阻法。

升华干燥首先是恒温减压，然后是在抽气条件下，恒压升温，使冰升华逸去。升华干燥法有以下两种。

① 一次升华法　首先将制品预冻至低共熔点以下10～20℃，同时将冷凝器温度下降至－45℃以下，启动真空泵，当干燥箱内真空度达13.33Pa以下时，关闭冷冻机，启动加热系统缓缓加热，使制品中的冰升华，升华温度约为－20℃，药液中的水分可基本除尽。这种方法适用于共熔点为－20～－10℃的制品，且溶液黏度不大，装量厚度在10～15mm的情况。

② 反复冷冻升华法　减压和加热升华过程与一次升华法相同，只是预冻过程需在共熔点与共熔点以下20℃之间，反复升温和降温。如产品的低共熔点在－25℃以下，可将温度降至－45℃，然后升温到低共熔点附近(－27℃)，维持30～40min，再降温至－40℃，通过反复的升降温处理，使制品的晶体结构发生改变，由致密变疏松，有利于水分的升华。本法常用于结构较复杂、稠度大及熔点较低的制品，如蜂蜜、蜂王浆等。

在干燥、升华完成后，为尽可能除去残余的水，需要进一步再干燥，制品的再干阶段所除去的水分为结合水分，温度继续升高至0℃或室温，并保持一段时间，再干燥的温度应根据产品性质确定。制品在保温干燥一段时间后，整个冻干过程结束。再干燥可使已升华的水蒸气或残留的水分被除尽，可保证冻干制品含水量小于1%，并有防止吸潮作用。

冷冻干燥结束后应立即密封。

6. 其他干燥方法

除以上干燥方法以外，还有如红外干燥等方法。它是利用红外辐射元件所发射的红外线对物料直接照射而加热的一种干燥方式。

第四章

压　片

第一节　概述

压片是指将药物与赋形剂等辅料经加工后压制成片剂的单元操作。通常用于压片的物料（颗粒或粉末）需要具备良好的可压性、流动性和润滑性。可压性好的物料在受压过程中塑性大，易于压制成型，以保证制得的片剂硬度符合要求；而流动性良好，才可以保证物料顺利、均匀地流入压片机的模孔中，以保证片剂重量差异及药物含量均匀度合格；润滑性良好，则可以防止压片过程中发生黏冲现象，保证压片过程顺利，而得到完整、表面光洁的片剂。

压片可将物料先制成颗粒后再压片，亦可粉末直接压片。

压片前应做好充分的准备工作，如整粒、混合和片重的计算等。

1. 整粒与混合

在干燥过程中，某些颗粒可能发生黏连，甚至结块。整粒的目的是使干燥过程中结块、黏连的颗粒分散开，以得到大小均匀的颗粒。一般采用过筛的方法进行整粒，所用筛孔要比制粒时的筛孔稍小一些。整粒后，向颗粒中加入润滑剂和外加的崩解剂，进行“总混”。如果处方中有挥发油类物质或处方中主药的剂量很小或对湿、热很不稳定，则可将药物溶解于乙醇后喷洒在干燥颗粒中，密封贮放数小时后室温干燥。

2. 片重的计算

（1）按主药含量计算片重

由于药物在压片前经历了一系列的操作，其含量有所变化，所以应对颗粒中主药的实际含量进行测定，然后按照以下公式计算片重。

$$片重=\frac{每片含主药量（标示量）}{颗粒中主药的百分含量（实测值）}$$

例：某片剂中含主药量为0.2g，测得颗粒中主药的百分含量为50%，则每片所需颗粒的质量应为：0.2/0.5=0.4g，即片重应为0.4g，若片重的重量差异限度为5%，本品的片重上下限为0.38～0.42g。

（2）按干颗粒总重计算片重

在中药的片剂生产中成分复杂，没有准确的含量测定方法时，根据实际投料量与预定片剂个数按如下公式计算：

$$片重=\frac{干颗粒重+压片前加入的辅料量}{预定的应压片数}$$

第二节　压片常用设备

常用压片机按其结构分为单冲压片机和旋转压片机；按压制片形分为圆形片压片机和异形片压片机；按压缩次数分为一次压制压片机和二次压制压片机；按片层分为双层压片机、有芯片压片机等。

一、单冲式压片机

图 1-36 表示单冲压片机（single-punch tablet machine）的主要结构示意图，其主要组成如下。①加料器：加料斗、饲粉器；②压缩部件：一副上、下冲和模圈；③各种调节器：压力调节器、片重调节器、推片调节器。压力调节器连在上冲杆上，用于调节上冲下降的深度，下降越深，上、下冲间的距离越近，压力越大，反之则小；片重调节器连在下冲杆上，用于调节下冲下降的深度，从而调节模孔的容积而控制片重；推片调节器连在下冲，用于调节下冲推片时抬起的高度，使恰与模圈的上缘相平，由饲粉器推开。

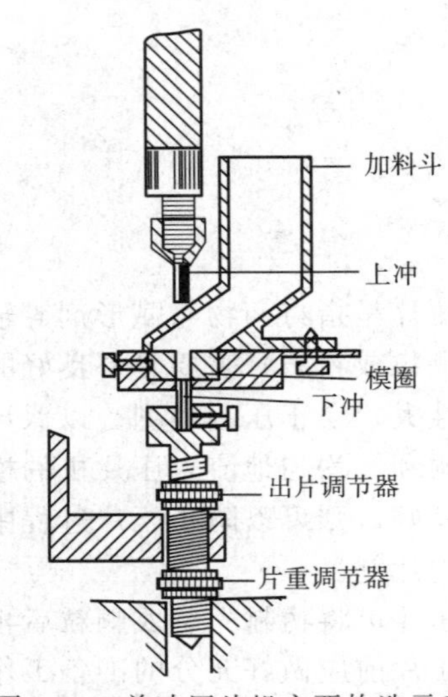

图 1-36　单冲压片机主要构造示意图

单冲压片机的压片过程见图 1-37。上冲抬起，饲粉器移动到模孔之上；下冲下降到适宜深度，饲粉器在模上摆动，颗粒填满模孔；饲粉器由模孔上移开，使模孔中的颗粒与模孔的上缘相平；上冲下降并将颗粒压缩成片，此时下冲不移动；上冲抬起，下冲随之抬起到与模孔上缘相平，将药片由模孔中推出；饲粉器再次移到模孔之上，将模孔中推出的片剂推出，同时进行第二次饲粉，如此反复进行。单冲压片机的产量为 80～100 片/min。

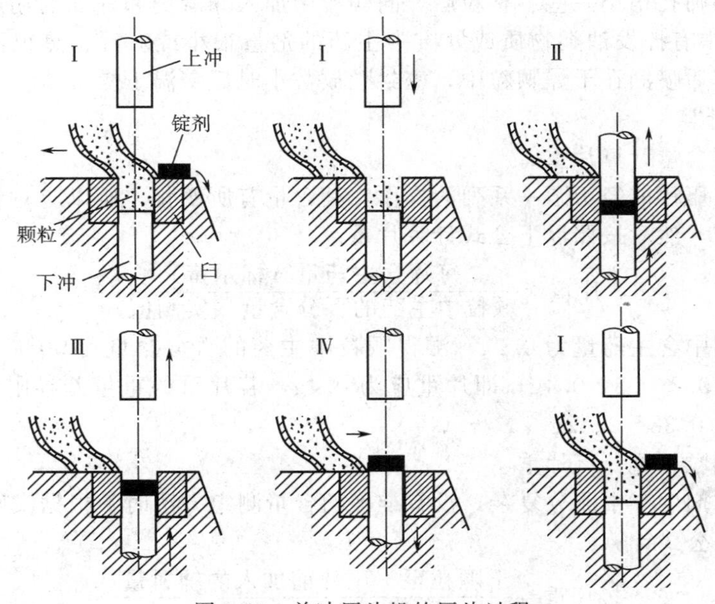

图 1-37　单冲压片机的压片过程

二、旋转压片机

旋转压片机（rotary tablet machine）结构示意图与工作原理如图 1-38 所示。旋转压片机的主要工作部分有：机台、压轮、片重调节器、压力调节器、加料斗、饲粉器、吸尘器、保护装置等。机台分为三层，机台的上层装有若干上冲，在中层的对应位置上装着模圈，在下层的对应位置装着下冲。上冲与下冲各自随机台转动并沿着固定的轨道有规律地上下运动，当上冲与下冲随机台转动，分别经过上、下压轮时，上冲向下、下冲向上运动，并对模孔中的物料加压；机台中层的固定位置上装有刮粉器，片重调节器装于下冲轨道的刮粉器所对应的位置，用于调节下冲经过刮粉器时的高度，以调节模孔的容积；用上下压轮的上下移动位置调节压缩压力。

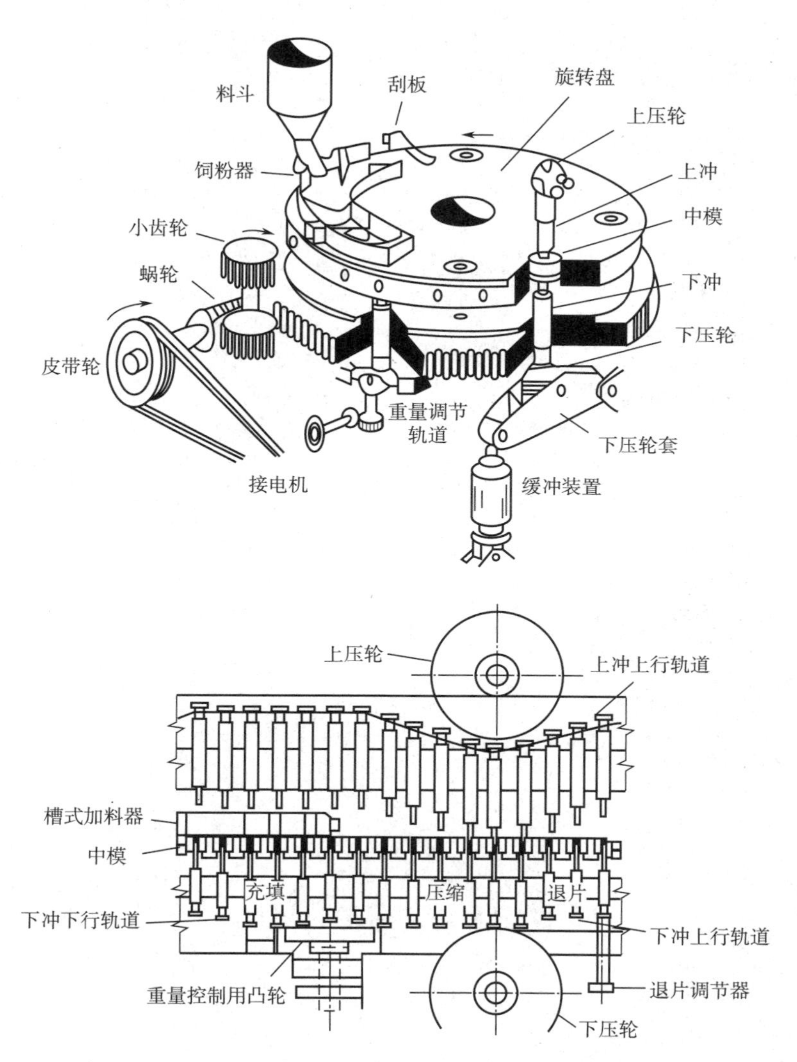

图 1-38　旋转压片机的结构与工作原理示意图

多冲旋转压片机的压片过程如下。①填充：当下冲转到饲粉器之下时，其位置最低，颗粒填入模孔中；当下冲行至片重调节器之上时略有上升，推出的多余颗粒并经刮粉器将多余的颗粒刮去；②压片：当上冲和下冲行至上、下压轮之间时，两个冲之间的距离最近，上、下冲同时加压将模孔内的颗粒压缩成片；③推片：压片后，上、下冲分别沿着各自的轨道上升（上冲稍快），当下冲行至推片调节器的上方时，片剂被顶出模孔并被刮板推至收集容器中。如此反复进行，实现了片剂的连续化生产。为了防止压片时粉末飞扬，新型的旋转式压片机一般都带有吸粉尘装置。

旋转压片机有多种型号，按冲数分有16冲、19冲、33冲、55冲等。按流程分单流程和双流程两种。单流程仅有一套上、下压轮，旋转一周每个模孔仅压出一个药片；双流程有两套压轮、饲粉器、刮粉器、片重调节器和压力调节器等，均装于对称位置，中盘转动一周。每副冲压制两个药片。

第五章

包　衣

第一节　概述

包衣（coating）是指在片剂（通常称之为片芯或素片）或颗粒、微丸的外表面均匀地包裹上一定厚度的衣膜。

对于固体制剂包衣的目的主要有以下几个方面。①控制药物在胃肠道的释放部位：如肠溶包衣片、结肠靶向包衣片等，可控制药物在胃肠道特定部位释放，从而避免胃酸、蛋白酶对于药物的破坏；②控制药物在胃肠道中的释放速度；如半衰期较短的药物可采用适当的高分子材料包衣，通过调整衣膜的厚度及通透性，控制药物释放速度，以达到缓释、控释、长效的目的；③掩蔽药物的苦味及不良气味；隔离配伍禁忌成分；避光、防潮，以提高药物的稳定性；如易吸潮的药物，采用羟丙基甲基纤维素等高分子材料包薄膜衣后，即可有效地防止片剂吸潮；④改善固体制剂的辨识性及美观度；采用不同颜色包衣，增加药物的识别能力，增加用药的安全性；包衣后表面光洁、美观。

包衣的基本类型有糖包衣和薄膜包衣等。无论何种衣膜，对片芯都有一定的要求，片芯应具有适当的硬度，以避免包衣过程中破碎或缺损；同时也应具有适宜的厚度与弧度，以避免包衣过程中片芯相互粘连或衣膜边缘部分断裂。

一、糖包衣

糖包衣是一种最为传统的包衣方法，但这种方法具有包衣时间长，所需辅料量多，防吸潮性差，片面上不能刻字，受操作熟练程度的影响较大等缺点，逐步被薄膜包衣所代替。

不同的包衣类型其工艺过程也有所不同。图 1-39 所示为糖包衣的工艺过程。各个步骤目的不同，所用材料亦不同。

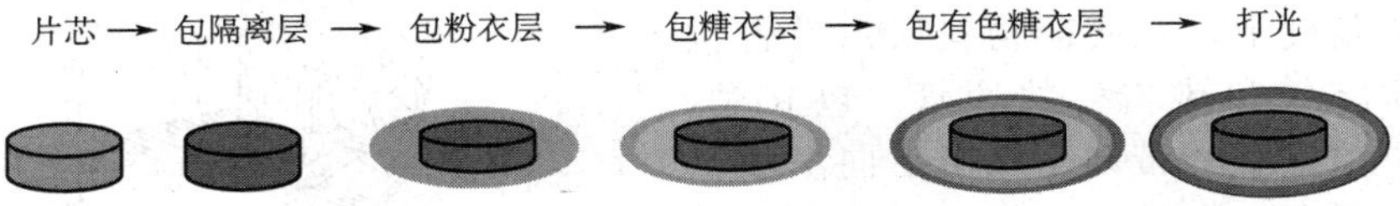

片芯 → 包隔离层 → 包粉衣层 → 包糖衣层 → 包有色糖衣层 → 打光

图 1-39　糖包衣工艺流程

① 隔离层　首先在素片上包不透水的隔离层，以防止在后面的包衣过程中水分浸入

片芯。

② 粉衣层　为消除片剂的棱角，在隔离层的外面包上一层较厚的粉衣层，主要材料是糖浆和滑石粉。

③ 糖衣层　粉衣层的表面比较粗糙、疏松，因此再包糖衣层使其表面光滑平整、细腻坚实。

④ 有色糖衣层　包有色糖衣层与上述包糖衣层的工艺完全相同，只是糖浆中添加了食用色素，主要目的是便于识别与美观。

⑤ 打光　其目的是增加片剂的光泽和表面的疏水性。

二、薄膜包衣

薄膜衣又分为胃溶型、肠溶型和水不溶型三种。具体操作过程如下：

① 将片芯放入锅内，喷入一定量的薄膜衣材料的溶液，使片芯表面均匀湿润。

② 吹入热风使溶剂蒸发（温度最好不超过40℃，以免干燥过快，出现“皱皮”或“起泡”现象；也不能干燥过慢，否则会出现“粘连”或“剥落”现象）。如此重复上述操作若干次，直至达到一定的厚度为止。

③ 大多数的薄膜衣需要一个固化期，一般是在室温或略高于室温下自然放置6～8h，使之固化完全。

④ 为使残余的有机溶剂完全除尽，一般还要在50℃下干燥12～24h。

常用薄膜包衣工艺有有机溶剂包衣法和水分散体乳胶包衣法。采用有机溶剂包衣时包衣材料的用量较少，表面光滑、均匀，但必须严格控制有机溶剂的残留量。现代的薄膜衣采用不溶性聚合物的水分散体作为包衣材料，并已经日趋普遍。

第二节　包衣方法与设备

包衣方法有滚转包衣法、流化包衣法、压制包衣法。片剂包衣最常用的方法为滚转包衣法。常用包衣设备如下。

一、倾斜包衣锅和埋管包衣锅

倾斜包衣锅是传统的包衣机，如图1-40。包衣锅的轴与水平面的夹角为30°～45°，在适宜转速下，使物料既能随锅的转动方向滚动，又能沿轴的方向运动，有利于包衣材料均匀地分散于片剂表面。但倾斜包衣锅内空气交换效率低，干燥慢；气路不能密闭，有机溶剂污染环境等不利因素影响其广泛应用。

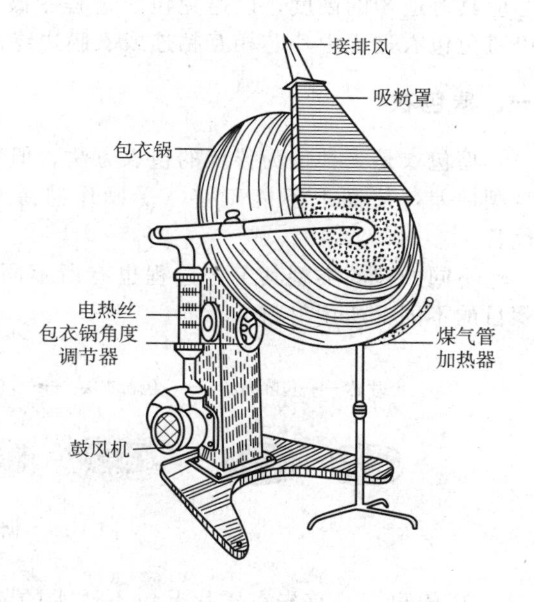

图1-40　倾斜包衣锅

埋管包衣锅结构可见图1-41，它是在传统包衣锅的基础上，在底部物料层内设置包衣液、压缩空气和热空气的埋管。包衣时，包衣液在压缩空气的带动下，由下向上喷至锅内的物料表面，同时热空气也自下向上穿过片床进行干燥，废气则从排出口经集尘滤过后排出。这样不仅能防止喷液的飞扬，加快干燥速度，还可避免粉尘飞扬。

二、高效包衣锅

高效包衣锅在传统倾斜型包衣锅的基础上，对其干燥能力加以改进，其结构示意图如图1-42。包衣锅由筛孔板制成，片芯在锅内随着锅体的转动而翻动，包衣液经喷枪喷洒于片芯表面，经滤过的洁净热空气吹入锅体内，并通过片床由锅体底部的排风机抽走，并经除尘后排出。锅壁上装有带动片芯向上运动的挡板，以保证片芯翻动充分，包衣液能够更加均匀地分散在片芯表面，并防止粘连。

高效包衣机由主机、计算机控制系统、喷雾系统、热风柜、排风柜、搅拌配料系统等组成，如图 1-43。

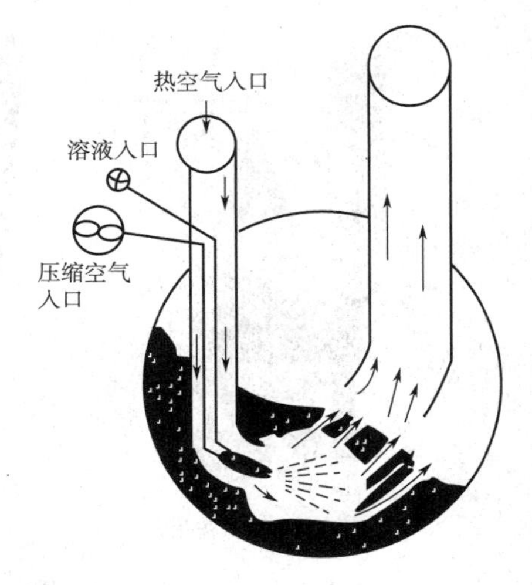

图 1-41　埋管包衣锅

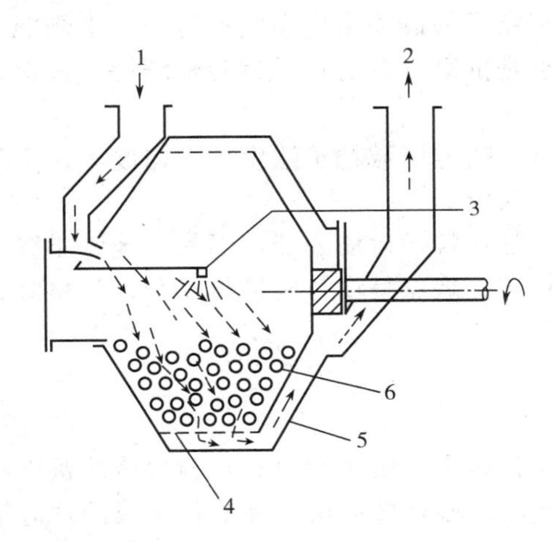

图 1-42　高效包衣锅

1—给气；2—排气；3—自动喷雾器；4—多孔板；5—空气夹套；6—片子

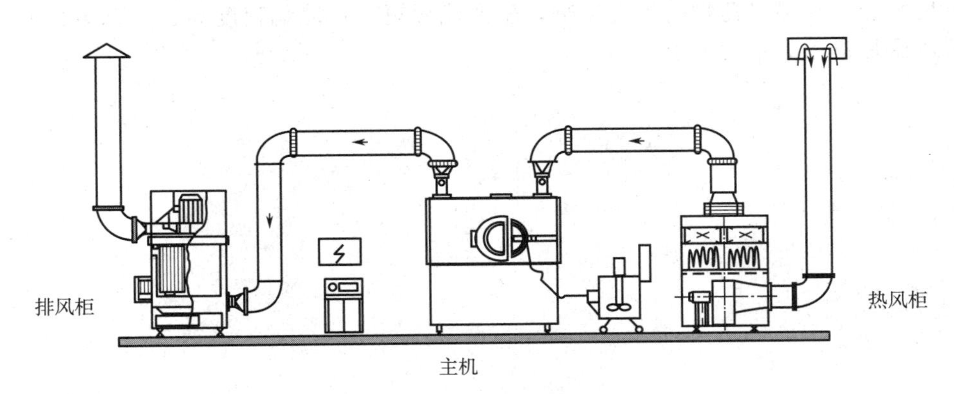

图 1-43　高效包衣机系统配置

三、流化包衣装置

流化包衣装置如图 1-44 所示，可分为顶喷式、底喷式和切线喷式三种。

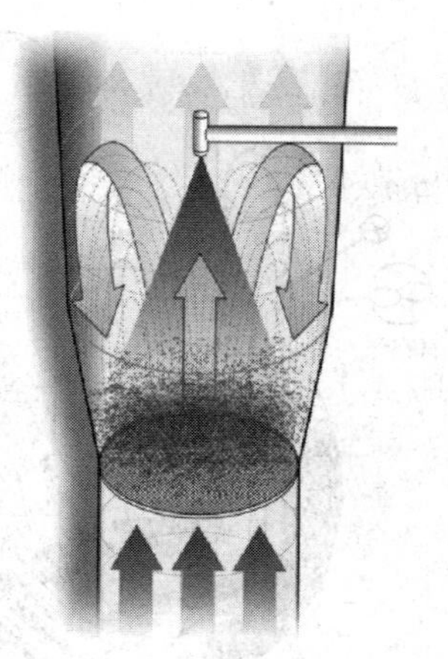

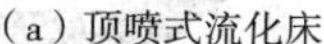

（a）顶喷式流化床

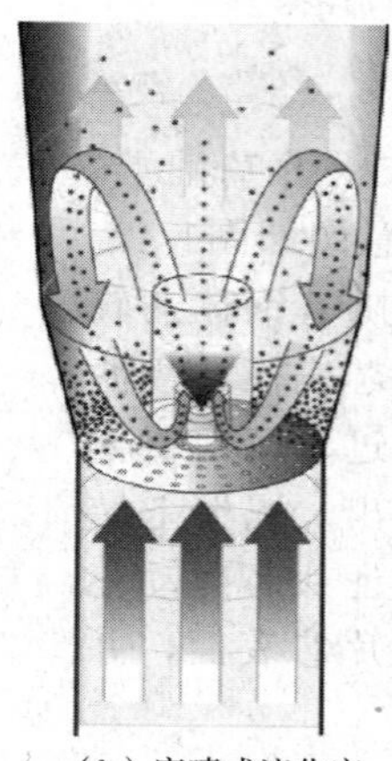

（b）底喷式流化床

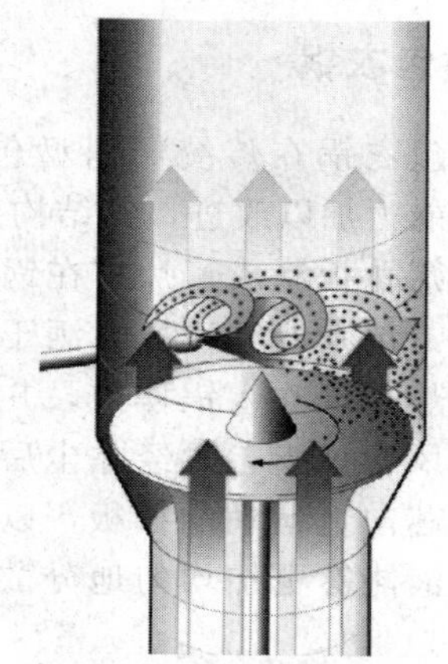

（c）切线喷式流化床

图 1-44　流化包衣装置

流化包衣装置的优点是粒子的运动主要靠气流运动，干燥能力强，包衣时间短；装置密闭，卫生安全可靠。缺点是依靠气流的粒子运动较缓慢，大颗粒运动较难，小颗粒包衣易产生粘连。

底喷式流化床的特点是：喷雾区域粒子浓度低，速度大，不易粘连，适合小粒子的包衣；可制成均匀、圆滑的包衣膜。

切线喷式流化床的优点是：粒子运动激烈，不易粘连；干燥能力强，包衣时间短，适合比表面积大的小颗粒的包衣。缺点是设备构造较复杂，价格高；粒子运动过于激烈，易磨损脆弱粒子。

四、压制包衣法

一般采用两台压片机联合起来实施压制包衣，两台压片机以特制的传动器连接配套使用。一台压片机专门用于压制片芯，然后由传动器将压成的片芯输送至包衣转台的模孔中（此模孔内已填入包衣材料作为底层），随着转台的转动，片芯的上面又被加入等量的包衣材料，然后加压，使片芯压入包衣材料中间而形成压制的包衣片剂。本方法的优点在于：可以避免水分、高温对药物的不良影响，生产流程短、自动化程度高、劳动条件好，但此种方法对压片机械的精度要求较高。

第六章

胶囊剂的制备

第一节　硬胶囊剂的制备

硬胶囊剂的制备一般分为空胶囊的制备及填充物料的制备、填充、封口等工艺过程。

一、空胶囊的制备

1. 组成

明胶是空胶囊的主要成囊材料，由骨、皮水解而制得。由酸水解制得的明胶称为A型明胶，等电点为pH7～9；由碱水解制得的明胶称为B型明胶，等电点为pH4.7～5.2。明胶在等电点时，黏度、表面活性、溶解度、透明度、膨胀度最小，而胶冻的熔点最高。将明胶溶液冷却成胶冻后的硬度称为胶冻力，胶冻力越大，制得的胶囊坚固而有弹性。以骨骼为原料制得的骨明胶，质地坚硬，性脆且透明度差；以猪皮为原料制得的猪皮明胶，可塑性好，透明度高。为兼顾囊壳的强度和塑性，采用骨、皮混合胶较为理想。

由动物来源的原料制得的明胶胶囊具有一定的局限性，如易失水变脆、吸水软化、与醛类发生交联固化反应，因此出现了一些植物性胶囊，如羟丙基甲基纤维素空胶囊、淀粉胶囊等。

为增加韧性与可塑性，一般加入增塑剂，如甘油、山梨醇、CMC-Na、羟丙基纤维素（HPC）、油酸酰胺磺酸钠等；为减小流动性、增加胶冻力，可加入增稠剂琼脂等；对光敏感的药物，可加遮光剂二氧化钛（2%～3%）；为美观和便于识别，加食用色素等着色剂；为防止霉变，可加防腐剂尼泊金等。以上组分可根据具体情况加以选择。

2. 空胶囊制备工艺

空胶囊系由囊体和囊帽组成，其主要制备流程如下：

溶胶→蘸胶（制坯）→干燥→拔壳→切割→整理

一般由自动化生产线完成，操作环境温度10～25℃，相对湿度35%～45%，空气净化级别应参照D级洁净区的要求。为便于识别，空胶囊壳上还可用食用油墨印字。

3. 空胶囊的规格与质量

空胶囊的质量与规格均有明确规定，空胶囊从大到小有000、00、0～5号共8种规格，但常用的为0～5号，随着号数由小到大，容积由大到小（见表1-5）。

表1-5　空胶囊的号数与容积

空胶囊号数	0	1	2	3	4	5
容积/mL	0.75	0.55	0.40	0.30	0.25	0.15

二、硬胶囊的填充方法及设备

1. 物料的处理与填充

填充胶囊的物料可以粉末直接填充，也可制成颗粒后再填充。若纯药物粉碎至适宜粒度就能满足硬胶囊剂的填充要求，即可直接填充，但多数药物由于流动性差等方面的原因，均需加一定的稀释剂、润滑剂等辅料才能满足填充（或临床用药）的要求。一般可加入蔗糖、乳糖、微晶纤维素、改性淀粉、二氧化硅、硬脂酸镁、滑石粉、HPC 等改善物料的流动性或避免分层。也可加入辅料制成颗粒后进行填充。

2. 硬胶囊的填充

填充操作可分为手工操作、半自动操作和全自动操作。全自动胶囊充填机按其工作台运动形式分为间歇运转式和连续回转式。除手工操作外，机械灌装胶囊均可分为囊壳的排列、定向、分离（囊体、囊帽）、计量填充、闭合、出料、清洁等工序。

全自动胶囊充填机及其胶囊填充工艺如图 1-45 所示。工作时，首先胶囊贮桶中的空心胶囊借助于定向排列装置自行进入排囊板的滑道，并轴向排列依次自由下落，进入定向囊座滑槽中，由于定向囊座的滑槽宽度略大于胶囊体直径而小于胶囊帽的直径，在水平运动的推爪与滑槽对囊帽的夹紧点之间形成一个力矩（见图 1-46），因此当推爪推动胶囊做水平运动时，胶囊按帽体倾斜方向调整而使胶壳自动转向，排列成胶囊帽在上、胶囊体在下的状态并落入主工作盘上的囊板孔中。真空抽力，使胶囊帽留在上囊板，而胶囊体落入下囊板孔中。接着，上囊板将连同胶囊帽移开，而装有胶囊体的下囊板则转入计量填充装

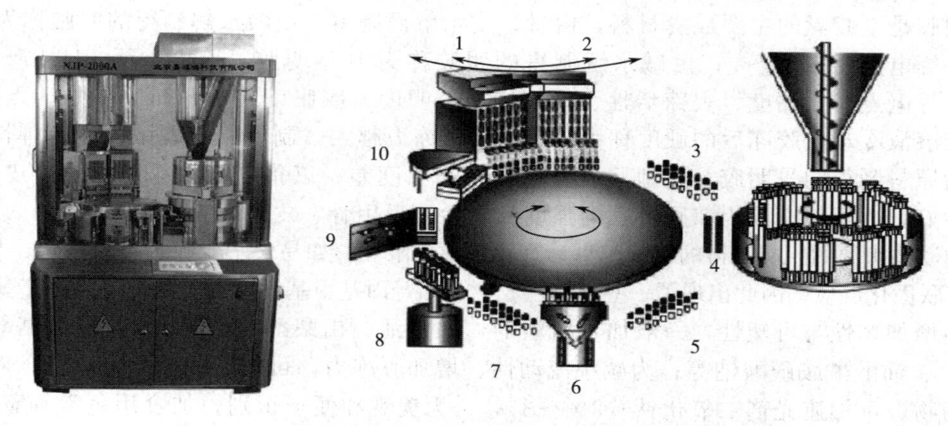

图 1-45　全自动胶囊填充机及其灌装胶囊工艺过程示意图

1—空心胶囊的自由落料；2—空心胶囊的定向排列；3—囊体与囊帽的分离；4—充填药柱；5—微丸或小片剂灌装；6—剔废；7，8—重新套合锁紧；9—成品导出；10—模块清洁

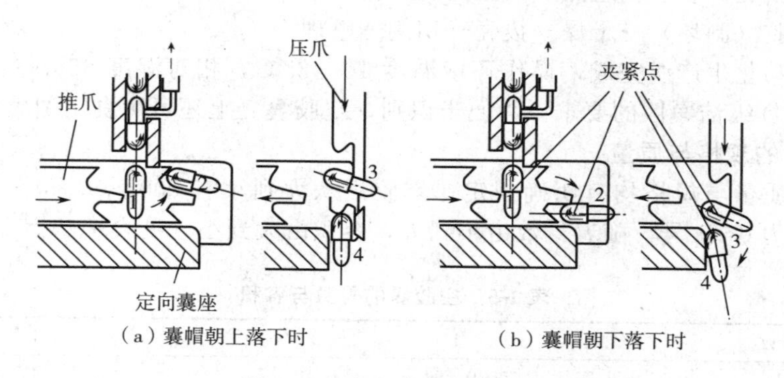

（a）囊帽朝上落下时　（b）囊帽朝下落下时

图 1-46　空心胶囊定向装置

置部分的药物料斗下方进行填料工序，完成填料后转出填料区进入下一工序，未打开的胶壳由机器自动剔除。在闭合工位，上下囊板重新合并，胶囊闭合。闭合后的胶囊从上下囊板孔中顶出，进入下一步包装。清洁工位是为了确保各工位动作的顺利进行，利用压缩空气和吸尘系统将上下囊板孔中的药粉、碎胶囊皮等清除。

这些操作工序中药物计量填充是最关键的工序，常用的药物计量填充方式有模板法、间歇式压缩法、连续式压缩法和真空压缩法。

（1）模板法

主要依靠机械方式将粉末直接填入胶囊壳中。模板计量装置如图 1-47 所示，主要由药粉盒（包括计量模板）和粉盒圈、若干组冲杆和上、下囊板等组成。计量模板上开有若干组贯通的模孔，呈周向均布，各组冲杆的数量与各组模孔的数量相同。工作时药粉盒带着药粉做间歇水平回转运动，故各组冲杆依次将模孔中的药粉压实成一定厚度的块状，然后冲杆抬起，粉盒转动，药粉自动填满模孔剩余的空间。如此填充一次、压实一次，直到第 f 次时，第 f 组冲杆将模孔中的药粉柱块捅出计量模板，填入胶囊壳内。在第 f 组冲杆位置上有一固定的刮粉器，利用刮粉器与模板间的相对运动将模板表面上的多余药粉刮除，以保证药粉柱的计量要求。加药量主要通过调节冲杆的转速和高度以及药粉盒在胶壳上的停留时间加以控制。模板法要求药物粉末具有良好的流动性。

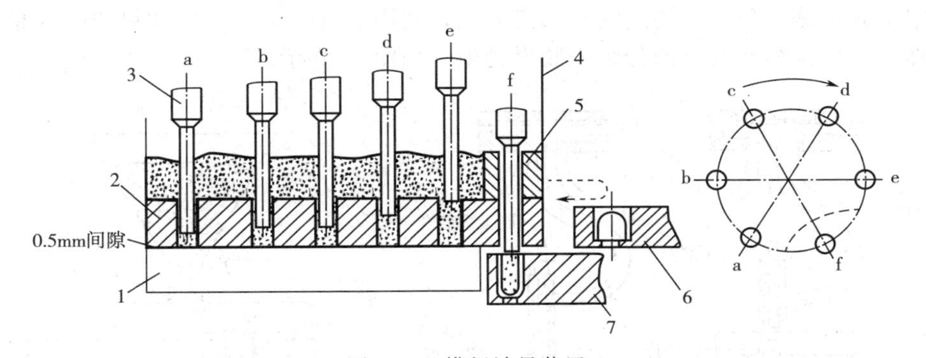

图 1-47　模板计量装置

1—托板；2—计量模板；3—冲杆；4—粉盒圈；5—刮粉器；6—上囊板；7—下囊板

（2）间歇式压缩法

依靠剂量器定量吸取药物并将粉末填入胶囊的方法。剂量器由活塞、校正尺、重量调节环、弹簧和剂量头等组成。填充剂量的调节可通过调整剂量头中活塞的高度实现。实际操作时，剂量器插入粉体贮料斗后，活塞可将进入剂量头内的药物粉末压缩成块状物，然后剂量器移向胶壳，将药物推入胶壳内，如图 1-48 所示。间歇式压缩法填充效果直接取决于贮料斗内粉末的流动性及粉床高度。

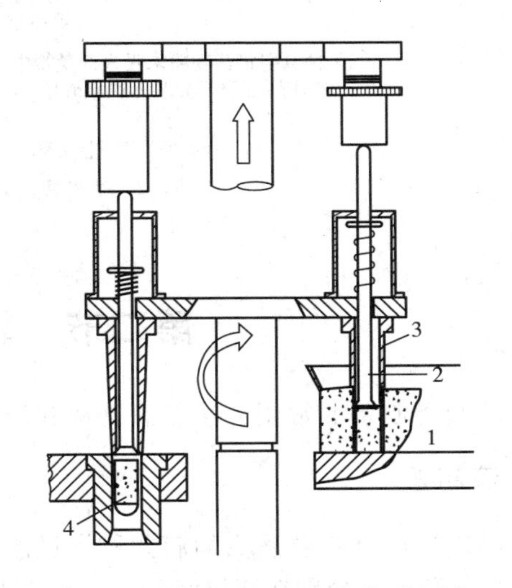

图 1-48　间歇式压缩法灌装示意图

1—剂量管；2—剂量冲头；3—料斗；4—胶壳套管

（3）全自动连续式灌装法

全自动连续式灌装机依靠输送链将胶壳送入各个区域进行处理，其填料方式也不同于间歇式灌装机。它为连续式压缩法灌装，如图 1-49 所示。

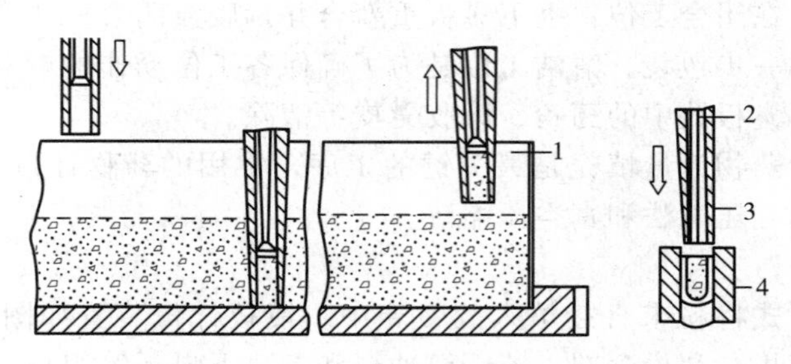

图 1-49　连续式压缩法灌装示意图

1—料槽；2—计量管；3—计量冲头；4—胶囊壳套管

在填料区域，贮料斗与剂量器同速旋转，在旋转过程中剂量器插入贮料斗内取样，然后再将药物填入胶囊壳内，装药量主要通过调整贮料斗内粉体高度以及剂量器内活塞高度控制。其特点是产量高，剂量器调整简单、方便，可同时调节剂量器取样量以及活塞对粉体的压力。

（4）真空填充法

真空填充法是一种新型的连续式填充方式，利用抽真空系统将药物粉末吸入单位剂量器中，然后再用压缩空气将药粉装入胶囊壳中，如图 1-50 示。

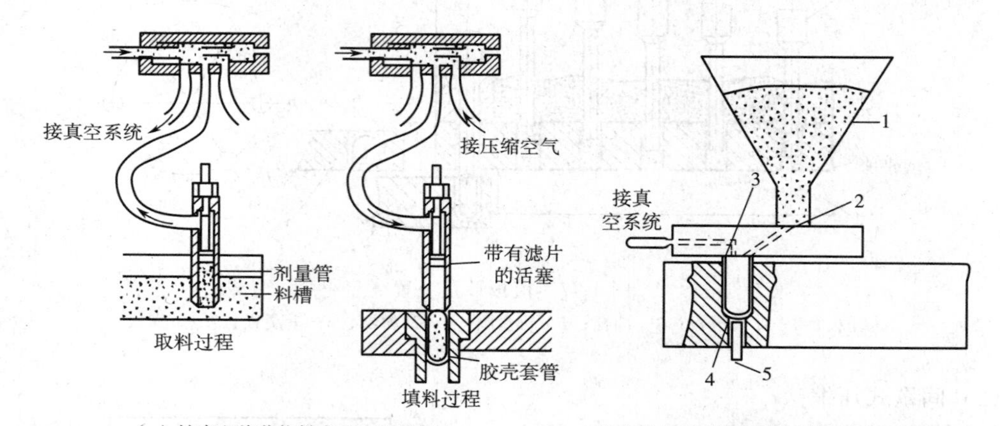

（a）抽真空将药物粉末吸入剂量管中，再用压缩空气分装入胶囊壳中　　（b）抽取胶囊壳内空气直接将药物粉末吸入

图 1-50　真空法灌装示意图

1—料斗；2—填料管；3—密闭圈；4—胶囊壳；5—启动杆

第二节　软胶囊剂的制备

软胶囊制备的常用方法有滴制法和压制法两种。

一、滴制法

滴制法由具双层滴头的滴丸机（见图 1-51）完成。以明胶为主的软质囊材（一般称为胶液）与药液，分别在双层滴头的外层与内层以不同速度流出，使胶液包裹一定量的药液后，滴入与胶液不相混溶的冷却液中，并逐渐冷却、凝固成软胶囊，如常见的鱼肝油胶丸等。

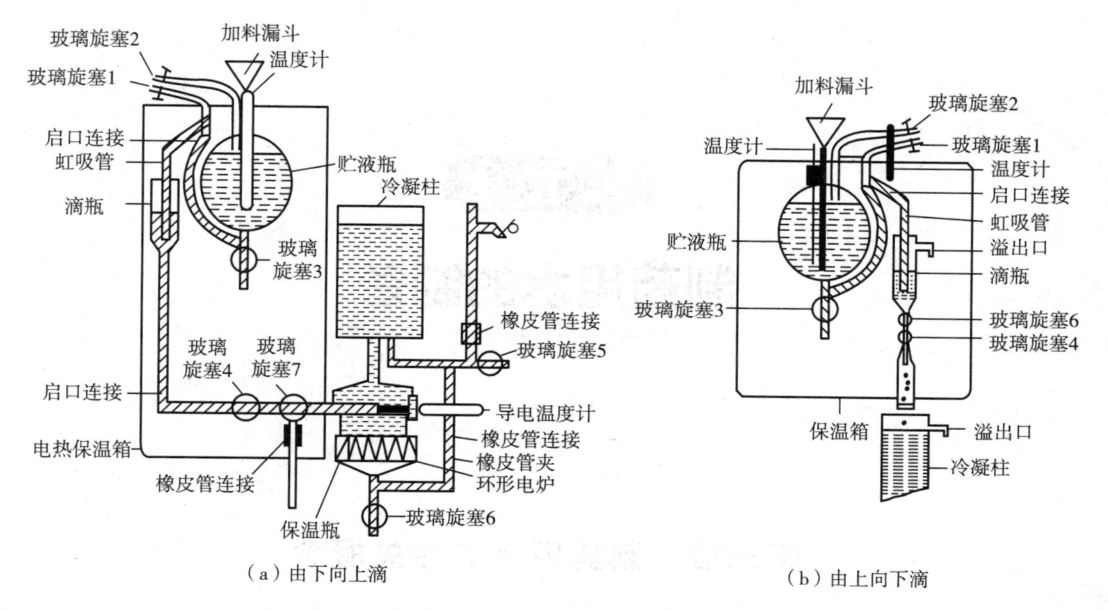

图 1-51　软胶囊（胶丸）滴制法生产过程示意图

二、压制法

压制法是将胶液制成厚薄均匀的胶片，再将药液置于两个胶片之间，用钢板模或旋转模压制软胶囊的一种方法。目前生产上主要采用旋转模压法，其制囊机及模压过程见图1-52。

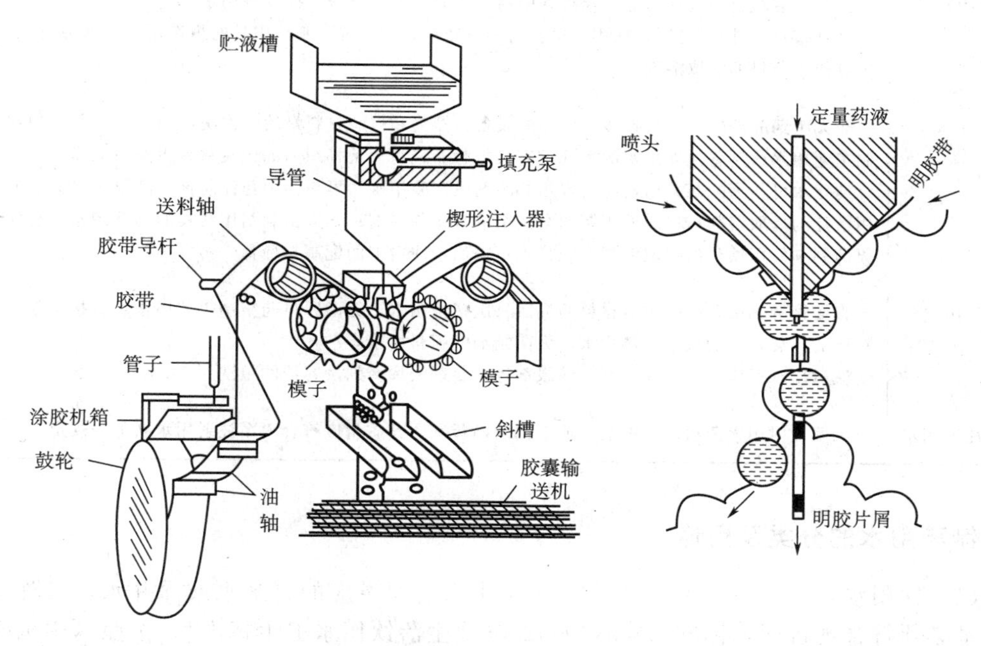

图 1-52　自动旋转轧囊机旋转模压示意图

第七章

制药用水的制备

第一节 制药用水的相关概念

水是药物生产中用量大、使用广泛的一种辅料。《中国药典》2020版四部通则0261收载的制药用水包括饮用水、纯化水、注射用水及灭菌注射用水，一般需要根据生产工序或使用目的与要求选择适宜的制药用水（见表1-6）。

表1-6 制药用水应用范围

类别	应用范围
饮用水	药品包装材料粗洗用水、中药材和中药饮片的清洗、浸润、提取等用水 《中国药典》同时说明，饮用水可作为药材净制时的漂洗、制药用具的粗洗用水。除另有规定外，也可作为药材的提取溶剂
纯化水	非无菌药品的配制、直接接触药品的设备、器具和包装材料最后一次洗涤用水、非无菌原料药精制工业用水、制备注射用水的水源、直接接触非最终灭菌棉织品的包装材料粗洗用水等 纯化水可作为配制普通药物制剂用的溶剂或试验用水；可作为中药注射剂、滴眼剂等灭菌制剂所用饮片的提取溶剂；口服外用制剂配制用溶剂或稀释剂；非灭菌制剂用器具的精洗用水。也用作非灭菌制剂所用饮片的提取溶剂。纯化水不得用于注射剂的配制与稀释
注射用水	直接接触无菌药品的包装材料的最后一次精洗用水、无菌原料药精制工艺用水、直接接触无菌原料药的包装材料的最后洗涤用水、无菌制剂的配料用水等 注射用水可作为配制注射剂、滴眼剂等的溶剂或稀释剂及容器的精洗
灭菌注射用水	灭菌注射用灭菌粉末的溶剂或注射剂的稀释剂。其质量应符合灭菌注射用水项下的规定

一、制药用水的分类及用途

（1）饮用水（potable water） 通常为自来水公司供应的自来水或深井水，又称原水，其质量必须符合现行国家标准GB 5749—2006《生活饮用水卫生标准》。按照《中国药典》（2020年版）规定，饮用水不能直接用作制剂的制备或试验用水。可用于药材净制时的漂洗、制药用具的粗洗。除另有规定外，也可用作饮片的提取溶剂。

（2）纯化水（purified water） 纯化水为饮用水经蒸馏法、离子交换法、反渗透法或其他适宜的方法制得的制药用水。不含任何附加剂，质量应符合《中国药典》（2020版）

纯化水项下的规定。纯化水可作为配制普通药物制剂的溶剂或试验用水，不得用于注射剂的配制。

采用特殊设计的蒸馏器用蒸馏法制备的纯化水一般称为蒸馏水。

（3）注射用水（water for injection） 注射用水为纯化水经蒸馏所得的水，应符合细菌内毒素试验要求，其质量必须符合《中国药典》（2020 版）的要求。

注射用水常用作配制注射剂、滴眼剂等的溶剂或稀释剂，以及用于注射用容器的精洗。

（4）灭菌注射用水（sterile water for injection） 灭菌注射用水为注射用水依照注射剂生产工艺制备所得的水。其不含任何添加剂。其质量必须符合《中国药典》（2020 版）灭菌注射用水项下的要求。

灭菌注射用水主要用作注射用无菌粉末的溶剂或注射液的稀释剂。

二、制药用水的相关质量要求

（1）饮用水质量要求

饮用水必须符合国标 GB 5749—2006《生活饮用水卫生标准》。经预处理的原水的质量检查一般包括色度、浊度、臭气、pH 值、氨、易氧化物、比电阻、细菌总数、大肠菌群指数等。

（2）纯化水质量要求

纯化水质量必须符合《中国药典》（2020 版）二部纯化水项下的要求。纯化水的检查项目包括酸碱度、硝酸盐与亚硝酸盐、氨与总有机碳、电导率、易氧化物、不挥发物、重金属及微生物限度。

（3）注射用水质量要求

一般应使用新鲜的注射用水，如需贮存可采用 70℃以上保温循环，一般不超过 12h。注射用水的制备、贮存和分配应能防止微生物的滋生和污染。贮罐和输送管道所用材料应无毒、耐腐蚀。管道的设计和安装应避免死角、盲管。贮罐和管道要规定清洗、灭菌周期。注射用水贮罐的通气口应安装不脱落纤维的疏水性除菌滤器。

注射用水规定 pH 值为 5.0～7.0，氨浓度不大于 0.00002%，内毒素小于 0.25EU/mL，其他检查项目与纯化水相同。按照国家药典要求，注射用水除应符合一般蒸馏水的检查项目外，还必须通过热原检查。

（4）灭菌注射用水质量要求

灭菌注射用水应符合注射用水项下各项检查的规定，并应符合注射剂项下有关规定。

第二节　制药用水的制备

制备符合注射剂使用的注射用水一般需采用综合法，其工艺流程如下：

原水（经滤过、电渗析或反渗透）→一级纯化水（经阳离子交换树脂、脱气塔、阴离子交换树脂、混合树脂）→二级纯化水（经蒸馏）→注射用水。

一、原水处理技术

1. 滤过法

滤过是除去原水中悬浮固体杂质的有效方法。通常采用石英砂滤器、活性炭滤器及细滤过器组合而成的滤过器。也可用明矾、硫酸铝、三氧化铁等为絮凝剂，使原水中的杂质等污物絮凝沉淀，同时具有吸附热原的作用。

2. 电渗析法

电渗析净化是一种制备初级纯水的技术，供离子交换法水处理用，以减轻离子交换树脂的负担。电渗析法（electrodialysis method，EM）较离子交换法经济，特别是当原水中含盐量较高（>3000mg/L）时，离子交换法已不适用，而电渗析法仍然有效。但制得的水电阻率低，因此常与离子交换法联用，以提高净化处理原水的效率。

电渗析法是依据在电场作用下离子定向迁移及交换膜的选择性透过原理设计的。其中离子交换膜分为阴离子交换膜和阳离子交换膜，简称阴膜和阳膜。阳膜只允许阳离子通过，而阴膜只允许阴离子通过，这就是离子交换膜的选择透过性。在外加电场的作用下，水溶液中的阴、阳离子分别向阳极和阴极移动，如果中间再加上一种交换膜，即可达到分离浓缩的目的。

3. 离子交换法

本法利用离子交换树脂可以除去绝大部分阴、阳离子，制得的水称为去离子水。对热原、细菌也有一定的清除作用。其主要优点是水质化学纯度高，一般电阻率为 $10^6\Omega\cdot cm$，所需设备简单，耗能小，成本低。缺点是对于热原的驱除效果不可靠，使用一段时间后，需再生树脂或更换，耗费酸碱及人力，且离子交换水可能溶有离子交换树脂的裂解物，对人体有害，不得用于配制注射液。

常用的离子交换树脂有阳、阴离子交换树脂两种，如 732 型苯乙烯强酸性阳离子交换树脂，极性基团为磺酸基，可用简式 $RSO_3^- H^+$（氢型）或 $RSO_3^- Na^+$（钠型）表示；717 型苯乙烯强碱性阴离子交换树脂，极性基团为季铵基团，可用简式 $RN^+(CH_3)_3OH^-$（羟型）或 $RN^+(CH_3)_3Cl^-$（氯型）表示。钠型和氯型比较稳定，便于保存，故市售品需用酸碱转化为氢型和羟型后才能使用。

二、注射用水的制备技术

1. 蒸馏法

用蒸馏法（distillation method）制备注射用水是在纯化水的基础上进行的。它可除去水中所有不挥发性微粒（包括悬浮物、胶体、细菌、病毒、热原等杂质）、可溶性小分子无机盐、有机盐等，是最经典、最可靠的制备注射用水的方法。

蒸馏法利用专门的蒸馏水器，如塔式蒸馏水器（见图 1-53）、亭式蒸馏水器、多效蒸馏水器及气压式蒸馏水器，前两种生产量小，耗能大，已很少应用。这里重点介绍后两种。

（1）多效蒸馏水器（multi-effect distillatory）

近年来发展起来的用于制备注射用水的主要设备。其主要特点是：热效率高、耗能水溢低、出水快、纯度高、水质稳定并有自动控制系统。多效蒸馏水器的组成和工作原理如图 1-54 所示。

在前四组塔内的上半部装有盘管，互相串联，蒸馏时，进料水预热后依次进入各效

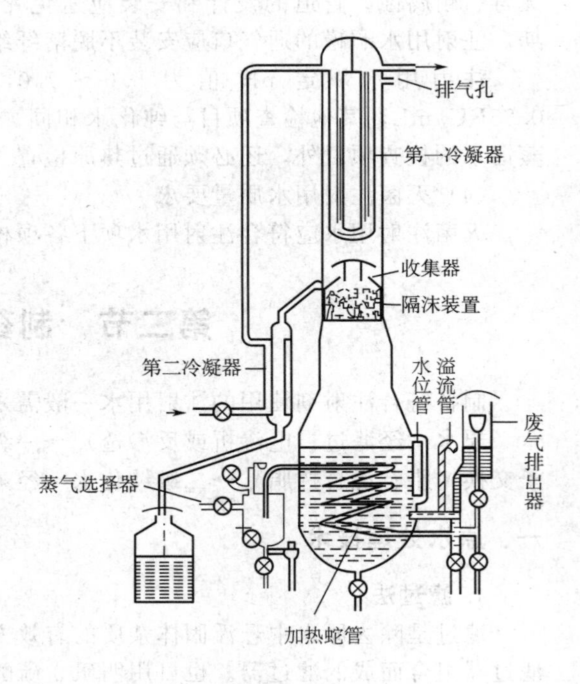

图 1-53　塔式蒸馏水器

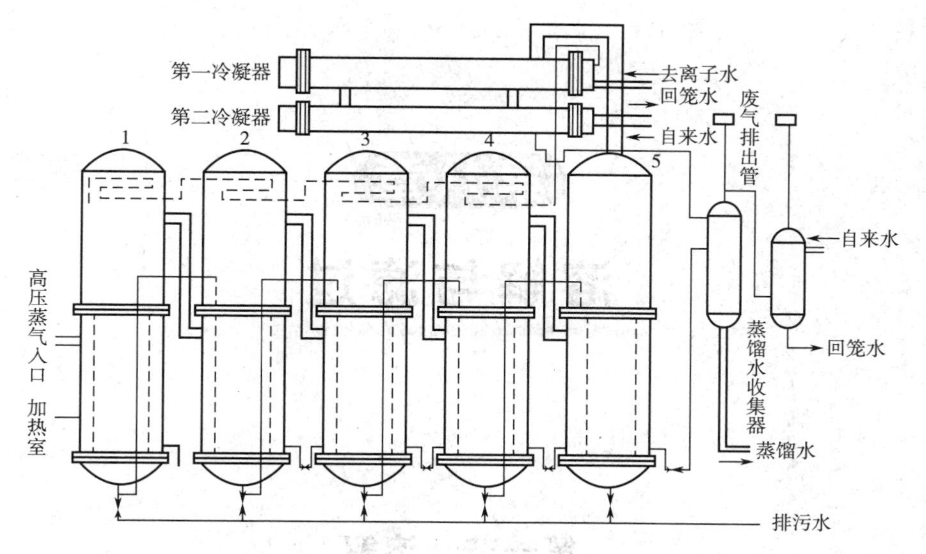

图 1-54　多效蒸馏水器示意图

塔内，在一效塔内经预热的去离子水通过塔顶分水装置形成均匀的薄膜状水流，受加热蛇管加热而蒸发后，水蒸气被部分冷凝后，蒸汽部分经隔沫装置进入二效塔作为加热蒸汽加热塔内的水，二效塔内的水是在一效塔内冷凝的水通过塔底管路泵入，作为二效塔内的水源，二效塔的水再次被加热产生蒸汽，并进入三效塔作为加热蒸汽，没有汽化的水再次泵入三效塔作为水源，依次进行，最终在四效塔内，产生的蒸汽冷凝后成为蒸馏水，作为浓缩水被排放。另外在一效塔内产生的纯蒸汽在二效塔放热后冷凝成蒸馏水，依次在各效塔产生的二次蒸汽被冷凝、冷却后汇集于蒸馏水收集器。此种蒸馏水机出水温度在 80℃以上，有利于蒸馏水的保存，产量为 6t/h。

多效蒸馏水器的性能取决于加热蒸汽的压力和效数，蒸汽压力越大，热交换越快，蒸馏水器效数越多，热能利用率越高，从设备投资、能源消耗、占地面积、维修能力等因素考虑，选用四效以上蒸馏水器较为合理。

（2）气压式蒸馏水器（vapor compression distillatory）

它主要由自动进水器、热交换器、加热室、蒸发室、冷凝器及蒸汽压缩机等组成。它是一种利用离心泵将蒸汽加压，以提高蒸汽利用率的蒸馏水器。它利用外界能量（机械能、电能）将低温热能转化为高温热能的原理而设计，热交换器有回收热量的作用，整个生产过程无需冷却水，自动化程度高，具有多效蒸馏水器的优点，但使用过程中电能消耗较大，不如多效蒸馏水器节能。

2. 反渗透法

反渗透法是 20 世纪 60 年代发展起来的新技术，美国药典 19 版（1975）首次收载为制备注射用水的法定方法之一。

当两种不同浓度的溶液（纯水与盐溶液）用半透膜隔开时，稀溶液中的水分子通过半透膜向浓溶液一侧自发流动，这种现象叫作渗透。渗透达到动态平衡时浓溶液与稀溶液之间的水柱静压差即为渗透压。

反之，如果开始时在盐溶液一侧施加大于该溶液渗透压的压力，则盐溶液中的水将会向纯水一侧扩散，使水与盐分离，该过程即为反渗透过程。反渗透的结果使得水分子从浓溶液中分离出来。

第八章

溶解与滤过

第一节 溶解

在制备注射剂的过程中，需要药物溶解于水中，而对于固体制剂而言，药物必须在消化道内溶解才能够被吸收，决定药物在体内吸收速率与程度的因素主要有药物的溶解性和渗透性，固体溶于液体的溶解现象与医药品的生产有着密切的关系。制备药物溶液首先要涉及药物在溶剂中的溶解度问题，药物在液体介质中的溶解度、溶解速度及溶解过程是制剂处方前研究的必要内容。

一、溶解与溶解度

溶液是由至少两种物质组成的均一、稳定的混合物，被分散的物质（溶质）以分子或离子分散于另一物质（溶剂）中。溶质可以是固体、液体或气体，溶剂是可以溶解这些物质的液体。溶质相当于分散质，溶剂相当于分散剂。药物溶解是指药物作为溶质在溶剂中分散形成溶液的过程。

水是最常用的溶剂，其理化性质稳定，生物相容性好，可用于不同的给药途径。非水溶剂包括醇与多元醇类、醚类、酰胺类、酯类、植物油类、烃类和亚砜类等。

1. 溶解度

溶解度（solubility）系指一定温度（气体在一定压力）下，一定量溶剂中溶质能溶解的最大量，即溶质溶解达到饱和时所溶解的量。例如咖啡因在20℃水溶液中的溶解度为1.46%，即表示在100mL水中溶解1.46g咖啡因时溶液达到饱和。溶解度是反映药物溶解性的重要指标。

一般情况下，溶解度为在一定温度下，100g溶剂（或100mL溶剂）中达到饱和状态时所能溶解的溶质的最大质量（单位为g）。溶解度也可以用物质的摩尔浓度表示，即mol/L。《中国药典》（2020年版）中溶解度通常以溶质1g（mL）溶于若干毫升溶剂中表示。关于药物溶解度有以下描述术语：极易溶解、易溶、溶解、略溶、微溶、极微溶、几乎不溶或不溶（见表1-7）。

表1-7 《中国药典》（2020年版）中关于溶解度的描述

溶解度术语	溶解状况
极易溶解	指溶质1g（mL）能在溶剂不到1mL中溶解

续表

溶解度术语	溶解状况
易溶	指溶质 1g（mL）能在溶剂 1～不到 10mL 中溶解
溶解	指溶质 1g（mL）能在溶剂 10～不到 30mL 中溶解
略溶	指溶质 1g（mL）能在溶剂 30～不到 100mL 中溶解
微溶	指溶质 1g（mL）能在溶剂 100～不到 1000mL 中溶解
极微溶	指溶质 1g（mL）能在溶剂 1000 不到 10000mL 中溶解
几乎不溶或不溶	指溶质 1g（mL）在溶剂 10000mL 中不能完全溶解

根据药物的溶解度，可以选择适宜的药物剂型，并对处方、工艺、药物的晶型、粒子等进行优化。药物溶解度表示方法有特性溶解度和平衡溶解度。

（1）特性溶解度

特性溶解度（intrinsic solubility）是指药物不含任何杂质，在溶剂中不发生解离或缔合，也不发生相互作用时所形成的饱和溶液的浓度，是药物的重要物理参数之一，尤其是对新化合物而言更有意义。很多情况下，如果口服药物的特性溶解度较小，就可能出现吸收不良的问题。此时则可考虑将其制成溶解度更大的盐；如不能成盐，则可从工艺及剂型方面入手，如降低粒径、改变晶型或制成软胶囊等，以提高生物利用度。

（2）平衡溶解度

对于弱酸性和弱碱性药物，准确测定特性溶解度，应分别在酸性和碱性溶液中测定，即便如此，测定中仍难以完全排除药物解离和溶剂的影响。而一般情况下测定的溶解度多为平衡溶解度（equilibrium solubility）或称表观溶解度（apparent solubility）。

平衡溶解度的测定方法有多种，如摇瓶法、酸碱滴定法等。目前为止，WHO 推荐的摇瓶法仍被认为是最可靠、最被广泛使用的溶解度测定方法。摇瓶法具体步骤如下：取数份药物，配制从不饱和溶液到饱和溶液的系列溶液，置恒温条件下振荡至平衡，经离心或滤膜滤过后，测定药物在溶液中的实际浓度 S，并对配制溶液浓度 c 作图，如图 1-55，图中曲线的转折点 A，即为该药物的平衡溶解度。如果药物不解离且与溶剂不存在相互作用，则所得测定曲线的转折点之前为直线，斜率为 1，转折点之后为平行于横轴的直线。众所周知，溶解度与温度有关，因此平衡溶解度实验必须在恒定温度下进行。

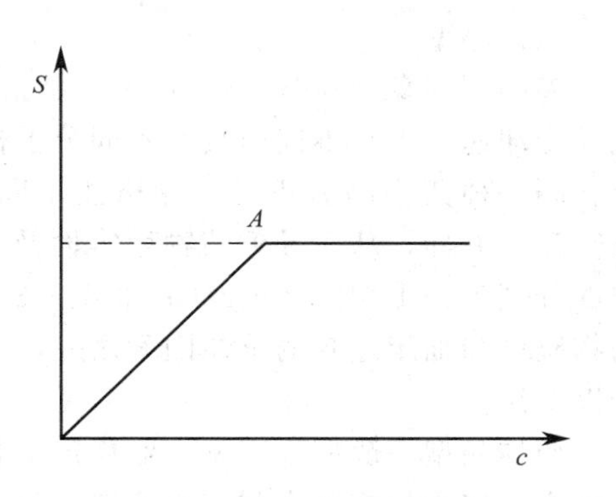

图 1-55　平衡溶解度测定曲线

无论是测定平衡溶解度还是测定特性溶解度，一般需要在低温（4～5℃）和体温（37℃）两种条件下进行，以便对药物及其制剂的贮存和使用情况做出考虑。并且考虑到人体胃肠道各个部位 pH 的差异，因此药物的溶解度试验还应使用各种不同 pH 值的溶剂系统，如 pH1.2 的模拟胃液，pH4.5、pH6.8 缓冲液等。

测定溶解度时，要注意恒温搅拌和达到平衡的时间，不同药物在溶剂中的溶解平衡时间不同。测定取样时要保持温度与测试温度一致并滤除未溶的药物，这是影响测定的主要因素。

2. 影响药物溶解度的因素

(1) 药物分子结构

药物在溶剂中的溶解过程是药物分子与溶剂分子间相互作用的结果。若药物分子间的作用力大于药物分子与溶剂分子间作用力，则药物溶解度小；反之，则溶解度大。

药物在溶剂中的溶解性符合“相似相溶”原则，即极性相似者相溶。药物与溶剂的极性越相近，药物越易溶解。在极性溶剂中，如果药物分子与溶剂分子之间可以形成氢键，则溶解度增大。如果药物分子形成分子内氢键，则会导致其在极性溶剂中的溶解度减小，而在非极性溶剂中的溶解度增大。

(2) 粒子大小的影响

对于可溶性药物，粒子大小对溶解度影响不大。而对于难溶性药物，当微粒粒径较大时，粒径对溶解度几乎没有影响，但当粒径减小到100nm以下时，溶解度会随粒径减小而增加。难溶性药物的溶解度与粒径大小的关系可用Ostwald-Freundlich方程描述，如下式所示。该方程式是在一定温度下用热力学的方法导出的。

$$\ln \frac{S}{S_0} = \frac{2\sigma M}{r\rho RT}$$

式中，S_0为药物的饱和溶解度；S为粒径为r时的药物溶解度；σ为溶液的界面张力；M为药物的分子量；ρ为药物的密度；R为摩尔气体常数；T为热力学温度。

(3) 温度

温度对于溶解度的影响取决于溶解过程是放热还是吸热。

如果溶解过程吸热，则溶解度随温度升高而升高；如果溶解过程放热，则溶解度随温度升高而降低。固体药物溶解时，通常需要破坏晶格，因而必须吸收热量，所以大多数固体药物的溶解度随温度的升高而增加。而对于热不稳定的药物，温度过高则会导致药物发生降解，因而温度不宜过高。

(4) 晶型

多晶型现象（polymorphism）是指同一化学结构的药物，因结晶条件（如溶剂、温度、冷却速率等）不同而具有不同分子排列与晶格结构的现象，又称为同质多象或同质异象。同一种药物晶型不同，晶格能不同，进而性质（如外观、熔点、溶解速率、溶解度等）存在差异，从而导致药物稳定性及疗效不同。例如维生素B_2有三种晶型，在水中溶解度分别为：Ⅰ型，60mg/L；Ⅱ型，80mg/L；Ⅲ型，120mg/L。药物多晶型现象是影响药物质量和临床疗效的重要因素之一，在对药物及其制剂的研发过程中，应对其晶型分析予以关注。

药物晶型一般有稳定型、亚稳定型和不稳定型。稳定型具有最小晶格能，较高的熔点和密度，较小的溶解度和溶出速率。而不稳定型则与之相反，熔点低、溶解度大、溶解速率快，但容易发生晶型转变而转成稳定型。亚稳定型则介于两者之间。

无定形（amorphous forms）属于不稳定型晶型，无定形药物无结晶结构，无晶格束缚，自由能大，所以溶解度和溶解速率较结晶型大。例如新生霉素在酸性水溶液中形成无定形，其溶解度比结晶型大10倍，溶出速率也快，吸收也快。但在一定条件下无定形容易转变为结晶型。

(5) 同离子效应

两种含有相同离子的盐（或酸、碱）溶于水中时，它们的溶解度或酸度系数都会降低，这种现象称为同离子效应。弱电解质溶液中，如果加入含有相同离子的强电解质，就会使得该弱电解质电离度降低。一般向难溶性盐类饱和溶液中，加入含有相同离子化合物时，其溶解度会因同离子效应而降低。如许多盐酸盐类药物在0.9%氯化钠溶液中的溶解度比在水中低。

（6）pH 值的影响

多数药物为有机弱酸、弱碱及其盐类，它们在水中溶解度会受 pH 值的影响。

3. 增加药物溶解度的方法

由于有些药物溶解度较小，配制成饱和溶液也达不到临床治疗所需的浓度，因此，对于难溶性药物，如何提高其溶解度成为剂型设计的关键。提高难溶性药物溶解度的方法主要有以下几种。

（1）制成可溶性盐

一些难溶的弱酸性和弱碱性药物，可将其制备成可溶性盐，增加其在极性溶剂中的溶解度。如含碱性基团的药物如生物碱，加酸制成盐类，可增加其在水中的溶解度；乙酸水杨酸制成钙盐在水中溶解度增大，且比钠盐稳定。

难溶性药物分子中引入亲水基团可增加在水中的溶解度。如维生素 K_3 不溶于水，分子中引入—SO_3HNa基团则成为维生素 K_3 亚硫酸氢钠，可制成注射剂。

在盐型的选择中，pK_a 值是选择的关键参考因素。一般反离子与原型药物的 pK_a 值应相差 2～3 个单位，这样才能使成盐后的溶解度远大于游离酸或碱的溶解度。

（2）使用混合溶剂

一些溶剂，如乙醇、甘油、丙二醇、聚乙二醇等，能与水任意比例混合，通过与水分子形成氢键，增加难溶性药物的溶解度。如洋地黄毒苷可溶于水和乙醇的混合溶剂中。药物在混合溶剂中的溶解度，与混合溶剂的种类、混合溶剂中各溶剂的比例有关。药物在混合溶剂中的溶解度通常是各单一溶剂溶解度的相加平均值，但也有高于相加平均值的。在混合溶剂中各溶剂在某一比例时，药物的溶解度比在各单纯溶剂中的溶解度均大，并出现极大值，这种现象称为潜溶（cosolvency），这种溶剂称为潜溶剂（cosolvent）。如苯巴比妥在 90%乙醇中有最大溶解度。

潜溶剂提高药物溶解度的原因，一是两种溶剂间发生氢键缔合，有利于药物溶解；另外，潜溶剂改变了原溶剂的介电常数。如乙醇和水或丙二醇和水组成的潜溶剂均降低了溶剂的介电常数，增加了对非解离药物的溶解度。一个好的潜溶剂的介电常数一般是 25～80。

（3）加入助溶剂

助溶（hydrotropy）系指难溶性药物与加入的第三种物质在溶剂中形成可溶性络合物、复盐或缔合物等，以增加药物在溶剂（主要是水）中的溶解度，这第三种物质称为助溶剂。助溶剂可溶于水，多为低分子量化合物（不是表面活性剂），可与药物形成络合物。如碘在水中的溶解度很低，碘化钾可显著增加碘在水中的溶解度，能配成含碘 5%的水溶液。这里碘化钾就是助溶剂，KI 与碘形成分子间的络合物 KI_3，借此增加碘的溶解度。

常用的助溶剂可分为两大类：一类是某些有机酸及其钠盐，如苯甲酸钠、水杨酸钠、对氨基苯甲酸钠等；另一类为酰胺类化合物，如乌拉坦、尿素、烟酰胺、乙酰胺等。

由于一般助溶剂的用量比较大。因此宜选用无生理作用，且在低浓度下就能使难溶性药物溶解度增加、无刺激性和毒性、价廉易得的物质。

（4）加入增溶剂

增溶（solubilizaion）是指某些难溶性药物在表面活性剂的作用下，在溶剂中溶解度增大并形成澄清溶液的过程。具有增溶作用的表面活性剂称增溶剂，被增溶的物质称为增溶质。每 1g 增溶剂能增溶药物的质量（g）称为增溶量。

表面活性剂之所以能够增加难溶性药物在水中的溶解度，是表面活性剂在水中形成“胶束”的结果。由于胶束的内部与周围溶剂的介电常数不同，难溶性药物根据自身的化学性质，以不同方式与胶束相互作用，使药物分子分散在胶束中。例如非极性分子苯、甲苯等可溶解于胶束的非极性中心区；具有极性基团而不溶于水的药物，如水杨酸等，在胶束中定向排列，分子中的非极性部分插入胶束的非极性中心区，其极性部分则伸入胶束的亲水基团方向；对于极性基团占优势的药物，如对羟基苯甲酸，则完全分布在胶束的亲水基之间。

（5）其他方法

除上述方法以外，还可以通过一些新技术提高药物溶解度。如制备包合物、脂质体、固体分散体、纳米粒等。

二、溶出速率

1. 药物溶出速率的表示方法

药物的溶出速率是指单位时间药物溶解进入溶液主体的量。溶出过程包括两个连续的阶段，首先是溶质分子从固体表面溶解，形成饱和层，然后在扩散作用下经过扩散层，再在对流作用下进入溶液主体中。固体药物的溶出速率主要受扩散控制，可用 Noyes-Whitney 方程表示：

$$\frac{\mathrm{d}c}{\mathrm{d}t}=KS(c_{\mathrm{s}}-c)$$

式中，$\mathrm{d}c/\mathrm{d}t$ 为溶出速率；S 为固体的表面积；c_{s}为溶质在溶出介质中的溶解度；c 为 t 时间溶液中溶质的浓度；K 为溶出速率常数。

$$K=\frac{D}{Vh}$$

式中，D 为溶质在溶出介质中的扩散系数；V 为溶出介质的体积；h 为扩散层的厚度。当 $c_{\mathrm{s}}\gg c$（即 c 低于 $0.1c_{\mathrm{s}}$）时，则 Noyes-Whitney 方程可简化为：

$$\frac{\mathrm{d}c}{\mathrm{d}t}=KSc_{\mathrm{s}}$$

2. 影响药物溶出速率的因素和提高溶出速率的方法

影响溶出速率的因素可根据 Noyes-Whitney 方程分析。

① 固体的粒径与表面积　同一重量的固体药物，其粒径越小，表面积越大；对同样大小的固体药物，空隙率越高，表面积越大；对于颗粒状或粉末状的药物，如在溶出介质中结块，可加入润湿剂以改善固体粒子的分散度，增加溶出界面，这些都有利于提高溶出速率。

② 温度　温度升高，药物溶解度 c_{s}增大、扩散增强、黏度降低，溶出速率加快。

③ 溶出介质的体积　溶出介质的体积小，溶液中药物浓度高，溶出速率慢；反之则溶出速率快。

④ 扩散系数　药物在溶出介质中的扩散系数越大，溶出速率越快。在温度一定的条件下，扩散系数大小受溶出介质的黏度和药物分子大小的影响。

⑤ 扩散层的厚度　扩散层的厚度越大，溶出速率越慢。扩散层的厚度与搅拌程度有关，搅拌速度快，扩散层薄，溶出速率快。

第二节　滤过

滤过是靠介质截留液体中混悬的固体颗粒而达到固液分离的操作。通常，所使用的介质称为滤材；被截留于介质上的固体称为滤饼或滤渣；通过滤过的液体称为滤液。

一、滤过机理

根据固体粒子在滤材中被截留的方式和滤过过程分为介质滤过和滤饼滤过。

（1）介质滤过

介质滤过是指药液通过滤过介质时固体粒子被介质截留而达到固液分离的操作。介质滤过的机理又有表面滤过和深层滤过。

表面滤过是滤过介质的孔道小于滤浆中颗粒的大小，滤过时固体颗粒被截留在介质表面，如滤纸与微孔滤膜的滤过作用，滤过介质起到了筛网的作用，因此又被称为筛析作用。

深层滤过是介质的孔道大于滤浆中颗粒的大小，但当颗粒随液体流入介质孔道“内部”时，由于惯性碰撞、扩散沉积以及静电效应而被沉积在孔道和孔壁上，使颗粒被截留在孔道内。砂滤棒、垂熔玻璃漏斗、多孔陶瓷、石棉滤过板等遵循深层截留的作用机理。

（2）滤饼滤过

固体粒子聚集在滤过介质表面上，此时主要由形成的滤饼起滤过的拦截作用，滤过介质起到支撑滤饼的作用。若药液中固体粒子含量大于1%，在滤过初期部分粒子在介质表面形成初始滤饼层，随着滤过过程的进行，滤饼逐渐增厚，滤饼的拦截作用更加明显。

二、滤过的影响因素

假定滤过时液体流过致密滤渣层的间隙，且间隙为均匀的毛细管聚束，此时液体的流动遵循 Poiseuile 公式：

$$V=\frac{P\pi r^4}{8\eta L}$$

式中，V 为滤过容量；P 为操作压力；r 为流过层中毛细管半径；L 为毛细管长度；η 为液体黏度；V/t 即为滤过速率。

影响滤过速率的因素有：①操作压力越大，滤速越快；②空隙越窄，阻力越大，滤速越慢；③滤过速率与滤器的表面积成正比（这是在滤过初期）；④黏度越大，滤速越慢；⑤滤速与毛细管长度成反比，因此沉积的滤饼量越多，滤速越慢。

根据以上因素，提高滤速的方法有：①加压或减压以提高压力差；②升高滤液温度以降低黏度；③先进行预滤，以减少滤饼厚度；④设法使颗粒变粗，以减少滤饼阻力等。

为提高滤过效率，可加入助滤剂，防止滤过介质孔眼被堵塞，从而起到助滤的作用。常用的助滤剂有：纸浆、硅藻土、滑石粉、活性炭等。助滤剂的加入方法，可直接在滤材上铺一层，也可混入待滤过的滤液中搅拌均匀后滤过。

三、滤过介质

滤过介质亦称滤材，为滤渣的支持物。常用的滤过介质如下。

（1）滤纸

分为普通滤纸和分析用滤纸，其致密性与孔径大小相差较大。普通滤纸孔径为1～7μm，常用于少量液体制剂的滤过。经环氧树脂和石棉处理的为α-纤维素滤纸，其强度和滤过性能均有所提高。

（2）织物介质

包括棉织品（纱布、帆布等）常用于精滤前的预滤；丝织品（绢布），既可用于一般液体的滤过，也可用于注射剂的脱炭滤过；合成纤维类（尼龙、聚酯等）耐酸碱性强，不易被微生物污染，常用作板框压滤机的滤布。

(3) 烧结金属滤过介质

系将金属粉末烧结成多孔滤过介质，用于滤过较细的微粒。如以钛粉末烧结的滤器，可用于注射剂的初滤。

(4) 多孔塑料滤过介质

系将聚乙烯、聚丙烯等用烧结法制备的管状滤材，优点是化学性质稳定、耐酸碱、耐腐蚀，缺点是不耐热。孔径有1μm、5μm、7μm等，其中1μm可用于注射剂的滤过。

(5) 垂熔玻璃滤过介质

系将中性硬质玻璃烧结而成的空隙错综交叉的多孔型滤材。广泛用于注射剂的滤过。

(6) 多孔陶瓷

用白陶土或硅藻土等烧结而成的筒式滤材，有多种规格，主要用于注射剂的精滤。

(7) 微孔滤膜

是高分子薄膜滤过材料，厚度为0.1～0.15mm，孔径为0.01～14μm，有多种规格。微孔滤膜的材质有多种，包括纤维素类、聚醚砜类、聚丙烯膜、聚酰胺膜、聚偏氟乙烯、聚四氟乙烯等。微孔滤膜主要用于注射剂的精滤和除菌滤过。特别用于一些不耐热产品，如胰岛素、辅酶等。此外还可用于无菌检查，灵敏度高，效果可靠。

四、滤过装置

1. 砂滤棒

国产的主要有两种，一种是硅藻土滤棒，另一种是多孔素瓷滤棒。硅藻土滤棒质地疏松，一般适用于黏度高、浓度大的药液。多孔素瓷滤棒质地致密，滤速比硅藻土滤棒慢，适用于低黏度的药液。

砂滤棒价廉易得，滤速快，适用于大生产中粗滤。但砂滤棒易于脱砂，对药液吸附性强，难清洗，且有改变药液pH值现象，滤器吸留滤液多。砂滤棒用后要进行处理。

2. 垂熔玻璃滤器

这种滤过器是由硬质玻璃细粉烧结而成的空隙均匀的多孔性滤板。根据其形状不同可分为垂熔玻璃漏斗、垂熔玻璃滤球和垂熔玻璃滤棒三种。按滤过介质的孔径分为6种规格，规格如表1-8所示。

表1-8 垂熔玻璃滤器的规格

滤板号	1	2	3	4	5	6
滤板孔径/μm	80～120	40～80	15～40	5～15	2～5	<2

3号多用于常压滤过，4号多用于减压或加压滤过，6号用于无菌滤过。

垂熔玻璃滤器的优点是化学性质稳定（强碱和氢氟酸除外）；吸附性低，一般不影响药液的pH值；易洗净，不易出现裂漏、碎屑脱落等现象。缺点是价格高，脆而易破。使用时可在垂熔漏斗内垫上滤纸，以免污物堵塞滤孔，也有利于清洗，可提高滤液的质量。

3. 板框式压滤机

由多个中空滤框和实心滤板交替排列在支架上组成，是一种在加压下间歇操作的滤过设备。此种滤器的滤过面积大，截留的固体量多，且可在各种压力下滤过。可用于黏性大、滤饼可压缩的各种物料的滤过，特别适用于含少量微粒的滤浆。在注射剂生产中，多用于预滤。缺点是装配和清洗麻烦，容易滴漏。

4. 微孔滤膜滤过器

以微孔滤膜作滤过介质的滤过装置称为微孔滤膜滤过器。常用的有圆盘形和圆筒形两种，圆筒形内有微孔滤膜滤过器若干个，滤过面积大，适用于注射剂的工业生产。

微孔滤膜滤过器的优点：①微孔孔径小，截留能力强，有利于提高注射剂的澄明度；②孔径大小均匀；③在滤过面积相同、截留颗粒大小相同的情况下，微孔滤膜的滤速比其他滤器（垂熔玻璃漏斗、砂滤棒）快 40 倍；④滤膜无介质的迁移，不会影响药液的 pH 值，不滞留药液；⑤滤膜用后弃去，不会造成交叉污染。缺点：易堵塞，有些滤膜化学性质不理想。

滤膜的理化性质：①热稳定性，纤维素混合酯滤膜在干热 125℃以下的空气中稳定，故在 121℃热压灭菌不受影响。聚四氟乙烯膜在 260℃的高温下稳定；②化学性质，纤维素酯膜适用于药物的水溶液、稀酸和稀碱、脂肪族和芳香族碳氢化合物或非极性液体。不适用于酮类、酯类、乙醚-乙醇混合溶液以及强酸强碱。尼龙膜或聚四氟乙烯膜化学稳定性好，特别是聚四氟乙烯膜，对强酸强碱和有机溶剂均无影响。

5. 其他

另外还有超滤装置、钛滤器、多孔聚乙烯烧结管滤过器等。

第九章

灭菌及无菌技术

采用灭菌（sterilization）与无菌（sterility）技术的主要目的是杀灭或除去所有微生物繁殖体和芽孢，最大限度地提高药物制剂的安全性，保护制剂的稳定性，保证制剂的临床疗效。因此，研究、选择有效的灭菌方法，对保证产品质量具有重要意义。

灭菌法可分为三大类：物理灭菌法（physical sterilization）、化学灭菌法（chemical sterilization）和无菌操作法（aseptic technique）。

第一节　灭菌技术

一、物理灭菌法

利用蛋白质与核酸遇热、射线不稳定的特性，采用加热、射线和滤过方法，杀灭或除去微生物的技术称为物理灭菌法，亦称物理灭菌技术。常用的物理灭菌技术包括干热灭菌法、湿热灭菌法、滤过灭菌法和射线灭菌法。

1. 干热灭菌法

干热灭菌法（dry heat sterilization）系指在干燥环境中（利用火焰或干热空气）进行灭菌的技术，其中包括火焰灭菌法和干热空气灭菌法。其原理是通过高温加热破坏蛋白质与核酸的氢键，导致蛋白质变性或凝固，破坏核酸或使酶失活，从而杀灭微生物。

（1）火焰灭菌法

火焰灭菌法（flame sterilization）系指用火焰直接灼烧灭菌的方法。该法灭菌迅速、可靠、简便，适用于耐火焰材质（如金属、玻璃及瓷器等）的物品与用具的灭菌，不适合药品的灭菌。

（2）干热空气灭菌法

干热空气灭菌法（hot air sterilization）系指利用高温干热空气灭菌的方法。该法适用于耐高温的玻璃和金属制品以及不允许湿气穿透的油脂类（如油性软膏基质、注射用油等）和耐高温的粉末化学药品的灭菌，不适用于橡胶、塑料及大部分药品的灭菌。

在干燥状态下，由于热穿透力较差，微生物的耐热性较强，必须长时间受高热作用才能达到灭菌的目的。因此，干热空气灭菌法采用的温度一般比湿热灭菌法高，温度范围一般为160～190℃。为了确保灭菌效果，一般使用干热灭菌的条件为：160～170℃灭菌120min以上；170～180℃灭菌60min以上；250℃灭菌45min以上。干热空气灭菌常用设备为烘箱，一般烘箱内装有鼓风机，可使空气在灭菌物品周围循环而减少烘箱内各部位的温度差。

2. 湿热灭菌法

湿热灭菌法（moist heat sterilization）系指用高压饱和蒸汽、沸水或流通蒸汽进行灭菌的方法。由于蒸汽潜热大，穿透力强，容易使蛋白质变性或凝固，因此该法的灭菌效率比干热灭菌法高，是制剂生产过程中最常用的方法。湿热灭菌法可分类为：热压灭菌法、流通蒸汽灭菌法、煮沸灭菌法和低温间歇灭菌法。

（1）影响湿热灭菌的主要因素

① 微生物的种类与数量　微生物的种类不同，耐热、耐压性能存在很大差异，不同发育阶段对热、压的抵抗力不同，其耐热、压的次序为芽孢＞繁殖体＞衰老体。微生物数量越少，所需灭菌时间越短。

② 蒸汽性质　蒸汽有饱和蒸汽、湿饱和蒸汽和过热蒸汽。饱和蒸汽热含量较高，热穿透力较大，灭菌效率高；湿饱和蒸汽因含有水分，热含量较低，热穿透力较差，灭菌效率较低；过热蒸汽温度高于饱和蒸汽，但穿透力差，灭菌效率低，且易引起药品的不稳定性。因此，热压灭菌应采用饱和蒸汽。

③ 药品性质和灭菌时间　一般而言，灭菌温度越高，灭菌时间越长，药品被破坏的可能性越大。因此，在设计灭菌温度和灭菌时间时必须考虑药品的稳定性，即在达到有效灭菌的前提下，尽可能降低灭菌温度和缩短灭菌时间。

④ 其他　介质 pH 值对微生物的生长和活力具有较大影响。一般情况下，在中性环境中微生物的耐热性最强，碱性环境次之，酸性环境则不利于微生物的生长和发育。介质中的营养成分越丰富（如含糖类、蛋白质等），微生物的抗热性越强，应适当提高灭菌温度和延长灭菌时间。

（2）湿热灭菌的方法

① 热压灭菌法　热压灭菌法［steam（under pressure）sterilization］系指用高压饱和水蒸气加热杀灭微生物的方法。该法具有很强的灭菌效果，灭菌可靠，能杀灭所有细菌繁殖体和芽孢，适用于耐高温和耐高压蒸汽的所有药物制剂，玻璃容器、金属容器、瓷器、橡胶塞、滤膜滤过器等。

热压灭菌法通常采用的温度与时间为：115℃（67kPa），30min；121℃（97kPa），20min；126℃（134kPa），15min。热压灭菌的设备种类较多，如卧式热压灭菌柜、立式热压灭菌柜和手提式热压灭菌器等。热压灭菌柜的基本结构大同小异，由柜体、柜门、夹套、压力表、温度计、各种气阀、水阀、安全阀等组成。

卧式热压灭菌柜（图 1-56）是一种大型灭菌器，整体采用坚固的合金制成，具有耐压性，带有夹套，柜内备有带轨道的格车，可分为若干层，用于放置灭菌的药品。灭菌柜顶部装有两只压力表，分别指示蒸汽夹套内和灭菌柜内的压力。两压力表中间为温度表。灭菌柜的一侧有进气阀、夹套放气阀和放水阀等，柜顶部有排气阀和安全阀等，以便开始通入加热蒸汽时排尽不凝性气体。

灭菌操作：先开夹套中蒸汽加热 10min，当夹套压力上升至所需压力时，将待灭菌物品置于金属编制篮中，排列于格架上，推入柜室，关闭柜门，并将门闸旋紧。待夹套加热完成后，将加热蒸汽通入柜内，当温度上升至规定温度（如 121℃）时，计时（此时即为灭菌开始时间），柜内压力表应固定在规定压力（如 97kPa 左右）。灭菌完成后，先关闭蒸汽阀，排气至压力表降至“0”后，开启柜门，冷却后将灭菌物品取出。

使用热压灭菌柜时，为保证灭菌效率，应注意的事项有：①必须使用饱和蒸汽；②使用前必须排尽灭菌柜内空气，若有空气存在，压力表的指示压力并非纯蒸汽压，而是蒸汽和空气二者的总压，灭菌温度难以达到规定值；③灭菌时间应以全部药液温度达到所要求

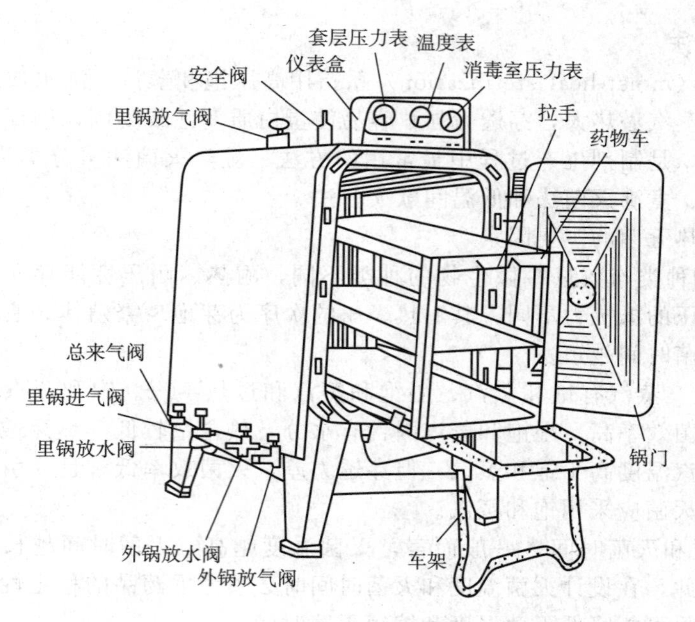

图 1-56　卧式热压灭菌柜

的温度时开始计时；④灭菌完毕必须先停止加热，逐渐减压至压力表指针为“0”后，放出柜内蒸汽，使柜内压力与大气压相等，稍稍打开灭菌柜，10～15min后全部打开，以免柜内外压力差和温度差太大，造成被灭菌物料冲出或玻璃瓶炸裂而伤害操作人员，确保安全生产。

② 流通蒸汽灭菌法　流通蒸汽灭菌法（circulating steam sterilization）系指在常压下，采用100℃流通蒸汽加热杀灭微生物的方法。灭菌时间为30～60min，但属于一种非可靠灭菌方法，不能确保杀灭所有的芽孢，因此必要时可加入适量的抑菌剂。一般可作为不耐热无菌产品的辅助灭菌手段。

③ 煮沸灭菌法　煮沸灭菌法（boiling sterilization）系指将待灭菌物置沸水中加热灭菌的方法。煮沸时间通常为30～60min。该法灭菌效果较差，常用于注射器、注射针等器皿的消毒。必要时可加入适量的抑菌剂，如三氯叔丁醇（0.2%～0.5%）、甲酚（0.1%～0.3%）、氯甲酚（0.05%～0.1%）等，以提高灭菌效果。

④ 低温间歇灭菌法（low-temperature tyndalization）系指将待灭菌物置60～80℃的水或流通蒸汽中加热60min，杀灭微生物繁殖体后，在室温条件下放置24h，让待灭菌物中的芽孢发育成繁殖体，再次加热灭菌、放置，反复多次，直至杀灭所有芽孢。该法适合于不耐高温、热敏感物料和制剂的灭菌。其缺点是费时、工效低、灭菌效果差，必要时加入适量抑菌剂可提高灭菌效率。

3. 滤过灭菌法

滤过灭菌法（filtration sterilization）系指采用滤过法除去微生物的方法。该法属于机械除菌方法，该机械称为除菌滤过器。滤过灭菌并非可靠的灭菌方法，一般适合于对热不稳定的药物溶液、气体、水等物品的灭菌。

灭菌用滤过器应具有较高的滤过效率，能有效地除尽物料中的微生物，滤材与滤液中的成分不发生相互交换，对滤液的吸附不得影响药品质量，不得有纤维脱落，滤器易清洗，操作方便等。

为了有效地除尽微生物，滤器孔径必须小于芽孢体积（>0.5μm）。常用的除菌滤过器有：0.22μm 或 0.3μm 的微孔滤膜滤器和 6 号垂熔玻璃滤器。滤过灭菌应在无菌条件下操作，为了保证产品的无菌，必须对滤过过程进行无菌检测，滤器、滤膜在使用前应进行清洁处理，并用高压蒸汽进行灭菌或做在线灭菌。

4. 射线灭菌法

系指采用辐射、微波和紫外线杀灭微生物和芽孢的方法。

（1）辐射灭菌法（radiation sterilization）

系指采用放射性同位素（^{60}Co 和 ^{137}Cs）放射的 γ 射线杀灭微生物和芽孢的方法，辐射灭菌剂量一般为 2.5×10^{4}Gy。其原理为射线可使微生物分子直接发生电离而产生能破坏微生物正常代谢的自由基，最终杀灭微生物。

本法适合于热敏物料和制剂的灭菌，常用于维生素、抗生素、激素、生物制品、中药材和中药制剂、医疗器械、药用包装材料及药用高分子材料等物质的灭菌。其特点是：不升高产品温度，穿透力强，灭菌效率高；但该法不适用于蛋白质、多肽、核酸等生物大分子的灭菌，且设备费用较高，对操作人员存在潜在的危险性，对某些药物（特别是溶液型）可能产生药效降低或产生毒性物质和发热物质等。

（2）微波灭菌法（microwave sterilization）

系指采用微波（频率为 300～300000MHz 的高频振荡电磁波）照射产生的热能杀灭微生物和芽孢的方法。具有低温、常压、高效、快速（一般为 2～3min）、均匀、低能耗、无污染、易操作、易维护、产品保质期长（可延长 1/3 以上）等特点。

适用于液态和固体物料的灭菌，且对固体物料具有干燥作用。对热压灭菌不稳定的药物制剂（如维生素 C、阿司匹林等），采用微波灭菌则较稳定，降解产物较少。

（3）紫外线灭菌法（ultraviolet sterilization）

系指用紫外线（能量）照射杀灭微生物和芽孢的方法。用于紫外灭菌的波长一般为 200～300nm，灭菌力最强的波长为 254nm。

紫外线不仅能使核酸蛋白变性，而且能使空气中氧气产生微量臭氧，从而达到共同杀菌效果。该法适合于照射物表面灭菌、无菌室空气及蒸馏水的灭菌；不适合于药液的灭菌及固体物料深部的灭菌。由于紫外线是以直线传播，可被不同的表面反射或吸收，穿透力微弱，普通玻璃即可吸收紫外线，因此装于容器中的药物不能用紫外线灭菌。紫外线对人体有害，照射过久易产生结膜炎、红斑及皮肤烧灼等伤害，故一般在操作前开启 1～2h，操作时关闭；必须在操作过程中照射时，对操作者的皮肤和眼睛应采用适当的防护措施。

二、化学灭菌法

化学灭菌法（chemical sterilization）系指用化学药品直接作用于微生物而将其杀灭的方法。该法仅对微生物繁殖体有效，不能杀灭芽孢。化学灭菌的目的在于减少微生物的数目，以控制一定的无菌状态。

① 气体灭菌法（gaseous sterilization）　系指采用气态杀菌剂（如环氧乙烷、臭氧、甲醛、丙二醇、甘油、气态过氧乙酸等）直接作用于微生物进行灭菌的方法。该法适用于环境消毒以及不耐加热灭菌的医用器具、设备和设施、粉末注射剂等的消毒。常用环氧乙烷（ethylene oxide），一般与 80%～90%的惰性气体混合，在充有灭菌气体的高压腔室内进行。

② 药液灭菌法　系指采用杀菌剂溶液进行灭菌的方法。该法常应用于其他灭菌法的辅助措施，适合于皮肤、无菌器具和设备的消毒。常用消毒液有 75%乙醇、1%聚维酮碘溶液、0.1%～0.2%新洁尔灭（苯扎溴铵）溶液、2%苯酚或煤酚皂溶液等。

三、无菌操作法

无菌操作法（aseptic processing）系指整个操作过程中通过控制一定条件，使产品避免微生物污染的一种操作方法和技术。该法不是一个灭菌过程，而是维持整个过程的无菌状态。它适合于一些不耐热药物的注射剂、眼用制剂、皮试液、海绵剂和创伤制剂的制备。无菌操作室或无菌操作的所有用具、材料及环境均需按照上述的灭菌法灭菌，操作需在无菌操作室或无菌柜中进行。

1. 无菌操作室的灭菌

常采用紫外线、液体和气体灭菌法对无菌操作室环境进行灭菌。

① 甲醛溶液加热熏蒸法　该方法灭菌较彻底，是常用的方法之一。气体发生装置是采用蒸汽加热夹层锅，使液态甲醛汽化成甲醛蒸气，经蒸汽出口送入总进风道，由鼓风机吹入无菌室，连续 3h 后，关闭密熏 12～24h，并应保持室内湿度＞60%，温度＞25℃，以免低温导致甲醛蒸气聚合而附着于冷表面，从而降低空气中甲醛的浓度，影响灭菌效率。密熏完毕，将 25%的氨水经加热，按一定流量送入无菌室内，以清除甲醛蒸气，然后开启排风设备，并通入无菌空气直至室内排尽甲醛。

② 紫外线灭菌　是无菌室灭菌的常规方法，该方法应用于间歇和连续操作过程中。一般在每天工作前开启紫外灯 1～2h，操作间歇中亦应开启 0.5～1h，必要时可在操作过程中开启（应注意操作人员眼、皮肤等的保护）。

③ 液体灭菌　是无菌室较常用的辅助灭菌方法，主要采用 3%酚溶液、2%煤皂酚溶液、0.2%苯扎溴铵或 75%乙醇喷洒或擦拭，本法适用于无菌室的空间、墙壁、地面、用具等方面的灭菌。

2. 无菌操作

无菌操作室、层流洁净工作台和无菌操作柜是无菌操作的主要场所，无菌操作所用的一切物品、器具及环境，均需按前述灭菌法灭菌，如安瓿应 150～180℃、2～3h 干热灭菌，橡皮塞应 121℃、1h 热压灭菌等。操作人员进入无菌操作室前应洗澡，并更换已灭菌的工作服和清洁的鞋子，不得外露头发和内衣，以免污染。

小量无菌制剂的制备，普遍采用层流洁净工作台进行无菌操作，该设备具有良好的无菌环境，使用方便，效果可靠。

第二节　灭菌参数

一般灭菌条件下，产品中还有存在极微量微生物的可能性，而现行的无菌检验方法往往难以检出被检品中的极微量微生物。为了保证产品的无菌，有必要对灭菌方法的可靠性进行验证，F 与 F_0 值即可作为验证灭菌可靠性的参数。

1. *D* 值

在一定温度下，杀灭 90%微生物或残存率为 10%所需的灭菌时间（min），是反映微生物耐热性的参数。研究表明，微生物受高温、辐射、化学药品等作用时间可能被杀灭，其杀灭速率符合一级动力学过程，即：

$$\frac{\mathrm{d}N}{\mathrm{d}t}=-kt$$

或

$$\lg N_0-\lg N_t=\frac{kt}{2.303}$$

式中，N_t 为灭菌时间为 t 时残存的微生物数；N_0 为原有微生物数；k 为灭菌常数。D

值的表达式为：

$$D=t=\frac{2.303}{k}(\lg 100-\lg 10)$$

由此可知，D 值即为降低被灭菌物品中微生物数至原来的 1/10 或降低一个对数单位（如 lg100 降低至 lg10）所需的时间，即 $\lg N_0-\lg N_t=\lg 100-\lg 10=1$ 时的 t 值。在一定灭菌条件下，不同微生物具有不同的 D 值；同一微生物在不同灭菌条件下，D 值亦不相同（如含嗜热脂肪芽孢杆菌的 5% 葡萄糖水溶液，121℃蒸汽灭菌的 D 值为 2.4min，105℃的 D 值为 87.8min）。因此，D 值随微生物的种类、环境和灭菌温度变化而异。

2. Z 值

降低一个 $\lg D$ 值所需升高的温度数，即灭菌时间减少到原来的 1/10 所需升高的温度或在相同灭菌时间内，杀灭 99% 的微生物所需提高的温度。

$$Z=\frac{T_2-T_1}{\lg D_2-\lg D_1}$$

即

$$\frac{D_2}{D_1}=10^{\frac{T_2-T_1}{Z}}$$

设 $Z=10$℃，$T_1=110$℃，$T_2=121$℃。

按上式计算可得：$D_2=0.079D_1$。

即 110℃灭菌 1min 与 121℃灭菌 0.079min 的灭菌效果相当。

3. F 值

在一定灭菌温度（T）下给定的 Z 值所产生的灭菌效果与在参比温度（T_0）下给定的 Z 值所产生的灭菌效果相同时所相当的时间（equivalent time）。F 值常用于干热灭菌，以 min 为单位，其数学表达式为：

$$F_0=\Delta t\Sigma 10^{\frac{T-T_0}{Z}}$$

4. F_0 值

在一定灭菌温度（T）、Z 值为 10℃所产生的灭菌效果与 121℃、Z 值为 10℃所产生的灭菌效果相同时所相当的时间（min）。F_0 值目前仅限于热压灭菌。物理 F_0 值的数学表达式为：

$$F_0=\Delta t\Sigma 10^{\frac{T-121}{Z}}$$

根据上式，在灭菌过程中，仅需记录被灭菌物的温度与时间，即可计算 F_0 值。由于 F_0 值是将不同灭菌温度计算到相当于 121℃热压灭菌时的灭菌效力，故 F_0 值可作为灭菌过程的比较参数，对灭菌过程的设计及验证灭菌效果极为有用。鉴于 F_0 值体现了灭菌温度与时间对灭菌效果的统一，该数值更为精确、实用。

生物 F_0 值的数学表达式为：

$$F_0=D_{121℃}\times(\lg N_0-\lg N_t)$$

即生物 F_0 值可看作 $D_{121℃}$ 与微生物数目的对数降低值的乘积。式中 N_t 为灭菌后预计达到的微生物残存数，即染菌度概率（probability of nonsterility），当 N_t 达到 10^{-6} 时（原有菌数的百万分之一），可认为灭菌效果较可靠。因此，生物 F_0 值可认为以相当于 121℃热压灭菌时，杀灭容器中全部微生物所需要的时间。

影响 F_0 值的因素主要有：容器大小、形状及热穿透性等；灭菌产品溶液性质、充填量等；容器在灭菌器内的数量及分布等，该项因素在生产过程中影响最大，故必须注意灭菌器内各层、四角、中间位置热分布是否均匀，并根据实际测定数据进行合理排布。

测定 F_0 值时应注意的问题：①选择灵敏度高，重现性好，使用精密度为 0.1℃的热电偶，并对其进行校正；②灭菌时应将热电偶的探针置于被测样品的内部，经灭菌器通向灭菌柜外的温度记录仪（一般附有 F_0显示器）；③对灭菌工艺和灭菌器进行验证，灭菌器内热分布应均匀，重现性好。

为了确保灭菌效果，应严格控制原辅料的质量和环境条件，尽量减少微生物的污染，采取各种有效措施使每个容器的含菌数控制在一定水平以下（一般含菌数为 10 以下，即 $\lg N_t<1$）；计算、设置 F_0值时，应适当考虑增加安全系数，一般增加理论值的 50%，即规定 F_0值为 8min，实际操作应控制在 12min。

第十章 空气净化技术

第一节 概述

空气净化（air purification）系指以创造洁净空气为目的的空气调节措施。根据不同行业的要求和洁净标准，可分为工业净化和生物净化。

工业净化系指除去空气中悬浮的尘埃粒子，以创造洁净的空气环境，如电子工业等。在某些特殊环境中，可能还有除臭、增加空气负离子等要求。

生物净化系指不仅除去空气中悬浮的尘埃粒子，而且要求除去微生物等以创造洁净的空气环境。如制药工业、生物学实验室、医院手术室等均需要生物洁净。

空气净化技术是一项综合性技术，该技术不仅着重采用合理的空气净化方法，而且必须对建筑、设备、工艺等采用相应的措施和严格的维护管理。

一、洁净室空气净化标准

1. 含尘浓度

一般室内空气允许含尘量标准以质量浓度表示（mg/m^3），但洁净室的结晶标准多用计数浓度来表示，即单位体积的空气中所含粉尘的颗粒数。

2. 净化类别

净化的类别主要包括三类。

① 一般净化　以温度、湿度为主要指标的空气调节，通常不提具体要求，采用一级初效滤过器即可。大多数空调属于此种情况。

② 中等净化　除对温度、湿度有要求外，对室内空气的含尘量和尘埃粒子也有一定指标（如允许含尘量为0.15～0.25mg/m^3，尘埃粒子不得≥1.0μm）。可采用初、中效二级滤过。

③ 超净净化　除对温、湿度有要求外，对含尘量和尘埃粒子有严格要求，含尘量采用计数浓度。该类空气净化必须经过初、中、高效滤过器才能满足要求。

3. 洁净室的净化度标准

目前世界各国在净化度标准方面尚未统一。我国2010版《药品生产质量管理规范》中洁净区分级标准见表1-9。

从表1-9可知，洁净室必须保持正压，即按洁净度等级的高低依次相连，并有相应的压差，以防止低级洁净室的空气逆流至高级洁净室中。除有特殊要求外，我国洁净室要求：室温为18～26℃，相对湿度为40％～60％。

表 1-9　2010 版《药品生产质量管理规范》中洁净区分级的标准

洁净度级别	悬浮粒子最大允许数/m³				温度/℃	相邻级别室间压差	湿度/%
	静态		动态				
	≥0.5μm	≥5.0μm	≥0.5μm	≥5.0μm			
A 级	3520	20	3520	20	18～26	正压	45～65
B 级	3520	29	352000	2900			
C 级	352000	2900	3520000	29000			
D 级	3520000	29000	不作规定	不作规定			

二、浮尘浓度测定方法和无菌检查法

1. 浮尘浓度测定方法

测定空气中浮尘浓度和粒子大小的常用方法有：光散射法、滤膜显微镜法和比色法。

① 光散射式粒子计数法　当含尘气流以细流束通过强光照射的测量区时，空气中的每个尘粒发生光散射，形成光脉冲信号，并转化为相应的电脉冲信号。根据散射光的强度与尘粒表面积成正比，脉冲信号次数与尘粒个数相对应，最后由数码管显示粒径和粒子数目。

② 滤膜显微镜计数法　采用微孔滤膜真空滤过含尘空气，捕集尘粒于微孔滤膜表面，用丙酮蒸气熏蒸至滤膜呈透明状，置显微镜下计数。根据空气采样量和粒子数计算含尘量。该法可直接观察尘埃的形状、大小、色泽等物理性质，这对分析尘埃来源及污染途径具有较高的价值，但取样、计数较繁琐。

③ 光电比色计数法　采用滤纸真空滤过含尘空气，捕集尘粒于滤纸表面，测定滤过前后的透光度。根据透光度与积尘量成反比（假设尘埃的成分、大小和分布相同），计算含尘量。常用于中、高效滤过器的渗漏检查。

2. 无菌检查法

系指检查药品与辅料是否无菌的方法，是评价无菌产品质量必须进行的检测项目。无菌制剂必须经过无菌检查法检验，证实已无微生物生存后，才能使用。《中国药典》规定的无菌检查法有薄膜滤过法和直接接种法。

① 薄膜滤过法　取规定量供试品经薄膜滤过器滤过后，取出滤膜在培养基上培养数日，观察结果，并进行阴性和阳性对照试验。该方法可滤过较大量的样品，检测灵敏度高，不易出现“假阴性”结果。但应严格控制滤过过程中的无菌条件，防止环境微生物污染而影响检测结果。

② 直接接种法　将供试品溶液接种于培养基上，培养数日后观察培养基上是否出现混浊或沉淀，与阳性和阴性对照品比较或直接用显微镜观察。

三、空气净化技术

洁净室的空气净化技术就是除去空气中悬浮的尘埃粒子等。一般采用空气滤过法，当含尘空气通过多孔滤过介质时，粉尘被微孔截留或孔壁吸附，达到与空气分离的目的。该方法是空气净化中经济、有效的关键措施之一。

1. 空气滤过机理

空气滤过多采用纤维滤过器，其滤过的机理主要包括以下几种。

① 惯性作用　当尘粒随空气通过纤维的弯曲通道时，由于尘粒的惯性与纤维碰撞而

被附着、且作用效果随气流速度及尘粒粒径的增加而增大。

② 扩散作用　当尘粒随空气围绕纤维表面做布朗运动时，因扩散作用与纤维接触而被附着，这一作用在尘粒较小、空气流速较低时更为明显。

③ 拦截作用　当随空气通过纤维的尘粒粒径大于纤维的间隙时被纤维截留。

④ 静电作用　当尘粒随空气通过纤维时，由于摩擦产生的静电作用使尘粒被附着。

⑤ 分子间范德华力　尘粒与纤维分子之间的范德华力也能使其附着于纤维之间。

2. 影响空气滤过的主要因素

① 尘粒的粒径　粒径越大，拦截、惯性、重力沉降作用越大，越易除去，反之越难除去。

② 滤过风速　在一定范围内，风速越大，粒子惯性作用越强，但阻力也会相应增加，风速过大时易将附着于纤维的细小尘埃吹出；风速越小，扩散作用越强，小粒子越易与纤维接触而吸附，且滤过阻力小。

③ 介质纤维直径和密实性　纤维越细、越密实，则接触面积越大，拦截和惯性作用越强，但其阻力增加，扩散作用减弱。

④ 附尘　随着滤过的进行，纤维表面沉积的尘粒增加，拦截作用提高，但阻力增加，当达到一定程度时，尘粒在风速的作用下，可能再次飞散进入空气中，因此滤过器应定期清洗，以保证空气质量。

3. 空气滤过器

目前主要采用空气滤过器对空气进行净化。滤过器按照滤过效率可分为初效滤过器、中效滤过器、亚高效滤过器和高效滤过器。

① 初效滤过器　主要用于滤除粒径大于5μm的悬浮粉尘，滤过效率可达到20%～80%，通常用于上风侧的新风滤过，除了捕集大粒子外，还防止中、高效滤过器被大粒子堵塞，以延长中、高效滤过器的寿命。因此也叫预滤过器（Pre-filter）。

② 中效滤过器　主要用于滤除大于1μm的尘粒，滤过效率达到20%～70%，一般置于高效滤过器之前，用于保护高效滤过器。中效滤过器的外形结构大体与初效滤过器相似，主要区别在于滤材。

③ 亚高效滤过器　主要滤除小于1μm的尘埃，滤过效率为95%～99.9%，一般置于高效滤过器之前以保护高效滤过器，常采用折叠式亚高效滤过器。

④ 高效滤过器　主要滤除小于1μm的尘埃，对粒径0.3μm尘粒的滤过效率在99.97%以上。一般装在通风系统的末端，必须在中效滤过器或在亚高效滤过器的保护下使用。其特点是效率高、阻力大、不能再生。

第二节　洁净室的设计

制药企业应按照药品生产种类、剂型、生产工艺和要求等，将生产厂区合理划分区域。通常可分为一般生产区、控制区、洁净区和无菌区。根据GMP设计要求，一般生产区无洁净度要求；控制区的洁净度要求为D级；洁净区的洁净度要求为C级，属一般无菌工作区；无菌区的洁净度要求为A级或B级。

一、洁净区基本布局

洁净区一般由洁净室、风淋、缓冲室、更衣室、洗澡间和厕所等区域构成。各区域的连接必须在符合生产工艺的前提下，明确人流、物流和空气流的流向（洁净度从高→低），确保洁净室内的洁净度要求。

洁净区布局的基本原则：①洁净室面积应合理，尽量减少面积，且室内设备的布局尽量紧凑；②同级别洁净室尽可能相邻；③不同级别的洁净室由低级向高级安排，各级洁净室之间的压差应不低于10Pa；④彼此相连的房间之间应设隔离门，门应向洁净度高的方向开启；⑤洁净室内一般不设窗户，若需窗户，应以封闭式外走廊隔离窗户和洁净室；⑥洁净室门应密闭，人、物进出口处装有气阀（air lock）；⑦无菌区紫外灯一般安装在无菌工作区上方或入口处。

二、洁净室对人员、物件及内部结构的要求

洁净室的设计方案、所用材料是保证洁净室洁净度的基础，但洁净室的维护和管理同样不可缺。一般认为，设备和管理不善造成的污染各占50%。

1. 人员要求

人员是洁净室粉尘和细菌的主要污染源，如人体皮屑、唾液、头发、纤维等污染物质。为了减少人员污染，操作人员进入洁净室之前，必须水洗（洗手、洗脸、淋浴等），更换衣、鞋、帽，风淋。服饰应专用，头发不得外露，尽量减少皮肤外露；衣料采用发尘少、不易吸附、不易脱落的紧密尼龙、涤纶等化纤织物。

2. 物件要求

物件包括原料、仪器、设备等，这些物件在进入洁净室前均需洁净处理。长期置于洁净室内的物件应定时净化处理，流动性物料一般按一次通过方式，边灭菌边送入无菌室内。如安瓿和输液瓶经洗涤、干燥、灭菌后，采用输送带将灭菌容器，经洁净区隔墙的传递窗送入无菌室。由于传递窗一般设有气幕或紫外线，以及洁净室内的正压，可防止尘埃进入洁净室。亦可将灭菌柜（一般为隧道式）安装在传递窗内，一端开门于生产区，另一端开门于洁净室，物料从生产区装入灭菌柜，灭菌后经另一端（洁净室）取出。

3. 内部结构要求

主要对地面和墙壁所用材料以及设计有一定的要求，材料应具备防湿、防霉，不易块裂、燃烧，耐磨性、导电性好，经济实用等性质，设计应满足不易染尘、便于清洗等。

三、洁净室内气流形式

由高效滤过器送出的洁净空气进入洁净室后，其流向的安排直接影响室内洁净度。气流形式有层流和乱流两种。

1. 层流

层流是指空气流线呈同向平行状态，各流线间的尘埃不易相互扩散，亦称平行流。层流方式通常规定了气体流速为0.25～0.5m/s。

层流洁净室的优点在于：①空气呈层流形式运动，使得室内悬浮粒子均在层流层中做直线运动，则可避免悬浮粒子聚结成大粒子而沉降，室内空气也不会出现滞留状态；②室内新产生的污染物能很快被层流空气带走，排到室外，即有自行除尘作用；③空气流速相对提高，使粒子在空气中浮动，可避免不同粒径大小或不同药物粉末的交叉污染，降低废品率；④进入室内的层流空气已经过高效滤过器滤过，达到无菌要求；⑤洁净空气没有涡流，灰尘或附着在灰尘上的细菌都不易向别处扩散转移，只能就地被排除掉。

缺点在于：安装终滤器麻烦，易引起滤过器密封口垫破损；设备费高；扩大规模困难。

层流洁净室和层流洁净工作台的层流空气都有两种形式：水平层流和垂直层流。水平层流洁净是以送风口布满一侧壁面，对应壁面为回风墙，气流以水平方向流动以净化空气的方式；垂直层流洁净是以送风口布满顶棚，地板全部做成回风口，使气流自上而下地流动，以净化空气的方式（见图1-57）。

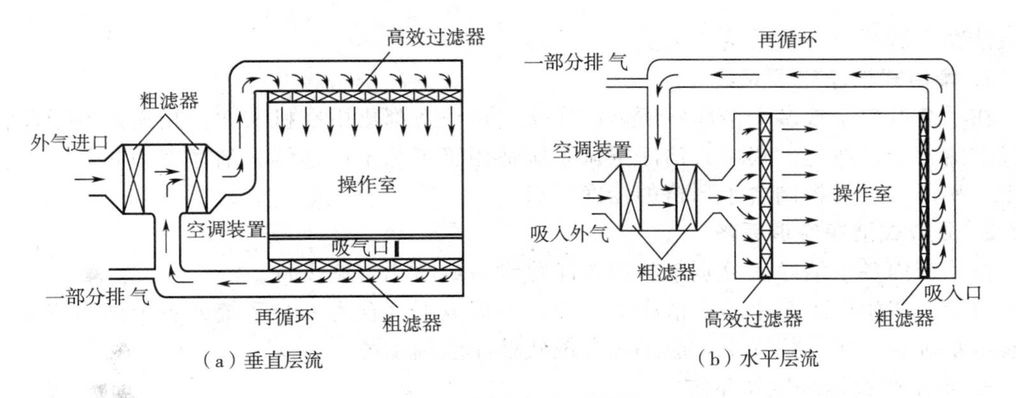

图 1-57　层流气流示意图

2. 紊流

紊流是指空气流线呈不规则状态，各流线间的尘埃易相互扩散，亦称紊流（见图 1-58）。在采用乱流方式时，换气次数的变化导致洁净度也随之变化，但通常洁净度要求 C 级时换气次数在 25～35 次/h 范围内；洁净度要求 D 级时换气次数在 15～25 次/h 范围内。对于乱流方式，具有滤过器以及空气处理简便、设备费低、扩大规模容易、与净化台联用可保持高等级洁净度等优点。但也有诸如室内洁净度受操作人员干扰、有污染微粒在室内循环的可能，换气次数少而进入正常运转的时间长，导致费用增加，必须充分注意完善衣帽间、更衣室、风淋室等缓冲室，需要经常清洗工作服等缺点。

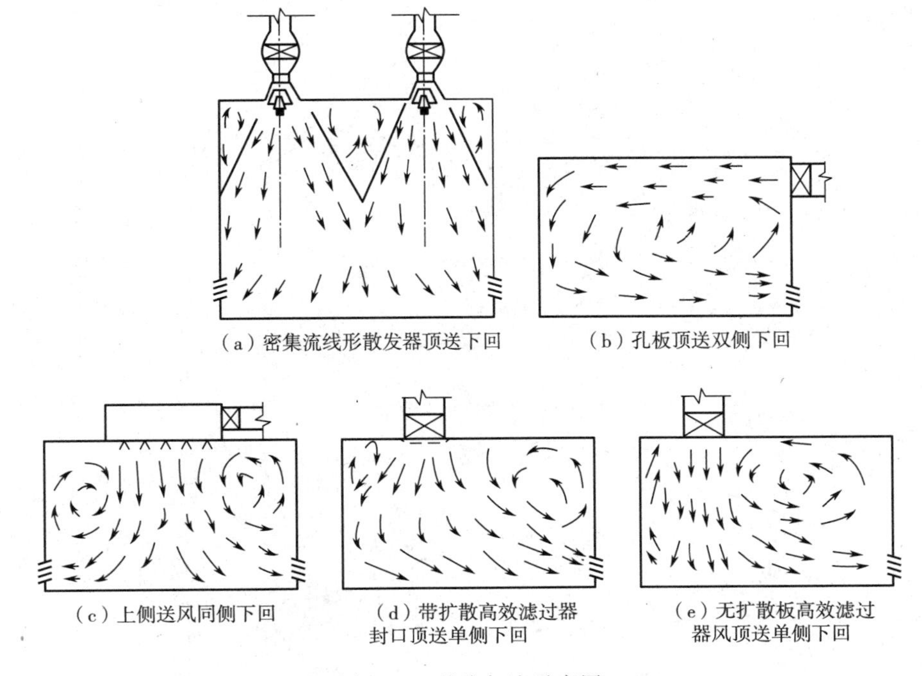

图 1-58　乱流气流示意图

四、空气的净化处理方案

各级洁净室的空气净化处理都应采用初效、中效和高效空气滤过器三级滤过。D 级空气净化处理可采用亚高效空气滤过器替代高效空气滤过器。

洁净空调系统一般分为三大类。

1. 集中式洁净空调系统

在系统内单个或多个洁净室所需的净化空调设备都集中在机房内，用送风管道将洁净空气配给各个洁净室。集中式洁净空调系统适用于工艺生产连续、洁净室面积较大、位置集中、噪声和振动控制要求严格的洁净厂房。

2. 分散式洁净空调系统

在系统内各个洁净室分别单独设置净化设备或净化空调设备。

对于一些生产工艺单一，洁净室分散，不能或不宜合为一个系统或各个洁净室无法布置输送系统和机房等情况下，应采用分散式洁净空调系统。

3. 半集中式洁净空调系统

在这种系统中，既有集中的净化空调机房，又有分散在各洁净室内的空气处理设备，是一种把空气集中处理和局部处理结合的系统形式，它既有像分散式系统那样各洁净室能就地回风而避免往返输送，又有像集中式系统那样按需要供给各洁净室经空调处理得到的一定状态的新风，有利于洁净空气参数的控制。随着生产工艺的发展，越来越希望在一个洁净室内实现不同洁净度的分区控制，由此出现了半集中式洁净空调系统，如隧道式或管道式洁净空调系统。

第二篇

剂 型

第十一章 固体制剂

常用的固体剂型有散剂、颗粒剂、片剂、胶囊剂、滴丸剂、膜剂等，占药物制剂的约70%。固体制剂的共同特点是：①与液体制剂相比，物理、化学稳定性好，生产制造成本较低，服用与携带方便；②制备过程相似，需要通过相同的单元操作，以保证药物的均匀混合与准确剂量，而且固体剂型之间有着密切的联系；③药物在体内首先溶解后才能透过生理膜、被吸收进入血液循环。

固体剂型的主要制备工艺可用图2-1表示。

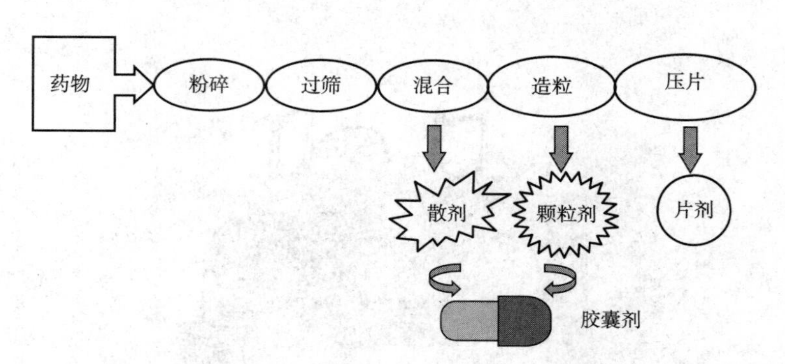

图2-1　固体剂型的制备工艺流程

在固体剂型的制备过程中，首先需将药物进行粉碎与过筛后才能加工成各种剂型。如与其他组分均匀混合后直接分装，可获得散剂；将混合均匀的物料进行造粒、干燥后分装，即可得到颗粒剂；将制备的颗粒压缩成型，可制备成片剂；将混合的粉末或颗粒分装于胶囊中，可制备成胶囊剂等。对于固体制剂来说物料的混合度、流动性、充填性等非常重要，如粉碎、过筛、混合是保证药物的含量均匀度的主要单元操作，几乎所有的固体制剂都要经历。固体物料的良好流动性、充填性可以保证产品的剂量准确，而制粒或加入助流剂是改善流动性、充填性的主要措施之一。

第一节　散剂

散剂（powder）系指药物或与适宜的辅料经粉碎、均匀混合制成的干燥粉末状制剂。作为传统剂型，在中药制剂中的应用更为广泛。散剂对粒度有明确要求，除另有规定外，一般的散剂能通过6号筛（100目，125μm）的细粉含量不少于95%；难溶性药物、收敛剂、吸附剂、儿科或外用散剂能通过7号筛（120目，150μm）的细粉含量不少于95%；眼用散剂应全部通过9号筛（200目，75μm）等。

散剂可根据应用方法与用途分为口服散剂和局部散剂。口服散剂一般溶于或分散于水或其他液体中服用，也可直接用水送服。局部散剂可供皮肤、口腔、咽喉、腔道等处应用。散剂除了直接应用外，还可进一步加工制成颗粒剂、胶囊剂、片剂、粉雾剂、软膏剂、混悬剂等。

散剂具有以下特点：①散剂粉状颗粒的粒径小，比表面积大、容易分散、起效快；②外用散剂的覆盖面积大，可同时发挥保护和收敛等作用；③贮存、运输、携带比较方便；④制备工艺简单，剂量易于控制，便于婴幼儿服用。

但应注意的是，由于散剂分散度大，其化学活性、气味、刺激性等相应增加，某些挥发性成分易散失，所以刺激性强，遇光、热、湿不稳定的药物一般不宜制成散剂。

一、散剂的制备

散剂的制备工艺一般如图2-2所示进行。

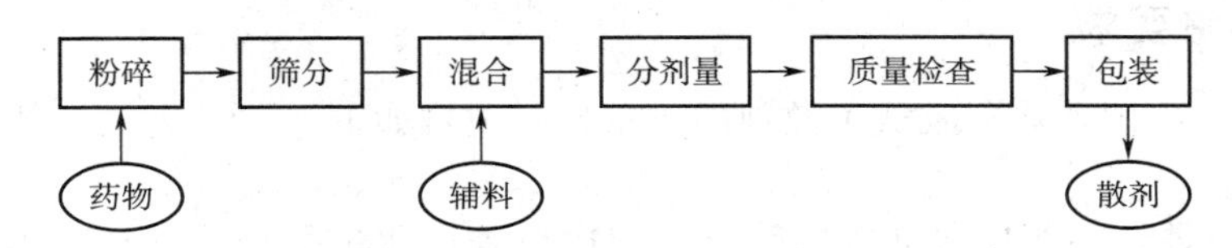

图2-2 散剂的制备工艺流程图

（1）物料的前处理

固体物料进行粉碎之前，通常要进行前处理，即将物料处理到符合粉碎要求的程度，如果是中药，要根据处方中各个药材的性状进行适当的处理，使之干燥成净药材以供粉碎。如果是西药，一般将原、辅料充分干燥，以满足粉碎的要求。

（2）粉碎

通过粉碎，可以大大降低固体药物的粒度，有利于各组分混合均匀，并改善难溶性药物的溶出度。粉碎操作对药物制剂的质量和药效等也会产生影响，如药物晶型转变或热降解、固体颗粒的黏附与团聚以及润湿性的变化等，故应给予足够重视。

（3）筛分

筛分对提高物料的流动性和均匀混合具有重要影响。当物料的粒径差异较大时，会造成流动性下降，并难以混合均匀。

（4）混合

混合操作以含量的均匀一致为目的，在固体混合中，粒子是分散单元，不可能得到分子水平的完全混合。因此应尽量减小各成分的粒度，以满足固体混合物的相对均匀。并根据组分的特性、粉末的用量和实际的设备条件，选择适宜的方法。

（5）分剂量、包装与储存

分剂量的方法有目测法、重量法和容量法，规模化生产时多采用容量法进行分剂量。散剂的粒度小且比表面积大，容易出现潮解、结块、变色、降解或霉变等不稳定现象，除另有规定外，散剂应采用不透明包装材料并密闭储存，含挥发性药物或易吸潮药物的散剂应密封储存。

二、特殊散剂的制备

① 各组分混合比例过大，不易混合，应采用等量递加混合法进行，即先将量小的药物研细后，再加入等体积的其他细粉研匀，如此倍量增加混合至全部混匀。

倍散是指在小剂量的毒剧药或贵重药中加入一定量的稀释剂，经配研法混合制成的稀释散。倍散中稀释倍数由剂量而定：剂量 0.1～0.01g 可配成十倍散（即 9 份稀释剂与 1 份药物混合），0.01～0.001g 配成百倍散，0.001g 以下应配成千倍散。配制倍散时应采用逐级稀释法。配制倍散常用的稀释剂有糖粉、乳糖、淀粉、糊精、沉降碳酸钙、磷酸钙、白陶土等。为了便于观察混合是否均匀，可加入少量色素如胭脂红等。

② 各组分的密度差异较大，由于密度小的组分易于上浮而密度大的组分易于下沉而不易混匀，但当粒径小于 30μm 时密度的大小将不会成为导致分离的因素。

③ 各组分的黏附性与带电性，有的药物粉末对混合器械具有黏附性，不仅影响混合的均匀性，而且造成药物的损失。一般应将量大或不易吸附的药粉或辅料垫底，量少或易吸附的成分后加入。因混合摩擦而带电的粉末不易混匀，通常加少量表面活性剂或润滑剂加以克服，如硬脂酸镁、十二烷基硫酸钠等具有抗静电作用。

三、散剂的质量要求

2020 年版《中国药典》收载了散剂的质量检查项目如下。

（1）粒度

除另有规定外，局部用散剂按单筛分法依次检查，通过七号筛（120 目，125μm）的细粉重量不应低于 95%。而用于烧伤或严重创伤的外用散剂，按单筛分法依次检查，通过六号筛（100 目，150μm）的粉末重量不得少于 95%。

（2）外观均匀度

取供试品适量，置光滑纸上，平铺约 $5cm^2$，将其表面压平，在明亮处观察，应色泽均匀，无花纹与色斑。

（3）干燥失重

除另有规定外，照干燥失重测定法测定，在 105℃ 干燥至恒重，减失重量不得超过 2.0%。

（4）水分

在中药散剂中规定水分含量，照水分测定法测定，除另有规定外，不得超过 9.0%。

（5）装量差异

取单剂量包装的散剂，依法检查，装量差异限度应符合规定，见表 2-1。

表 2-1　单剂量包装散剂装量差异限度

平均装量或标示装量	装量差异限度（中药、化学药）	装量差异限度（生物制品）
0.1g 及 0.1g 以下	±15%	±15%
0.1g 以上至 0.5g	±10%	±10%
0.5g 以上至 1.5g	±8%	±7.5%
1.5g 以上至 6.0g	±7%	±5%
6.0g 以上	±5%	±3%

（6）装量

多剂量包装的散剂，照最低装量检查法检查，应符合规定。

(7) 无菌

用于烧伤［除程度较轻的烧伤（Ⅰ°或浅Ⅱ°外）］、严重创伤或临床必须无菌的局部用散剂，照无菌检查法检查，应符合规定。

(8) 微生物限度

除另有规定外，照非无菌产品微生物限度检查：微生物计数法（通则 1105）和控制菌检查法（通则 1106）及非无菌药品微生物限度标准（通则 1107）检查，应符合规定。凡规定进行杂菌检查的生物制品散剂，可不进行微生物限度检查。

第二节 颗粒剂

颗粒剂（granules）系指原料药物与适宜的辅料混合制成的具有一定粒度的干燥颗粒状制剂。颗粒剂可分为可溶性颗粒、混悬颗粒、泡腾颗粒、肠溶颗粒、缓释颗粒和控释颗粒等。

颗粒剂与散剂相比具有以下特点：①飞散性、附着性、团聚性、引湿性等相对较少；②多种成分混合后用黏合剂制成颗粒，可防止各成分的离析；③储存、运输方便；④必要时对颗粒进行包衣，根据包衣材料的性质可使颗粒具有防潮性、缓释性或肠溶性等。

颗粒剂的质量要求：①药物与辅料应混合均匀：凡属挥发性药物或遇热不稳定的药物在制备过程中应注意控制适宜的温度条件，凡遇光不稳定的药物应避光操作。②颗粒剂应干燥，颗粒均匀，色泽一致，无吸潮、结块、潮解等现象。③根据需要可加入适宜的矫味剂、芳香剂、着色剂、分散剂和防腐剂等添加剂。④颗粒剂的溶出度、释放度、含量均匀度、微生物限度等应符合要求。必要时，包衣颗粒剂应检查溶剂残留。⑤除另有规定外，颗粒剂应密封，置于干燥处储存，防止受潮。⑥单剂量包装的颗粒剂在标签上要标明每个袋（瓶）中活性成分的名称及含量。多剂量包装的颗粒剂除应有确切的分剂量方法外，在标签上要标明颗粒中活性成分的名称和含量。

一、颗粒剂的制备

颗粒剂的制备工艺流程如图 2-3 所示

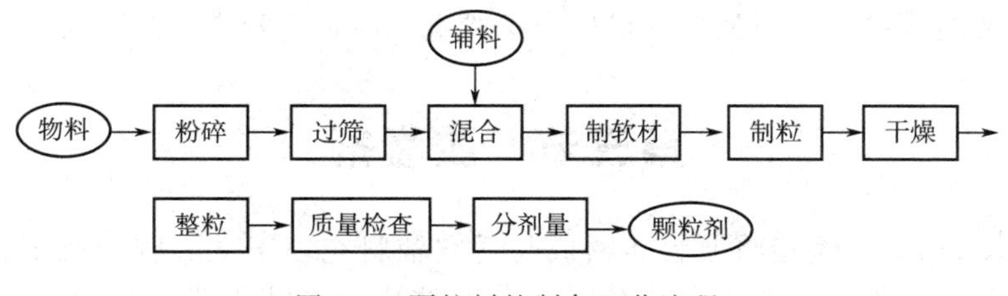

图 2-3 颗粒剂的制备工艺流程

首先将药物进行前处理，即粉碎、过筛、混合，然后制粒。混合前的操作完全与散剂的制备相同，制粒是颗粒剂的标志性操作单元。制粒方法可分两大类，即湿法制粒与干法制粒，其中传统的湿法制粒是目前制备颗粒剂的主流。

湿法制备颗粒的具体操作如下。①制软材：将药物与适宜的辅料混合均匀后，加入适当的黏合剂，采用适当的方法混匀，即制得软材。②制粒：通常采用传统的挤出制粒法制备湿颗粒。常用的制粒设备有流化床制粒、搅拌制粒、挤压制粒、转动制粒、喷雾制粒等。③干燥：制得的湿颗粒应立即进行干燥，以防止结块或受压变形。常用的干燥方法有厢式干燥、流化床干燥、喷雾干燥、红外干燥、微波干燥和冷冻干燥等。④整粒与分级：

将干燥后的颗粒通过筛分方法进行整粒和分级，一方面使结块、粘连的颗粒散开，另一方面获得均匀的颗粒。⑤质量检查与分剂量：将制得的颗粒进行含量检查与粒度检查测定等，按剂量装入包装袋中。颗粒剂的储存和注意事项基本与散剂相同。

制粒技术是固体制剂制备中的关键技术之一，在颗粒剂、胶囊剂与片剂的制备中均有广泛应用。通过制粒，可以达到减少粉尘飞扬、提高主药的含量均匀度、增加物料的流动性、改善压缩性与充填性的目的。

二、颗粒剂的质量检查

颗粒剂的质量检查除主药含量、外观外，还规定了粒度、干燥失重、水分、溶化性、重量差异、微生物限度等检查项目（参见《中国药典》2020 年版四部通则 0104）。

（1）粒度

除另有规定外，按照粒度和粒度分布测定法（通则 0982 第二法双筛分法）检查，不能通过一号筛（2mm）和能通过五号筛（180μm）的总和不得超过 15%。

（2）干燥失重

除另有规定外，化学药品和生物制品颗粒剂按照干燥失重测定法（通则 0831）测定，于 105℃干燥（含糖颗粒应在 80℃减压干燥）至恒重，减失重量不得超过 2.0%。

（3）水分

中药颗粒剂按照水分测定法（通则 0832）测定，除另有规定外，不得超过 8.0%。

（4）溶化性

除另有规定外，可溶性颗粒和泡腾颗粒溶化性检查，应符合规定。混悬颗粒或已规定检查溶出度或释放度的颗粒剂，可不进行溶化性检查。含中药原粉的颗粒剂不进行溶化性检查。

（5）装量差异

除另有规定外，单剂量包装的颗粒剂装量差异，应符合规定，检查方法参见 2020 版《中国药典》的有关规定。一般来说标示装量为 1.0g 及 1.0g 以下的，装量差异限度为 ±10%；1.0～1.5g，±8.0%；1.5～6.0g，±7.0%；6.0g 以上，±5.0%。凡规定检查含量均匀度的颗粒剂，一般不再进行装量差异的检查。

（6）装量

多剂量包装的颗粒剂，照最低装量检查法检查，应符合规定。

第三节　胶囊剂

胶囊剂（capsules）系指将原料药物或与适宜辅料充填于空心胶囊或密封于软质囊材中制成的固体制剂。胶囊壳的主要成分是明胶、甘油、水以及其他药用材料，如增塑剂、色素、防腐剂等。空心胶囊壳或软质囊材的组成成分比例不同，制备方法也不同。

胶囊剂的特点包括：①掩盖药物的不良臭味，增加患者的顺应性；②提高药物稳定性，且药物在体内起效快；③实现液态药物的固体化；④可延缓、控制或定位释放药物。

依据胶囊剂的溶解与释放特性，通常将胶囊分为硬胶囊、软胶囊（胶丸）、缓释胶囊、控释胶囊和肠溶胶囊，主要供口服用。

① 硬胶囊（hard capsules）：系指采用适宜的制剂技术，将药物（填充物料）制成粉末、颗粒、小片、小丸、半固体或液体等，充填于空心胶囊（empty capsules）中制成的胶囊剂。

② 软胶囊（soft capsules）：系指将液体药物直接包封，或将药物与适宜辅料制成溶

液、混悬液、半固体或固体，密封于软质囊材中制成的胶囊剂。可用滴制法或压制法制备。

③ 肠溶胶囊（enteric capsules）：系指将硬胶囊或软胶囊用适宜的肠溶材料制备而得，或用经肠溶材料包衣的颗粒或小丸填充于空心胶囊而制成的胶囊剂。

④ 缓释胶囊（sustained release capsules）：系指在规定释放介质中缓慢地非恒速释放药物的胶囊剂。缓释胶囊应符合缓释制剂的有关要求并应进行释放度（通则0931）检查。

⑤ 控释胶囊（controlled release capsules）：系指在规定释放介质中缓慢地恒速释放药物的胶囊剂。控释胶囊应符合控释制剂的有关要求并应进行释放度（通则0931）检查。

由于明胶是胶囊壳的主要囊材，所以下列药物不宜制成胶囊剂：①药物的水溶液或乙醇溶液，因会使胶囊壁溶化；②易风干或易潮解的药物，可使胶囊壁软化或使胶囊壁脆裂；③易溶性的刺激性药物，胶囊壳溶化后可使局部药物量过大而刺激胃黏膜。

一、胶囊剂的制备

硬胶囊剂的制备参看本书其他章节。软胶囊剂由软质囊材（囊壁）与内容物组成。

1. 软胶囊的制备

（1）囊壁

软胶囊囊壳具有弹性与可塑性，主要由明胶、增塑剂和水三者构成，其弹性与可塑性与三者的比例有关。通常适宜的重量比例是：干明胶：干增塑剂：水＝1：（0.4～0.6）：1。增塑剂具有调节囊壁可塑性与弹性的作用，更重要的是能够防止囊壁在储存过程中损失水分，避免软胶囊硬化和崩解时间延长，若增塑剂用量过低（或过高），则会造成囊壳过硬（或过软）。

（2）内容物

内容物可以是液体、混悬液、半固体和固体，由于软囊材以明胶为主，因此软胶囊可以填装各种油类以及对明胶无溶解作用的液体药物及药物溶液，液体药物含水量不应超过5%；避免含挥发性、小分子有机化合物如乙醇、酮、酸及酯等，因可使囊壁软化或溶解；不得采用醛类，因可使明胶变性；O/W型乳剂与囊壁接触后因失水而使乳剂破裂，使囊壁变软。另外，液态药物pH值以2.5～7.5为宜，否则易使明胶水解或变性，导致泄漏或影响崩解和溶出。

软胶囊内容物的分散介质常用植物油或聚乙二醇400（PEG400）。为确保在填装软胶囊时药物分散均匀，剂量准确，混悬液中还应加入助悬剂。在油状介质中通常需加入10%～30%的油蜡混合物（氢化植物油1份、蜂蜡1份、熔点为33～38℃的短链植物油4份）作助悬剂。在PEG400等非油性介质中，可用1%～15%的PEG4000～6000为助悬剂。PEG400对囊壳有硬化（脱水）作用，加入5%～15%甘油或丙二醇加以改善。

2. 肠溶胶囊剂的制备

制备肠溶胶囊剂的方法可分为两类：一类是先制备肠溶性填充物料，即将药物与辅料制成的颗粒以肠溶材料包衣后，填充于胶囊而制成肠溶胶囊剂。另一类方法是通过肠溶包衣法，即在胶囊剂表面包被肠溶衣料，如用聚乙烯吡咯烷酮作底衣层，然后用蜂蜡等作外层衣，其肠溶性较为稳定。常用肠溶包衣材料有醋酸纤维素邻苯二甲酸酯（CAP）、羟丙甲纤维素邻苯二甲酸酯（HPMCP）、聚乙烯醇邻苯二甲酸酯（PVAP）、丙烯酸树脂Ⅰ、Ⅱ、Ⅲ等。

二、胶囊剂的质量检查与包装储存

1. 质量检查

胶囊剂的质量应符合《中国药典》（2020年版）通则0103项下对胶囊剂的要求。

① 外观　胶囊剂应整洁，不得有黏结、变形、渗漏或囊壳破裂等现象，并应无异臭。

② 水分　中药硬胶囊应做水分检查。取供试品内容物，按照水分测定法（通则 0832）测定，除另有规定外，不得超过 9.0%。

硬胶囊内容物为液体或半固体者不检查水分。

③ 装量差异　按照装量差异检查法检查，应符合规定。一般来说，平均装量在 0.30g 以下的胶囊剂和中药胶囊剂的装量差异限度为±10%，0.30g 或 0.30g 以上的装量差异限度为±7.5%（中药±10%）。凡规定检查含量均匀度的胶囊剂，一般不再进行装量差异检查。

④ 崩解时限　对于硬胶囊或软胶囊，除另有规定外，取供试品 6 粒，按照崩解时限检查法，硬胶囊应在 30min 内全部崩解，软胶囊应在 1h 内全部崩解。对于肠溶胶囊，参照对应的标准进行。凡规定检查溶出度或释放度的胶囊剂，一般不再进行崩解时限检查。

⑤ 微生物限度　以动物、植物、矿物质来源的非单体成分制成的胶囊剂及生物制品胶囊剂，照非无菌产品微生物限度检查：微生物计数法（通则 1105）和控制菌检查（通则 1106）及非无菌药品微生物限度标准（通则 1107）检查，应符合规定。规定检查杂菌的生物制品胶囊剂，可不进行微生物限度检查。

2. 包装与储存

由胶囊剂的囊壁性质所决定，包装材料与储存环境如温度、湿度和储存时间对胶囊剂的质量都有明显的影响。一般应选用密封性能良好的玻璃容器、透湿系数小的塑料容器和泡罩式包装，在温度＜25℃、相对湿度＜60%的干燥、阴凉处密闭储藏。

第四节　片剂

一、概述

片剂（tablets）系指原料药物与适宜的辅料制成的圆形或异形的片状固体制剂。在国内外药物制剂中，片剂占有重要地位，是目前品种最多、产量最大、使用最广泛的剂型之一。

片剂创始于 19 世纪 40 年代，世界各国药典收载的制剂中以片剂为最多。近年来，随着科学技术的蓬勃发展，对片剂的成型理论也有了深入研究，随之出现了多种新型辅料、新型高效压片机等，推动了片剂品种的多样化，提高了片剂的质量，实现了连续化规模生产。

片剂的优点：①剂量准确，含量均匀，以片数作为剂量单位；②化学稳定性较好，因为体积较小、致密，受外界空气、光线、水分等因素的影响较少，必要时通过包衣加以保护；③携带、运输、服用均较方便；④生产的机械化、自动化程度较高，产量大、成本及售价较低；⑤可以制成不同类型的各种片剂，如分散（速效）片、控释（长效）片、肠溶包衣片、咀嚼片和口含片等，以满足不同临床医疗的需要。

片剂的不足之处是幼儿及昏迷病人不易吞服，并且处方与制备工艺较为复杂，质量控制要求高等。

片剂以口服片剂为主，另有口腔用片剂和外用片剂等，介绍如下。

1. 口服片剂

（1）普通片（compressed tablets）　药物与辅料混合、压制而成的未包衣常释片剂。

（2）包衣片（coated tablets）　在普通片的外表面包上一层衣膜的片剂。根据包衣材料不同可分为糖衣片、薄膜衣片、汤溶衣片。

①糖衣片（sugar coated tablets）：以蔗糖为主要包衣材料制得的片剂。

②薄膜衣片（film coated tablets）：用羟丙甲纤维素等高分子成膜材料制得的片剂。

③肠溶衣片（enteric coated tablets）：用肠溶性高分子材料制得的片剂，此种片剂在胃液中不溶，肠液中溶解释放药物。

（3）泡腾片（effervescent tablets） 含有泡腾崩解剂的片剂。所谓泡腾崩解剂是指碳酸氢钠与枸橼酸等有机酸成对构成的混合物，遇水时二者反应产生大量二氧化碳气体，从而使片剂迅速崩解。应用时将片剂放入水杯中迅速崩解后饮用，非常适用于儿童、老人及吞服药片有困难的患者。

（4）咀嚼片（chewable tablets） 在口中嚼碎后再咽下去的片剂。常加入蔗糖、薄荷、食用香料等以调整口味，适合于小儿服用，对于崩解困难的药物制成咀嚼片可有利于吸收。

（5）分散片（dispersible tablets） 遇水迅速崩解并均匀分散的片剂（在21℃±1℃下水中3min即可崩解分散，并通过180μm孔径的筛网），加水分散后服用，也可咀嚼或含服。

（6）缓释片（sustained release tablets）或控释片（controlled release tablets） 能够控制药物释放速度，以延长药物作用时间的一类片剂。具有血药浓度平稳、服药次数少、治疗作用时间长等优点。

（7）多层片（multilayer tablets） 由两层或多层构成的片剂。一般由两次或多次加压而制成，每层含有不同的药物或辅料，这样可以避免复方制剂中不同药物之间的配伍变化，或者达到缓释、控释的效果，例如胃仙-U即为双层片。

（8）口腔崩解片（orally disintegrating tablets） 在口腔中能迅速崩解的片剂，一般吞咽后发挥全身作用。特点是服药时不用水，特别适合于吞咽困难的患者或老人和儿童。常加入山梨醇、赤藓糖、甘露糖等作为调味剂和填充剂，如法莫替丁口腔崩解片、氯雷他定口腔崩解片等。

2. 口腔用片剂

（1）舌下片（sublingual tablets） 将片剂置于舌下，药物经黏膜直接、且快速吸收而发挥全身作用的片剂。可避免肝对药物的首过作用，如硝酸甘油舌下片用于心绞痛的治疗。

（2）口含片（toroches，lozenges） 含在口腔内缓缓溶解而发挥局部或全身治疗作用的片剂。含片中的药物是易溶性的，主要起局部消炎、杀菌、收敛、止痛或局部麻醉的作用，如复方草珊瑚含片等。

（3）口腔贴片（buccal tablets） 贴在口腔黏膜，经黏膜吸收后起局部或全身作用的片剂。在口腔内缓慢释放药物，用于口腔及咽喉疾病的治疗，如甲硝唑口腔贴片等。

3. 外用片剂

（1）溶液片（solution tablets） 临用前加水溶解成溶液的片剂。一般用于漱口、消毒、洗涤伤口等，如复方硼砂漱口片等。

（2）阴道片（vaginal tablets） 供塞入阴道内产生局部作用的片剂，起消炎、杀菌、杀精子及收敛等作用。为加快崩解常制成泡腾片。

二、片剂的常用辅料

片剂由药物和辅料（excipients 或 adjuvants）组成。辅料系指在片剂处方中除药物以外所有附加物的总称，亦称赋形剂。片剂的辅料除具备其本身应具有的功能外，还应具备较高的化学稳定性，不与主药发生任何物理化学反应；对人体无毒、无害、无不良反应，不影响主药的疗效和含量测定。

不同的辅料具有不同的功能，比如稀释、黏合、吸附、崩解和润滑等作用，根据需要还可加入着色剂、矫味剂等，以提高患者的顺应性。根据各种辅料所起的作用不同，将辅料分为以下六大类。

1. 稀释剂

稀释剂（diluents）的主要作用是用来增加片剂的重量或体积，亦称为填充剂（fil1ers）。片剂的直径一般不小于6mm，片重多在100mg以上。稀释剂的加入不仅保证一定的体积大小，而且减少主药成分的剂量偏差，改善药物的压缩成型性，提高含量均匀度等，特别是小剂量药物的片剂。

（1）淀粉（starch） 淀粉有玉米淀粉、马铃薯淀粉、小麦淀粉等，其中常用的是玉米淀粉。淀粉的性质稳定，具有黏附性，其流动性与压缩成型性较差，但性质稳定，可与大多数药物配伍，吸湿性小，外观色泽好，价格便宜，常与可压性较好的糖粉、糊精、乳糖等混合使用。

（2）蔗糖（sucrose） 从甘蔗和甜菜中提取而得，结晶性蔗糖经低温干燥、粉碎而成的白色粉末，无臭，味甜，优点是黏合力强，可用来增加片剂的硬度，使片剂的表面光滑美观，缺点是吸湿性较强，长期贮存，会使片剂的硬度过大，崩解或溶出困难，除口含片或可溶性片剂外，一般不单独使用，常与糊精、淀粉配合使用。

（3）糊精（dextrin） 将部分水解的淀粉在干燥状态下经加热改性制得的聚合物，白色或类白色的无定形粉末，无臭，味微甜。在冷水中溶解较慢，较易溶于热水，不溶于乙醇。具有较强的黏结性，使用不当会使片面出现麻点、水印及造成片剂崩解或溶出迟缓；如果在含量测定时粉碎与提取不充分，将会影响测定结果的准确性和重现性，所以，很少单独使用糊精，常与糖粉、淀粉配合使用。

（4）乳糖（lactose） 从牛乳中提取而得，分为无水α-乳糖、α-乳糖一水合物和少量的无水β-乳糖。乳糖由等分子葡萄糖及半乳糖组成，为白色结晶性粉末，带甜味，易溶于水。常用的乳糖是含有一分子结晶水的α-乳糖，无吸湿性，可压性好，压成的药片光洁美观，性质稳定，可与大多数药物配伍。由喷雾干燥法制得的乳糖为非结晶性、球形乳糖，其流动性、可压性良好，可供粉末直接压片。

（5）可压性淀粉 亦称为预胶化淀粉（pregelatinized starch），又称α-淀粉，是新型的药用辅料。国产的可压性淀粉是部分预胶化淀粉，与国外的Starch RX1500相当。本品具有良好的流动性、可压性、自身润滑性和干黏合性，并有较好的崩解作用。作为多功能辅料，常用于粉末直接压片。

（6）微晶纤维素（microcrystalline cellulose，MCC） 系从纯棉纤维经水解制得的结晶性粉末，具有较强的结合力与良好的可压性，亦有“干黏合剂”之称，可用作粉末直接压片。另外，片剂中含20%以上微晶纤维素时崩解较好。国外产品有Avicel等，它根据粒径、含水量等的不同分为若干规格，如PH101、PH102、PH201、PH202、PH301、PH302等。国产微晶纤维素已在国内得到广泛应用，但其产品种类与质量有待于进一步丰富与提高。

（7）无机盐类 一些无机钙盐，如硫酸钙、磷酸氢钙及碳酸钙等。其中二水硫酸钙较为常用，其性质稳定，无臭无味，微溶于水，可与多种药物配伍，制成的片剂外观光洁，硬度、崩解均好，对药物也无吸附作用。但应注意硫酸钙对某些主药（四环素类药物）的含量测定有干扰时不宜使用。

（8）糖醇类 甘露醇和山梨醇呈颗粒或粉末状，具有一定的甜味，在口中溶解时吸热，有凉爽感。因此较适于咀嚼片，但价格稍贵，常与蔗糖配合使用。近年来开发的赤藓糖（erithritol）溶解速率快、有较强的凉爽感，口服后不产生热能，在口腔内 pH 值不下降（有利于牙齿的保护）等优点，是制备口腔速溶片的最佳辅料，但价格昂贵。

2. 润湿剂与黏合剂

润湿剂（liquid binders）和黏合剂（binders）是在制粒时添加的辅料。

（1）润湿剂　本身没有黏性，但能诱发待制粒物料的黏性，以利于制粒的液体。在制粒过程中常用的润湿剂有水和乙醇。

① 蒸馏水（distilled water）　是在制粒中最常用的润湿剂，无毒、无味、价廉易得，但干燥温度高、干燥时间长，对于水敏感的药物非常不利。在处方中水溶性成分较多时可能出现发黏、结块、湿润不均匀、干燥后颗粒发硬等现象，此时最好选择适当浓度的乙醇-水溶液，以克服上述不足。其溶液的混合比例根据物料性质与试验结果而定。

②乙醇（ethanol）　可用于遇水易分解的药物或遇水黏性太大的药物。中药浸膏的制粒常用乙醇-水溶液作润湿剂，随着乙醇浓度的增大，润湿后所产生的黏性降低，常用浓度为 30%～70%（体积分数）。

（2）黏合剂　系指对无黏性或黏性不足的物料给予黏性，从而使物料聚结成粒的辅料。常用黏合剂如下：

① 淀粉浆　是淀粉在水中受热后糊化（gelatinization）而得，玉米淀粉完全糊化的温度是 77℃。淀粉浆的常用浓度为 8%～15%。若物料的可压性较差，其浓度可提高到 20%。淀粉浆的制法主要有煮浆法和冲浆法两种：冲浆法是将淀粉混悬于少量（1～1.5 倍）水中，然后根据浓度要求冲入一定量的沸水，不断搅拌糊化而成；煮浆法是将淀粉混悬于全部量的水中，在夹层容器中加热并不断搅拌，直至糊化。由于淀粉价廉易得，且黏合性良好，因此是制粒中首选的黏合剂。

② 纤维素衍生物　将天然的纤维素经处理后制成的各种纤维素的衍生物。

a. 甲基纤维素（methylcellulose，MC）：是纤维素的甲基醚化物，具有良好的水溶性，可形成黏稠的胶体溶液，应用于水溶性及水不溶性物料的制粒中，颗粒的压缩成型性好，且不随时间变硬。

b. 羟丙基纤维素（hydroxypropylcellulose，HPC）：是纤维素的羟丙基醚化物，易溶于冷水，加热至 50℃发生胶化或溶胀现象，可溶于甲醇、乙醇、异丙醇和丙二醇中。本品既可作湿法制粒的黏合剂，也可作粉末直接压片的干黏合剂。

c. 羟丙甲纤维素（hydroxypropylmethyl cellulose，HPMC）：是纤维素的羟丙甲基醚化物，易溶于冷水，不溶于热水，因此制备 HPMC 水溶液时，最好先将 HPMC 加入到总体积 1/5～1/3 的热水（80～90℃）中，充分分散与水化，然后降温，不断搅拌使溶解，加冷水至总体积。

d. 羧甲基纤维素钠（carboxymethylcellulose sodium，CMC-Na）：是纤维素的羧甲基醚化物的钠盐，溶于水，不溶于乙醇。在水中，首先在粒子表面膨化，然后慢慢地浸透到内部，逐渐溶解而成为透明的溶液。如果在初步膨化和溶胀后加热至 60～70℃，可大大加快其溶解过程。应用于水溶性与水不溶性物料的制粒中，但片剂的崩解时间长，且随时间变硬，常用于可压性较差的药物。

e. 乙基纤维素（ethylcellulose，EC）：是纤维素的乙基醚化物，不溶于水，溶于乙醇等有机溶剂中，可作对水敏感性药物的黏合剂。本品的黏性较强，且在胃肠液中不溶解，会对片剂的崩解及药物的释放产生阻滞作用。目前常用作缓、控释制剂的包衣材料。

③ 聚维酮（povidone，PVP）：系 1-乙烯基-2-吡咯烷酮聚合物，根据分子量分为多种规格，如 K30、K60、K90 等，其中最常用的型号是 K30（分子量为 3.8 万）。为白色至乳白色粉末，无臭或稍有特殊臭，无味，有吸湿性。在水、乙醇中溶解，因此制备黏合剂

时，根据药物的性质选用水溶液或乙醇溶液。常用于泡腾片及咀嚼片的制粒中，最大的缺点是吸湿性强。

④ 明胶（gelatin）：系动物胶原蛋白的水解产物，为微黄色至黄色、透明或半透明、微带光泽的薄片或颗粒状粉末，无臭无味，遇水会膨胀变软，能吸收其自身质量5～10倍的水。在乙醇中不溶，在酸或碱中溶解。在热水中溶解，在冷水中形成胶冻或凝胶，故制粒时明胶溶液应保持高温。

明胶的缺点是制粒干燥后颗粒比较硬。适用于在水中不需崩解或延长作用时间的口含片等。

⑤ 其他黏合剂：50%～70%蔗糖溶液、海藻酸钠溶液等。

3. 崩解剂

崩解剂（disintegrants）是促使片剂在胃肠液中迅速碎裂成细小颗粒的辅料。除了缓控释片、口含片、咀嚼片、舌下片、植入片等有特殊要求的片剂外，一般均需加入崩解剂。由于片剂是高压下压制而成，因此空隙率小，结合力强，很难迅速溶解。崩解剂的主要作用是消除因黏合剂或高度压缩而产生的结合力，从而使片剂在水中瓦解。因为片剂的崩解是药物溶出的第一步，所以崩解时限为检查片剂质量的主要内容之一。特别是难溶性药物的溶出便成为药物在体内吸收的限速阶段，其片剂的快速崩解更具实际意义。

片剂的崩解过程经历润湿、虹吸、破碎，崩解剂的作用机理有如下几种。

① 毛细管作用：崩解剂在片剂中形成易于润湿的毛细管通道，当片剂置于水中时，水能迅速地随毛细管进入片剂内部，使整个片剂润湿而瓦解。淀粉及其衍生物、纤维素衍生物属于此类崩解剂。

② 膨胀作用：自身具有很强的吸水膨胀性，从而瓦解片剂的结合力。膨胀率是表示崩解剂的体积膨胀能力的重要指标，膨胀率越大，崩解效果越显著。

$$膨胀率=\frac{膨胀后体积-膨胀前体积}{膨胀前体积}\times 100\%$$

③ 润湿热：物料在水中产生溶解热，使片剂内部残存的空气膨胀，促使片剂崩解。

④ 产气作用：由于化学反应产生气体的崩解剂。如泡腾片的崩解。

不同崩解剂有不同的作用机理。常用崩解剂如下。

（1）干淀粉　是一种经典的崩解剂，在100～105℃下干燥1h，含水量在8%以下。干淀粉的吸水性较强，其吸水膨胀率为186%左右。干淀粉适用于水不溶性或微溶性药物的片剂，而对易溶性药物的崩解作用较差，是因为易溶性药物遇水溶解，堵塞毛细管，不易使水分通过毛细管渗入片剂内部，因此妨碍内部的淀粉吸水膨胀。

（2）羧甲基淀粉钠（carboxymethyl starch sodium，CMS-Na）　淀粉的羧甲醚的钠盐，不溶于水，吸水膨胀作用非常显著，其吸水后膨胀率为原体积的300倍，是一种性能优良的崩解剂，国外产品的商品名为“Primojel”。

（3）低取代羟丙基纤维素（L-HPC）　近年来国内应用较多的一种崩解剂。为低取代2-羟丙基醚纤维素。具有很大的表面积和空隙率，有很好的吸水速率和吸水量，其吸水膨胀率为500%～700%，也是一种“超级崩解剂”。

（4）交联羧甲基纤维素钠（croscarmellose sodium，CCNa）　羧甲基纤维素钠经化学交联而得，由于交联键的存在不溶于水，能吸收数倍于本身重量的水而膨胀，所以具有较好的崩解作用；当与羧甲基淀粉钠合用时，崩解效果更好，但与干淀粉合用时崩解作用会降低。

（5）交联聚维酮（cross-linked polyvinyl pyrrolidone，亦称交联PVPP）　是流动性良好的白色粉末；在水、有机溶剂及强酸强碱溶液中均不溶解，但在水中迅速溶胀，最大吸水量为60%，膨胀倍数为2.25～2.30，无凝胶倾向，因而其崩解性能十分优越。

（6）泡腾崩解剂（effervescent disintegrants） 是专用于泡腾片的特殊崩解剂，最常用的是由碳酸氢钠与枸橼酸组成的混合物。遇水时产生二氧化碳气体，使片剂在几分钟之内迅速崩解。含有这种崩解剂的片剂，应妥善包装，避免受潮造成崩解剂失效。

崩解剂的加入方法有外加法、内加法和内外加法。即，①外加法：崩解剂加于压片之前的干颗粒中，崩解发生在颗粒之间，崩解产生的如果无法进一步溶解或崩解成更小的颗粒，药物的溶出有可能受到影响。②内加法：崩解剂加入制粒过程中，崩解发生在颗粒内部，虽然对溶出有利，但崩解时限受影响。③内外加法是内加一部分，外加一部分，可使片剂的崩解既发生在颗粒内部又发生在颗粒之间，从而达到良好的崩解效果。通常内加崩解剂量占崩解剂总量的50%～75%，外加崩解剂量占崩解剂总量的25%～50%（崩解剂总量一般为片重的5%～20%），根据崩解剂的性能加入量有所不同。

表2-2表示常用崩解剂的用量，近年来开发应用的高分子崩解剂一般比淀粉的用量少，且明显缩短崩解时间，这些性质有利于水不溶性药物的片剂。

表2-2　常用崩解剂及其用量

传统崩解剂	质量分数/%	最新崩解剂	质量分数/%
干淀粉（玉米，马铃薯）	5～20	羧甲基淀粉钠	1～8
微晶纤维素	5～20	交联羧甲基纤维素钠	5～10
海藻酸	5～10	交联聚维酮	0.5～5
海藻酸钠	2～5	羧甲基纤维素钙	1～8
泡腾酸-碱系统	3～20	低取代羟丙基纤维素	2～5

4. 润滑剂

广义的润滑剂（lubricants）包括三种辅料，即助流剂、抗黏剂和润滑剂（狭义）。

① 助流剂（glidants）：降低颗粒之间摩擦力，从而改善粉体流动性。

② 抗黏剂（antiadherent）：防止在压片过程中物料粘着于冲头与冲模表面，以保证压片操作的顺利进行以及片剂表面光洁。

③ 润滑剂（lubricants）：狭义润滑剂，即降低压片和推出片时药片与冲模壁之间的摩擦力，从而保证压片时应力分布均匀，防止裂片，从模孔推片顺利等。润滑性的好坏可用压力传递率（上冲压力与下冲压力的比值）评价。

润滑剂的作用是改善颗粒的表面特性，因此润滑剂需要粒径小、表面积大。目前常用的润滑剂如下。

（1）硬脂酸镁　为优良的润滑剂，具有疏水性，触摸有细腻感，比表面积大，易与颗粒混匀，减少颗粒与冲模之间的摩擦力，压片后片面光洁美观。用量一般为0.1%～1%，用量过大时，由于其疏水性，会使片剂的崩解（或溶出）迟缓。另外，镁离子影响某些药物的稳定性，如阿司匹林等，应注意配伍禁忌。

（2）微粉硅胶（aerosil） 为优良的助流剂，可用作粉末直接压片的助流剂。其性状为轻质白色无水粉末，比表面积大，常用量为0.1%～0.3%。

（3）滑石粉（talc） 是经过纯化的含水硅酸镁。为优良的助流剂，比表面积大，常用量一般为0.1%～3%，最多不要超过5%，过量时反而流动性差。

（4）氢化植物油　本品由精制植物油经催化氢化制得，是一种良好的润滑剂。不溶于水。应用时，将其溶于轻质液状石蜡或己烷中，然后将此溶液边喷于干颗粒表面上边混合，以利于均匀分布，常用量为1%～6%（质量分数），常与滑石粉联合使用。

（5）聚乙二醇类（PEG4000，PEG6000） 具有良好的润滑效果，由于水溶性好，对片剂的崩解与溶出影响较小。

（6）月桂醇硫酸钠（镁） 水溶性表面活性剂，具有良好的润滑效果，不仅能增强片剂的强度，而且促进片剂的崩解和药物的溶出。

5. 包衣材料

片剂包衣的类型、方法和设备参看本书其他章节，本节仅介绍薄膜包衣材料。

通常由包衣材料（film former）、增塑剂（plasticizer）、释放速度调节剂、增光剂、固体物料、色料（colorants）和溶剂等组成。

（1）高分子包衣材料

按衣层的作用分为普通型、缓释型和肠溶型三大类。

① 普通型薄膜包衣材料：主要用于改善吸潮和防止粉尘污染等，如羟丙基甲基纤维素、甲基纤维素、羟乙基纤维素、羟丙基纤维素等。

② 缓释型包衣材料：常用中性的甲基丙烯酸酯共聚物和乙基纤维素。

③ 肠溶包衣材料：肠溶聚合物有耐酸性，而在肠液中溶解，常用醋酸纤维素邻苯二甲酸酯（CAP），聚乙烯醇邻苯二甲酸酯（PVAP），甲基丙烯酸共聚物，醋酸纤维素苯三酸酯（CAT），羟丙甲纤维素邻苯二甲酸酯（HPMCP），丙烯酸树脂EuS100、EuL100等。

（2）增塑剂

增塑剂改变高分子薄膜的物理力学性质，使其更具柔顺性。聚合物与增塑剂之间要具有化学相似性，例如甘油、丙二醇、PEG等带有羟基，可作为某些纤维素衣材的增塑剂；精制椰子油、蓖麻油、玉米油、液状石蜡、甘油单醋酸酯、甘油三醋酸酯、二丁基癸二酸酯和邻苯二甲酸二丁酯（二乙酯）等可用作脂肪族非极性聚合物的增塑剂。

（3）释放速率调节剂

又称释放速率促进剂或致孔剂。在薄膜衣材料中加有蔗糖、氯化钠、表面活性剂、PEG等水溶性物质时，一旦遇到水，水溶性材料迅速溶解，留下一个多孔膜作为扩散屏障。薄膜的材料不同，调节剂的选择也不同，如吐温、司盘、HPMC作为乙基纤维素薄膜衣的致孔剂；黄原胶作为甲基丙烯酸酯薄膜衣的致孔剂。

（4）固体物料及色

在包衣过程中有些聚合物的黏性过大时，适当加入固体粉末以防止颗粒或片剂的粘连。如聚丙烯酸酯中加入滑石粉、硬脂酸镁；乙基纤维素中加入胶态二氧化硅等。

色淀的应用主要是为了便于鉴别、防止假冒，并且满足产品美观的要求，也有遮光作用，但色淀的加入有时存在降低薄膜的拉伸强度，增加弹性模量和减弱薄膜柔性的作用。

6. 色、香、味及其调节

片剂中还加入一些着色剂、矫味剂等辅料以改善口味和外观，但无论加入何种辅料，都应符合药用规格。口服制剂所用色素必须是药用级或食用级，色素的最大用量一般不超过0.05%。注意色素与药物的反应以及干燥过程中颜色的迁移等。如把色素先吸附于硫酸钙、三磷酸钙、淀粉等主要辅料中可有效地防止颜色的迁移。香精的常用加入方法是将香精溶解于乙醇中，均匀喷洒在已经干燥的颗粒上。近年来开发的微囊化固体香精可直接混合于已干燥的颗粒中压片，得到较好的效果。

三、压片

1. 片剂物理特性的评价方法

评价片剂的压缩成型性，常用硬度与拉伸强度、脆碎度、弹性复原率、顶裂比与顶裂指数等来评价。

(1) 硬度与拉伸强度

硬度（hardness）：系指片剂的径向破碎力（kN），常用硬度计或硬度测定仪等测定。在一定压力下压制的片剂，其硬度越大压缩成型越好，但是片剂的直径或厚度不相同时，不能简单地用硬度来比较压缩成型性。

拉伸强度（tensile strength）是表示单位面积的破碎力（kPa 或 MPa）：

$$T_s = 2F/\pi DL$$

式中，F 为将片剂径向破碎所需的力，kN；D 为片剂的直径，m；L 为片剂的厚度，m。

拉伸强度的大小反映物料的结合力和压缩成型性的好坏。拉伸强度不仅可以评价片剂质量，而且广泛应用于处方设计中。

(2) 脆碎度（breakage，Bk） 片剂受到震动或摩擦之后容易引起碎片、顶裂、破裂等。脆碎度反映片剂的抗磨损、抗震动能力，也是片剂质量标准检查的重要项目。测定脆碎度 Bk 时，将 20 粒片剂用毛刷扫净表面上附着的细粉，称重，放入转鼓内，转鼓以 25r/min 的速度转动 4min，片剂被挡板带动刮上、坠落等，随着转鼓的转动而受到摩擦、撞击等。转动完毕，取出片剂称重，按下式计算脆碎度。药典规定，脆碎度不得超过1%。

$$\text{Bk}=\frac{\text{试验前片重}-\text{试验后片重}}{\text{试验前片重}}\times 100\%$$

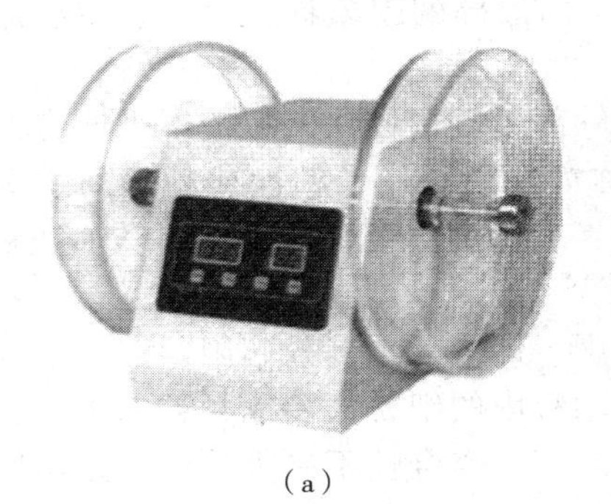

(a)

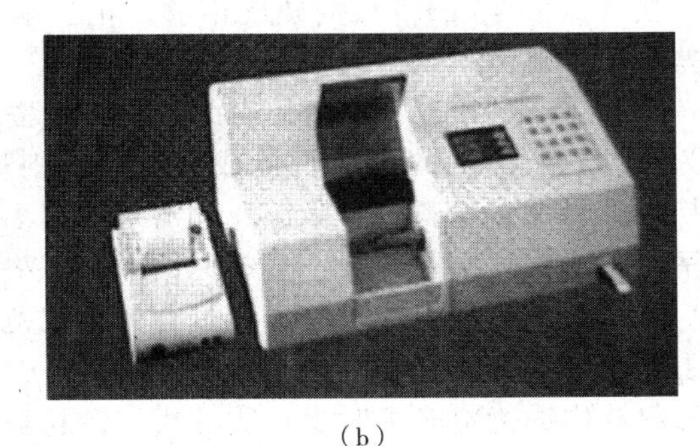

(b)

图 2-4 脆碎度测定仪（a）和硬度测定仪（b）

(3) 弹性复原率（elastic recovery，E_R） 将片剂从模圈中推出后，由于内应力的作用发生弹性膨胀，这种现象称为弹性复原或弹性后效。弹性复原率是片剂从模圈中推出后弹性膨胀引起的体积增加值和片剂在最大压力下的体积之比。一般普通片剂的弹性复原率为 2%～10%，如果药物的弹性复原率较大，片剂的硬度低，甚至易于裂片，此时可加入塑性好的辅料以改善压缩成型性，防止裂片等现象的发生。

2. 片剂成型的影响因素

(1) 物料的压缩特性 压缩成型性是物料被压缩后形成一定形状的能力。多数药物在受到外加压力时产生塑性变形和弹性变形，其塑性变形产生结合力，易于成型；其弹性变形不产生结合力，趋向于恢复到原来的形状，从而减弱或瓦解片剂的结合力，甚至发生裂片和松片等现象。若药物的压缩成型性不佳，可用辅料调节。

(2) 药物的熔点及结晶形态 药物的熔点低有利于“固体桥”的形成，但熔点过低，压片时容易粘冲；立方晶系的结晶对称性好、表面积大，压缩时易于成型；鳞片状或针状结晶容易形成层状排列，所以压缩后的药片容易裂片；树枝状结晶易发生变形而且相互嵌接，可压性较好，易于成型，但缺点是流动性极差。

（3）黏合剂和润滑剂　黏合剂增强颗粒间的结合力，易于压缩成型，但用量过多时易于粘冲，使片剂的崩解、药物的溶出受影响。常用润滑剂为疏水性物质（如硬脂酸镁），而且黏性差，因此会减弱颗粒间的结合力，但在其常用的浓度范围内，对片剂的成型影响不大。

（4）水分　适量的水分在压缩时被挤到颗粒的表面形成薄膜，使颗粒易于互相靠近，易于成型，但过量的水分易造成粘冲。另外，含水分可使颗粒表面的可溶性成分溶解，当药片失水时发生重结晶而在相邻颗粒间架起“固体桥”，从而使片剂的硬度增大。

（5）压力　一般情况下，压力越大，颗粒间的距离越近，结合力越强，压成的片剂硬度也越大，但当压力超过一定范围后，压力对片剂硬度的影响减小，甚至出现裂片。

3. 片剂制备过程中可能遇到的问题及其分析

（1）裂片　片剂发生裂开的现象叫作裂片，如果裂开的位置发生在药片的上部或中部，习惯上分别称为顶裂或腰裂，它们是裂片的常见形式。产生裂片的处方因素有：①物料中细粉太多，压缩时空气不能排出，解除压力后，空气体积膨胀而导致裂片；②易脆碎的物料和易弹性变形的物料塑性差，结合力弱，易于裂片等。其工艺因素有：①单冲压片机比旋转压片机易出现裂片；②快速压片比慢速压片易裂片；③凸面片剂比平面片剂易裂片；④一次压缩比多次压缩（一般二次或三次）易出现裂片等。

解决裂片的主要措施是选用弹性小、塑性大的辅料，选用适宜制粒方法，选用适宜压片机和操作参数等整体上提高物料的压缩成型性，降低弹性复原率。

（2）松片（loosing）　片剂硬度不够，稍加触动即散碎的现象称为松片。主要原因是黏性力差、压缩压力不足等。

（3）粘冲（sticking）　片剂的表面被冲头粘去一部分，造成片面粗糙不平或有凹痕的现象称为粘冲；若片剂的边缘粗糙或有缺痕，则称为粘壁。造成粘冲或粘壁的主要原因有：颗粒不够干燥、物料较易吸湿、润滑剂选用不当或用量不足、冲头表面锈蚀、粗糙不光或刻字等，应根据实际情况，查找原因予以解决。

（4）片重差异超限　片重差异超过药典规定范围，即为片重差异超限。产生片重差异超限的主要原因是：①物料颗粒的流动性不好；②颗粒内的细粉太多或颗粒的大小相差悬殊；③加料斗内的物料时多时少；④冲头、刮粉器与模孔吻合性不好等。应根据不同情况加以解决。

（5）崩解迟缓　一般的口服片剂都应在胃肠道内迅速崩解。若片剂超过了规定的崩解时限，即称为崩解超限或崩解迟缓。影响片剂崩解的主要因素有：①压缩力过大，片剂内部的空隙小，影响水分的渗入；②可溶性成分溶解，堵住毛细孔，影响水分的渗入；③物料的压缩成型性与黏合剂，影响片剂结合力的瓦解；④崩解剂，体积膨胀的主要因素。片剂崩解仪如图 2-5 所示。

图 2-5　片剂崩解仪

（6）溶出超限　所有造成片重差异过大的因素，皆可造成片剂中药物含量的不均匀。对于小剂量的药物来说，除了混合不均匀以外，可溶性成分在颗粒之间的迁移是其含量均匀度不合格的一个重要原因。

（7）含量不均匀　粉末混合不均匀、片重差异超限皆可造成药物含量不均匀。

4. **片剂的制备**

压片过程的三大要素是流动性、压缩成型性和润滑性。①流动性好：使流动、充填等粉体操作顺利进行，以保证物料在冲模内均匀充填，可减小片重差异；②压缩成型性好：避免出现裂片、松片等不良现象，并使得制成的片剂具有一定的强度；③润滑性好：片剂不粘冲，可得到完整、光洁的片剂。

制粒是改善物料的流动性和压缩成型性最有效的方法之一，因此制粒压片是最传统、最基本的片剂制备方法。制粒压片法又分为湿法和干法制粒压片法。近年来，随着优良辅料和先进压片机的出现，粉末直接压片法得到了越来越多的关注。半干式颗粒压片法将药物粉末与空白辅料颗粒混合后压片，亦属于粉末直接压片的一种。片剂制备的各种工艺流程如图 2-6 所示。

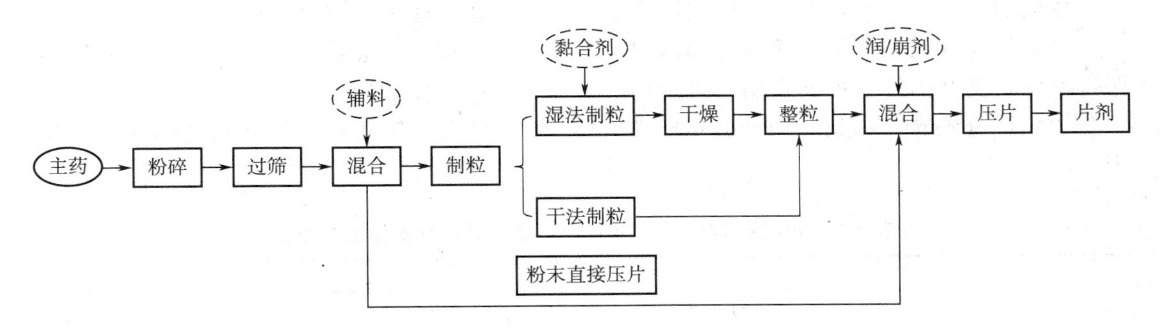

图 2-6　片剂的制备工艺流程图

（1）湿法制粒压片法

湿法制粒压片法是将药物和辅料的粉末混合均匀后加入液体黏合剂制备颗粒，经干燥后压片的工艺。该方法靠黏合剂的作用使粉末粒子间产生结合力。由于湿法制粒的颗粒具有外形美观、流动性好、耐磨性较强、压缩成型性好等优点，因此该法在医药工业中应用最为广泛，但对于热敏性、湿敏性、极易溶性等物料可采用其他方法制粒。湿法制粒的优点在于：①颗粒具有良好的压缩成型性；②粒度均匀、流动性好；③耐磨性较强等。

（2）干法制粒压片法

干法制粒压片法是将药物和辅料的粉末混合均匀、压缩成大片状或板状后，粉碎成所需大小颗粒的方法。该法靠压缩力使粒子间产生结合力，其制备方法有压片法和滚压法。干法制粒压片法常用于热敏性物料，遇水易分解的药物，方法简单，省工省时。但采用干法制粒时，应注意由于高压引起的晶型转变及活性降低等问题。

（3）直接压片法

直接压片法是不经过制粒过程直接把药物和辅料的混合物进行压片的方法。直接压片法避开了制粒过程，因而具有省时节能、工艺简便、工序少、适用于湿热不稳定的药物等突出优点，但也存在粉末的流动性差、片重差异大、粉末压片容易造成裂片等缺点，致使该工艺的应用受到了一定限制。随着 GMP 规范化管理的实施，简化工艺也成了制剂生产关注的热点之一。近 20 年来随着科学技术的迅猛发展，可用于粉末直接压片的优良药用辅料与高效旋转压片机的研制获得成功，促进了直接压片法的发展。目前，各国的直接压片品种不断上升，有些国家高达 40%以上。

用于直接压片的优良辅料有：各种型号的微晶纤维素、可压性淀粉、喷雾干燥乳糖、磷酸氢钙二水合物、微粉硅胶等。这些辅料的特点是流动性、压缩成型性好。常用的高效崩解剂有 L-HPC、PVPP、CCMC-Na。

（4）半干式颗粒压片法

半干式颗粒压片法是将药物粉末和预先制好的辅料颗粒（空白颗粒）混合进行压片的方法。该法适合于对湿热敏感不宜制粒，而且压缩成型性差的药物，也可用于含药较少的物料，这些药可借助辅料的优良压缩特性顺利制备片剂。

5. 片剂的包装与贮存

片剂的包装与贮存应当做到密封、防潮以及使用方便等，以保证制剂到达患者手中时，依然保持着药物的稳定性与药物的活性。多剂量包装常用塑料瓶，单剂量包装主要采用泡罩和窄条式两种形式。

四、片剂的质量检查

片剂的质量检查项目参见《中国药典》（2020 年版）通则 0101。

（1）外观性状　片剂表面应色泽均匀、光洁，无杂斑，无异物，并在规定的有效期内保持不变，良好的外观可增强病人对药物的信任，故应严格控制。

（2）重量差异（weight variation）　应符合现行药典对片剂重量差异限度的要求，见表 2-3。

表 2-3　《中国药典》（2020 年版）规定的片剂重量差异限度

片剂的平均重量/g	重量差异限度/%
＜0.30	±7.5
≥0.30	±5.0

片剂重量差异过大，意味着每片中主药含量不一，对治疗可能产生不利影响，具体的检查方法如下：取 20 片，精密称定总重量，求得平均片重后，再分别精密称定每片的重量，每片重量与平均片重比较（凡无含量测定的片剂或有标示片重的中药片剂，每片重量应与标示片重比较），按表 2-3 中的规定超出重量差异限度的药片不得多于 2 片，并不得有 1 片超出限度 1 倍。

糖衣片、薄膜衣片（包括肠衣片）应在包衣前检查片芯的重量差异，符合表 2-3 规定后方可包衣；包衣后不再检查片重差异。另外，凡已规定检查含量均匀度的片剂，不必进行片重差异检查。

（3）硬度与脆碎度（hardness and friability）　要求有适宜的硬度和耐磨性，以免包装、运输过程中发生磨损或破碎。除另有规定外，非包衣片应符合片剂脆碎度检查法，一般来讲，脆碎度应小于 1%。普通片剂的硬度在 50N 以上，拉伸强度在 1.5～3.0MPa 为好。

（4）崩解时限（disintegration）　除另有规定外，按照崩解时限检查法检查应符合规定。凡药典规定检查溶出度、释放度或分散均匀性的口含片、咀嚼片等，不再进行崩解时限检查。一般限度要求如下：普通片剂 15min，化药薄膜衣片 30min，中药薄膜衣片 1h，糖衣片 1h。

（5）溶出度或释放度　药典规定，根据原料药物和制剂的特性，除来源于动、植物多组分且难以建立测定方法的片剂外，溶出度、释放度均应符合要求。对于难溶性药物而言，虽然崩解度合格却并不一定能保证药物快速而完全溶解出来。因此，溶出度检查更能够体现片剂的内在质量。测溶出度的品种无须再检查崩解时限。崩解度检查并不能完全正确地反映主药的溶出速率和溶出程度以及体内的吸收情况，考察其生物利用度，耗时长、费用大、比较复杂，实际上也不可能直接作为片剂质量控制的常规检查方法，所以通常采用溶出度或释放度试验代替体内试验。但溶出度或释放度的检查结果只有在体内吸收与体外溶出存在着相关的或平行的关系时，才能真实地反映体内的吸收情况，并达到控制片剂质量的目的。目前溶出度试验的品种和数量不断增加，大有取代崩解度检查的趋势。具体检查按照溶出度与释放度测定法（通则 0931）检查，共有七种方法，即第一法（篮法）、第二法（浆法）、第三法（小杯法）、第四法（浆碟法）、第五法（转筒法）、第六法（流池法）、第七法（往复筒法）。普通制剂和缓控释制剂可选用第一、第二法；当药物含量较小时，为满足测定要求，选择第三法可减少溶出介质的用量；第四、第五种方法适用于透皮贴剂。

《中国药典》（2020 年版）中对于溶出度与释放度没有提出明确的限度要求，但要求缓控释制剂至少取 3 个点。一般来讲，溶出度或释放度的限度要求根据体内外的相关性研究结果制订。

（6）含量均匀度（content uniformity） 含量均匀度系指小剂量制剂符合标示量的程度，按照《中国药典》（2020 年版）通则 0941 含量均匀度检查法检查。每片标示量＜25mg 或主药含量＜25％时，均应检查含量均匀度。

第十二章 液体制剂

第一节 概述

液体制剂系指药物分散在适宜的分散介质中制成的液体形态的制剂。通常是将药物以不同的分散方法和不同的分散程度分散在适宜的分散介质中制成的液体分散体系，可供内服或外用。液体制剂的理化性质、稳定性、药效甚至毒性等均与药物粒子分散度的大小关系密切，所以研究液体制剂必须着眼于制剂中药物粒子分散的程度。药物以分子状态分散在介质中，形成均相液体制剂，如溶液剂、高分子溶液剂等；药物以微粒状态分散在介质中，形成非均相液体制剂，如溶胶剂、乳剂、混悬剂等。液体制剂的品种多，临床应用广泛，它们的性质、理论和制备工艺在药剂学中占有重要地位。

一、液体制剂的特点和质量要求

1. 液体制剂的优点

液体制剂具有以下优点：①药物以分子或微粒状态分散在介质中，分散度大，吸收快，能较迅速地发挥药效；②给药途径多，可以内服，也可以外用，如用于皮肤、黏膜和人体腔道等；③易于分剂量，服用方便，特别适用于婴幼儿和老年患者；④能减少某些药物的刺激性，调整液体制剂浓度而减少刺激性，避免固体药物（溴化物、碘化物等）口服后由于局部浓度过高而引起胃肠道刺激作用；⑤某些固体药物制成液体制剂后，有利于提高药物的生物利用度。

2. 液体制剂的缺点

液体制剂同时具有以下不足：①药物分散度大，又受分散介质的影响，易引起药物的化学降解，使药效降低甚至失效；②液体制剂体积较大，携带、运输、贮存都不方便；③水性液体制剂容易霉变，需加入防腐剂；④非均相液体制剂，药物的分散度大，分散粒子具有很大的比表面积，易产生一系列的物理稳定性问题。

3. 液体制剂的质量要求

均相液体制剂应是澄明溶液；非均相液体制剂的药物粒子应分散均匀，液体制剂浓度应准确；口服的液体制剂应外观良好，口感适宜；外用的液体制剂应无刺激性；液体制剂应有一定的防腐能力，保存和使用过程中不应发生霉变；包装容器应适宜，方便患者携带和使用。

二、液体制剂的分类

1. 按分散系统分类

液体制剂按分散相分类，可分为均相液体制剂和非均相液体制剂。

（1）均相液体制剂　药物以分子状态均匀分散在分散介质中形成的澄明溶液，是热力学稳定体系，可分为以下两种。

① 低分子溶液剂：由低分子药物分散在分散介质中形成的液体制剂，也称溶液剂。

② 高分子溶液剂：由高分子化合物分散在分散介质中形成的液体制剂。在水中溶解时，因为分子较大（<100nm），亦称为亲水胶体溶液。

（2）非均相液体制剂　药物以微粒状态分散在分散介质中形成不稳定的多相分散体系，热力学不稳定。包括以下几种。

① 溶胶剂：不溶性药物以纳米粒（<100nm）分散的液体制剂，又称疏水胶体溶液。

② 乳剂：由不溶性液体药物以乳滴的形式分散在分散介质中形成非均匀的分散体系。

③ 混悬剂：由不溶性固体药物以微粒状态分散在分散介质中形成的非均匀分散体系。

按分散体系分类，分散微粒大小决定了分散体系的特征，见表 2-4。

表 2-4　分散体系中微粒大小与特征

液体类型	微粒大小/nm	特征与制备方法
溶液剂	<1	分子或离子分散的澄明溶液，体系稳定，溶解法制备
溶胶剂	1～100	胶态分散形成多相体系，聚结不稳定性，胶溶法制备
乳剂	>100	液体微粒分散形成多相体系，聚结和重力不稳定性，分散法制备
混悬剂	>500	固体微粒分散形成多相体系，聚结和重力不稳定性，分散法和凝聚法制备

2. 按给药系统分类

（1）内服液体制剂　如糖浆剂、乳剂、混悬剂、滴剂等。

（2）外用液体制剂　外用制剂又可分为皮肤用液体制剂，五官科用液体制剂，直肠、阴道、尿道用液体制剂。

① 皮肤用液体制剂：如洗剂、搽剂等。

② 五官科用液体制剂：如洗耳剂、滴耳剂、滴鼻剂、含漱剂、滴牙剂等。

③ 直肠、阴道、尿道用液体制剂：如灌肠剂、灌洗剂等。

三、液体制剂的包装

液体制剂的包装关系到产品的质量、运输和贮存。液体制剂体积大，稳定性较其他制剂差。液体制剂如果包装不当，在运输和贮存过程中会发生变质。因此包装容器的材料选择、容器的种类、形状以及封闭的严密性等都极为重要。

液体制剂的包装材料包括：容器（玻璃瓶、塑料瓶等）、瓶塞（软木塞、橡胶塞、塑料塞）、瓶盖（塑料盖、金属盖）、标签、说明书、纸盒、纸箱、木箱等。

液体制剂包装瓶上应贴有标签。医院液体制剂的投药瓶上应贴不同颜色的标签，习惯上内服液体制剂的标签为白底蓝字或黑字，外用液体制剂的标签为白底红字或黄字。液体制剂特别是以水为溶剂的液体制剂在贮存期间极易水解和染菌，使其变质。流通性的液体制剂应注意采取有效的防腐措施，并应密闭贮存于阴凉干燥处。医院液体制剂应尽量减小生产批量，缩短存放时间，有利于保证液体制剂的质量。

第二节　液体制剂的溶剂和附加剂

液体制剂的溶剂，对溶液剂来说可称为溶剂。对溶胶剂、混悬剂、乳剂来说药物并不溶解而是分散，因此称作分散介质。溶剂对液体制剂的性质和质量影响很大。

一、液体制剂的常用溶剂

液体制剂的制备方法、稳定性及所产生的药效等，都与溶剂有密切关系。选择溶剂的条件是：①对药物应具有较好的溶解性和分散性；②化学性质应稳定，不与药物或附加剂发生反应；③不应影响药效的发挥和含量测定；④毒性小、无刺激性、无不适的臭味。

溶剂按介电常数大小分为极性溶剂、半极性溶剂和非极性溶剂。

1. 极性溶剂

（1）水（water）　水是最常用溶剂，能与乙醇、甘油、丙二醇等溶剂以任意比例混合，能溶解大多数的无机盐类和极性大的有机药物，能溶解药材中的生物碱盐类、苷类、糖类、树胶、黏液质、鞣质、蛋白质、酸类及色素等。但有些药物在水中不稳定，容易产生霉变，故不宜长久储存。配制水性液体制剂时应使用纯化水。

（2）甘油（glycerin）　甘油为无色黏稠性澄明液体，有甜味，毒性小，能与水、乙醇、丙二醇等以任意比例混合，对硼酸、苯酚和鞣质的溶解度比水大。含甘油30%以上有防腐作用，可供内服或外用，其中外用制剂应用较多，常用于保湿剂和防腐剂。

（3）二甲亚砜（dimethyl sulfoxide，DMSO）　为无色澄明液体，具大蒜臭味，有较强的吸湿性，能与水、乙醇、甘油、丙二醇等溶剂以任意比例混合。本品溶解范围广，亦有万能溶剂之称，许多难溶于水、甘油、乙醇、丙二醇的药物在本品中可以溶解，能溶解石蜡等碳氢化合物。能促进药物透过皮肤和黏膜的吸收作用，但对皮肤有轻度刺激。

2. 半极性溶剂

（1）乙醇（ethanol）　没有特殊说明时，乙醇一般指体积分数为95%乙醇，可与水、甘油、丙二醇等溶剂任意比例混合，能溶解大部分有机药物和药材中的有效成分，如生物碱及其盐类、挥发油、树脂、鞣质、有机酸和色素等。20%以上的乙醇即有防腐作用，40%以上的浓度则能延缓有些药物（如苯巴比妥等）的水解。但乙醇有一定的生理活性，有易挥发、易燃烧等缺点。

（2）丙二醇（propylene glycol）　药用一般为1,2-丙二醇，性质与甘油相近，但黏度较甘油小，可作为内服及肌内注射液的溶剂。丙二醇毒性小、无刺激性，能溶解许多有机药物。一定比例的丙二醇和水的混合溶剂能延缓许多药物的水解，增加稳定性。可溶于乙醚或某些挥发油中，但不能与脂肪油相混溶。丙二醇对药物在皮肤和黏膜的吸收有一定的促进作用。

（3）聚乙二醇（polyethylene glycol，PEG）　常用的聚乙二醇分子量为300～600，为无色澄明液体，理化性质稳定，能与水、乙醇、丙二醇、甘油等溶剂任意混合。聚乙二醇不同浓度的水溶液是良好溶剂，能溶解许多水溶性无机盐和水不溶性的有机药物。本品对一些易水解的药物有一定的稳定作用。在洗剂中，能增加皮肤的柔韧性，具有一定的保湿作用。

3. 非极性溶剂

（1）脂肪油（fatty oils）　为常用非极性溶剂，多指植物油，如麻油、豆油、花生油、橄榄油等。植物油不能与极性溶剂混合，而能与非极性溶剂混合。脂肪油能溶解油溶性药物，如激素、挥发油、游离生物碱和许多芳香族药物。脂肪油容易酸败，也易受碱性药物的影响而发生皂化反应，影响制剂的质量。脂肪油多为外用制剂的溶剂，如洗剂、搽剂、滴鼻剂等。

（2）液状石蜡（liquid paraffin） 是从石油产品中分离得到的液状烃的混合物，无色澄明油状液体，无色无臭，化学性质稳定，但接触空气能被氧化，产生不快臭味，可加入油性抗氧剂。本品能与非极性溶剂混合，能溶解生物碱、挥发油及一些非极性药物等。本品在肠道中不分解也不吸收，能使粪便变软，有润肠通便的作用。可作口服制剂和搽剂的溶剂。

（3）乙酸乙酯（ethyl acetate） 无色油状液体，微臭。相对密度（20℃）为0.897～0.906。有挥发性和可燃性。在空气中容易氧化、变色，需加入抗氧剂。本品能溶解挥发油、甾体药物及其他油溶性药物。常作为搽剂的溶剂。

二、液体制剂的常用附加剂

（1）增溶剂（solubilizer） 具有增溶能力的表面活性剂，被增溶物质称为增溶质。增溶指某些难溶性药物在表面活性剂的作用下，溶解度增大，形成澄清溶液的过程。对于以水为溶剂的药物，增溶剂的最适HLB值为15～18。每1g增溶剂能增溶药物的质量称为增溶量。常用的增溶剂多为非离子型表面活性剂，如聚山梨酯类和聚氧乙烯脂肪酸酯类等。

（2）助溶剂（hydrotropy agent） 助溶剂为在溶剂中与难溶性药物形成可溶性配合物、复盐或分子缔合物等，从而增加药物溶解度的小分子化合物。助溶剂多为低分子化合物（有机酸及其钠盐，如苯甲酸钠、水杨酸钠、对氨基苯甲酸钠等；酰胺类化合物，如乌拉坦、尿素、烟酰胺、乙酰胺等），与药物形成络合物，如碘在水中溶解度为1∶2950，如加适量的碘化钾，可明显增加碘在水中的溶解度，能配成含碘5%的水溶液。碘化钾为助溶剂，增加碘溶解度的机理是KI与碘形成分子间的络合物KI_3。

（3）潜溶剂（cosolvents） 潜溶剂为水和其他溶剂，如乙醇、甘油、丙二醇、聚乙二醇等，以某一比例形成的混合溶剂，药物在该混合溶剂中的溶解度比在其他比例形成的混合溶剂和纯溶剂中的溶解度大。药物在某一比例的混合溶剂中溶解度出现极大值的现象称为潜溶。甲硝唑在水中的溶解度为10%，如果使用水-乙醇混合溶剂，则溶解度提高5倍。

潜溶剂能提高药物溶解度的原因，一般认为是两种溶剂间发生氢键缔合或潜溶剂改变了原来溶剂的介电常数。

（4）防腐剂（preservatives） 系指防止药物制剂由于细菌、霉菌、真菌等微生物的污染而产生变质的添加剂。

液体制剂特别是以水为溶剂的液体制剂，易被微生物污染而发霉变质，尤其是含有糖类、蛋白质等营养物质的液体制剂，更容易引起微生物的滋生和繁殖。抗菌药的液体制剂也能生长微生物，因为抗菌药物都有一定的抗菌谱，如呋喃西林溶液会染菌霉变。被微生物污染的液体制剂会引起理化性质的变化，严重影响制剂质量，有时会产生细菌毒素，危害人体。

《中国药典》（2020年版）四部通则1107中规定了非无菌化学药品制剂、生物制品制剂和不含药材原粉中药制剂的微生物限度标准要求（见表2-5）。

化学药品制剂和生物制品制剂若含有未经提取的动植物来源的成分及矿物质，还不得检出沙门菌（10g或10mL）。

用于手术、严重烧伤及严重创伤的局部给药制剂应符合无菌要求。

表 2-5 非无菌化学药品制剂、生物制品制剂和不含药材原粉中药制剂的微生物限度标准

给药途径	需氧菌总数/（cfu/g、cfu/mL 或 cfu/10cm²）	霉菌和酵母菌总数/（cfu/g、cfu/mL 或 cfu/10cm²）	控制菌
口服给药 固体制剂 液体制剂	 10^3 10^2	 10^2 10^1	不得检出大肠埃希菌（1g 或 1mL）；含脏器提取物的制剂还不得检出沙门菌（10g 或 10mL）
口腔黏膜给药制剂 齿龈给药制剂 鼻用制剂	10^2	10^1	不得检出大肠埃希菌、金黄色葡萄球菌、铜绿假单胞菌（1g、1mL 或 $10cm^2$）
耳用制剂 皮肤给药制剂	10^2	10^1	不得检出大肠埃希菌、金黄色葡萄球菌、铜绿假单胞菌（1g、1mL 或 $10cm^2$）
呼吸道吸入给药制剂	10^2	10^1	不得检出大肠埃希菌、金黄色葡萄球菌、铜绿假单胞菌、耐胆盐革兰阴性菌（1g 或 1mL）
阴道、尿道给药制剂	10^2	10^1	不得检出金黄色葡萄球菌、铜绿假单胞菌、白色念珠菌（1g、1mL 或 $10cm^2$）；中药制剂还不得检出梭菌（1g、1mL 或 $10cm^2$）
直肠给药 固体制剂 液体制剂	 10^3 10^2	 10^2 10^2	不得检出金黄色葡萄球菌、铜绿假单胞菌（1g 或 1mL）
其他局部给药制剂	10^2	10^2	不得检出金黄色葡萄球菌、铜绿假单胞菌（1g、1mL 或 $10cm^2$）

优良防腐剂需具备如下条件：①在抑菌浓度范围内对人体无害、无刺激性，内服者应无特殊臭味；②水中有较大的溶解度，能达到防腐需要的浓度；③不影响制剂的理化性质和药理作用；④防腐剂也不受制剂中药物的影响；⑤对大多数微生物有较强的抑制作用；⑥防腐剂本身的理化性质和抗微生物性质应稳定，不易受热和 pH 值的影响；⑦长期贮存应稳定，不与包装材料起作用。

防腐剂可分为以下四类：a 酸碱及其盐类：苯酚、山梨酸及其盐类等；b 中性化合物类：三氯叔丁醇、聚维酮碘等；c 汞化合物类：硫柳汞、硝酸汞等；d 季铵化合物类：氯化苯甲羟铵、溴化十六烷铵、度米芬等。常用的防腐剂有以下几种。

① 对羟基苯甲酸酯类：对羟基苯甲酸甲酯、对羟基苯甲酸乙酯、对羟基苯甲酸丙酯、对羟基苯甲酸丁酯，商品名称尼泊金类。这类防腐剂的抑菌作用随烷基碳数的增加而增加，而溶解度则随之减小，对羟基苯甲酸丁酯抗菌力最强，溶解度却最小。本类防腐剂混合使用有协同作用。通常是对羟基苯甲酸乙酯和对羟基苯甲酸丙酯（1∶1）或对羟基苯甲酸乙酯和对羟基苯甲酸丁酯（4∶1）合用，浓度均为0.01%～0.25%。这是一类很有效的防腐剂，化学性质稳定。在酸性、中性溶液中均有效，但在酸性溶液中作用较强，对大肠埃希菌作用最强。在弱碱性溶液中作用减弱，这是因为酚羟基解离所致。羟苯酯类最好不与吐温和聚乙二醇合用。吐温类表面活性剂虽能增加防腐剂在水中的溶解度，但二者之间会发生配位反应，使羟苯酯类仅有少部分处于游离状态，从而防腐能力下降。羟苯酯类会降低三氯叔丁醇、苯甲醇等防腐剂的防腐能力，对甲醇、山梨醇、苯甲酸及硝酸苯汞影响较小。羟苯酯类遇铁变色，对羟基苯甲酸丁酯比对羟基苯甲酸甲酯更易被塑料吸附。

② 苯甲酸和苯甲酸钠：苯甲酸亦称为安息香酸，为白色有丝光的鳞片状结晶、针状

结晶或单斜棱晶。在水中溶解度为0.29%，乙醇中为43%（20℃），通常配成20%的醇溶液备用。用量一般为0.03%～0.1%。苯甲酸未解离的分子抑菌作用强，所以在酸性溶液中抑菌效果较好，最适pH值是4。溶液pH值增高时解离度增大，防腐效果降低。苯甲酸防霉作用较尼泊金类弱，而防发酵能力则较尼泊金类强。苯甲酸0.25%和尼泊金0.05%～0.1%联合应用对防止发霉和发酵最为理想，特别适用于中药液体制剂。苯甲酸钠在酸性溶液中与苯甲酸的防腐能力相当。

③ 山梨酸及山梨酸钠：本品为白色至黄白色结晶性粉末，熔点133℃，溶解度：水中为0.125%（30℃），3.8%（沸水），丙二醇中5.5%（20℃），无水乙醇或甲醇中12.9%；甘油中0.13%。对细菌最低抑菌浓度为0.02%～0.04%（pH<6.0），对酵母、真菌最低抑菌浓度为0.8%～1.2%。未解离的山梨酸分子才能发挥防腐作用，因此本品在pH值4.5的水溶液中效果较好。山梨酸与其他抗菌剂联合使用产生协同作用。山梨酸钾、山梨酸钙作用与山梨酸相同，水中溶解度更大，需在酸性溶液中使用。

④ 苯扎溴铵：又称新洁尔灭，为阳离子型表面活性剂。淡黄色黏稠液体，极易潮解，有特臭、味极苦。无刺激性。溶于水和乙醇，微溶于丙酮和乙醚。本品在酸性和碱性溶液中稳定，耐热压。作防腐剂使用浓度为0.02%～0.2%，多外用。

⑤ 醋酸氯己定：又称醋酸洗必泰，微溶于水，溶于乙醇、甘油、丙二醇等溶剂中，为广谱杀菌剂，用量为0.02%～0.05%，多外用。

⑥ 邻羟基苯酚：微溶于水，使用浓度为0.005%～0.2%。为广谱杀菌剂，低毒无味，是较好的防腐剂，亦可用于水果、蔬菜的防腐保鲜。

⑦ 其他防腐剂：一些挥发油也有防腐作用，如桉叶油为0.01%～0.05%、桂皮油为0.01%、薄荷油为0.05%。

（5）抗氧剂（antioxidants） 氧化变质是药物不稳定的主要表现之一，合理选择抗氧剂能有效地防止或延缓药物的氧化变质，抗氧剂可分为水溶性和油溶性两种。

① 水溶性抗氧剂：主要用于水溶性药物的抗氧化。常用的抗氧剂有维生素C、亚硫酸钠（sodium surfite）、亚硫酸氢钠（sodium bisulfite）、焦亚硫酸钠（sodium metabisulfite）、硫代硫酸钠（sodium thiosulfate）等。

维生素C具有烯醇结构，具还原性，可清除自由基，同时还因具有羰基和邻位的羟基而可与金属离子发生络合作用，降低金属离子催化自动氧化的活性；羟基还具有一定的酸性，可降低pH而使氧化反应减慢。

亚硫酸钠为白色结晶性粉末，具有较强的还原性。水溶液呈碱性，主要用于偏碱性药物的抗氧剂。与酸性药物、盐酸硫胺等有配伍禁忌。

亚硫酸氢钠为白色结晶性粉末，具有二氧化硫臭味，有还原性。水溶液呈酸性，主要用于酸性药物的抗氧剂。与碱性药物、钙盐、对羟基衍生物如肾上腺素等有配伍禁忌。

焦亚硫酸钠为白色结晶性粉末，有二氧化硫臭味，酸咸，具有较强的还原性。水溶液呈酸性，主要用于酸性药物的抗氧剂。

硫代硫酸钠为无色透明结晶或细粉，无臭，味咸，具有强烈的还原性。水溶液呈弱碱性，在酸性溶液中易分解，主要用于偏碱性药物的抗氧剂。与强酸、重金属盐类有配伍禁忌。

② 油溶性抗氧剂：主要用于油溶性药物的抗氧化。常用的抗氧剂有维生素E、叔丁基对羟基茴香醚、2,6-二叔丁基羟基甲苯等。维生素E是天然的抗氧剂，一般将维生素E和维生素C合用。维生素E和茶多酚合用具有良好的协同作用，可用于脂溶性药物的抗氧剂。

（6）矫味剂（flavouring agents） 矫味剂是指能够掩盖药物的不良臭味或改善药物臭

味的一类添加剂，主要用于供口服给药的液体制剂。在保证液体制剂应有的疗效和稳定性的前提下，应注意其口味。常用的矫味剂有甜味剂和芳香剂，还有干扰味蕾的胶浆剂、泡腾剂等。

① 甜味剂　根据来源可以分为天然和人工合成两大类。

天然甜味剂：天然的甜味剂蔗糖和单糖浆应用最广泛，具有芳香味的果汁糖浆如橙皮糖浆及桂皮糖浆等不但能矫味，也能矫臭。甘油、山梨醇、甘露醇等也可作甜味剂。天然甜味剂甜菊苷，有清凉甜味，甜度比蔗糖大约300倍，在水中溶解度（25℃）为1∶10，pH值4～10时加热也不被水解。常用量为0.025%～0.05%。本品甜味持久且不被吸收，但甜中带苦，故常与蔗糖和糖精钠合用。

合成甜味剂：合成的甜味剂有糖精钠、阿司帕坦等。糖精钠的甜度为蔗糖的200～700倍，易溶于水，但水溶液不稳定，长期放置甜度降低，常用量为0.03%，常与单糖浆、蔗糖和甜菊苷合用。阿司帕坦为天门冬酰苯丙氨酸甲酯，也称蛋白糖，为二肽类甜味剂，又称天冬甜精，甜度比蔗糖高150～200倍，不致龋齿，可以有效地降低热量，适用于糖尿病、肥胖症患者。

② 芳香剂　在制剂中有时需要添加少量香料和香精，以改善制剂的气味和香味。这些香料与香精称为芳香剂。香料分天然香料和人造香料两大类。天然香料由植物中提取的芳香性挥发油如柠檬、薄荷挥发油等，以及它们的制剂如薄荷水、桂皮水等。人工香料添加一定量的溶剂调和而成的混合香料称为人造香料或调和香料，如苹果香精、香蕉香精等。

③ 胶浆剂　胶浆剂具有黏稠缓和的性质，可以干扰味蕾的味觉而能矫味，如阿拉伯胶、羧甲基纤维素钠、琼脂、明胶、甲基纤维素等的胶浆。如在胶浆剂中加入适量糖精钠或甜菊苷等甜味剂，则增加其矫味作用。

④ 泡腾剂　将有机酸与碳酸氢钠混合后，遇水后由于产生大量二氧化碳，二氧化碳能麻痹味蕾起矫味作用。对盐类的苦味、涩味、咸味有所改善。

(7) 着色剂（colorants）　有些药物制剂本身无色，但为了心理治疗上的需要或某些目的有时需加入到制剂中进行调色的物质称着色剂。着色剂能改善制剂的外观颜色，可用来识别制剂的品种、区分应用方法和减少病人对服药的厌恶感。尤其是选用的颜色与矫味剂能够配合协调，更易为病人所接受。

① 天然色素　常用的有植物性和矿物性色素，作食品和内服制剂的着色剂。植物性色素：红色的有苏木、甜菜红、胭脂虫红等；黄色的有姜黄、胡萝卜素等；蓝色的有松叶兰、乌饭树叶；绿色的有叶绿酸铜钠盐；棕色的有焦糖等。矿物性色素有氧化铁（棕红色）。

② 合成色素　人工合成色素的特点是色泽鲜艳，价格低廉，大多数毒性比较大，用量不宜过多。我国批准的内服合成色素有苋菜红、柠檬黄、胭脂红、胭脂蓝等，通常配成1%贮备液使用，用量不得超过万分之一。外用色素有伊红、品红、美蓝、苏丹黄G等。具体用量和使用范围参考《食品添加剂使用卫生标准》及每年增补标准中的着色剂项下的有关内容。

(8) 其他附加剂　在液体制剂中为了增加稳定性或减小刺激性，有时还需要加入pH调节剂、金属离子络合剂等。

第三节　溶液型液体制剂

溶液型液体制剂体系指药物分散在溶剂中制成的均匀分散的液体制剂。溶液型液体制剂可以分为口服、腔道使用以及外用。包括低分子溶液剂和高分子溶液剂。

一、低分子溶液剂

低分子溶液剂系指小分子药物以分子或离子状态分散在溶剂中形成的均相的可供内服或用的液体制剂，有溶液剂、芳香水剂、糖浆剂、甘油剂、酊剂和露剂等。溶液型液体制剂为澄明液体，药物的分散度大，吸收速率较快。

1. 溶液剂

系指药物溶解于溶剂中所形成的澄明液体制剂。根据需要可加入助溶剂、抗氧剂、矫味剂、着色剂等附加剂。

(1) 溶液剂的制备方法

溶液剂的制备有两种方法，即溶解法和稀释法。

① 溶解法　其制备过程是：药物的称量→溶解→过滤→质量检查→包装等步骤。

具体方法：取处方总量1/2～3/4量的溶剂，加入处方量的药物，搅拌使其溶解。过滤，并通过滤器加溶剂至全量。过滤后的药液应进行质量检查。制得的药物溶液应及时分装、密封、贴标签及进行外包装。

例：复方碘溶液

【处方】碘 50g　碘化钾 100g　蒸馏水适量至 1000mL

【制备】取碘化钾溶于100mL蒸馏水中，加入碘，边加边搅拌，溶解后再添加蒸馏水至全量，混匀，分装，即得。

碘化钾为助溶剂，溶解碘化钾时尽量少加水，以增大其浓度，有利于碘的溶解。碘具有氧化性，应保存在玻璃磨口密塞封的瓶中；碘是生物碱沉淀剂，故不宜与生物碱配伍应用。

② 稀释法　先将药物制成高浓度的溶液，再用溶剂稀释至所需浓度即得。用稀释法制备溶液剂时应注意浓度换算，挥发性药物浓溶液稀释过程中应注意挥发损失，以免影响浓度的准确性。如过氧化氢溶液的浓度为30%（g/mL），药典规定的临床应用浓度为2.5～3.5%（g/mL），可用稀释法。

(2) 制备时应注意的问题

有些药物虽然易溶，但溶解缓慢，药物在溶解过程中应采用粉碎、搅拌、加热等措施；易氧化的药物溶解时，宜将溶剂加热放冷后再溶解药物，同时应加适量抗氧剂，以减少药物氧化损失；对易挥发性药物应在最后加入，以免因制备过程而损失；处方中如有溶解度较小的药物，应先将其溶解后加入其他药物；难溶性药物可加入适宜的助溶剂或增溶剂使其溶解。

2. 芳香水剂

芳香水剂（aromatic waters）系指芳香挥发性药物的饱和或近饱和的水溶液。《中国药典》（2020年版）中称为露剂。用乙醇和水混合溶剂制成的含大量挥发油的溶液，称为浓芳香水剂。芳香挥发性药物多数为挥发油。

芳香水剂应澄明，必须具有与原有药物相同的气味，不得有异臭、沉淀和杂质。芳香水剂浓度一般都很低，可矫味、矫臭和分散剂使用。芳香水剂多数易分解、变质甚至霉变，所以不宜大量配制和久贮。

3. 糖浆剂

糖浆剂系指含药物或芳香物质的浓蔗糖水溶液，供口服用。纯蔗糖的近饱和水溶液称为单糖浆或糖浆，浓度为85%（g/mL）或64.7%（g/g）。糖浆剂中的药物可以是化学药物也可以是药材的提取物。

蔗糖和芳香剂能掩盖某些药物的苦味、咸味及其他不适臭味，容易服用，尤其受儿童欢迎。糖浆剂易被真菌、酵母菌和其他微生物污染，使糖浆剂混浊或变质。糖浆剂中蔗糖浓度高时，渗透压大，微生物的生长繁殖受到抑制。低浓度的糖浆剂应添加防腐剂。

糖浆剂的质量要求：糖浆剂含糖量应不低于45%（g/mL）；糖浆剂应澄清，在贮存期间不得有酸败、异臭、产生气体或其他变质现象。含药材提取物的糖浆剂，允许含少量轻摇即散的沉淀。一般应检查相对密度和pH。高浓度的糖浆剂贮藏时可因温度降低而析出蔗糖结晶，适量加入乙醇、甘油和其他多元醇可改善；如需加入防腐剂，除另有规定外，在制剂确定处方时，该处方的抑菌效力应符合抑菌效力检查法（《中国药典》2020年版四部通则1121）的规定，羟苯甲酯的用量不得超过0.05%，苯甲酸和山梨酸的用量不得超过0.3%；必要时可加入色素。如需加入其他附加剂，其品种与用量应符合国家的规定，且不影响成品的稳定性，应避免对检查产生干扰。

单剂量灌装的糖浆剂应检查装量差异，多剂量灌装的糖浆剂应检查最低装量。

单糖浆不含任何药物，除供制备含药糖浆外，一般可作矫味糖浆，如橙皮糖浆、姜糖浆等，有时也用作助悬剂，如磷酸可待因糖浆等。药物糖浆用于疾病的治疗。

（1）糖浆剂的制备方法

① 溶解法

热溶法：将蔗糖溶于沸腾的蒸馏水中，继续加热使其全溶，降温后加入其他药物，搅拌溶解、过滤，再通过滤器加蒸馏水至全量，分装，即得。热溶法有很多优点，蔗糖在水中的溶解度随温度升高而增加，在加热条件下蔗糖溶解速率快，趁热容易过滤，可以杀死微生物。但加热过久或超过100℃时，使转化糖的含量增加，糖浆剂颜色容易变深。热溶法适合于对热稳定的药物和有色糖浆的制备。

冷溶法：将蔗糖溶于冷蒸馏水或含药的溶液中制备糖浆剂的方法。本法适用于对热不稳定或挥发性药物，制备的糖浆剂颜色较浅。但制备所需时间较长并容易污染微生物。

② 混合法　系将含药溶液与单糖浆均匀混合制备糖浆剂的方法。这种方法适合于制备含药糖浆剂。本法的优点是方法简便、灵活，可大量配制，也可小量配制。一般含药糖浆的含糖量较低，要注意防腐。

（2）制备时的注意事项

① 药物加入的注意事项　水溶性固体药物，可先用少量蒸馏水使其溶解再与单糖浆混合；水中溶解度小的药物可酌加少量其他适宜溶剂使药物溶解，然后加入单糖浆中，搅匀，即得；药物为可溶性液体或药物的液体制剂时，可将其直接加入单糖浆中，必要时过滤；药物为含乙醇的液体制剂，与单浆糖混合时常发生混浊，为此可加入适量甘油助溶；药物为水性浸出制剂，因含多种杂质，需纯化后再加到单糖浆中。

② 制备时的注意事项　应在避菌环境中制备，各种用具、容器应进行洁净或灭菌处理，并及时灌装；应选择药用白砂糖；生产中宜用蒸气夹层锅加热，温度和时间应严格控制。糖浆剂应在30℃以下密闭储存。

4. 醑剂

醑剂（spirits）系指挥发性药物的浓乙醇溶液，可供内服或外用。凡用于制备芳香水剂的药物一般都可制成醑剂。醑剂中的药物浓度一般为5%～10%，乙醇浓度一般为60%～90%。醑剂中的挥发油容易氧化、挥发，长期储存会变色等。醑剂应贮存于密闭容器中，但不宜长期储存。醑剂可用溶解法和蒸馏法制备。

5. 酊剂

酊剂（tincture）系指药物用规定浓度乙醇浸出或溶解而制成的澄清液体制剂，亦可用流浸膏稀释制成。可供内服或外用。

酊剂的浓度除另有规定外，含有毒剧药品（药材）的酊剂，每100mL应相当于原药物 10g；其他酊剂每 100mL 相当于原药物 20g。

（1）制备方法

① 溶解法或稀释法　取药材的粉末或流浸膏，加规定浓度的乙醇适量，溶解或稀释，静置，必要时过滤，即得。

② 浸渍法　取适当粉碎的药材，置有盖容器中，加溶剂适量，密盖，搅拌或振摇，浸渍规定时间，倾取上清液，再加入适量溶剂，依法浸渍至有效成分充分浸出，合并浸出液，加溶剂至规定量后，静置 24h，过滤，即得。

③ 渗漉法　用适量溶剂渗漉，至流出液达规定量后，静置，过滤，即得。

（2）制备时应注意的问题

酊剂在制备与贮藏过程中应注意以下两点：①乙醇浓度不同对药材中各成分的溶解性不同，制备酊剂时，应根据有效成分的溶解性选用适宜浓度的乙醇，以减少酊剂中杂质含量，酊剂中乙醇最低浓度为 30%（mL/mL）；②酊剂久贮会发生沉淀，可过滤除去，再测定乙醇含量、有效成分含量，并调整至规定标准，仍可使用。

6. 甘油剂

甘油剂（glycerins）系指药物溶于甘油中制成的专供外用的溶液剂。甘油剂用于口腔、耳鼻喉科疾病。甘油吸湿性较大，应密闭保存。

二、高分子溶液剂

高分子溶液剂系指高分子化合物溶解于溶剂中制成的均匀分散的液体制剂。以水为溶剂的高分子溶液剂，称为亲水性高分子溶液剂，或称胶浆剂。以非水溶剂制备的高分子溶液剂，称为非水性高分子溶液剂。高分子溶液剂属于热力学稳定体系。

1. 高分子溶液剂的性质

（1）高分子的荷电性　溶液中高分子化合物结构中的某些基团因解离而带电，有的带正电，有的带负电。某些高分子化合物所带电荷受溶液 pH 值的影响。蛋白质分子中含有羧基和氨基，在水溶液中随 pH 值不同可带正电或负电。当溶液的 pH 值大于等电点时，蛋白质带负电荷；pH 值小于等电点时，蛋白质带正电。在等电点时，蛋白质不带电，这时高分子溶液的许多性质发生变化，如黏度、渗透压、溶解度、电导等都变为最小值。高分子溶液的这种性质，在药剂学中有重要意义。

（2）高分子的渗透压　亲水性高分子溶液与溶胶不同，有较高的渗透压，渗透压的大小与高分子溶液的浓度有关。其溶液的渗透压可用下式表示：

$$\pi/c_g = RT/M = Bc_g \tag{2-1}$$

式中，π 为渗透压；c_g为高分子的浓度，g/L；R 为气体常数；T 为热力学温度；M 为分子量；B 为特定常数，它是由溶质和溶剂相互作用的大小来决定的。由式（2-1）可见 π/c_g对 c_g呈直线关系。

（3）高分子溶液的黏度与分子量　高分子溶液是黏稠性流体，其黏度与分子量之间的关系可用式（2-2）表示。黏稠性大小用黏度表示。可根据高分子溶液的黏度来测定高分子化合物的分子量。

$$[\eta] = KM^a \tag{2-2}$$

式中，K、a 分别为高分子化合物与溶剂之间的特有常数。

（4）高分子溶液的聚结特性　高分子化合物含有大量亲水基，能与水形成牢固的水化膜，可阻止高分子化合物分子之间的相互凝聚，使高分子溶液处于稳定状态。但高分子的水化膜和荷电发生变化时易出现聚结沉淀。如：①向溶液中加入大量的电解质，由于电解质的强烈水化作用，破坏高分子的水化膜，使高分子凝结而沉淀，将这一过程称为盐析；

②向溶液中加入脱水剂，如乙醇、丙酮等也能破坏水化膜而发生聚结；③其他原因，如盐类、pH值、絮凝剂、射线等的影响，使高分子化合物凝结沉淀，称为絮凝现象；④带相反电荷的两种高分子溶液混合时，由于相反电荷中和而产生凝结沉淀。

（5）胶凝性　一些亲水性高分子溶液，如明胶水溶液、琼脂水溶液，在温热条件下为黏稠性流动液体，当温度降低时，高分子溶液就形成网状结构，分散介质水被全部包含在网状结构中，形成了不流动的半固体状物，称为凝胶，如软胶囊的囊壳就是这种凝胶。形成凝胶的过程称为胶凝。凝胶失去网状结构中的水分时，体积缩小，形成干燥固体，称干胶。

2. 高分子溶液剂的制备

制备高分子溶液时首先要经过溶胀过程。溶胀是指水分子渗入高分子化合物分子间的空隙中，与高分子中的亲水基团发生水化作用而使体积膨胀，结果使高分子空隙间充满了水分子，这一过程称有限溶胀。由于高分子空隙间存在水分子降低了高分子分子间的作用力（范德华力），溶胀过程继续进行，最后高分子化合物完全分散在水中形成高分子溶液，这一过程称为无限溶胀。无限溶胀常需搅拌或加热等过程才能完成。形成高分子溶液的这一过程称为胶溶。胶溶过程的快慢取决于高分子的性质以及工艺条件。制备明胶溶液时，先将明胶碎成小块，放入水中泡浸3～4h，使其吸水膨胀，这是有限溶胀过程，然后加热并搅拌使其形成明胶溶液，这是无限溶胀过程。甲基纤维素则在冷水中完成这一制备过程。淀粉遇水立即膨胀，但无限溶胀过程必须加热至60～70℃才能完成，即形成淀粉浆。胃蛋白酶等高分子药物，其有限溶胀和无限溶胀过程都很快，需将其撒于水面，待其自然溶胀后再搅拌可形成溶液，如果将它们撒于水面后立即搅拌则形成团块，给制备过程带来困难。

第四节　溶胶剂

溶胶剂是指固体药物的微细粒子分散在水中形成的非均相分散体系，又称为疏水胶体溶液。溶胶剂中分散的微细粒子粒径为1～100nm，胶粒是多分子聚集体，有极大的分散度，属热力学不稳定体系。将药物分散成溶胶状态，药效会出现显著变化。目前溶胶剂很少使用，但它们的性质对药剂学却十分重要。

一、溶胶的构造和性质

1. 溶胶的双电层构造

溶胶剂中的固体微粒由于本身的解离或吸附溶液中的某种离子而带有电荷，带电的微粒表面必然吸引带相反电荷的离子，称为反离子。吸附的带电离子和反离子构成了吸附层。少部分反离子扩散到溶液中，形成扩散层。吸附层和扩散层分别是带相反电荷的荷电层，称为双电层，也称为扩散双电层。双电层之间的电位差称为ζ电位。由于胶粒电荷之间的排斥作用和在胶粒周围形成水化膜，可以防止胶粒碰撞时发生聚结。ζ电位越高斥力越大，溶胶也就越稳定。ζ电位降至20～25mV以下时，溶胶产生聚结而不稳定（见图2-7）。

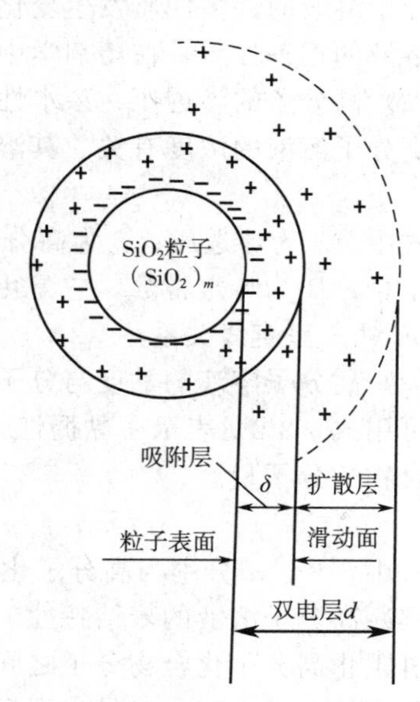

图2-7　溶胶的双电层结构示意图

2. 溶胶的性质

（1）光学性质　由于丁铎尔效应，当强光线通过溶胶时从侧面可见到圆锥形光束，这是由于胶粒粒度小于自然光波长而产生的光散射。溶胶剂的混浊程度用浊度表示，浊度越大表明散射光越强。

(2) 电学性质　溶胶剂由于双电层结构而带电，或带正电，或带负电。在电场的作用下胶粒或分散介质产生移动，产生电位差，这种现象称为界面动电现象。溶胶的电泳现象就是界面动电现象所引起的。

(3) 动力学性质　溶胶剂中的胶粒在分散介质中有不规则的运动，这种运动称为布朗运动。这种运动是由于胶粒受溶剂水分子不规则地撞击产生的。胶粒的扩散速率、沉降速率及分散介质的黏度等都与溶胶的动力学性质有关。

(4) 稳定性　溶胶剂属热力学不稳定体系，主要表现为聚结不稳定性和动力不稳定性。但由于胶粒表面的电荷产生静电斥力，以及胶粒荷电所形成的水化膜，都增加了溶胶剂的聚结稳定性。由于重力作用胶粒产生沉降，但由于胶粒的布朗运动又使其沉降速率变得极慢，增加了动力稳定性。

溶胶剂对带相反电荷的溶胶以及电解质极其敏感，将带相反电荷的溶胶或电解质加入溶胶剂中，由于电荷被中和使 ζ 电位降低，同时又减少了水化层，使溶胶剂产生聚结进而产生沉降。向溶胶剂中加入天然的或合成的亲水性高分子溶液，使溶胶剂具有亲水胶体的性质而增加稳定性，这种胶体称为保护胶体。

二、溶胶剂的制备

1. 分散法

(1) 机械分散法　胶体磨是制备溶胶剂的常用设备。将药物、溶剂以及稳定剂从加料口处加入胶体磨中，胶体磨以 10000r/min 的转速高速旋转，将药物粉碎到胶体粒子范围，制成质量很好的溶胶剂。

(2) 胶溶法　也称为解胶法，是将聚集起来的粗粒又重新分散的方法。

(3) 超声分散法　用 20000Hz 以上的超声波所产生的能量使分散粒子粉碎成溶胶剂的方法。

2. 凝聚法

(1) 物理凝聚法　通过改变分散介质的性质使溶解的药物凝聚成溶胶。

(2) 化学凝聚法　借助氧化、还原、复分解等化学反应制备溶胶的方法。

第五节　混悬剂

混悬剂 (suspensions) 是指难溶性固体药物以微粒状态分散于分散介质中形成的非均匀的液体制剂。混悬剂中的药物微粒一般为 0.5～10μm，小的可为 0.1μm，大的可达到 50μm 或更大。混悬剂属于热力学和动力学均不稳定的粗分散体系，所用的分散介质大多数为水，也可用植物油。

混悬剂的质量要求　①药物本身的化学性质应稳定，在使用或贮存期间含量应符合要求；②根据用途不同，混悬剂中的微粒大小有不同要求；③粒子的沉降速率很慢，沉降后不应有结块现象，轻摇后应迅速均匀分散；④混悬剂应有一定的黏度要求；⑤外用混悬剂应容易涂布。

大多数混悬剂为液体制剂，但《中国药典》2020 年版二部收载有干混悬剂，它是按混悬剂的要求将药物用适宜方法制成粉末状或颗粒状制剂，使用时加水即迅速分散成混悬剂，这有利于解决混悬剂在保存过程中的稳定性问题。在药剂学中，搽剂、洗剂、注射剂、滴眼剂、气雾剂、软膏剂和栓剂等都有混悬制剂。

一、混悬剂的物理性质

混悬剂中药物微粒分散度大，使混悬微粒具有较高的表面自由能而处于不稳定状态。疏水性药物的混悬剂比亲水性药物存在更大的稳定性问题。

1. 混悬粒子的沉降速率

混悬剂中的微粒受重力作用产生沉降时，其沉降速率服从 Stokes 定律：

$$v=\frac{2r^2(\rho_1-\rho_2)g}{9\eta} \tag{2-3}$$

式中，v 为沉降速率，cm/s；r 为微粒半径，cm；ρ_1、ρ_2 分别为微粒和分散介质的密度，g/mL；g 为重力加速度，cm/s^2；η 为分散介质的黏度，Pa·s。

由 Stokes 公式可见，微粒沉降速率与微粒半径平方、微粒与分散介质的密度差成正比，与分散介质的黏度成反比。混悬剂微粒沉降速率越大，动力稳定性就越小。增加混悬剂的动力稳定性的主要方法是：①尽量减小微粒半径，以减小沉降速率；②增加分散介质的黏度，以减小固体微粒与分散介质间的密度差，这就要向混悬剂中加入高分子助悬剂，在增加介质黏度的同时，也减小了微粒与分散介质之间的密度差，同时微粒吸附助悬剂分子而增加亲水性。混悬剂中的微粒大小是不均匀的，大的微粒总是迅速沉降，细小微粒沉降速率很慢，细小微粒由于布朗运动，可长时间悬浮在介质中，使混悬剂长时间地保持混悬状态。

2. 微粒的荷电与水化

混悬剂中微粒可因本身解离或吸附分散介质中的离子而荷电，具有双电层结构，即有 ζ 电势。由于微粒表面荷电，水分子可在微粒周围形成水化膜，这种水化作用的强弱随双电层厚度而改变。微粒荷电使微粒间产生排斥作用，加之有水化膜的存在，阻止了微粒间的相互聚结，使混悬剂稳定。向混悬剂中加入少量的电解质，可以改变双电层的构造和厚度，影响混悬剂的聚结稳定性并产生絮凝。疏水性药物混悬剂的微粒水化作用很弱，对电解质更敏感。亲水性药物混悬剂微粒除荷电外，本身具有水化作用，受电解质的影响较小。

3. 絮凝与反絮凝

混悬剂中的微粒由于分散度大而具有很大的总表面积，因而微粒具有很高的表面由自能，这种高能状态的微粒有降低表面自由能的趋势，表面自由能的改变可用式（2-4）表示：

$$\Delta F=\delta_{s.1}\Delta A \tag{2-4}$$

式中，ΔF 为表面自由能的改变值；ΔA 为微粒总表面积的改变值；$\delta_{s.1}$ 为固液界面张力。

对一定的混悬剂 $\delta_{s.1}$ 是一定的，因此只有降低 ΔA，才能降低微粒的表面自由能 ΔF，这就意味着微粒间要有一定的聚集。但由于微粒荷电，电荷的排斥力阻碍了微粒产生聚集。因此只有加入适当的电解质，使 ζ 电势降低，以减小微粒间电荷的排斥力。ζ 电势降低一定程度后，混悬剂中的微粒形成疏松的絮状聚集体，使混悬剂处于稳定状态。混悬微粒形成疏松聚集体的过程称为絮凝（flocculation），加入的电解质称为絮凝剂。为了得到稳定的混悬剂，一般应控制 ζ 电势为 20～25mV 范围内，使其恰好能产生絮凝作用。絮凝剂主要是具有不同价数的电解质，其中阴离子絮凝作用大于阳离子。电解质的絮凝效果与离子的价数有关，离子价数增加 1，絮凝效果增加 10 倍。常用的絮凝剂有枸橼酸盐、酒石酸盐、磷酸盐及氰化物等。与非絮凝状态比较，絮凝状态时粒子沉降速率快，有明显的沉降面，沉降体积大，但沉降物较疏松，经振摇后能迅速恢复均匀的混悬状态。

加入较低浓度电解质以中和粒子电荷，减少电斥力会产生絮凝；当电解质浓度很高时，反而使 ζ 电势增大，重新产生电斥力，破坏絮凝。向絮凝状态的混悬剂中加入电解质，使絮凝状态变为非絮凝状态这一过程称为反絮凝。加入的电解质称为反絮凝剂。反絮凝剂所用的电解质与絮凝剂相同。反絮凝状态时粒子沉降缓慢，但一旦沉降，沉降物将结块无法再分散，此时混悬剂遭到破坏。

混悬剂的微粒间有静电斥力，同时也存在着引力，即范德华力。当两个运动的微粒接近时电荷的斥力增大，引力也增大。斥力和引力以微粒间相互作用能表示，如图 2-8 所示，斥力的相互作用能以正号表示，即 A 线；引力的相互作用能以负号表示，即 B 线。两种相互作用能之和为 C 线。当混悬剂中两个微粒间的距离缩短至 S 点时，引力稍大于斥力，这是粒子间保持的最佳距离，这时粒子形成絮凝状态。当粒子间的距离进一步缩短时，斥力明显增加，当曲线距离达到 m 点时斥力最大，微粒间无法达到聚集而处于非絮凝状态。受外界因素影响粒子间的距离很容易进一步缩短达到 P 点。在此点微粒之间产生强烈的相互吸引，以至于在强引力的作用下挤出粒子间的分散介质而使粒子结饼（cakeing），这时就无法再恢复混悬状态。

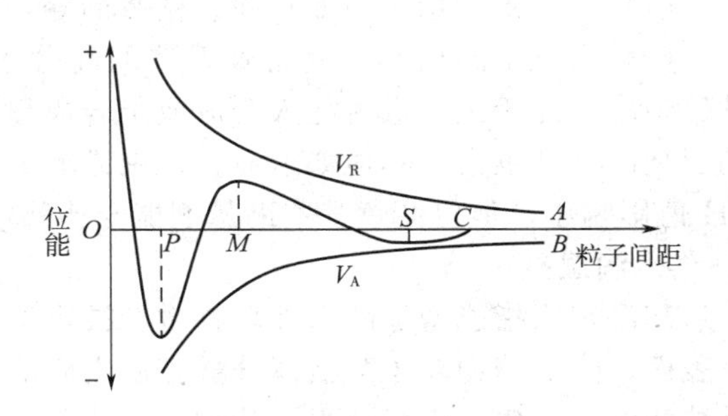

图 2-8　混悬剂中粒子间吸引与排斥的位能曲线

4. 结晶微粒的长大

混悬剂中药物微粒大小不可能完全一致，混悬剂在放置过程中，微粒的大小与数量在不断变化，根据 Kelvin 公式，在指定温度时，晶体溶解度和粒子半径（$<1\mu m$）成反比，即越小的晶体粒子溶解度越大。同时小粒子的溶解速率也比大粒子大，所以在溶解与结晶的平衡中，小粒子数目不断减少，大的微粒不断增大，使微粒的沉降速率加快，混悬剂的稳定性降低。并且粒子沉降后，小粒子可能填充在大粒子的空隙间，易造成结块的硬饼，振摇时难以分散。防止结晶长大的方法除了尽量使混悬粒子的粒度均匀以外，还可加入亲水胶。亲水胶可吸附在粒子表面，以阻止结晶长大。

混悬剂中如具有多晶型药物，由于分散介质和温度等的影响，亚稳定型药物会不断溶解而稳定型药物会长大，甚至结块，同时亚稳定型不断转化成稳定型药物。由于亚稳定型常有较大的溶解度和溶出速率，故体内吸收好，因而晶型的转变不仅破坏混悬剂的稳定性，还将降低药效。在混悬剂中加入亲水性高分子化合物，如 MC、PVP、阿拉伯胶以及表面活性剂，如吐温 80 等物质，它们能结合或吸附在结晶表面，减少其表面自由能，从而能有效地延缓晶型转化。

5. 分散相的浓度和温度

在同一分散介质中分散相的浓度增加，粒子相互接触，凝聚的机会增多，混悬剂的稳定性降低。温度对混悬剂的影响更大，温度变化不仅改变药物的溶解度和溶解速率，还能促使结晶转化，粒子长大，粒子碰撞加剧，促进聚集，使介质黏度变小而加大沉降速率，从而改变混悬剂的稳定性。冷冻可破坏混悬剂的网状结构，也使稳定性降低。

二、混悬剂的稳定剂

混悬剂属于不稳定的分散体系，为了提高其物理稳定性，在制备过程中可针对其不稳定的原因，加入不同的稳定剂。稳定剂包括助悬剂、润湿剂、絮凝剂和反絮凝剂等。稳定剂可单独使用或合并使用，合并使用对于分散体系的稳定效果常比单独使用好。

1. 助悬剂

助悬剂（suspending agents）系指能增加分散介质的黏度以降低微粒的沉降速率或增加微粒亲水性的附加剂。助悬剂包括的种类很多，其中有低分子化合物，高分子化合物、甚至有些表面活性剂也可作助悬剂使用。

（1）低分子助悬剂　如甘油、糖浆剂等，在外用混悬剂中常加入甘油。

（2）高分子助悬剂　可加入天然的高分子助悬剂，如阿拉伯胶、西黄蓍胶、海藻酸钠、琼脂、淀粉浆；也可加入合成或半合成高分子助悬剂，如甲基纤维素、羧甲基纤维素钠、羟丙基纤维素。其他如卡波普、聚维酮、葡聚糖等。此类助悬剂大多数性质稳定，受pH值影响小，但应注意某些助悬剂能与药物或其他附加剂有配伍变化。

2. 润湿剂

润湿剂系指能增加疏水性药物微粒被水湿润的附加剂。润湿剂的主要作用是吸附于粒子表面，降低药物粒子与液体分散介质之间的界面张力，增加疏水性药物的亲水性，使其易被润湿与分散。许多疏水性药物，如硫黄、甾醇类、阿司匹林等不易被水润湿，加之微粒表面吸附有空气，给制备混悬剂带来困难。这时应加入润湿剂，润湿剂可被吸附于微粒表面，增加其亲水性，产生较好的分散效果。最常用的润湿剂是HLB值为7～11的表面活性剂，如聚山梨酯类、聚氧乙烯蓖麻油类、泊洛沙姆等。

3. 絮凝剂与反絮凝剂

使混悬剂产生絮凝作用的附加剂称为絮凝剂，而产生反絮凝作用的附加剂称为反絮凝剂。制备混悬剂时常需加入絮凝剂，使混悬剂处于絮凝状态，以增加混悬剂的稳定性。絮凝剂主要是具有不同价数的电解质，常用絮凝剂有枸橼酸盐、酒石酸盐、磷酸盐及氯化物等。同一电解质因用量或混悬粒子表面所带电荷不同，在混悬剂中可以作絮凝剂或反絮凝剂。阴离子的絮凝作用大于阳离子；离子价数增加1，絮凝效果增加10倍。絮凝剂和反絮凝剂的种类、性能、用量、混悬剂所带电荷以及其他附加剂等均对絮凝剂和反絮凝剂的使用有很大影响。

三、混悬剂的制备

制备混悬剂时，应使混悬微粒有适当的分散度，粒度均匀，以减小微粒的沉降速率，使混悬剂处于稳定状态。混悬剂的制备分为分散法和凝聚法。

分散法是将粗颗粒的药物粉碎成符合混悬剂微粒要求的分散程度，再分散于分散介质中制备混悬剂的方法。采用分散法制备混悬剂时：①亲水性药物，如氧化锌、炉甘石等，一般应先将药物粉碎到一定细度，再加处方中的液体适量，研磨到适宜的分散度，最后加入处方中的剩余液体至全量。通常加液量以1份药物加0.4～0.6份液体为宜；②疏水性药物如磺胺，不易被水润湿，必须先加一定量的润湿剂与药物研匀后再加液体研磨混匀；③小量制备可用乳钵，大量生产可用乳匀机、胶体磨等机械。

粉碎时，采用加液研磨法，可使药物更易粉碎，微粒可达0.1～0.5μm。

对于质重、硬度大的药物，可采用中药制剂常用的"水飞法"，即在药物中加适量的水研磨至细，再加入较多量的水，搅拌，稍加静置，倾出上层液体，研细的悬浮微粒随上清液被倾倒出去，余下的粗粒再进行研磨。如此反复直至完全研细，达到要求的分散度为止。"水飞法"可使药物粉碎到极细的程度。胶体磨及其工作原理如图2-9所示。

例：复方硫黄洗剂

【处方】沉降硫黄 30g　硫酸锌 30g　樟脑醑 250mL　羧甲基纤维素钠 5g　甘油 100mL　蒸馏水加至 1000mL

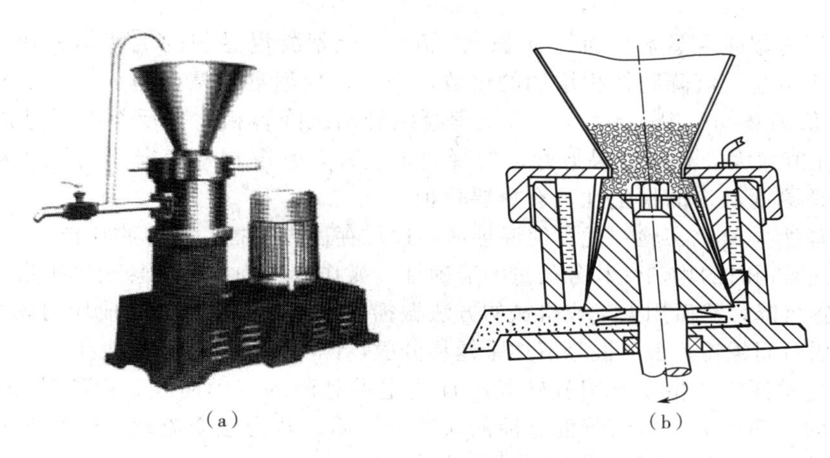

图 2-9 胶体磨（a）及其工作原理示意图（b）

【制备】取沉降硫黄置乳钵中，加甘油研磨成细糊状，硫酸锌溶于 200mL 水中，另将羧甲基纤维素钠用 200mL 水制成胶浆，在搅拌下缓缓加入乳钵中，移入量器中，搅拌下加入硫酸锌溶液，搅匀，在搅拌下以细流加入樟脑醑，加蒸馏水至全量，搅匀，即得。

【注解】硫黄为强疏水性药物，甘油为润湿剂，使硫黄能在水中均匀分散；羧甲基纤维素钠为助悬剂，可增加混悬液的动力稳定性；樟脑醑为10%樟脑乙醇液，加入时应急剧搅拌，以免樟脑因溶剂改变而析出大颗粒。

四、评定混悬剂质量的方法

（1）沉降体积比的测定　沉降体积比（sedimentation rate）是指沉降物的容积与沉降前混悬剂的体积之比。测定混悬剂的沉降体积，可以评价混悬剂的稳定性，进而评价助悬剂和絮凝剂的效果及评价处方设计中的有关问题。根据《中国药典》2020 版，口服混悬剂必须进行沉降体积比检查，并应不低于 0.90。测定方法：用具塞量筒量取混悬剂 50mL，用力振摇 1min，记下混悬物的开始高度 H_0，静置 3h，记下混悬物的最终高度 H_u，其沉降体积比 F 为：

$$F=\frac{V_u}{V_0}=\frac{H_u}{H_0} \tag{2-5}$$

沉降体积比也可用高度表示，H_0为沉降前混悬液的高度，H_u为沉降后沉降面的高度。F 值越大混悬剂越稳定。F 值在 1～0 之间。混悬微粒开始沉降时，沉降高度 H_u随时间而减小。所以沉降容积比 H_u/H_0是时间的函数，以 H_u/H_0为纵坐标，沉降时间 t 为横坐标作图，可得沉降曲线，曲线的起点最高点为 1，以后逐渐缓慢降低并与横坐标平行。根据沉降曲线的形状可以判断混悬剂处方设计的优劣。沉降曲线比较平和缓慢降低可认为处方设计优良。但较浓的混悬剂不适用于绘制沉降曲线。

（2）粒子大小的测定　混悬剂中微粒的大小不仅关系到混悬剂的质量和稳定性，也会影响混悬剂的药效和生物利用度。所以测定混悬剂中微粒大小和分布以及在一定时间内粒子分布变化的情况是评定混悬剂质量的重要指标。显微镜法、库尔特计数法、浊度法、光散射法、漫反射法等很多方法都可测定混悬剂粒子大小。

（3）絮凝度的测定　絮凝度（flocculation value）是比较混悬剂絮凝程度的重要参数，用下式表示：

$$\beta=\frac{F}{F_\infty}=\frac{V_u/V_0}{V_\infty/V_0}=\frac{V_u}{V_\infty} \tag{2-6}$$

式中，F 为絮凝混悬剂的沉降体积比；F_{∞} 为反絮凝混悬剂的沉降体积比。絮凝度 β 表示由絮凝所引起的沉降物体积增加的倍数，例如，反絮凝混悬剂的 F_{∞} 值为 0.18，絮凝混悬剂的 F 值为 0.90，则 $\beta=5.0$，说明絮凝混悬剂沉降容积比是反絮凝混悬剂沉降容积比的 5 倍。β 值愈大，絮凝效果愈好。絮凝效果愈好，絮凝剂愈稳定。用絮凝度评价絮凝剂的效果，预测混悬剂的稳定性，有重要价值。

（4）沉降物再分散实验　优良的混悬剂经过贮存后再振摇，沉降物应能很快重新分散，这样才能保证服用时的均匀性和分剂量的准确性。操作方法为：将混悬剂置于带塞的试管或量筒内，静置沉降，然后用人工或机械的方法振摇，使沉降物重新分散成均匀体系。振摇次数越少或振摇时间越短，表明混悬液体系越易分散，说明混悬剂再分散性良好。

（5）流变学测定　主要是用旋转黏度计测定混悬液的流动曲线，由流动曲线的形状，确定混悬液的流动类型，以评价混悬液的流变学性质。若为触变流动、塑性触变流动和假塑性触变流动，能有效地减缓混悬剂微粒的沉降速率。

第六节　乳剂

一、概述

乳剂（emulsions）是一种液体（分散相、内相、不连续相）以小液滴的形式分散在另一种与它不互溶的液体连续相（分散介质、外相、连续相）中所构成的不均匀分散体系。乳剂中的液滴具有很大的分散度，其总表面积大，表面自由能很高，属热力学不稳定体系。

乳剂由水相（W）、油相（O）和乳化剂组成，三者缺一不可。根据乳化剂的种类、性质及相体积比（φ）形成水包油（O/W）或油包水（W/O）型。也可制备复乳(multiple emulsion)，如 W/O/W 或 O/W/O 型。乳剂的类型主要取决于乳化剂的种类及两相的体积比，制备方法对其也有影响。区别 W/O 和 O/W 两类乳剂类型的最简单方法是在滤纸上滴一滴乳剂，O/W 乳剂可迅速润湿滤纸和扩散，而 W/O 型乳剂则无此现象，但若油相是在一些滤纸上能铺展的有机溶剂，如苯、环己烷时，则此法不适用。水包油型(O/W) 或油包水型（W/O）乳剂的主要区别方法见表 2-6。

表 2-6　水包油型（O/W）或油包水型（W/O）乳剂的区别

项目	O/W 型乳剂	W/O 型乳剂
外观	通常为乳白色	接近油的颜色
稀释	可用水稀释	可用油稀释
导电性	导电	不导电或几乎不导电
水溶性染料	外相染色	内相染色
油溶性染料	内相染色	外相染色

根据乳滴的大小，将乳剂分类为普通乳、亚微乳和纳米乳。

（1）普通乳（emulsion）　普通乳液滴一般为 1～100μm，这时乳剂形成乳白色不透明的液体。口服的乳剂粒径可达十几至数十微米。

（2）亚微乳　粒径大小一般为 0.1～0.5μm，亚微乳常作为胃肠外给药的载体。静脉注射乳剂应为亚微乳，粒径可控制在 0.25～0.4μm 范围。

（3）纳米乳（nanoemulsion） 当乳滴粒子小于0.1μm时，乳剂粒子小于可见光波长的1/4，即小于120nm时，乳剂处于胶体分散范围，这时光线通过乳剂时不产生折射而是透过乳剂，肉眼可见乳剂为透明液体，这种乳剂称为纳米乳或微乳（microemulsinn）或胶团乳（micellar emulsion），纳米乳粒径在0.01～0.10μm范围。

乳剂的特点是乳剂中液滴的分散度很大，药物吸收和药效的发挥很快，生物利用度高；油性药物制成乳剂能保证剂量准确，而且使用方便；O/W型乳剂可将味道不佳的油分散到经矫味甜化的水相中通过味蕾进入胃中，而使乳剂变得可口；外用乳剂能改善对皮肤、黏膜的渗透性，减少刺激性；静脉注射乳剂后分布较快、药效高、有靶向性；静脉营养乳剂，是高能营养输液的重要组成部分。

由于乳剂中的分散相形成微小液滴，总比表面积增大，表面自由能也明显增高，使微小液滴具有很强的聚结性，因此，乳剂属于热力学不稳定系统。此外，形成乳剂的两相，它们的相对密度一般相差较大，由于重力的作用，分散相或在连续相中沉降或上浮，在长期放置过程中必然促使分散相融合，所以，乳剂在动力学上也是不稳定体系。

二、乳化剂

乳化剂是指可阻止分散相聚集而使乳剂稳定的第三种物质，在乳剂形成、稳定性以及药效发挥等方面起重要作用。乳化剂的作用：①乳化剂有效地降低表面张力，有利于形成乳滴、增加新生界面，使乳剂保持一定的分散度和稳定性；②在乳剂的制备过程中不必消耗更大的能量，用简单的振摇或搅拌的方法就能制成稳定的乳剂。

1. 乳化剂的种类

（1）表面活性剂类乳化剂 这类乳化剂分子中有较强的亲水基和亲油基，乳化能力强，性质比较稳定，容易在乳滴周围形成单分子乳化膜。这类乳化剂混合使用效果更高。

① 阴离子型乳化剂：硬脂酸钠、硬脂酸钾、油酸钠、硬脂酸钙、十二烷基硫酸钠、十六烷基硫酸化蓖麻油等。

② 非离子型乳化剂：单甘油脂肪酸酯、三甘油脂肪酸酯、聚甘油硬脂酸酯、蔗糖单月桂酸酯、脂肪酸山梨坦、聚山梨酯、卖泽（myrj）、苄泽（brij）、泊洛沙姆等。

（2）天然乳化剂 天然乳化剂由于亲水性较强，能形成O/W型乳剂，多数有较大的黏度，并且易形成高分子乳化膜，能增加乳剂的稳定性。由于天然乳化剂易霉败而失去乳化作用，故使用这类乳化剂要新鲜配制，还要加入防腐剂。

① 阿拉伯胶：是阿拉伯酸的钠、钙、镁盐的混合物，可形成O/W型乳剂。适用于制备植物油、挥发油的乳剂，可供内服用。阿拉伯胶使用浓度为10%～15%。在pH值4～10范围内乳剂稳定。阿拉伯胶内含氧化酶，使用前应在80℃加热加以破坏。阿拉伯胶乳化能力较弱，常与西黄蓍胶、琼脂等混合使用。

② 西黄蓍胶：可形成O/W型乳剂，其水溶液具有较高的黏度，pH值为5时溶液黏度最大，0.1%溶液为稀胶浆，0.2%～2%溶液呈凝胶状。西黄蓍胶乳化能力较差，一般与阿拉伯胶合并使用。

③ 明胶：O/W型乳化剂，用量为油量的1%～2%。易受溶液的pH值及电解质的影响产生凝聚作用。使用时需加防腐剂。常与阿拉伯胶合并使用。

④ 杏树胶：为杏树分泌的胶汁凝结而成的棕色块状物，用量为2%～4%。乳化能力和黏度均超过阿拉伯胶。可作为阿拉伯胶的代用品。

⑤ 胆固醇：由羊毛脂皂化分离而得，主要含有羊毛醇，具有羊毛脂的吸水性，能形成W/O型乳剂。

（3）固体微粒乳化剂 不溶性细微的固体粉末，乳化时可被吸附于油水界面，形成乳剂。形成乳剂的类型由接触角 θ 决定，一般 $\theta<90°$ 易被水润湿，形成 O/W 型乳剂；$\theta>90°$ 易被油润湿，形成 W/O 型乳剂。O/W 型乳化剂有：氢氧化镁、氢氧化铝、二氧化硅、皂土等。W/O 型乳化剂有：氢氧化钙、氢氧化锌等。

（4）辅助乳化剂　是指与乳化剂合并使用能增加乳剂稳定性的乳化剂。辅助乳化剂的乳化能力一般很弱或无乳化能力，但能提高乳剂的黏度，并能增强乳化膜的强度，防止乳滴合并。

① 增加水相黏度的辅助乳化剂：甲基纤维素、羧甲基纤维素钠、羟丙基纤维素、海藻酸钠、琼脂、西黄蓍胶、阿拉伯胶、黄原胶、果胶、皂土等。

② 增加油相黏度的辅助乳化剂：鲸蜡醇、蜂蜡、单硬脂酸甘油酯、硬脂酸、硬脂醇等。

2. 乳化剂的选择

乳化剂的选择应根据乳剂的使用目的、药物的性质、处方的组成、欲制备乳剂的类型、乳化方法等综合考虑，适当选择。

（1）根据乳剂的类型选择　在乳剂的处方设计时应先确定乳剂类型，根据乳剂类型选择所需的乳化剂。O/W 型乳剂应选择 O/W 型乳化剂，W/O 型乳剂应选择 W/O 型乳化剂。乳化剂的 HLB 值为这种选择提供了重要的依据。

（2）根据乳剂给药途径选择　口服乳剂应选择无毒的天然乳化剂或某些亲水性高分子乳化剂等。外用乳剂应选择对局部无刺激性、长期使用无毒性的乳化剂。注射用乳剂应选择磷脂、泊洛沙姆等乳化剂。

（3）根据乳化剂性能选择　乳化剂的种类很多，其性能各不相同，应选择乳化性能强，性质稳定，受外界因素（如酸碱、盐、pH 值等）的影响小，无毒无刺激性的乳化剂。

（4）混合乳化剂的选择　乳化剂混合使用有许多特点，可改变 HLB 值，以改变乳化剂的亲油亲水性，使其有更大的适应性，如磷脂与胆固醇混合比例为 10∶1 时，可形成 O/W 型乳剂，比例为 6∶1 时则形成 W/O 型乳剂。增加乳化膜的牢固性，如油酸钠为 O/W 型乳化剂，与鲸蜡醇、胆固醇等亲油性乳化剂混合使用，可形成络合物，增强乳化膜的牢固性，并增加乳剂的黏度及其稳定性。非离子型乳化剂可以混合使用，如聚山梨酯和脂肪酸山梨坦等。非离子型乳化剂可与离子型乳化剂混合使用。但阴离子型乳化剂和阳离子型乳化剂不能混合使用。乳化剂混合使用，必须符合油相对 HLB 值的要求，乳化油相所需 HLB 值列于表 2-7。若油的 HLB 值为未知，可通过实验加以确定。

表 2-7　乳化油相所需 HLB 值

名　称	所需 HLB 值		名　称	所需 HLB 值	
	W/O 型	O/W 型		W/O 型	/W 型
液状石蜡（轻）	4	10.5	鲸蜡醇	—	15
液状石蜡（重）	4	10～12	硬脂醇	—	14
棉籽油	5	10	硬脂酸	—	15
植物油	—	7～12	精制羊毛脂	8	15
挥发油	—	9～16	蜂蜡	5	10～16

三、影响乳剂类型的主要因素

基本的乳剂类型是 O/W 型和 W/O 型。决定乳剂类型的因素很多，主要有乳化剂的性质和乳化剂的 HLB 值，其次是形成乳化膜的牢固性、相体积分数、温度、制备方法等。

1. 乳化剂的性质

乳化剂的种类主要有表面活性剂类乳化剂、天然乳化剂及固体微粒乳化剂三类。①乳化剂是表面活性剂，则乳化剂分子中含有亲水基和亲油基，形成乳剂时，亲水基伸向水相，亲油基伸向油相，若亲水基大于亲油基，乳化剂伸向水相的部分较大，乳化膜向油相界面弯曲，使水的表面张力降低，可形成 O/W 型乳剂。若亲油基大于亲水基，则恰好相反，形成 W/O 型乳剂。②天然的或合成的亲水性高分子乳化剂亲水基特别大，而亲油基很弱，降低水相的表面张力大，形成 O/W 型乳剂。③固体微粒乳化剂若亲水性大则被水相湿润，降低水的表面张力大，形成 O/W 型乳剂；若亲油性大则被油湿润，降低油的表面张力大，形成 W/O 型乳剂。所以乳化剂亲油、亲水性是决定乳剂类型的主要因素。乳化剂的亲水性太大，极易溶于水，反而使形成的乳剂不稳定。

2. 相体积分数

相体积分数是指分散相占乳剂总体积的分数，常用 φ 表示。一般而言，形成乳剂的两相的体积相差越大，该乳剂越稳定。但相体积分数过小，常引起乳剂很快分层。在不考虑乳化剂作用的情况下，一般相体积大的作分散介质，但不绝对。但实际制备乳剂时，分散相浓度一般为 10%～50%，分散相的浓度超过 50%时，乳滴之间的距离很近，乳滴易发生碰撞而合并或引起转相，反而使乳剂不稳定。制备乳剂时应考虑油、水两相的相比，以利于乳剂的形成和稳定。

四、乳剂的稳定性

乳剂属热力学不稳定的非均匀相分散体系，乳剂常发生下列变化。

1. 分层

乳剂的分层系指乳剂放置后出现分散相粒子上浮或下沉的现象，又称乳析。分层的主要原因是分散相和分散介质之间的密度差造成的。O/W 型乳剂一般出现分散相粒子上浮。乳滴上浮或下沉的速率符合 Stokes 公式。乳滴的粒子越小，上浮或下沉的速率就越慢。减小分散相和分散介质之间的密度差，增加分散介质的黏度，都可以减小乳剂分层的速率。乳剂分层也与分散相的相体积有关，通常分层速率与相体积分数成反比，相体积分数低于 25%乳剂很快分层，相体积分数达到 50%时就能明显减小分层速率。分层的乳剂经振摇后仍能恢复成均匀的乳剂。分层的乳剂其乳化剂的界面吸附膜并没有被破坏，乳滴仍保持完整，经振摇后仍能恢复均匀的乳剂，故分层是个可逆过程。

2. 絮凝

乳剂中分散相的乳滴发生可逆的聚集现象称为絮凝。但由于乳滴荷电以及乳化膜的存在，阻止了絮凝时乳滴的合并。发生絮凝的条件是：乳滴的电荷减少，使 ζ 电势降低，乳滴产生聚集而絮凝。絮凝状态仍保持乳滴及其乳化膜的完整性。乳剂中的电解质和离子型乳化剂的存在是产生絮凝的主要原因。絮凝与乳滴的合并是不同的，但絮凝状态进一步变化也会引起乳滴的合并。絮凝是可逆的，经振摇，仍能恢复成均匀的乳剂。但絮凝的乳剂以絮凝物为单位移动，增加分层速率。因此絮凝的出现表明乳剂稳定性降低，通常是乳剂破裂的前奏。通过加入适当的电解质，增加乳滴表面的 ζ 电势，可避免出现絮凝状态。

3. 转相

由于某些条件的变化而改变乳剂类型的称为转相。由 O/W 型转变为 W/O 型或由 W/O 型转变为 O/W 型。转相主要是由于乳化剂的性质改变而引起的。如油酸钠是 O/W 型乳化剂，遇氯化钙后生成油酸钙，变为 W/O 型乳化剂，乳剂则由 O/W 型变为 W/O 型。向乳剂中加入相反类型的乳化剂也可使乳剂转相，特别是两种乳化剂的量接近相等时，更容易转相。转相时两种乳化剂的量比称为转相临界点（phase inversion critical point）。在转相临界点上乳剂不属于任何类型，处于不稳定状态，可随时向某种类型乳剂转变。此外，转相也可由相体积比造成，对于 W/O 型乳剂，相体积比 50%以上时容易发生转相，而 O/W 型乳剂相体积比达 90%时才容易发生转相。因此，乳剂配制过程中注意乳化剂性质的变化以及相体积比的变化，以避免转相。

4. 合并与破裂

乳剂中的乳滴周围有乳化膜存在，但乳化膜破裂导致乳滴变大，称为合并。合并进一步发展使乳剂分为油、水两相称为破裂。乳剂的稳定性与乳滴的大小有密切关系，乳滴越小乳剂就越稳定，乳剂中乳滴大小是不均一的，小乳滴通常填充于大乳滴之间，使乳滴的聚集性增加，容易引起乳滴的合并。所以为了保证乳剂的稳定性，制备乳剂时尽可能地保持乳滴均一性。此外分散介质的黏度增加，可使乳滴合并速率降低。影响乳剂稳定性的各因素中，最重要的是形成乳化膜的乳化剂的理化性质，单一或混合使用的乳化剂形成的乳化膜越牢固，就越能防止乳滴的合并和破裂。

5. 酸败

乳剂受外界因素及微生物的影响，使油相或乳化剂等发生变化而引起变质的现象称为酸败。所以乳剂中通常须加入抗氧剂和防腐剂，防止氧化或酸败。

五、乳剂的制备

1. 乳剂的制备方法

（1）油中乳化剂法（emulsifier in oil method） 又称干胶法。本法的特点是先将乳化剂（胶）分散于油相中研匀后加水相制备成初乳，然后稀释至全量。若乳化植物油，初乳中油、水、胶的比例为 4∶2∶1，挥发油为 2∶2∶1，液状石蜡为 3∶2∶1。本法适用于阿拉伯胶或阿拉伯胶与西黄蓍胶的混合胶。

（2）水中乳化剂法（emulsifier in water method） 又称湿胶法。本法先将乳化剂分散于水中研匀，再将油加入，用力搅拌使成初乳，加水将初乳稀释至全量，混匀，即得。初乳中油水胶的比例与上法相同。

（3）新生皂法（nascent soap method） 将油水两相混合时，两相界面上生成的新生皂类产生乳化的方法。植物油中含有硬脂酸、油酸等有机酸，加入氢氧化钠、氢氧化钙、三乙醇胺等，在高温下（70℃以上）生成的新生皂为乳化剂，经搅拌即形成乳剂。生成的一价皂则为 O/W 型乳化剂，生成的二价皂则为 W/O 型乳化剂。本法适用于乳膏剂的制备。

（4）两相交替加入法（alternate addition method） 向乳化剂中每次少量交替地加入水或油，边加边搅拌，即可形成乳剂。天然胶类、固体微粒乳化剂等可用本法制备乳剂。当乳化剂用量较多时，本法是一个很好的方法。

（5）机械法 将油相、水相、乳化剂混合后用乳化机械制备乳剂的方法。机械法制备乳剂时可不用考虑混合顺序，借助于机械提供的强大能量，很容易制成乳剂。

（6）纳米乳的制备 纳米乳除含有油相、水相和乳化剂外，还含有辅助成分。很多油，如薄荷油、丁香油等，还有维生素 A、维生素 D、维生素 E 等均可制成纳米乳。纳米乳的乳化剂，主要是表面活性剂，其 HLB 值应在 15～18 的范围内，乳化剂和辅助成分应占乳剂的 12%～25%。通常选用聚山梨酯 60 和聚山梨酯 80 等。制备时取 1 份油加 5 份乳化剂混合均匀，然后加于水中，如不能形成澄明乳剂，可增加乳化剂的用量。如能很容易形成澄明乳剂，可减少乳化剂的用量。

（7）复合乳剂的制备 采用二步乳化法制备，第一步先将水、油、乳化剂制成一级乳，再以一级乳为分散相与含有乳化剂的水或油再乳化制成二级乳。如制备 O/W/O 型复合乳剂，先选择亲水性乳化剂制成 O/W 型一级乳剂，再选择亲油性乳化剂分散于油相中，在搅拌下将一级乳加于油相中，充分分散即得 O/W/O 型乳剂。

2. 乳剂的制备设备

（1）搅拌乳化装置　小量制备可用乳钵，大量制备可用搅拌机，分为低速搅拌乳化装置和高速搅拌乳化装置。组织捣碎机属于高速搅拌乳化装置。

（2）高压乳匀机　借助强大推动力将两相液体通过乳匀机的细孔而形成乳剂，制备时可先用其他方法初步乳化，再用乳匀机乳化，效果较好（见图 2-10）。

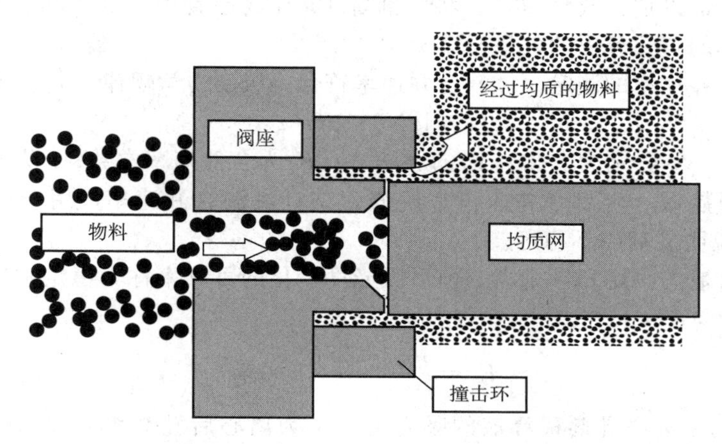

图 2-10　高压均质机工作原理示意图

（3）胶体磨　利用高速旋转的转子和定子之间的缝隙产生强大剪切力使液体乳化，对要求不高的乳剂可用本法制备。

（4）超声波乳化装置　利用 10～50kHz 高频振动来制备乳剂，可制备 O/W 和 W/O 型乳剂，但黏度大的乳剂不宜用本法制备。

3. 乳剂中药物的加入方法

乳剂是药物很好的载体，可加入各种药物使其具有治疗作用。若药物溶解于油相，可先将药物溶于油相再制成乳剂；若药物溶于水相，可先将药物溶于水后再制成乳剂；若药物不溶于油相也不溶于水相时，可用亲和性大的液相研磨药物，再将其制成乳剂；也可将药物先用已制成的少量乳剂研磨至细再与乳剂混合均匀。

制备符合质量要求的乳剂，要根据制备量的多少、乳剂的类型及给药途径等多方面加以考虑。黏度大的乳剂应提高乳化温度。足够的乳化时间也是保证乳剂质量的重要条件。

例：鱼肝油乳剂

【处方】鱼肝油 500mL　阿拉伯胶细粉 125g　西黄蓍胶细粉　7g　糖精钠 0.1g　挥发杏仁油 1mL　尼泊金乙酯 0.5g　蒸馏水加至 1000mL

【制法】将阿拉伯胶与鱼肝油研匀，一次加入 250mL 蒸馏水，用力沿一个方向研磨制成初乳，加糖精钠水溶液、挥发杏仁油、尼泊金乙酯醇液，再缓缓加入西黄蓍胶胶浆，加蒸馏水至全量，搅匀，即得。

六、乳剂的质量评价

乳剂的种类很多，用途与给药途径不一，很难规定统一的质量标准。下列评价物理稳定性的方法，有助于乳剂质量的评定。

（1）乳剂粒径大小的测定　乳剂粒径大小是衡量乳剂质量的重要指标。不同用途的乳剂对粒径的要求不同，如静脉注射乳剂，90%乳滴粒径应在1μm以下，不得有大于5μm的乳滴；肺靶向乳剂粒径为7～12μm，通过肺机械滤取而对肺靶向。对其他用途的乳剂粒径也都有不同要求。乳剂粒径测定常采用显微镜测定法（测定范围0.2～100μm）、库尔特计数法（测定范围0.6～150μm）、激光散射光谱法（测定范围0.01～2μm）、透射电镜法（测定范围0.01～20μm）等方法。

（2）分层现象的观察　乳剂经长时间放置，粒径变大，进而产生分层现象。这一过程的快慢是衡量乳剂稳定性的重要指标。为了在短时间内观察乳剂的分层，用离心法加速其分层，用4000r/min离心15min，如不分层可认为乳剂质量稳定。此法可用于比较各种乳剂间的分层情况，以估计其稳定性。将乳剂置10cm离心管中以3750r/min转速离心5h，相当于放置1年的自然分层的效果。

（3）乳滴合并速率的测定　乳滴合并速率符合一级动力学规律，其直线方程为：

$$\lg N=\lg N_0-Kt/2.303 \quad (2\text{-}7)$$

式中，N、N_0分别为t和t_0时的乳滴数；K为合并速率常数；t为时间。测定随时间t变化的乳滴数N，求出合并速率常数K，估计乳滴合并速率，用于评价乳剂的稳定性。K越大，说明乳剂越不稳定。

（4）稳定常数的测定　乳剂离心前后吸光度变化的百分率称为稳定常数，用K_e表示，其表达式如下：

$$K_e=\frac{A_0-A}{A}\times 100\% \quad (2\text{-}8)$$

式中，A_0为未离心乳剂稀释液的吸光度；A为离心后乳剂稀释液的吸光度。测定方法为：取乳剂适量于离心管中，以一定速率离心一定时间，从离心管底部取出少量乳剂，稀释一定倍数，以蒸馏水为对照，用比色法在可见光某波长下测定吸光度A，同法测定原乳剂稀释液的吸光度A_0，代入公式计算K_e。离心速率和波长的选择可通过试验加以确定。K_e值越小乳剂越稳定。本法是研究乳剂稳定性的定量方法。

第十三章
注射剂

第一节　概述

一、注射剂的概念和分类

1. 注射剂的概念

注射剂是指原料药物与适宜的辅料制成的供注入体内的无菌制剂，可分为注射液、注射用无菌粉末和注射用浓溶液等。早在1867年《英国药典》就收载了第一个注射剂——吗啡注射液，现今注射剂已成为临床应用最为广泛的剂型之一，在临床治疗中占有重要的地位，尤其在抢救用药方面是一种不可缺少的临床给药剂型。另外，对一些蛋白质、多肽类等现代生物技术药物，注射剂是最主要的剂型。《中国药典》收载的注射剂中大部分是化学药品注射剂，也有少量中药注射剂，如注射用双黄连、注射用灯盏花素等，还包括一些生物药物如重组细胞因子类、酶类、单克隆抗体等注射剂。

近年来，新颖注射制剂技术的研究取得了较大的突破，脂质体、微球、微囊等新型注射给药系统已实现商品化，无针注射剂亦即将面市。

2. 注射剂的分类

注射剂可分为注射液、注射用无菌粉末与注射用浓溶液。

（1）注射液　系指原料药物或与适宜辅料制成的供注射入体内的无菌溶液型、乳状液型和混悬型注射液。对于易溶于水且在水溶液中稳定的药物，则制成水溶液型注射剂，如氯化钠注射液等。有些在水中不稳定的药物，若溶于油，可制成油溶液型注射剂，如二巯基丙醇注射液。根据分子量的大小，又可将其分为低分子溶液型（如盐酸普鲁卡因注射液）和高分子溶液型（如右旋糖酐注射液）。对于水不溶性药物或油性药物或注射后要求延长药效作用的药物，可制成水或油混悬液，如醋酸可的松注射液。这类注射剂一般仅供肌内注射。注射液按体积可分为小体积注射或称小水针、小针，大体积注射液（除另有规定外，一般不小于100mL）或称大针，因其常常用于供静脉滴注给药，也称静脉输液。

（2）注射用无菌粉末　系指原料药物或与适宜的辅料制成的供临用前用无菌溶液配制成注射液的无菌粉末或无菌块状物，亦称粉针剂。一般采用无菌分装或冷冻干燥法制得，可用适宜的注射用溶剂配制后注射，也可用静脉输液配制后静脉滴注。以冷冻干燥法制备的生物制品注射用无菌粉末也可称为注射用冻干制剂。遇水不稳定的药物如青霉素、蛋白、多肽类药物宜制成粉针剂。

（3）注射用浓溶液　系指原料药物与适宜的辅料制成的供临用前稀释后静脉滴注用的

无菌浓溶液。

二、注射剂的给药途径

注射剂几乎可以注射到人体的任何器官或部位，包括关节腔、滑膜内、鞘内、动脉内，急救时也可以直接注入心脏。常见的给药途径有静脉、肌内、皮内、皮下注射等。

(1) 静脉注射 [intravenous (iv) route] 注入静脉内，一次剂量自几毫升至几千毫升，且多为水溶液。油溶液和混悬液或乳浊液易引起毛细血管栓塞，一般不宜静脉注射，但平均直径<1μm 的乳浊液，可作静脉注射。凡能导致红细胞溶解或使蛋白质沉淀的药液，均不宜静脉给药。

(2) 肌内注射 [intramuscular (im) route] 注射于肌肉组织中，一次剂量为 1～5mL。注射油溶液、混悬液及乳浊液具有一定的延效作用，且乳浊液有一定的淋巴靶向性。

(3) 皮下注射 [subcutaneous (sc) route] 注射于真皮与肌肉之间的松软组织内，一般用量为 1～2mL。皮下注射剂主要是水溶液，药物吸收速率稍慢。由于人体皮下感觉比肌肉敏感，故具有刺激性的药物混悬液，一般不宜作皮下注射。

(4) 皮内注射 [intradermal (id) route] 注射于表皮与真皮之间，一次剂量在 0.2mL 以下，常用于过敏性试验或疾病诊断，如青霉素皮试液、白喉诊断毒素等。

(5) 脊椎腔注射 (vertebra caval route) 注入脊椎四周蜘蛛膜下腔内，一次剂量一般不得超过 10mL。由于神经组织比较敏感，且脊椎液缓冲容量小，循环慢，故脊椎腔注射剂必须等渗，pH 值在 5.0～8.0 之间，注入时应缓慢。

(6) 动脉内注射 (intra-arterial route) 注入靶区动脉末端，如诊断用动脉造影剂、肝动脉栓塞剂等。

(7) 其他 包括心内注射、关节内注射、滑膜腔内注射、穴位注射以及鞘内注射等。

静脉（或者动脉）注射药物直接入血，无吸收过程，起效最快，生物利用度为 100%，其他注射途径给药的生物利用度小于或者等于 100%。皮下和肌内注射后，药物可沿结缔组织迅速扩散，再经毛细血管及淋巴管的内皮细胞间隙迅速通过膜孔转运吸收进入体循环。肌内注射有吸收过程，起效时间为 15～30min，达峰时间为 1～2h；皮下注射吸收更慢。

三、注射剂的特点

1. 注射剂的优点

(1) 药效迅速、作用可靠 注射剂无论以液体针剂还是以粉针剂贮存，在临床应用时均以液体状态直接注射入人体组织、血管或器官内，所以吸收快，作用迅速。特别是静脉注射，药液可直接进入血液循环，更适于抢救危重病症之用。并且因注射剂不经胃肠道，故不受消化系统及食物的影响，因此剂量准确，作用可靠。

(2) 可用于不宜口服给药的患者 在临床上常遇到昏迷、抽搐、惊厥等状态的患者，或消化系统障碍的患者均不能口服给药，采用注射剂是有效的给药途径。

(3) 可用于不宜口服的药物 某些药物由于本身的性质不易被胃肠道吸收，或具有刺激性，或易被消化液破坏，制成注射剂可解决这个问题。如酶、蛋白等生物技术药物由于其在胃肠道不稳定，常制成粉针剂。

(4) 发挥局部定位作用 如牙科和麻醉科用的局麻药等，如盐酸普鲁卡因与泼尼松用于封闭疗法。

(5) 可产生长效作用 一些长效注射剂可在注射部位形成药物储库，缓慢释放药物达数天、数周或数月之久。如醋酸亮丙瑞林长效注射液为每6个月注射1次的缓释注射剂。

2. 注射剂的缺点

（1）使用不便　注射剂一般不能自己使用，应根据医嘱由经过训练的医护人员注射，以保证安全。

（2）注射疼痛　注射剂注射时可引起疼痛，药液的刺激性也能引起疼痛。

（3）安全性不及口服制剂　注射剂直接进入血液和机体组织，无法中途终止给药，故使用不当更易发生危险。

（4）制造过程复杂，生产成本高　注射剂质量要求高，对生产设备和环境的要求高，所以生产费用较高，价格也较高，尤其近年出现的乳剂、脂质体和微球等微粒制剂的生产成本更是大得惊人。

四、注射剂的质量要求

注射剂的质量要求主要包括无菌、无热原、无可见异物与不溶性微粒，pH、装量、渗透压（大容量注射剂）和药物含量等方面应符合要求，在贮存期内应稳定有效。注射液的pH应接近体液，一般控制在4～9范围内；凡大量静脉注射或滴注的输液，应调节其渗透压与血浆渗透压相等或接近。有些品种尚需进行有关物质检查、降压物质检查、异常毒性检查、刺激性和过敏试验等。

第二节　注射剂的溶剂和附加剂

一、注射剂的溶剂

溶剂是注射剂中重要的组成部分，在处方中作为药物的溶剂或分散介质等。注射剂所用的溶剂应安全无害，并与处方中的其他药用成分兼容性良好，不得影响活性成分的疗效和质量。一般分为水性溶剂和非水性溶剂。注射剂可选择不同种类的溶剂。

1. 注射用水

系注射剂中最常用的水性溶剂，注射剂配制时一般优先选用水作为溶剂。水的极性很强，分子间通过氢键相互缔合。根据相似相溶的规律，多数药物均能在水中溶解。根据《中国药典》的规定，注射用水是纯化水经蒸馏所得的水，又称重蒸馏水，纯化水不能直接用于注射剂的配制。制备出的注射用水收集后应在24h内使用。注射用水虽不要求灭菌，但必须无热原。《中国药典》规定，注射用水每毫升中的细菌内毒素含量应小于0.25EU；微生物限量要求每100mL水中，细菌、真菌和酵母菌总数不得超过10个。

2. 非水溶剂

当药物在水中的溶解度有限，或因药物易水解等一些物理或化学因素影响而不能单独使用水性溶剂时，设计这些药物制剂处方常常需要添加一种或多种非水溶剂。注射用非水溶剂应无刺激性、无毒、无致敏作用，本身应无药理活性，不影响药物的活性。

（1）注射用油　对于难溶性药物可采用注射用油为溶剂，有时为了达到使药物长效的目的，也可选择注射用油为溶剂通过肌内注射给药，实现药物缓慢吸收，从而产生长效作用。常用的注射用油主要有大豆油、麻油、茶油等植物油，其他植物油如玉米油、花生油、棉籽油、橄榄油、蓖麻油等经精制后也可用于注射。为考虑稳定性，植物油应储存于避光、密闭容器中，日光、空气会加快油脂氧化酸败，可考虑加入没食子酸丙酯、维生素E等抗氧剂。

《中国药典》规定注射用油的质量要求为：无异臭，无酸败味；色泽不得深于黄色6

号标准比色液；在10℃时应保持澄明；碘值为79～128；皂化值为185～200；酸值不得大于0.56。碘值、皂化值、酸值是评价注射用油质量的重要指标。碘值反映油脂中不饱和键的多寡，碘值过高，则含不饱和键多，油易氧化酸败。皂化值表示游离脂肪酸和结合成酯的脂肪酸总量，可看出油的种类和纯度，过低表明油脂中脂肪酸分子量较大或含不皂化物（如胆固醇等）杂质较多；过高则脂肪酸分子量较小，亲水性较强，失去油脂的性质。酸值高表明油脂酸败严重，不仅影响药物的稳定性，且有刺激作用。

（2）乙醇　可与水、甘油、挥发油等任意混溶，调节溶剂的极性，增加难溶性药物的溶解度，可供静脉或肌内注射。采用乙醇为注射溶剂浓度可达50%。但乙醇浓度超过10%时可能会有溶血作用或疼痛感。如氢化可的松注射液、去乙酰毛花苷注射液中均含一定量的乙醇。

（3）丙二醇　本品与水、乙醇、甘油可混溶，能溶解多种挥发油。注射用溶剂或复合溶剂常用量为10%～60%，用作皮下或肌注时有局部刺激性。其溶解范围较广，已广泛用作注射溶剂，供静注或肌注。如苯妥英钠注射液中含40%丙二醇。

（4）聚乙二醇（PEG）　供注射用的为平均分子量为300～400的聚乙二醇，为无色微臭液体，能与水、乙醇相混合，化学性质稳定。常用浓度为1%～50%。如塞替派注射液以PEG400为注射溶剂。

（5）甘油　本品的黏度和刺激性均较大，不宜单独使用。与水或醇可任意混合，如地巴唑注射液，常用浓度一般为1%～50%，但本品大剂量注射时会引起惊厥、麻痹、溶血。

（6）二甲基乙酰胺（DMA）　本品与水、乙醇任意混合，对药物的溶解范围大，为澄明中性溶液。连续使用时，应注意其慢性毒性。如氯霉素常用50%DMA作溶剂，利血平注射液用10%DMA、50%PEG作溶剂。

二、注射剂的附加剂

为确保注射剂的安全、有效和稳定，除主药和溶剂外还可加入其他物质，这些物质统称为“附加剂”。各国药典对注射剂中所有的附加剂的类型和用量往往有明确的规定。附加剂在注射剂中的主要作用是：①增加药物的理化稳定性；②增加主药的溶解度；③抑制微生物生长，尤其对多剂量注射剂更要注意；④减轻疼痛或对组织的刺激性等。

注射剂常用附加剂主要有：pH和等渗调节剂、增溶剂、局麻剂、抑菌剂、抗氧剂等。常用的附加剂见表2-8。

表2-8　注射剂常用附加剂

附加剂	浓度范围/%	附加剂	浓度范围/%
缓冲剂：		羟丙丁酯，羟丙甲酯	0.01～0.015
醋酸，醋酸钠	0.22，0.8	苯酚	0.5～1.0
枸橼酸，枸橼酸钠	0.5，4.0	三氯叔丁醇	0.25～0.5
乳酸	0.1	硫柳汞	0.001～0.02
酒石酸，酒石酸钠	0.65，1.2	局麻剂：	
磷酸氢二钠，磷酸二氢钠	1.7，0.71	利多卡因	0.5～1.0
碳酸氢钠，碳酸钠	0.005，0.06	盐酸普鲁卡因	1.0
抑菌剂：		苯甲醇	1.0～2.0
苯甲醇	1～2	三氯叔丁醇	0.3～0.5

续表

附加剂	浓度范围/%	附加剂	浓度范围/%
增溶剂、润湿剂、乳化剂：		助悬剂：	
聚氧乙烯蓖麻油	1～65	明胶	2.0
聚山梨酯20	0.01	甲基纤维素	0.03～1.05
聚山梨酯40	0.05	羧甲基纤维素	0.05～0.75
聚山梨酯80	0.04～4.0	果胶	0.2
聚维酮	0.2～1.0	填充剂：	
聚乙二醇-40蓖麻油	7.0～11.5	乳糖	1～8
卵磷脂	0.5～2.3	甘氨酸	1～10
Pluronic F-68	0.21	甘露醇	1～10
等渗调节剂：		稳定剂：	
氯化钠	0. 5～0.9	肌酐	0.5～0.8
葡萄糖	4～5	甘氨酸	1.5～2.25
甘油	2.25	烟酰胺	1.25～2.5
抗氧剂：		辛酸钠	0.4
亚硫酸钠	0.1～0.2	保护剂：	
亚硫酸氢钠	0.1～0.2	乳糖	2～5
焦亚硫酸钠	0.1～0.2	蔗糖	2～5
硫代硫酸钠	0.1	麦芽糖	2～5
螯合剂：		人血白蛋白	0.2～2
EDTA·2Na	0.01～0.05		

多剂量包装的注射液处方中可加入适宜的抑菌剂，其用量应能抑制注射液中微生物的生长，抑菌效率应符合《中国药典》(2020年版）抑菌效率（四部通则1121）检查法的规定。静脉给药与脑池内、硬膜外、椎管内用的注射液均不得加入抑菌剂。

第三节　注射剂的制备

小体积注射剂（small volume injections）一般是指注射体积在1～50mL的液体注射剂，常简称为注射液，俗称小针、小水针或注射液。

小体积注射剂包括溶液型、混悬型和乳剂型三类。不同类型的注射液起效及作用时间不同。一般来说，溶液型比混悬型起效快而持续时间短，而水溶液又比油溶液起效快而持续时间短，水混悬液比油混悬液起效快而持续时间短。

注射剂的制备工艺过程可分为水处理、容器的处理、药液配制、灌装、封口、灭菌检漏、灯检以及印字包装等过程。其工艺流程及环境区域的洁净度要求见图2-11。

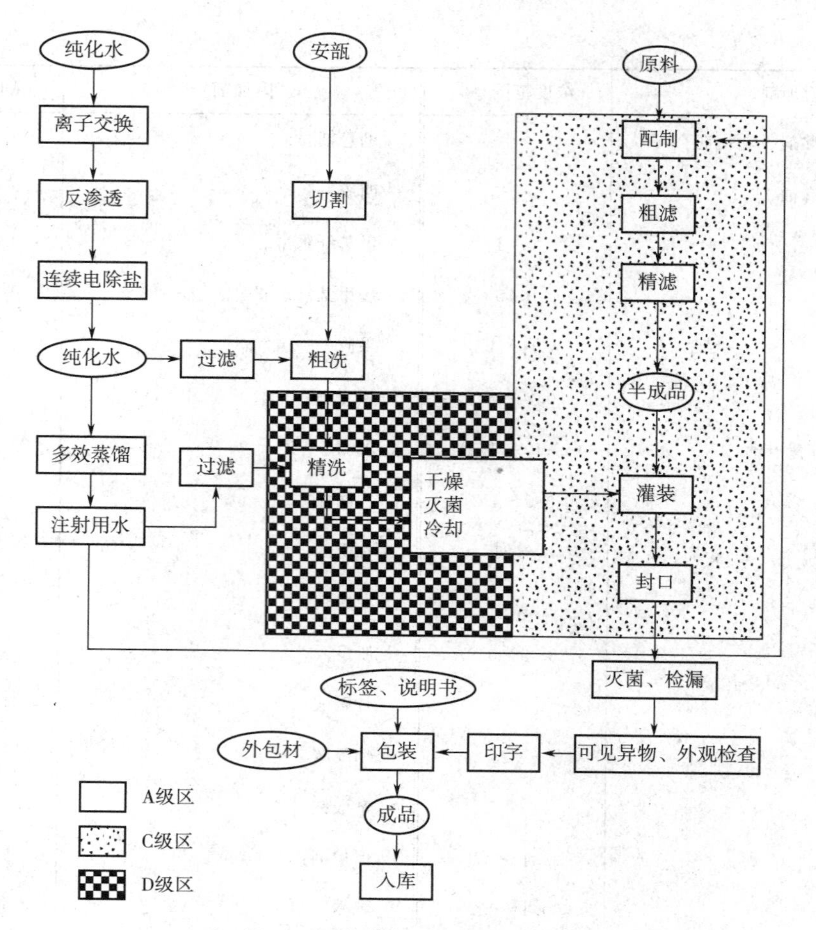

图 2-11　注射剂生产工艺流程图

一、容器与处理

注射剂容器用于灌装各种不同性质的注射剂，应具有很强的密闭性和很高的化学惰性。目前使用的注射剂容器主要是由硬质中性玻璃制成的安瓿或其他式样的容器（如西林瓶、输液瓶等）。由于塑料工业的发展，注射剂的包装也有采用塑料容器（如软塑料袋、硬塑料袋等）。为了减少污染，可使用塑料一次性的注射器包装（disposable syringe，注射液直接装入注射器内）。

单剂量装容器大多为玻璃材质的安瓿（ampules），常用的有 1mL、2mL、5mL、10mL 和 20mL 等几种规格。多剂量装容器常为橡胶塞的玻璃瓶，橡胶塞上加铝盖密封，俗称西林瓶（vials），除供灌装注射液外，还可用于分装注射用粉末，常用的有 5mL、10mL、20mL、30mL 和 50mL 等规格。大剂量装容器常见的为输液瓶和输液袋，常见规格一般有 100mL、250mL、500mL 和 1000mL 等。

1. 玻璃容器

（1）安瓿的种类

安瓿分为有颈安瓿和粉末安瓿。其中曲颈易折安瓿因可避免折断安瓿瓶颈时造成玻璃屑、微粒进入安瓿污染药液，已得到广泛使用。粉末安瓿系供分装注射用药物粉末或结晶性药物之用，为便于药物的分装，其瓶身与颈同粗，在颈与身的连接处吹有沟槽，用时锯开灌入溶剂后注射使用。此种安瓿使用不便，近年来开发了一种可同时盛装粉末与溶剂的注射容器，容器分为两室，下隔室装无菌药物粉末，上隔室盛溶剂，中间用特制的隔膜分开，用时将顶部的塞子压下，隔膜打开，溶剂流入下隔室，将药物溶解后使用。此种注射用容器特别适用于一些在溶液中不稳定的药物。

目前安瓿多为无色，有利于检查药液的澄明度。对需要遮光的药物，可采用琥珀色玻璃安瓿。琥珀色可滤除紫外线，适用于光敏药物。琥珀色安瓿含氧化铁，痕量的氧化铁有可能被浸取而进入产品中，如果产品中含有的成分能被铁离子催化，则不能使用琥珀色玻璃容器。

注射剂玻璃容器应达到以下质量要求：①应无色透明，以利于检查药液的澄明度、杂质以及变质情况；②应具有低的膨胀系数、优良的耐热性，使之不易冷爆破裂；③熔点低，易于熔封；④不得有气泡、麻点及砂粒；⑤应有足够的物理强度，能耐受热压灭菌时产生的较高压力差，并避免在生产、装运和保存过程中所造成的破损；⑥应具有高度的化学稳定性，不与注射液发生物质交换。

目前制造安瓿的玻璃主要有中性玻璃、含钡玻璃、含锆玻璃。中性玻璃是低硼酸硅盐玻璃，化学稳定性好，适合于近中性或弱酸性注射剂，如各种输液、葡萄糖注射液、注射用水等。含钡玻璃的耐碱性好，可作碱性较强的注射液的容器，如磺胺嘧啶钠注射液（pH10～10.5）。含锆玻璃系含少量锆的中性玻璃，具有更高的化学稳定性，耐酸、碱性能好，可用于盛装如乳酸钠、碘化钠、磺胺嘧啶钠、酒石酸锑钠等。除玻璃组成外，安瓿的制作、贮藏、退火等技术，也在一定程度上影响安瓿的质量。

（2）安瓿的洗涤

安瓿一般使用离子交换水灌瓶蒸煮，质量较差的安瓿须用0.5%的醋酸水溶液，灌瓶蒸煮（100℃、30min）热处理。蒸瓶的目的是使得瓶内的灰尘、沙砾等杂质经加热浸泡后落入水中，容易洗涤干净，同时也是一种化学处理，让玻璃表面的硅酸盐水解，微量的游离碱和金属盐溶解，使安瓿的化学稳定性提高。

目前，国内使用较多的安瓿洗涤方法主要有加压气水交替喷射洗涤法、超声波洗涤法、甩水洗涤法。

① 加压气水交替喷射洗涤法：这种机组适用于大规格安瓿和曲颈安瓿的洗涤，是目前水针剂生产上常用的洗涤方法。气水喷射式洗涤机组主要由供水系统、压缩空气及其过滤系统、洗瓶机三大部分组成。洗涤时，利用洁净的洗涤水及经过过滤的压缩空气，通过喷嘴交替喷射安瓿内外，将安瓿洗净。冲洗的顺序为气→水→气→水→气，一般反复4～8次，最后一次洗涤用水应采用通过微孔滤膜精滤的注射用水。整个机组的关键设备是洗瓶机，而关键技术是洗涤水和空气的过滤，以保证洗瓶符合要求。

② 超声波洗涤法：该方法具有清洗洁净度高及清洗速率快等特点。将安瓿浸没在超声波清洗槽中，利用水与玻璃接触面的空化作用而洗除表面的污渍，不仅保证安瓿内部无尘、无菌，也可使外壁洁净，达到洁净指标。目前已有洗涤机采用加压喷射气水洗涤与超声波洗涤相结合的方法。

③ 甩水洗涤法：将安瓿放在灌水机传送带上，送至灌水机被上部淋下的经过滤的去离子水或蒸馏水（必要时用稀酸溶液）灌满，再送入灭菌柜中加热蒸煮处理。经蒸煮后的安瓿可趁热用甩水机将安瓿内的水甩干，然后再置于灌水机上灌水，再用甩水机将水甩出，如此反复3次，以达清洗的目的。一般适用于5mL以下的安瓿。

④ 免洗涤安瓿：安瓿在严格控制污染的车间生产，采用严密的包装，使用时只需洁净空气吹洗即可，这为注射剂的高速自动化生产创造了有利条件。还有一种密封安瓿临用时在净化空气下用火焰开口后直接灌封，这样可免去洗瓶、干燥、灭菌等工序。

（3）安瓿的干燥与灭菌

安瓿洗涤后，一般置于120～140℃烘箱内干燥。需无菌操作或低温灭菌的安瓿在180℃干热灭菌1.5h。大生产中多采用隧道式烘箱，主要由红外线发射装置和安瓿传送装置组成，温度为200℃左右，有利于安瓿的烘干、灭菌连续化。若用煤气加热，易引起安瓿污染。为防止污染，有一种电热红外线隧道式自动干燥灭菌机，附有局部层流装置，安瓿经350℃的高温洁净区干热灭菌后仍极为洁净。近年来，安瓿干燥已广泛采用远红外线加热技术，一般在碳化硅电热板的辐射源表面涂远红外涂料，如氧化钛、氧化锆等，便可辐射远红外线，温度可达250～300℃。具有效率高、质量好、干燥速率快和节约能源等特点。

2. 塑料容器

塑料容器的主要成分为塑性多聚物，常用的有聚乙烯和聚丙烯，前者吸水性小，可耐受大多数溶剂的侵蚀，但耐热性差，因而不能热压灭菌，后者可耐受大多数溶剂的侵蚀并可热压灭菌。

塑料安瓿的洗涤采用过滤空气吹洗，以除去颗粒性异物。低密度聚乙烯等塑料不耐热，常可采用环氧乙烷、钴60γ射线或高能电子束等方式灭菌。

二、药液的配制

1. 投料

用于制备注射剂的原辅料需使用注射用规格，必要时需经精制处理。配制前，应正确计算原料的用量。投料量可按下式计算：

原料（附加剂）用量＝实际配液量×成品含量％

实际配液量＝实际灌注量＋实际灌注时损耗量

对于一些易降解的药物，在注射剂灭菌后含量有所下降时，应酌情增加投料量。在计算、称量时，含结晶水的药物应注意换算。

2. 配制用具的选择与处理

常用装有搅拌器的夹层锅配液，以便加热或冷却。配制用具的材料有：玻璃、耐酸碱搪瓷、不锈钢、聚乙烯等。配制浓的盐溶液不宜选用不锈钢容器；需加热的药液不宜选用塑料容器。配制用具用前要用硫酸清洁液或其他洗涤剂洗净，并用新鲜注射用水荡洗或灭菌后备用。操作完毕立即刷洗干净。

3. 配制方法

分为浓配法和稀配法两种。将全部药物加入部分溶剂中配成浓溶液，加热或冷藏后过滤，然后稀释至所需浓度，此谓浓配法，此法可滤除溶解度小的杂质。将全部药物加入所需溶剂中，一次配成所需浓度，再行过滤，此谓稀配法，可用于优质原料。

注意事项：①配制注射液时应在洁净的环境中进行，一般不要求无菌，但所用器具及原料附加剂尽可能无菌，以减少污染；②配制剧毒药品注射液时，应严格称量与校核，并谨防交叉污染；③对不稳定的药物更应注意调配顺序（先加稳定剂或通惰性气体等），有时要控制温度与避光操作；④对于不易滤清的药液可加0.1％～0.3％活性炭处理，小量注射液可用纸浆混炭处理。活性炭常选用一级针用炭或“767”型针用炭，可确保注射液质量。使用活性炭时还应注意其对药物（如生物碱盐等）的吸附作用，要通过加炭前后药物含量的变化，确定能否使用。活性炭在酸性溶液中吸附作用较强，最高吸附能力可达1∶0.3，在碱性溶液中有时出现“胶溶”或脱吸附，反而使溶液中杂质增加，故活性炭最好用酸碱处理并活化后使用。配制油性注射液，常将注射用油先经150℃干热灭菌1～2h，冷却至适宜温度（一般在主药熔点以下20～30℃），趁热配制、过滤（一般在60℃以下），温度不宜过低，否则黏度增大，不易过滤。溶液应进行半成品质量检查（如 pH 值、含量等），合格后方可过滤。

三、过滤与灌封

1. 过滤

配制完成的药液需要过滤以去除不溶性的微粒，保持注射液的澄清。在注射剂的生产中，一般采用二级过滤，即先将药液用常规的滤器如砂滤棒、垂熔玻璃漏斗等进行预滤后，再使用微孔滤膜过滤。过滤的方法、机理、影响因素等详见本书其他章节。

2. 灌封

滤液经检查合格后进行灌装和封口，即灌封。封口有拉封与顶封两种，拉封对药液的影响小。如注射用水加甲酚红试液测 pH 值为 6.45，灌装于 10mL 安瓿中，分别用拉封与顶封，再测 pH 值时，拉封为 pH6.35，顶封为 pH5.90。故目前都主张拉封。粉针用安瓿或具有广口的其他类型均采用拉封。

灌封操作分为手工灌封和机械灌封两种。手工灌封常用于小试，药厂多采用全自动灌封机，安瓿自动灌封机因封口方式不同而异，但它们灌注药液均由下列动作协调进行：安瓿传送至轨道，灌注针头上升、药液灌装并充气，封口，再由轨道送出产品。灌液部分装有自动止灌装置，当灌注针头降下而无安瓿时，药液不再输出而污染机器与浪费。我国已有洗、灌、封联动机和割、洗、灌、封联动机，生产效率有很大提高。但灭菌包装还没有联动化。

灌装药液时应注意：①剂量准确，灌装时可按《中国药典》要求适当增加药液量，以保证注射用量不少于标示量。根据药液的黏稠程度不同，在灌装前，必须用精确的小量筒校正注射器的吸液量，试装若干支安瓿，经检查合格后再行灌装；②药液不沾瓶，为防止灌注器针头“挂水”，活塞中心常有毛细孔，可使针头挂的水滴缩回并调节灌装速度，过快时药液易溅至瓶壁而沾瓶；③通惰性气体时既不使药液溅至瓶颈，又使安瓿空间空气除尽。一般采用空安瓿先充惰性气体，灌装药液后再充一次效果较好。有些药厂在通气管路上装有报警器以检查充气效果，也可用 CY-2 型测氧仪检测残余氧气。

在安瓿灌封过程中可能出现的问题有：剂量不准，封口不严（毛细孔）、出现大头、焦头、瘪头、爆头等，应分析原因及时解决。焦头主要因安瓿颈部沾有药液，熔封时炭化而致。灌药时给药太急，溅起药液在安瓿瓶壁上；针头往安瓿里灌药时不能立即回缩或针头安装不正；压药与打药行程不配合等都会导致焦头的产生。充 CO_2 时容易发生瘪头与爆头。对于出现的各个问题，应逐一分析原因，然后予以解决。

四、灭菌与检漏

1. 灭菌

除采用无菌操作生产的注射剂外，一般注射液在灌封后必须尽快进行灭菌，以保证产品的无菌。注射液的灭菌要求是杀灭微生物，以保证用药安全；避免药物的降解，以免影响药效。灭菌与保持药物稳定性是矛盾的两个方面，灭菌温度高、时间长，容易把微生物杀灭，但却不利于药液的稳定，因此选择适宜的灭菌法对保证产品质量甚为重要。在避菌条件较好的情况下生产可采用流通蒸气灭菌，1～5mL 安瓿多采用流通蒸气 100℃、30min；10～20mL 安瓿常用 100℃、45min 灭菌。要求按灭菌效果 F_0 大于 8 进行验证。

2. 检漏

灭菌后的安瓿应立即进行漏气检查。若安瓿未严密熔合，有毛细孔或微小裂缝存在，则药液易被微生物与污物污染或药物泄漏，污损包装，应检查剔除。检漏一般采用灭菌和检漏两用的灭菌锅将灭菌、检漏结合进行。灭菌后稍开锅门，同时放进冷水淋洗安瓿使温度降低，然后关紧锅门并抽气，漏气安瓿内气体亦被抽出，当真空度为640～680mmHg（85326～90657Pa）时，停止抽气，开启水阀，至颜色溶液（0.05%曙红或亚甲蓝）盖没安瓿时止，开放气阀，再将色液抽回贮器中，开启锅门，用热水淋洗安瓿后，剔除带色的漏气安瓿。也可在灭菌后，趁热立即放颜色水于灭菌锅内，安瓿遇冷内部压力收缩，颜色水即从漏气的毛细孔进入而被检出。深色注射液的检漏，可将安瓿倒置进行热压灭菌，灭菌时安瓿内气体膨胀，将药液从漏气的细孔挤出，使药液减少或成空安瓿而剔除。还可用仪器检查安瓿隙裂。

五、注射剂的质量检查和稳定性评价

注射剂应符合《中国药典》（2020年版）四部通则注射剂项下的质量要求。除此之外，还应符合各品种项下的具体要求，如含量、有关物质、杂质、pH等检查。

（1）无菌　注射液应不含任何活的微生物。注射液灭菌完成或无菌分装后，每批应抽样进行无菌检查，具体方法参照无菌检查法（《中国药典》2020年版四部通则1101），应符合规定。无菌检查法包括直接接种法和薄膜过滤法，只要供试品性质允许，应采用薄膜过滤法。

直接接种法是将供试品溶液直接接种于培养基上，培养数日后观察培养基上是否出现混浊或沉淀，并与阳性及阴性对照品比较。

薄膜过滤法是取规定量的供试品溶液经薄膜滤过器（薄膜的孔径应不大于0.45μm）滤过后，接种于培养基上。薄膜过滤法用于无菌检查时，可滤过较大量的样品。此法灵敏度高，不易产生假阴性结果，减少检测次数，节省培养基，操作比较简单。

（2）澄明度检查　微粒注入人体后，较大的可堵塞毛细血管形成血栓，若侵入肺、脑、肾、眼等组织也可形成栓塞，并由于巨噬细胞的包围和增殖，形成肉芽肿等危害。澄明度检查，不但可保证用药安全，而且可以发现生产中的问题。如白点多可能由原料或安瓿产生；纤维多因环境污染所致；玻璃屑往往是圆口、灌封不当所致。我国药典对澄明度检查规定：应按照卫生部关于注射剂澄明度检查的规定检查。对所用装置、人员条件、检查数量、检查方法、时限与判断标准等均有详细规定。目前工厂仍为目力检查法。国内外正在研究全自动检查机。

（3）不溶性粒子检查　不溶性粒子检查法系在可见异物检查符合规定后用于检查溶液型静脉注射剂中不溶性粒子的大小及数量。本法包括光阻法和显微计数法。

（4）热原检查　由于家兔对热原的反应与人体相同，目前各国药典法定的方法仍为家兔法，具体参阅《中国药典》。对家兔的要求，试验前的准备，检查法，结果判断均有明确规定。对家兔的试验关键是动物的状况、房屋条件和操作。

（5）降压物质检查　2020年版《中国药典》规定对由发酵制得的原料，制成注射剂后一定要进行降压物质检查。由发酵提取而得的抗生素如两性霉素B等，若质量不好往往会混有少量组胺，其毒性很大，作为降压物质的代表。降压物质检查的具体操作见2020年版《中国药典》四部通则1145。

（6）装量检查　注射液及注射用浓溶液应进行装量检查，具体检查方法参见《中国药典》2020年版四部通则0102。50mL以下的注射剂要求每支的装量均不得少于其标示量；标示装量为50mL以上的注射液及注射用浓溶液按照最低装量检查法（《中国药典》2020年版四部通则0942）检查，应符合规定。

（7）渗透压摩尔浓度　在制备注射剂时，应关注其渗透压尽量与血液等渗。除另有规定外，静脉输液及椎管内注射用注射液应按照渗透压摩尔浓度测定法（《中国药典》2020年版四部通则0632）检查，应符合规定。

(8) 注射液一般允许 pH 范围为 4.0～9.0，具体品种的 pH 值要求有所不同，但同一品种的 pH 值差异范围不宜超过±1.0。

(9) 其他　如色泽、含量、有关物质、安全性等均应符合规定。

此外，注射剂在生产与贮藏期间应符合有关规定，详见《中国药典》2020 年版四部通则 0102。

六、印字或贴签与包装

注射剂生产的最后为印字包装。印字的内容包括注射剂的名称、规格及批号。印字后的安瓿即可装入纸盒，盒外贴标签，盒内应附详细说明书，供使用时参考。此外，包装应采用产品免受运输、装卸及储存时引起外伤的防护措施，还应有保护光敏性药物遇光降解的措施。

七、小体积注射剂的举例

维生素 C 注射液（抗坏血酸）(vitamin C injection)　临床上用于预防及治疗坏血病，并用于出血性素质，鼻、肺、肾、子宫及其他器官的出血。肌注或静脉注射，一次 0.1～0.25g，一日 0.25～0.5g。

【处方】维生素 C（主药）　104g
依地酸二钠（络合剂）　0.05g
碳酸氢钠（pH 调节剂）　49.0g
亚硫酸氢钠（抗氧剂）　2.0g
注射用水加至　1000mL

【制备】在配制容器中，加处方量 80% 的注射用水，通二氧化碳至饱和，加维生素 C 溶解后，分次缓缓加入碳酸氢钠，搅拌使完全溶解，加入预先配制好的依地酸二钠和亚硫酸氢钠溶液，搅拌均匀，调节药液 pH6.0～6.2，添加二氧化碳饱和的注射用水至足量，用垂熔玻璃漏斗与膜滤器过滤，溶液中通二氧化碳，并在二氧化碳气流下灌封，最后于 100℃ 流通蒸气 15min 灭菌。

【处方及工艺分析】

(1) 维生素 C 分子中有烯二醇式结构，显强酸性，注射时刺激性大，产生疼痛，故加入碳酸氢钠（或碳酸钠）调节 pH，以避免疼痛，并增强本品的稳定性。

(2) 本品易氧化水解，原辅料的质量，特别是维生素 C 原料和碳酸氢钠，是影响维生素 C 注射液的关键。空气中的氧气、溶液 pH 和金属离子（特别是铜离子）对其稳定性影响较大。因此处方中加入抗氧剂（亚硫酸氢钠）、金属离子络合剂及 pH 调节剂，工艺中采用充惰性气体等措施，以提高产品稳定性。实验表明，抗氧剂只能改善本品色泽，对制剂的含量变化几乎无作用，亚硫酸盐和半胱氨酸对改善本品色泽作用显著。

(3) 本品稳定性与温度有关。实验表明，用 100℃ 流通蒸气 30min 灭菌，含量降低 3%；而 100℃ 流通蒸气 15min 灭菌，含量仅降低 2%，故以 100℃ 流通蒸气 15min 灭菌为宜。

第四节　输液剂的制备

一、概述

输液（infusion solution）是由静脉滴注输入体内的大剂量（一次给药在 100mL 以上）注射液。通常包装在玻璃或塑料的输液瓶或袋中，不含防腐剂或抑菌剂。使用时通过输液器调整滴速，持续而稳定地进入静脉，以补充体液、电解质或提供营养物质。由于其用量大而且是直接进入血液的，故质量要求高，生产工艺等亦与小针注射剂有一定差异，本节就输液有关特点进行讨论。

1. 特点

（1）质量要求　大容量注射液质量要求严格，对热原、无菌、可见异物、不溶性微粒、pH、渗透压等要求比小容量注射液更严格。pH 力求接近体液，避免过酸或过碱而引起酸碱中毒。渗透压应尽可能与血液等渗。

（2）输液剂量　输液剂量在 100mL 以上，最大者有 1000mL，一般为 500mL。在临床上常用于急救、补充体液和供营养之用。

（3）类型及给药途径　输液不宜采用混悬液及油制溶液，一般制成澄明的水性注射液，输液多以静脉滴注给药。但粒径小于 1μm 的乳状液、纳米粒、脂质体等微粒分散体系也可用于静脉输注。

（4）血流动力学　一般注射液不要求也不具有血流动力学性质。而输液特别是某些血容量扩充剂，如右旋糖酐注射液，则要求具有一定的胶体性、密度、黏度和滞留性等血流动力学性质，以起到增加血浆容量的作用。

（5）处方要求　一般小容量注射剂的溶剂除水外，尚可使用注射用油、乙醇和甘油混合溶剂、丙二醇和聚乙二醇等，而输液多以水作溶剂。一般注射剂中可加入适宜的抑菌剂等附加剂，而输液不得加入任何抑菌剂、增溶剂、止痛剂等附加剂。

（6）制备工艺要求　一般小容量注射剂从配制到灭菌应控制在 12h 内完成，而输液从配制到灭菌应控制在 4h 内完成。

2. 分类

（1）电解质输液　用于补充体内水分、电解质，纠正体内酸碱平衡等。如氯化钠注射液、复方氯化钠注射液、乳酸钠注射液等。

（2）营养输液　用于不能口服吸收营养的患者。营养输液有糖类输液、氨基酸输液、脂肪乳输液等。糖类输液中最常用的为葡萄糖注射液。

（3）胶体输液　用于调节体内渗透压。胶体输液有多糖类、明胶类、高分子聚合物类等，如右旋糖酐、淀粉衍生物、明胶、聚乙烯吡咯烷酮（PVP）等。

（4）含药输液　含有治疗药物的输液，如替硝唑、苦参碱等输液。

3. 质量要求

输液的质量要求与注射剂基本上是一致的，但由于这类产品注射量较大，故对无菌、无热原及澄明度这三项，更应特别注意，它们也是当前输液生产中存在的主要质量问题。此外，含量、色泽、pH 也应符合要求。pH 应在保证疗效和制品稳定的基础上，力求接近人体血液的 pH，过高或过低都会引起酸碱中毒。渗透压可为等渗或偏高渗，不能引起血象的任何异常变化。此外有些输液要求不能有引起过敏反应的异性蛋白及降压物质，输入人体后不会引起血象的异常变化，不损害肝、肾等。输液中不得添加任何抑菌剂，并在贮存过程中质量稳定。

二、制备

1. 大体积输液的制备工艺流程图

大容量注射剂（输液）的生产过程一般包括原辅料的准备、浓配、稀配、包材处理、灌封、灭菌、灯检、包装等工序。盛装输液的容器有玻璃瓶、聚乙烯塑料瓶、塑料软袋等，不同包装形式的输液的制备工艺、设备、质量控制点各不相同。玻璃瓶、塑料瓶及塑料软袋包装的输液工艺流程及环境区域划分分别见图 2-12～图 2-14。

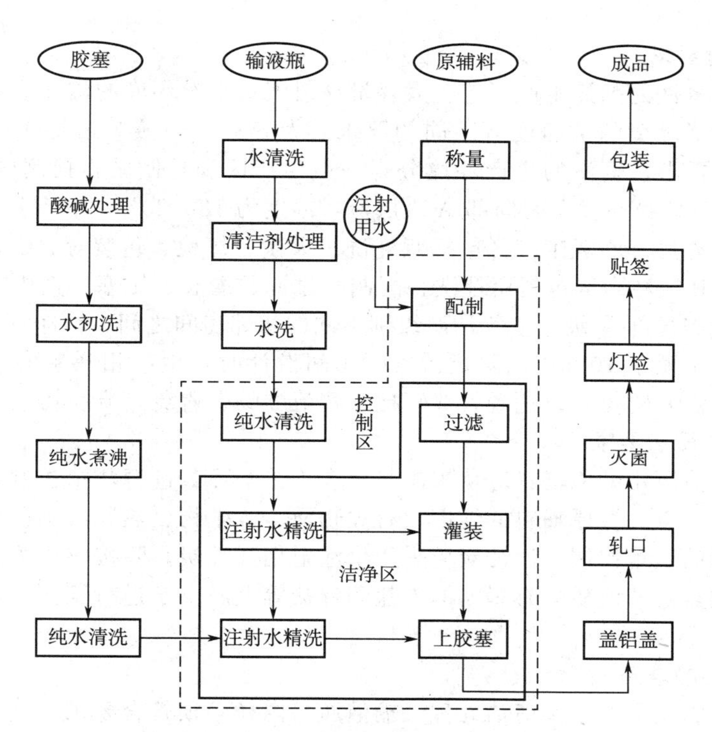

图 2-12　玻璃瓶包装输液剂生产工艺流程图

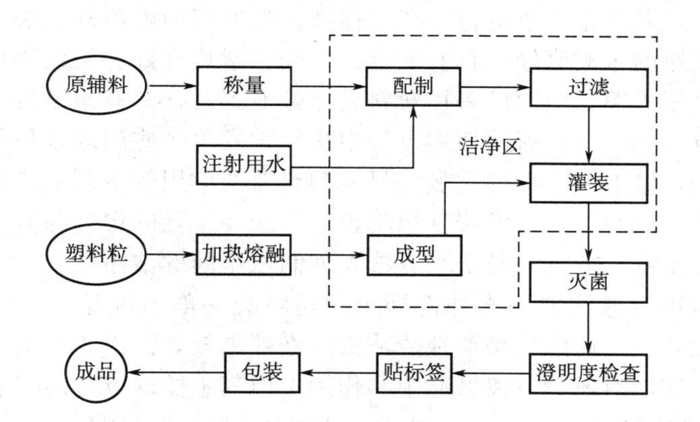

图 2-13　塑料瓶包装输液剂生产工艺流程图

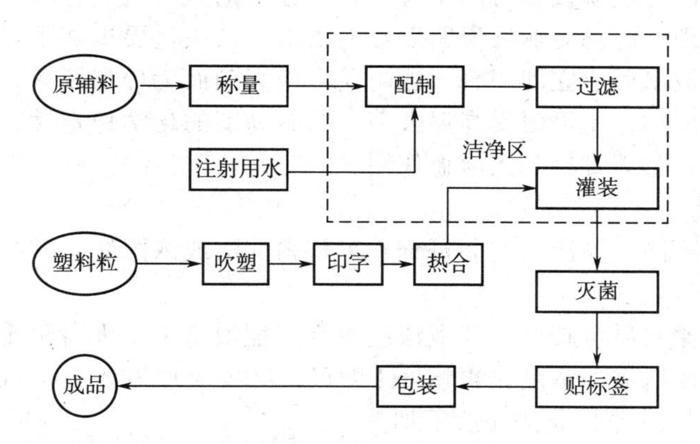

图 2-14　塑料袋包装输液剂生产工艺流程图

2. 生产环境要求

相比于小容量注射剂的生产工艺，大容量注射液对生产环境的洁净度要求更高。不同的制备工艺过程对环境的洁净度有不同的要求。大容量注射液为最终灭菌的无菌制剂产品，按照GMP要求，输液的生产环境分为一般生产区和控制区，控制区包括A级洁净区、B级洁净区、C级环境下的局部A级层流，温度为18～26℃，相对湿度45%～65%。各工序需安装紫外灯。一般生产区包括瓶外洗、灭菌、灯检、包装等；C级洁净区包括瓶粗洗、轧盖等；B级洁净区包括瓶精洗、配制、过滤、灌装、压塞，其中瓶精洗后到灌封工序的暴露部分需局部A级。空气洁净级别不同的相邻房间之间、洁净室（区）与非洁净区之间的压差应不低于10Pa，以防止污染。车间设计时，生产相联系的功能区要相互靠近，合理布置人流和物流，以达到管线短捷、物流顺畅、避免人流和物流的交叉。

3. 原辅料的质量要求

大容量注射液所用的原辅料应从来源与生产工艺等环节进行严格控制，并应符合注射用的质量要求，重点关注原辅料的纯度、有关物质、微生物、热原或细菌内毒素等关键质量，加强对原料的质量控制。活性炭应采用供注射用活性炭，除按《中国药典》规定的项目检查外，应重点对药液质量有影响的铁盐和锌盐等金属离子进行检测。注射用水应新鲜制备。

4. 输液容器的准备

（1）输液瓶的质量要求和清洁处理　输液瓶口内径必须符合要求，光滑圆整，大小合适，否则将影响密封程度，在贮存期间，可能污染长菌。输液瓶应用硬质中性玻璃制成，物理化学性质稳定，其质量要求应符合国家标准。除玻璃输液瓶外，现已开始采用聚丙烯塑料瓶，此种输液瓶耐水耐腐蚀，具有无毒、质轻、耐热性好、机械强度高、化学稳定性强的特点，可以热压灭菌。国内已采用塑料袋作输液容器，它有重量轻、运输方便、不易破损、耐压等优点。但是在临床的使用过程中也常常发生一些问题很值得研究，如湿气和空气可透过塑料袋，影响贮存期的质量。目前塑料瓶的应用较多而塑料袋的应用较少。

输液容器洗涤洁净与否，对澄明度影响较大，洗涤工艺的设计与容器原来的洁净程度有关。一般有直接水洗、酸洗、碱洗等方法，如制瓶车间的洁净度较高，瓶子出炉后立即密封的情况，只需用过滤注射用水冲洗即可。塑料袋一般不洗涤，直接采用无菌材料压制。其他情况一般认为用硫酸重铬酸钾清洁液洗涤效果较好。因为它既有强力的消灭微生物及热原的作用，还能对瓶壁游离碱起中和作用。但其主要缺点是对设备腐蚀性大。碱洗法是用2%氢氧化钠溶液（50～60℃）冲洗，也可用1%～3%碳酸钠溶液，由于碱对玻璃有腐蚀作用，故碱液与玻璃接触时间不宜过长（数秒内）。

（2）附件的处理　胶塞对输液澄明度影响很大，其质量要求如下：①富于弹性及柔软性；②针头刺入和拔出后应立即闭合，能耐受多次穿刺而无碎屑脱落；③具耐溶性，不会导致药液中的杂质增加；④可耐受高温灭菌；⑤有高度的化学稳定性；⑥对药物或附加剂作用应达最低限度；⑦无毒性，无溶血作用。

5. 输液的配制

据原料的质量不同，输液的配制可分别采用稀配法或浓配法，其操作方法与注射液的配制相同。

（1）稀配法　原料质量较好，药液浓度不高，配液量不太大时可采用稀配法。原辅料加入溶剂一次性配成所需的浓度，再调pH即可，必要时加入0.1%～0.3%的活性炭，搅拌，放置约30min后过滤。此法一般不加热。

（2）浓配法　药液的配制多用浓配法，方法同注射剂，具体如下：准确称取原辅料，加部分溶剂溶解，配成浓溶液，并且采用0.1%～0.5%的活性炭吸附热原、杂质及色素，过滤后，再用注射用水稀释至需要的浓度。大量生产时，加热溶解可缩短操作时间，减少污染机会，浓配过滤时可滤除溶解度小的一些杂质，有利于提高产品的质量。

6. 输液的过滤

配制输液剂时用活性炭处理药液，可有效吸附热原、色素和其他杂质。活性炭必须选用纯度高的针用规格，同时考虑温度、pH、用量等操作条件，一般采用加热煮沸，再冷却至40～50℃时滤过的方法。活性炭在酸性溶液中吸附力最强，活性炭的用量一般为溶液总量的0.02％～0.5％，吸附时间20～30min，效果良好，分次吸附法比一次吸附法效果更好。

输液的过滤方法、过滤装置与小容量注射剂基本相同，过滤多采用加压过滤法。过滤时可先进行预滤，然后用微孔滤膜精滤。过滤过程中不要随意中断，以免冲动滤层，影响过滤质量。精滤可用0.22μm的微孔滤膜或微孔滤芯，此外还常用滤膜孔径为0.65μm或0.8μm的微孔滤膜。

药厂大多采用加压三级过滤装置，药液依次通过孔径为10μm（5μm）、0.45μm和0.22μm的微孔滤膜；还可以微孔滤膜过滤后再进行超滤，不仅除去尘粒、细菌，而且可除去热原，大大提高了输液的质量。

7. 输液的灌封

灌封室的洁净度应为A级或局部A级。玻璃瓶输液的灌封由药液灌注、加盖胶塞和轧铝盖三步组成。塑料袋装输液在灌封时将最后一次洗涤水倒空，以常压灌至所需药量，排尽袋内空气，电热封口。滤过和灌装均应在持续保温（50℃）的条件下进行，防止细菌粉尘的污染。目前药厂多采用回转式自动灌封机、自动放塞机、自动落盖轧口机等完成联动化、机械化生产，提高了工作效率和产品质量。

8. 输液的灭菌

灌封后的输液应立即灭菌，以减少微生物污染繁殖的机会。一般输液从配制到灭菌不应超过4h。输液通常采用热压灭菌，灭菌原则是优先采用过度杀灭法，即$F_0 \geq 12$，灭菌参数一般为121℃ 15min；其次采用残存概率法，即$F_0 \geq 8$，灭菌参数一般为115℃ 30min或121℃ 8min。对于塑料输液软袋的灭菌，可采用109℃ 45min灭菌，且应有加压装置以免爆破。由于灭菌温度较低，生产过程更要注意防止污染。

9. 输液的包装

输液经灯检、检验合格后，贴上标签，装箱。标签上应印有品名、规格、批号、有效期、使用事项、生产日期等项目，包装箱上亦应印上品名、规格、生产厂家等项目。

三、质量检查

按《中国药典》大体积注射液项下质量要求，逐项检查。主要有：可见异物、不溶性微粒检查、热原或细菌内毒素检查、无菌检查、含量测定、pH测定及检漏等。检查方法应按《中国药典》或有关规定执行。

（1）澄明度与微粒检查　可见异物按药典方法检查，应符合规定，若发现有崩盖、歪盖、松盖、漏气、隔离薄膜脱落的成品，也应及时挑出剔除。由于肉眼只能检出50μm以上的粒子，为了提高输液产品的质量，药典规定了注射液中不溶性微粒检查法，即除另有规定外，每1mL中含10μm以上的微粒不得超过2粒，含25μm以上的微粒不得超过20粒。检查方法：①将药物溶液用微孔滤膜过滤，然后在显微镜下测定微粒的大小和数目（具体方法参看药典）；②采用库尔特计数器（Coulter counter）。国产的ZWY-4型注射液微粒分析仪以及DWJ-1型大输液微粒计数器也可用此项检查。

（2）热原与无菌检查　对输液十分重要，按药典规定进行。

（3）含量与 pH 及渗透压检查　按药典中该项下的各项规定进行。

四、主要存在的问题及解决方法

输液剂大生产中主要存在以下三个问题：澄明度、染菌和热原问题。

（1）澄明度与微粒　较大的微粒，可造成局部循环障碍，引起血管栓塞；微粒过多，造成局部堵塞、供血不足及组织缺氧而产生水肿和静脉炎；异物侵入组织，由于巨噬细胞的包围和增殖可引起肉芽肿；此外，微粒还可引起过敏反应、热原反应。注射液中常出现的微粒有炭黑、碳酸钙、氧化锌、纤维素、纸屑、黏土、玻璃屑、细菌和结晶等。

（2）染菌　输液染菌后出现霉团、云雾状、混浊、产气等现象，也有一些外观并无变化。如果使用这些输液，将会造成脓毒症、败血症、内毒素中毒甚至死亡。染菌的主要原因是生产过程中污染严重、灭菌不彻底、瓶塞松动不严等，应特别注意防止。有些芽孢需120℃、30～40min，有些放线菌140℃、15～20min才能杀死。若输液为营养物质时，细菌易生长繁殖，即使经过灭菌，大量尸体的存在，也会引起致热反应。最根本的办法是尽量减少制备生产过程中的污染，严格灭菌条件，严密包装。

（3）热原反应　临床上时有发生，关于热原的污染途径参见注射用水项下。但使用过程中的污染占84%左右，必须引起注意。尽量使用全套或一次性的输液器，能为使用过程中避免热原污染创造有利条件。

五、输液处方及制备工艺分析

例1　葡萄糖输液（glucose injection）

5%、10%葡萄糖注射液，具有补充体液、营养、强心、利尿、解毒作用，用于大量失水、血糖过低、高热、中毒等症；25%、50%的溶液，因其渗透压高，能将组织内体液引出循环系统并由肾排出，而用于急性中毒、虚脱、尿闭症、肾性或心脏性浮肿以及需要降低颅内压的病人。高浓度的葡萄糖还可与氨基酸输液混合输注，用作高能营养。

【处方】				
注射用葡萄糖	50g	100g	250g	500g
盐酸	适量	适量	适量	适量
注射用水加至	1000mL			

【制备】取处方量葡萄糖投入煮沸的注射用水中，使其成50%～70%浓溶液，用盐酸调节 pH 值至3.8～4.0，同时加0.1%（g/mL）的活性炭混匀，煮沸约20min，趁热过滤脱炭，滤液加注射用水至所需量。测 pH 值及含量，合格后滤至澄明，即可灌装封口，115℃、30min热压灭菌。

【处方及工艺分析】

（1）澄明度不合格的质量问题：通常是由原料不纯或过滤操作不当所致。一般可采用浓配法，加适量盐酸并加热、煮沸使糊精水解，并中和胶粒电荷，使蛋白质凝聚。用活性炭吸附滤除。

（2）颜色变黄、pH下降：有人认为葡萄糖在酸性液中首先脱水形成5-羟甲基呋喃甲醛，5-羟甲基呋喃甲醛再分解为乙酰丙酸和蚁酸，同时形成一种有色物质。因生成酸性产物，而使得 pH 下降。灭菌温度和时间、溶液 pH 是影响本品稳定性的主要因素，应从严把关。因此，一方面要严格控制灭菌温度和时间，同时要调节溶液的 pH 在3.8～4.0为宜，经灭菌，其 pH 值变化不大；溶液色泽亦浅，灭菌后应及时冷却，并可酌情加入1g/L硫代硫酸钠，防止糖溶液分解变色。

例2　复方氨基酸输液（amino acid compound infusion）

用于大型手术前改善患者的营养，补充创伤、烧伤等蛋白质严重损失的患者所需的氨基酸；纠正肝硬化和肝病所致的蛋白质代谢紊乱，治疗肝昏迷；提供慢性、消耗性疾病、急性传染病、恶性肿瘤患者的静脉营养。

【处方】

L-赖氨酸盐酸盐	19.2g	L-缬氨酸	6.4g
L-精氨酸盐酸盐	10.9g	L-苯丙氨酸	8.6g
L-组氨酸盐酸盐	4.7g	L-苏氨酸	7.0g
L-半胱氨酸盐酸盐	1.0g	L-色氨酸	3.0g
L-异亮氨酸	6.6g	L-蛋氨酸	6.8g
L-亮氨酸	10.0g	甘氨酸	6.0g
亚硫酸氢钠（抗氧剂）	0.5g	注射用水加至1000mL	

【制备】取约800mL热注射用水，按处方量投入各种氨基酸，搅拌使全溶，加抗氧剂，并用10%氢氧化钠调pH至6.0左右，加注射用水适量，再加0.15%的活性炭脱色，过滤至澄明，灌封于200mL输液瓶内，充氮气，加塞，轧盖，于100℃灭菌30min即可。

【处方与工艺分析】

(1) 氨基酸是构成蛋白质的成分，也是生物合成激素和酶的原料，在生命体内具有重要而特殊的生理功能。由于蛋白质水解液中氨基酸的组成比例不符合治疗需要，同时常有酸中毒、高血氨症、变态反应等不良反应，近年来均被复方氨基酸输液所取代。经研究只有L-型氨基酸才能被人体利用，选用原料时应加以注意。

(2) 产品质量问题主要为澄明度问题，其关键是原料的纯度，一般需反复精制，并要严格控制质量；其次是稳定性，表现为含量下降，色泽变深，其中以变色最为明显。含量下降以色氨酸最多，赖氨酸、组氨酸、蛋氨酸也有少量下降。色泽变深通常是由色氨酸、苯丙氨酸、异亮氨酸氧化所致，而抗氧剂的选择应通过实验进行，有些抗氧剂能使产品变浑。影响稳定性的因素有：氧、光、温度、金属离子、pH值等，故输液还应通氮气，调节pH值，加入抗氧剂，避免金属离子混入，避光保存。

例3 静脉注射用脂肪乳（intravenous fat emulsion）

静脉注射脂肪乳是一种浓缩的高能量肠外营养液，可供静脉注射，能完全被机体吸收，它具有体积小、能量高、对静脉无刺激等优点。因此本品可供不能口服食物和严重缺乏营养的（如外科手术后或大面积烧伤或肿瘤等）患者的需要。

【处方】

精制大豆油（油相）	150g	精制大豆磷脂（乳化剂）	15g
注射用甘油（等渗调节剂）	25g	注射用水加至	1000mL

【制备】称取豆磷脂15g，高速组织捣碎机内捣碎后，加甘油25g及注射用水400mL，在氮气流下搅拌至形成半透明状的磷脂分散体系；放入二步高压匀化机，加入精制豆油与注射用水，在氮气流下匀化多次后经出口流入乳剂收集器内；乳剂冷却后，于氮气流下经垂熔滤器过滤，分装于玻璃瓶内，充氮气，瓶口中加盖涤纶薄膜、橡胶塞密封后，加轧铝盖；水浴预热90℃左右，于121℃灭菌15min，浸入热水中，缓慢冲入冷水，逐渐冷却，置于4～10℃下贮存。

【处方及工艺分析】

(1) 制备此乳剂的关键是选用高纯度的原料及毒性低、乳化能力强的乳化剂，采用合理的处方，严格的制备技术，制得油滴大小适当、粒度均匀、稳定的乳状液，并需要适当设备。原料一般选用植物油，如麻油、棉籽油、豆油等，所用油必须精制，提高纯度，减少副作用，并应有质量控制标准，例如碘值、酸值、皂化值、过氧化值、黏度、折射率等。静脉用脂肪乳常用的乳化剂有蛋黄磷脂、豆磷脂、普朗尼克F-68等数种。国内多选用豆磷脂，是由豆油中分离出的全豆磷脂经提取精制而得，主要成分为卵磷脂，比其他磷脂稳定而且毒性小，但易被氧化。

(2) 注射用乳剂除应符合注射剂项下各规定外，还应符合以下条件：①乳滴直径<1μm，大小均匀，也允许有少量粒径达5μm；②成品能耐受高压灭菌，在贮存期内乳剂稳定，成分不变；③无副作用，无抗原性，无降压作用和溶血反应。因此成品需经过显微镜检查，测定油滴分散度，并进行溶血试验、降压试验、热原试验，并检查油及甘油含量、过氧化值、酸值、pH值等项的检查。

静脉注射用脂肪乳临床应用时，会出现恶心、呕吐、胃肠痛、发热等急性反应，以及轻度贫血、肝脾肿大、胃肠障碍等慢性反应。输注时应缓慢，冬季时应预先温热本品。慢性反应往往是由于长期给药致血脂过高而致。所以，在连续使用时需经常进行生物学检查。

例4 右旋糖酐输液（血浆代用品）(dextran infusion)

中分子右旋糖酐与血浆具有相同的胶体特性，可以提高血浆渗透压，增加血浆容量，维持血压。用于治疗血容性休克，如外伤性出血性休克。低分子右旋糖酐有扩容作用，但作用时间短。本品还能改变红细胞电荷，可避免血管内红细胞凝聚，减少血栓形成，增加毛细血管的流量，改善微循环。

【处方】	右旋糖酐（中分子）	60g
	氯化钠	9g
	注射用水加至	1000mL

【制备】将注射用水加热至沸，加入处方量的右旋糖酐，搅拌使溶解，配制成12%～15%的溶液，加入1.5%的活性炭，保持微沸1～2h，加压过滤脱炭，加注射用水稀释成6%的浓度，然后加入氯化钠使溶解，冷却至室温，测定含量和pH值，pH值应控制在4.4～4.9，再加活性炭0.5%，加热至70～80℃，过滤至药液澄明后灌装，112℃、30min灭菌即得。

【处方及工艺分析】

(1) 血浆代用液在有机体内有代替血浆的作用，但不能代替全血，对于血浆代用液的质量，除应符合注射剂有关规定外，代血浆应不妨碍血型试验，不得在脏器中蓄积。

(2) 右旋糖酐是用蔗糖经过特定细菌发酵后产生的葡萄糖聚合物，易夹杂热原，故活性炭用量较大。同时因本品黏度较大，需在高温下过滤，本品灭菌一次，其分子量下降3000～5000，受热时间不能过长，以免产品变黄。本品在贮存过程中易析出片状结晶，主要与贮存温度和分子量有关。

第五节 注射用无菌粉末

注射用无菌粉末系指药物制成的在临用前用适宜的无菌溶液配制成澄清溶液或均匀混悬液的无菌粉末或无菌块状物。可用适宜的注射用溶剂配制后注射，也可用静脉输液配制后静脉滴注。无菌粉末用溶剂结晶法、喷雾干燥法或冷冻干燥法等制得。按照其制备方法可分为注射用无菌分装产品和冷冻干燥制品。注射用无菌粉末适用于在水中不稳定的药物，特别是对湿热敏感的抗生素（青霉素类、头孢菌素类）、一些酶制剂（胰蛋白、辅酶A）及血浆等生物制剂均需制成注射用无菌粉末。

注射用无菌粉末的质量要求与注射液基本一致，重点质控指标为可见异物、不溶性微粒、无菌和热原等。除符合一般注射剂的质量要求外，注射用无菌粉末的装量差异应符合要求，对于冷冻干燥工艺制备的还应控制水分含量，避免水分过多引起的药物稳定性下降。注射用无菌粉末注射剂的包装应具有良好的密封防潮性能，防止水汽透过。

一、注射用无菌分装制品

将符合注射要求的药物粉末在无菌操作条件下直接分装于洁净、灭菌的小瓶或安瓿中，密封而成。常用于抗生素药物，如注射用青霉素钠、注射用头孢呋辛钠等。在制定合理的生产工艺之前，首先应对药物的理化性质进行了解，主要测定内容为：①物料的热稳定性，以确定产品最后能否进行灭菌处理；②物料的临界相对湿度。生产中分装室的相对湿度必须控制在临界相对湿度以下，以免吸潮变质；③物料的粉末晶型与松密度等，使之适于分装。

1. 无菌粉末的分装及其主要设备

（1）原材料的准备　无菌原料可用灭菌结晶法或喷雾干燥法制备，必要时需进行粉碎、过筛等操作，在无菌条件下制得符合注射用的无菌粉末。安瓿或玻璃瓶以及胶塞的处理按注射剂的要求进行，但均需进行灭菌处理。

（2）分装　分装必须在高度洁净的无菌室中按无菌操作法进行，分装后小瓶应立即加塞并用铝盖密封。药物的分装及安瓿的封口宜在局部层流下进行。目前分装的机械设备有插管分装机、螺旋自动分装机、真空吸粉分装机等。此外，青霉素分装车间不得与其他抗生素分装车间轮换生产，以防交叉污染。

（3）灭菌及异物检查　对于耐热的品种，如青霉素，一般可按照前述条件进行补充灭菌，以确保安全。对于不耐热品种，必须严格无菌操作。异物检查一般在传送带上目检。

2. 无菌分装工艺中存在的问题及解决办法

（1）装量差异　物料流动性差是其主要原因。物料含水量和吸潮以及药物的晶态、粒度、比容以及机械设备性能等均会影响流动性，以致影响装量，应根据具体情况分别采取措施。

（2）澄明度问题　由于药物粉末经过一系列处理，污染机会增加，以致澄明度不合要求。应严格控制原料质量及其处理方法和环境，防止污染。

（3）无菌度问题　由于产品系无菌操作制备，稍有不慎就有可能受到污染，而且微生物在固体粉末中的繁殖慢，不易被肉眼所见，危险性大。为解决此问题，一般采用层流净化装置。

（4）吸潮变质　一般认为是由于胶塞透气性和铝盖松动所致。因此，一方面要进行橡胶塞密封性能的测定，选择性能好的胶塞，另一方面，铝盖压紧后瓶口应烫蜡，以防水汽透入。

二、注射用冻干制品

1. 冻干无菌粉末的制备工艺

（1）流程图　制备冻干无菌粉末前药液的配制基本与水性注射剂相同，其冻干粉末的制备工艺流程如图 2-15 所示。

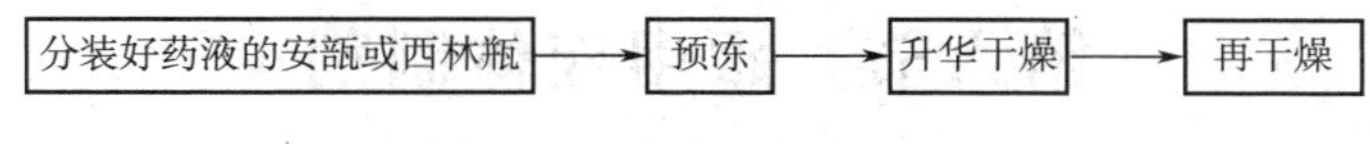

图 2-15　冷冻干燥流程图

（2）制备工艺　由冷冻干燥原理可知，冻干粉末的制备工艺可以分为预冻、减压、升华、干燥等几个过程，具体内容见其他章节。此外，药液在冻干前需经过滤、灌装等处理过程。

2. 冷冻干燥中存在的问题及处理方法

冷冻干燥制品除应符合一般注射剂的一些质量控制标准外，应为完整的块状物或海绵状物，具有足够的强度，不易碎成粉，外形饱满不萎缩，色泽均一，干燥充分，保持药物稳定，加入溶剂后能迅速恢复成冻干前的状态。冷冻干燥制品常见的问题有含水量偏高、喷瓶、外形不饱满或萎缩成团块以及澄明度等。

(1) 含水量偏高　装入容器的药液过厚，升华干燥过程中供热不足，冷凝器温度偏高或真空度不够，出箱时制品温度低于室温等原因均可能导致含水量偏高。可采用旋转冷冻机及其他相应的方法解决。

(2) 喷瓶　如果供热太快，受热不均或预冻不完全，则易在升华过程中使制品部分液化，在真空减压条件下产生喷瓶。为防止喷瓶，必须控制预冻温度在共熔点以下 10～20℃，同时加热升华，温度不宜超过低共熔点。

(3) 产品外形不饱满或萎缩　如果冻干开始时水分升华过快，制品形成的已干外壳结构致密，升华的水蒸气穿过阻力过大，水蒸气在已干部分停留时间过长，使这部分药品逐渐潮解以致体积收缩，外形不饱满或萎缩。另外一些黏稠的药液由于结构过于致密，在冻干过程中内部水蒸气逸出不完全，冻干结束后，制品会因潮解而萎缩，遇这种情况通常可在处方中加入适量甘露醇、氯化钠等填充剂，并采取反复预冻法，以改善制品的通气性，产品外观即可得到改善。

三、典型冻干无菌粉末处方及制备工艺分析

注射用辅酶 A (coenzyme A) 的无菌冻干制剂。本品为体内乙酰化反应的辅酶，有利于糖、脂肪以及蛋白质的代谢。用于白细胞减少症、原发性血小板减少性紫癜及功能性低热。

【处方】辅酶 A　56.1 单位　水解明胶(填充剂)　5mg
甘露醇(填充剂)　10mg　葡萄糖酸钙(填充剂)　1mg
半胱氨酸(稳定剂)　0.5mg

【制备】将上述各成分用适量注射水溶解后，无菌过滤，分装于安瓿中，每支 0.5mL，冷冻干燥后封口，漏气检查即得。

【处方及工艺分析】

(1) 本品为静脉滴注，一次 50 单位，一日 50～100 单位，临用前用 5%葡萄糖注射液 500mL 溶解后滴注。肌内注射，一次 50 单位，一日 50～100 单位，临用前用生理盐水 2mL 溶解后注射。

(2) 辅酶 A 为白色或微黄色粉末，有吸湿性，易溶于水，不溶于丙酮、乙醚、乙醇，易被空气、过氧化氢、碘、高锰酸盐等氧化成无活性二硫化物，故在制剂中加入半胱氨酸等，用甘露醇、水解明胶等作为赋形剂。

(3) 辅酶 A 在冻干工艺中易丢失效价，故投料量应酌情增加。

第六节　眼用液体制剂

一、概念与质量要求

凡是供洗眼、滴眼用于治疗或诊断眼部疾病的液体制剂，称为眼用制剂。它们多数为真溶液或胶体溶液，少数为混悬液或油溶液。眼部给药后，在眼球内外部发挥局部治疗作用。近年来，一些眼用新剂型，如眼用膜剂、眼胶以及接触眼镜等也已逐步应用于临床。

二、眼用药物的吸收途径及影响吸收的因素

1. 吸收途径

药物溶液滴入结膜囊后主要经过角膜和结膜两条途径吸收。一般认为，滴入眼中的药物首先进入角膜内，通过角膜至前房再进入虹膜；药物经结膜吸收时，通过巩膜可达眼球后部。

用于眼部的药物，多数情况下以局部作用为主，亦有眼部用药发挥全身治疗作用的报道。常用的滴入方法，使大部分药物在结膜的下穹隆中，借助毛细血管、扩散或眨眼等进入角膜前的薄膜层，由此渗入角膜。当滴入给药吸收太慢时，可将其注射入结膜下或眼角后的眼球囊（特农氏囊），药物可通过巩膜进入眼内，对睫状体、脉络膜和视网膜发挥作用。若将药物注射于球后，则药物进入眼后段，对球后神经及其他结构发挥作用。

此外，药物尚可通过眼以外的部位给药后分布到眼球，有些药物能透过血管与眼球间的血-水屏障，但有些药物全身给药后往往达到中毒浓度后才能发挥治疗作用。因此作用于眼的药物多采用局部给药。

2. 影响吸收的因素

（1）药物从眼睑缝隙的损失　人正常泪液容量约 7μL，若不眨眼，可容纳 30μL 左右的液体。通常一滴滴眼液 50～70μL，约 70%的药液从眼部溢出而造成损失。若眨眼则有 90%的药液损失，加之泪液对药液的稀释损失更大，因而应增加滴药次数，有利于提高主药的利用率。

（2）药物从外周血管消除　药物在进入眼睑和结膜的同时也通过外周血管从眼组织消除。结膜的血管和淋巴管很多，并且当有外来物引起刺激时，血管扩展，因而透入结膜的药物有很大比例将进入血液，并有可能引起全身性副作用。

（3）pH 值与 pK_a 值　角膜上皮层和内皮层均有丰富的类脂物，因而脂溶性药物易渗入，水溶性药物则较易渗入角膜的水性基质层，两相都能溶解的药物容易通过角膜，完全解离的药物难以透过完整的角膜。

（4）刺激性　眼用制剂的刺激性较大时，使结膜的血管和淋巴管扩张，不仅增加药物从外周血管的消除，而且能使泪腺分泌增多。泪液过多将稀释药物浓度，并溢出眼睛或进入鼻腔和口腔，从而影响药物的吸收利用，降低药效。

（5）表面张力　滴眼剂表面张力越小，越有利于泪液与滴眼剂的充分混合，也有利于药物与角膜上皮接触，使药物容易渗入。适量的表面活性剂有促进吸收的作用。

（6）黏度　增加黏度可使药物与角膜接触时间延长，有利于药物的吸收。

三、眼用液体制剂的制备

1. 工艺流程图

眼用液体制剂的工艺流程如图 2-16 所示。

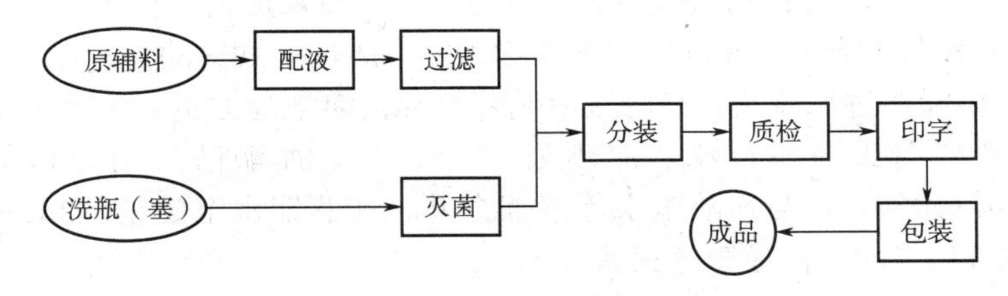

图 2-16　滴眼剂制备工艺流程图

此工艺适用于药物性质稳定者，对于不耐热的主药，需采用无菌法操作。而对用于眼部手术或眼外伤的制剂，应制成单剂量包装，如安瓿剂，并按安瓿生产工艺进行，保证完全无菌。洗眼液用输液瓶包装，按输液工艺处理。

2. 眼用液体制剂的制备

（1）容器及附件的处理　滴眼瓶一般为中性玻璃瓶，配有滴管并封有铝盖；配以橡胶帽塞的滴眼瓶简单实用。玻璃质量要求与输液瓶同，遇光不稳定者可选用棕色瓶。塑料瓶包装价廉、不碎、轻便，亦常用。但应注意与药液之间存在物质交换，因此塑料瓶应通过试验后方能确定是否选用。洗涤方法与注射剂容器同，玻璃瓶可用干热灭菌，塑料瓶可用气体灭菌。

橡胶塞、帽直接与药液接触，亦有吸附药物与抑菌问题，常采用饱和吸附的办法解决。

（2）配滤　药物、附加剂用适量溶剂溶解，必要时加活性炭（0.05%～0.3%）处理，经滤棒、垂熔滤球或微孔滤膜过滤至澄明，加溶剂至足量，灭菌后做半成品检查。眼用混悬剂的配制，先将微粉化药物灭菌，另取表面活性剂、助悬剂加少量灭菌蒸馏水配成黏稠液，再与主药用乳匀机搅匀，添加无菌蒸馏水至全量。

（3）无菌灌装　目前生产上均采用减压灌装。

（4）质量检查　检查澄明度、主药含量、抽样检查铜绿假单胞菌及金黄色葡萄球菌。

（5）印字包装　同注射剂。

四、滴眼剂处方及制备工艺分析

例 1　氯霉素滴眼液（chloramphenic gutta）

本品用于治疗砂眼、急慢性结膜炎、眼睑缘炎、角膜溃烂、麦粒肿、角膜炎等。

【处方】				
	氯霉素（主药）	0.25g	氯化钠（渗透压调节剂）	0.9g
	尼泊金甲酯（抑菌剂）	0.023g	尼泊金丙酯（抑菌剂）	0.011g
	蒸馏水加至	100mL		

【制备】取尼泊金甲酯、尼泊金丙酯，加沸蒸馏水溶解，于60℃时溶入氯霉素和氯化钠，过滤，加蒸馏水至足量，灌装，100℃、30min灭菌。

【处方及工艺分析】

（1）氯霉素对热稳定，配液时加热以加速溶解，用100℃流通蒸气灭菌。

（2）处方中可加硼砂、硼酸作缓冲剂，亦可调节渗透压，同时还可增加氯霉素的溶解度，但此处不如用生理盐水为溶剂者更稳定及刺激性小。

例 2　醋酸可的松滴眼液（混悬液）（coltilen gutta）

本品用于治疗急性和亚急性虹膜炎、交感性眼炎、小泡性角膜炎、角膜炎等。

【处方】				
	醋酸可的松（微晶）（主药）	5.0g	吐温-80（表面活性剂）	0.8g
	硝酸苯汞（抑菌剂）	0.02g	硼酸（渗透压调节剂）	20.0g
	羧甲基纤维素钠（混悬剂）	2.0g	蒸馏水加至	1000mL

【制备】取硝酸苯汞溶于处方量50%的蒸馏水中，加热至40～50℃，加入硼酸、吐温-80使溶解，3号垂熔漏斗过滤待用；另将羧甲基纤维素钠溶于处方量30%的蒸馏水中，用垫有200目尼龙布的布氏漏斗过滤，加热至80～90℃，加醋酸可的松微晶搅匀，保温30min，冷至40～50℃，再与硝酸苯汞等溶液合并，加蒸馏水至足量，200目尼龙筛过滤两次、分装、封口，100℃流通蒸气灭菌30min。

【处方及工艺分析】

（1）醋酸可的松微晶的粒径应为5～20μm，过粗易产生刺激性，降低疗效，甚至会损伤角膜。

（2）羧甲基纤维素钠为助悬剂，配液前需精制。本滴眼液中不能加入阳离子型表面活性剂，因与羧甲基纤维素钠有配伍禁忌。

（3）为防止结块，灭菌过程中应振摇，或采用旋转无菌设备，灭菌前后均应检查有无结块。

（4）硼酸为 pH 与等渗调节剂，因氯化钠能使羧甲基纤维素钠黏度显著下降，促使结块沉降，改用2%的硼酸后，不仅改善降低黏度的缺点，且能减轻药液对结膜的刺激性。本品 pH 为 4.5～7.0。

第十四章

半固体制剂

第一节　软膏剂

软膏剂（ointments）是指药物与油脂性或水溶性基质混合制成的均匀半固体外用制剂。软膏剂根据基质的不同，可分为油脂性软膏剂，如硫软膏；水溶性软膏剂，如利多卡因软膏。根据药物在基质中分散状态不同，可分为溶液型软膏剂和混悬型软膏剂。溶液型软膏剂为药物溶解（或共熔）于基质或基质组分中制成的软膏剂，如氢化可的松软膏。混悬型软膏剂为药物细粉均匀分散于基质中制成的软膏剂，如硫软膏、庆大霉素软膏。

一、软膏剂的基质

基质（bases）不仅是软膏的载体，且对制剂的质量和疗效发挥起着重要的作用。基质的类型与软膏剂的发展密切相关。我国古代传统使用的软膏基质主要为天然油脂性物质，如豚脂、羊脂、麻油、蜂蜡等。近代随着石油工业的发展，凡士林、石蜡等作为基质广泛使用。现代随着各种高分子合成材料的研制成功和投入生产，新型的优良水溶性基质逐渐应用于软膏剂。通常情况下，软膏剂的基质可分为油脂性基质和水溶性基质两种。

1. 油脂性基质

油脂性基质（oleaginous bases）是指来源于烃类、动植物油脂、类脂及聚硅氧烷类等物质组成的基质。

该类基质适用于慢性皮损、伤口愈合和某些感染性皮肤病的早期，但不适用于有较多渗出液的皮损部位；适用于遇水不稳定的药物软膏剂（如金霉素）；并可作为乳膏基质的油相组成部分。

根据油脂性基质的来源和化学组成特点，主要分为油脂类、烃类、聚硅氧烷类和类脂类四大类。

（1）油脂类（oils and fats）　油脂类是指从动物或植物中得到的饱和或不饱和高级脂肪酸甘油酯及其混合物。来源于动物的油脂类已很少应用。常用的为植物油类，如花生油、蓖麻油、橄榄油等，但不能单独用作软膏基质，常与固体油脂性基质合用，调节基质的稠度、润滑性或降低基质熔点。油脂类基质中含有不饱和脂肪酸甘油酯，遇光、空气、高温及长期储存易氧化降解，需加入油溶性的抗氧剂。

（2）烃类（hydrocarbons）　烃类是从石油蒸馏后得到的混合物，其中大部分属于饱和烃。该类基质化学性质稳定，无臭味，无毒，无刺激性，不会酸败，与药物相容性好，特别适用于遇水不稳定的药物。烃类基质主要包括凡士林、固体石蜡、液状石蜡和微晶蜡等。

① 凡士林（petrolatum，vaselin） 凡士林是由液体和固体烃类组成的半固体混合物，熔程为38～60℃，凝固范围为48～51℃。有黄、白两种，白凡士林为黄凡士林经漂白而成。凡士林具有良好的封闭性和润滑性，可单独用作软膏基质。凡士林仅能吸收约5%的水，故不适用于有多量渗出液的患处。凡士林中加入适量羊毛脂、胆固醇或某些高级醇类可提高其吸水性能，如在凡士林中加入15%羊毛脂，可使其吸水量增至50，蜂蜡、石蜡、硬脂酸、植物油等与凡士林合用，可调节凡士林黏稠度，改善其涂布性。

例：单软膏

【处方】黄蜂蜡 50g　黄凡士林 950g

【制法】取黄蜂蜡水浴加热熔化后，加入黄凡士林混合均匀，即得。

单软膏也可用白蜂蜡和白凡士林依上述处方和制法制得。上述两种单软膏均为《美国药典》（USP）所收载，并分别称为黄软膏（yellow ointment）和白软膏（white ointment）。

② 固体石蜡（paraffin）与液状石蜡（liquid paraffin） 固体石蜡为固体饱和烃混合物，熔程50～65℃。液状石蜡为液态饱和烃类。它们均可与多种植物油或挥发油混合；可作为乳膏基质的油相组成，并调节基质稠度。液状石蜡与药物粉末共研，以利于药物与基质混匀。

③ 微晶蜡（microcrystalline wax） 熔程54～102℃，黏度和硬度较石蜡高。微晶蜡可与各种矿物蜡、植物蜡或热的脂肪油互溶，具有很好的吸油性能。主要用于油脂性基质或乳膏基质油相组成成分，调节基质稠度。

（3）聚硅氧烷类（silicones） 聚硅氧烷类中最常用的是二甲基硅油（dimethicone），简称硅油。本品为无色或淡黄色的透明油状液体，无臭，无味，黏度随分子量的增加而增大。本品化学性质稳定，无毒，对皮肤无刺激性，不妨碍皮肤的正常功能，不污染衣物，具有优良的防水性和润滑性，表面张力小，易于涂布；常用作乳膏的润滑剂，最大用量可达10%～30%。本品对眼睛有刺激性，不宜作眼膏基质。

例：防护性软膏基质

【处方】二甲基硅油-200 30g　白蜂蜡 3.5g　白凡士林 66.5g

【制法】先取处方量白蜂蜡水浴熔化，再加入二甲基硅油-200搅拌混匀，最后加入白凡士林，搅拌，冷却凝结，即得。

（4）类脂类（lipids） 类脂为高级脂肪酸与高级脂肪醇酯化而成，有类似脂肪的物理性质，但化学性质较脂肪稳定，并有一定的表面活性和吸水性，可改善凡士林的吸水性与渗透性，并可用作W/O型乳化剂。油脂性基质中常用的类脂成分为羊毛脂及其衍生物、蜂蜡和鲸蜡等。

① 羊毛脂（lanolin，wool fat）及其衍生物 羊毛脂是从羊毛中获得，经纯化、除臭和漂白而制得的淡黄色黏稠、微具臭味的半固体脂肪性物质混合物，主要由胆固醇、羊毛甾醇和脂肪醇等的脂肪酸酯组成，熔程36～42℃。常用的羊毛脂包括无水羊毛脂和含水羊毛脂两种。无水羊毛脂含水量低于0.25%，较黏稠，具有良好的吸水性和润滑性，可吸收约两倍其质量的水而形成W/O型乳膏基质。含水羊毛脂，即含30%水分的羊毛脂，黏性较无水羊毛脂小。羊毛脂类似皮肤脂质，有利于药物的透皮吸收，但有时会产生过敏反应。

羊毛脂及其衍生物与烃类基质如凡士林熔合形成的不含水基质，具有一定的亲水性（或吸水性），可吸收其基质几倍量的水分，形成油包水（W/O）型乳膏基质并仍然保持其半固体状态，故称为吸收性基质（absorption bases）或亲水性基质（hydrophilic bases）。

例：亲水性凡士林基质（hydrophilic petrolatum）

【处方】胆固醇 30g　硬脂醇 30g　白蜂蜡 80g　白凡士林 860g

【制法】先取处方量硬脂醇和白蜂蜡水浴熔化，再加入胆固醇搅拌直至溶解，最后加入白凡士林，搅拌均匀，冷却，即得。

②蜂蜡（beeswax）与鲸蜡（spermaceti）　蜂蜡的主要成分为棕榈酸蜂蜡醇酯，并含有少量的游离高级醇及高级酸，具有一定的乳化性能。鲸蜡主要成分为棕榈酸鲸蜡醇酯及少量游离高级脂肪醇类，熔程 42～50℃。蜂蜡与鲸蜡不易酸败，为较弱的 W/O 型乳化剂，在 O/W 型乳膏型基质中起稳定作用，并可取代部分其他油相成分，以调节乳膏基质的稠度或提高其稳定性。

2. 水溶性基质

水溶性基质（water-soluble bases）是指能完全溶解于水的半固体物质组成的基质，如甘油明胶、聚乙二醇类（PEG）、聚氧乙烯（40）硬脂酸酯和聚山梨酯类等，其中最常用的为甘油明胶和 PEG。该类基质因不含油性成分，能完全用水洗净。

甘油明胶由明胶、甘油和水加热制成。一般明胶用量为 1%～3%，甘油为 10%～30%。本品易涂布，涂后能形成一层保护膜，因本身具有弹性，故使用时较舒适。

固体 PEG 与液体 PEG 以适当比例混合，可制得半固体的软膏基质。此类基质易溶于水，具有良好的润滑性，易洗除，可与渗出液混合，耐高温，不易霉变。但因其较强的吸水性，对皮肤有一定的刺激性，且久用可引起皮肤脱水干燥；对季铵盐类、山梨糖醇及羟苯酯类等有配伍变化。

例：含 PEG 的水溶性基质

【处方】PEG-3350　400g　PEG-400　600g

【制法】将两种聚乙二醇 65℃水浴中加热熔化，混合，搅拌至冷凝，即得。

通常 PEG 类软膏基质中含水量不超过 5%；若需加入 6%～25%水性液体时，可用 30～50g 硬脂醇取代等量的 PEG-3350。

二、软膏剂的制备与实例

软膏剂主要由药物、基质和附加剂组成，也可不含药物。其中不含药物的软膏主要发挥保护和润滑作用，而含药物的软膏剂主要发挥局部治疗作用，广泛应用于皮肤科及其他一些外科疾病的治疗。软膏剂中除药物和基质外，主要的附加剂有抑菌剂、溶剂、乳化剂、抗氧剂、增稠剂、皮肤渗透促进剂等，通常含量较低，可根据需要适当添加。

软膏剂的制备方法主要有研合法和熔合法两种。可根据药物性质、软膏基质的组成、制备量和设备条件等选择合适的方法，以确保制得的软膏均匀、细腻、剂量准确，并保证疗效。

1. 制备方法及设备

（1）研合法（incorporation method）　研合法即将药物粉碎过筛，加入少量基质研磨混匀或溶解于适宜基质后，再与剩余基质按等量递加法混匀的方法。此法用于少量软膏的制备，可用软膏刀在陶瓷或玻璃软膏板上调制或在乳钵中研制。大量制备时，可用电动研钵或软膏研磨机。

（2）熔合法（fusion method）　熔合法即将软膏中部分或所有组分熔化混合均匀，并搅拌冷却形成软膏的方法。此法适用于基质熔点较高的软膏制备。小规模生产时，熔合过程可在陶瓷盘或烧杯中进行。大规模生产时，熔合过程在蒸汽夹层加热容器中进行（见图 2-17）。由蜂蜡、石蜡、硬脂醇和分子量较高的 PEG 等组成的软膏基质熔合时，应将熔点最高的组分先在所需的最低温度加热熔化，再在不断搅拌冷却过程中加入其他组分，直至冷凝。

若药物溶于软膏基质，可将药物直接加入适宜温度的基质中或用少量有机溶剂溶解后加入软膏中；若药物不溶于软膏，可先与少量基质研匀后再加入剩余量适宜温度的熔融基质中，搅拌混匀。若想获得更均匀细腻的软膏剂，可在软膏冷凝后进一步经软膏研磨机（大规模生产中）挤压或研钵研磨。

软膏制备中的注意事项：

① 基质的处理　油脂性基质若质地纯净可直接取用，若混有异物或大量生产时需加热过滤后再用。一般加热熔融后过数层细布或120目铜丝筛趁热过滤，然后150℃1h干热灭菌并除去水分。

② 药物的加入方法

图 2-17　软膏搅拌机

a. 易溶于基质的药物，宜溶解在基质中制成溶液型软膏。

b. 不溶性药物，应先用适宜方法研磨，过100目筛，并与少量基质或分散介质研成糊状，再与剩余基质混匀。常用的分散介质有液状石蜡、植物油、甘油等液体组分。分散介质的选择应与药物和基质具有良好的物理化学相容性，如油脂性基质常选择液状石蜡等，水溶性基质常选择甘油等。

c. 对于剂量较低的药物，如糖皮质激素类、生物碱盐类等，可用少量适宜的溶剂溶解药物，再加至基质中混匀。水溶性药物可用水溶解，若加至油脂性基质中，最好先与羊毛脂或吸水性基质混匀后再加入。对于遇水不稳定的药物，如一些抗生素、盐酸异丙嗪、盐酸氮芥等不宜用水溶解或含水基质配制。

d. 半固体黏稠状药物，若与基质不易直接混匀，可适当处理后再加入。如鱼石脂中含某些极性成分，不易与凡士林混匀，可先加等量蓖麻油和羊毛脂与之混匀；煤焦油可加少量吐温等表面活性剂研匀；中草药煎剂、流浸膏等可先浓缩至糖浆状；而固体浸膏则可加少量溶剂如水、醇等研成糊状，再与基质混合。

e. 对于挥发性药物成分，如樟脑、薄荷脑、麝香草酚等，单独使用时可用少量适宜溶剂溶解，再加入基质中混匀；或直接溶于约40℃的基质中。若联合应用并能形成低共熔混合物时，可先将其共研至熔化，再加入冷至45℃以下的基质。

f. 对于易氧化、水解的药物和挥发性药物，加入基质时，基质温度不宜过高（60℃以下），以减少药物的破坏和损失。

2. 实例

例：冻疮软膏

【处方】樟脑 30g　薄荷脑 20g　硼酸 50g　羊毛脂 20g　凡士林 880g

【制法】将硼酸过100目筛，与适量液状石蜡（约10mL）研成细腻糊状；再将樟脑、薄荷脑混合研磨使共熔，并与硼砂糊混匀；最后将羊毛脂和凡士林加热熔化，待温度降至50℃时，以等量递加法分次加入以上混合物中，边加边研，直至冷凝。

本品为油脂性基质软膏，用于冻疮的治疗。处方中樟脑与薄荷脑共研形成低共熔混合物而液化，且溶于液状石蜡，故加少量液状石蜡有助于分散均匀，使软膏更细腻。樟脑、薄荷脑遇热易挥发，故待基质温度降至50℃时再加入。处方中羊毛脂可促进药物在皮肤上的扩散。

第二节　乳膏剂

乳膏剂（creams）系指药物溶解或分散于乳状液型基质中形成的均匀半固体外用制剂。乳膏剂根据基质不同，可分为水包油（O/W）型乳膏剂与油包水（W/O）型乳膏剂。

O/W型乳膏连续相为水，易涂布和洗除，无油腻感，色白如雪，故有“雪花膏”（vanishing cream）之称。药物从O/W型乳膏基质中释放和透皮吸收较快，故临床应用广泛。常用于亚急性、慢性、无渗出的皮损和皮肤瘙痒症，忌糜烂、溃疡、水疱及化脓性创面；不宜用于分泌物较多的皮肤病，如湿疹，因其吸收的分泌物可重新进入皮肤（反向吸收）而使炎症恶化。O/W型乳膏储存过程中外相水分易蒸发而使之变硬，故需加入保湿剂，如甘油、丙二醇、山梨醇等，一般用量为5%～20%。

W/O型乳膏因分散相为水，连续相为油，水分只能缓慢蒸发，对皮肤有缓和的冷爽感，故有“冷霜”（cold cream）之称。W/O型乳膏可吸收部分水分或分泌液，具有良好的润滑性、一定的封闭性和吸收性；但不易洗除，且对温度敏感。

乳膏中因有水相存在，储存过程可能霉变，需加入适宜抑菌剂，如羟苯酯类、氯甲酚、三氯叔丁醇等。此外，遇水不稳定的药物，如金霉素、四环素等，不宜制成乳膏。

乳膏对皮肤的正常功能影响较小，随着透皮给药系统的研究进展和新型皮肤渗透促进剂的应用，乳膏的临床用药品种不断增加。

一、乳膏剂的基质

乳膏剂基质（emulsion bases）与乳剂相似，由水相、油相和乳化剂组成。与乳剂不同的是，乳膏基质的油相含有固体或半固体成分，需在一定温度下加热熔化后与水相借乳化剂作用混合乳化，搅拌冷却至室温形成半固体基质。常用的油相成分主要有硬脂酸、石蜡、蜂蜡、高级醇（如十八醇、十六醇）等，可加入液状石蜡、凡士林或植物油等调节油相稠度。乳膏的类型主要取决于乳化剂的类型和油相/水相的比例。常用的乳化剂有皂类、月桂醇硫酸钠、多元醇的脂肪酸酯（如单硬脂酸甘油酯、脂肪酸山梨坦）、聚氧乙烯酯类和醚类（如聚氧乙烯山梨酯、聚氧乙烯醚）等。

（1）皂类　皂类主要包括一价皂和多价皂。

① 一价皂　一价皂为一价金属（如钠、钾、铵）的氢氧化物、硼酸盐或有机碱（如三乙醇胺、三异丙胺等），与脂肪酸（如硬脂酸或油酸）反应生成的新生皂。HLB值为15～18，为O/W型的乳化剂，通常与水相、油相混合形成O/W型乳膏基质，但处方中油相比例较高时能转相形成W/O型乳膏基质。当脂肪酸碳原子数从12递增到18时，一价皂的乳化能力随之递增；但碳原子数增至18以上，乳化能力反而降低。故硬脂酸为最常用的脂肪酸，其用量占基质总量的10%～25%，主要作为油相成分，部分与碱反应形成新生皂。未皂化的硬脂酸被乳化为分散相，并增加基质的稠度。含硬脂酸的乳膏基质，外观光滑美观，不油腻，涂于皮肤后水分蒸发形成一层硬脂酸膜具保护性。但单用硬脂酸为油相的乳膏基质润滑作用小，故常加入适当的油脂性基质（如凡士林、液状石蜡等），调节其稠度和涂展性。

新生皂反应所用的碱性物质对乳膏基质的影响较大。通常新生钠皂制成的乳膏基质较硬。新生钾皂制成的乳膏基质较软，故钾皂有“软肥皂”之称。新生有机铵皂制成的乳膏基质较细腻、光亮美观。因此，新生铵皂可单独作为乳化剂，或与前两者合用。

但以新生皂为乳化剂形成的乳膏基质易被酸、碱、钙、镁、铝等离子或电解质破坏，不宜与酸性或强碱性药物配伍；且一价皂为阴离子型表面活性剂，忌与阳离子型表面活性剂及药物等配伍，如醋酸洗必泰、硫酸庆大霉素等。

例：以有机铵皂为乳化剂的乳膏基质

【处方】硬脂酸 120g　单硬脂酸甘油酯 30g　液状石蜡 60g　羊毛脂 50g　凡士林 10g　三乙醇胺 4g　甘油 50g　羟苯乙酯 1g　纯化水加至 1000g

【制法】将硬脂酸、单硬脂酸甘油酯、液状石蜡、羊毛脂、凡士林在水浴（75～80℃）中加热熔化。另取三乙醇胺、甘油、羟苯乙酯与纯化水混匀，加热至同温度，缓缓加入油相中，边加边搅拌至乳化完全，放冷即得。

处方中三乙醇胺与部分硬脂酸形成有机铵皂起乳化作用。未皂化的硬脂酸作为油相被乳化成分散相，可增加基质的稠度。羊毛脂提高油相的吸水性和药物的穿透性。液状石蜡和凡士林调节基质的稠度，增加基质润滑性。单硬脂酸甘油酯提高油相的吸水性，并作为 O/W 型乳膏基质的辅助乳化剂，提高基质的稳定性。0.1%羟苯乙酯为抑菌剂。

② 多价皂　多价皂为二价或三价金属（如钙、镁、锌、铝等）的氢氧化物与脂肪酸反应形成的新生皂。HLB 值<6，可作为 W/O 型乳化剂。新生多价皂较易形成，制得的 W/O 型乳膏基质中油相的比例大，黏度高；与一价皂形成的 O/W 型乳膏基质相比，稳定性更高。

例：以多价皂为乳化剂的乳膏基质

【处方】硬脂酸 12.5g　单硬脂酸甘油酯 17.0g　蜂蜡 5.0g　地蜡 75.0g　液状石蜡 410.0mL　白凡士林 67.0g　双硬脂酸铝 10.0g　氢氧化钙 1.0g　羟苯乙酯 1.0g　纯化水加至 1000g

【制法】取硬脂酸、单硬脂酸甘油酯、蜂蜡、地蜡在水浴中加热熔化，再加入液状石蜡、白凡士林、双硬脂酸铝，加热至 85℃；另将氢氧化钙、羟苯乙酯溶于纯化水中，加热至 85℃，逐渐加入油相中，边加边搅拌，直至冷凝。

（2）高级脂肪醇和脂肪醇硫酸酯类

① 十六醇及十八醇　十六醇即鲸蜡醇（cetyl alcohol），熔程 45～50℃。十八醇即硬脂醇（stearyl alcohol），熔程 56～60℃。两者均不溶于水，但有一定的吸水性，为弱的 W/O 型乳化剂，可增加基质稠度，并提高基质稳定性。以新生皂为乳化剂的乳膏基质中，用十六醇和十八醇取代部分硬脂酸制得的基质更细腻光亮。

② 十二烷基硫酸钠（sodium lauryl sulfate）　又名月桂醇硫酸钠，为阴离子型表面活性剂和优良的 O/W 型乳化剂，HLB 值 40，常与其他 W/O 型乳化剂合用调整适当 HLB 值，以达到油相所需范围。

本品与阳离子型表面活性剂及阳离子药物如盐酸苯海拉明、盐酸普鲁卡因等配伍后，基质即被破坏，其乳化作用的适宜 pH 应为 6～7，不应小于 4 或大于 8。

例：以十二烷基硫酸钠为乳化剂的乳膏基质

【处方】硬脂醇 250g　十二烷基硫酸钠 10g　白凡士林 250g　羟苯甲酯 0.25g　羟苯丙酯 0.15g　丙二醇 120g　纯化水加至 1000g

【制法】取硬脂醇与白凡士林在水浴上熔化，加热至 75℃，为油相；其余成分溶于纯化水并加热至 75℃，为水相。不断搅拌下将油相加至水相，乳化分散均匀直至冷凝，即得。

（3）多元醇酯类

① 硬脂酸甘油酯　硬脂酸甘油酯是单、双硬脂酸甘油酯的混合物，主要含单硬脂酸甘油酯。本品不溶于水，可溶于液状石蜡、脂肪油或植物油等，为弱的 W/O 型乳化剂，与较强的 O/W 型乳化剂合用可提高乳膏基质的稳定性，且产品细腻润滑，用量为 3%～15%。

例：含硬脂酸甘油酯的乳膏基质

【处方】硬脂酸甘油酯 35g　硬脂酸 120g　液状石蜡 60g　白凡士林 10g　羊毛脂 50g　三乙醇胺 4g　羟苯乙酯 1g　纯化水加至 1000g

【制法】将油相成分（即硬脂酸甘油酯、硬脂酸、液状石蜡、白凡士林、羊毛脂）与水相成分（三乙醇胺、羟苯乙酯及纯化水）分别加热至 80℃。不断搅拌下将熔融的油相加入水相中直至冷凝，即得。

② 脂肪酸山梨坦与聚山梨酯类　脂肪酸山梨坦，商品名 Spans，HLB 值为 4.3～8.6，为 W/O 型乳化剂。聚山梨酯，商品名 Tweens，HLB 值为 10.5～16.7，为 O/W 型乳化剂。两者均为非离子型表面活性剂，可单独使用或与其他乳化剂合用。无毒、中性，热稳定，对黏膜与皮肤的刺激性小，且能与酸性盐、电解质配伍，但与碱类、重金属盐、酚类及鞣质等有配伍变化，如聚山梨酯与某些酚类、羧酸类药物（如间苯二酚、麝香草酚、水杨酸等）作用，使乳剂破坏。聚山梨酯能严重抑制一些消毒剂或抑菌剂的效能，如与羟苯酯类、季铵盐类、苯甲酸等配位反应而使之部分失活，但可适当增加抑菌剂用量予以克服。非离子型表面活性剂为乳化剂的基质中可用山梨酸、洗必泰碘和氯甲酚等为抑菌剂，用量约 0.2%。

例：含聚山梨酯的 O/W 型乳膏基质

【处方】硬脂酸 150g　白凡士林 100g　单硬脂酸甘油酯 85g　聚山梨酯-80 30g　油 75g　山梨酸 2g　纯化水加至 1000g

【制法】将油相成分（即硬脂酸、单硬脂酸甘油酯及白凡士林）与水相成分（聚山梨酯-80、甘油、山梨酸及水）分别加热至 80℃，不断搅拌下将油相加入水相直至冷凝，即得。

例：含脂肪酸山梨坦的 W/O 型乳膏基质

【处方】单硬脂酸甘油酯 120g　蜂蜡 50g　石蜡 50g　白凡士林 50g　液状石蜡 250g　油酸山梨坦 20g　聚山梨酯-80 10g　羟苯乙酯 1g　纯化水加至 1000g

【制法】将油相成分（即单硬脂酸甘油酯、蜂蜡、石蜡、白凡士林、液状石蜡、油酸山梨坦）与水相成分（聚山梨酯-80、羟苯乙酯、纯化水）分别加热至 80℃，不断搅拌下将水相加到油相直至冷凝，即得。

（4）聚氧乙烯醚类

平平加 O 为脂肪醇聚氧乙烯醚类，非离子型 O/W 乳化剂，HLB 值为 16.5。本品冷水中溶解度比热水中大，水溶液澄清透明，pH6～7，对皮肤无刺激；性质稳定，耐酸、碱、硬水，耐热，耐金属盐。

例：含平平加 O 的 O/W 型乳膏基质

【处方】平平加 O 25g　十六醇 100g　白凡士林 100g　液状石蜡 100g　甘油 50g　羟苯乙酯 1g　纯化水加至 1000g

【制法】将油相成分（十六醇、液状石蜡及白凡士林）与水相成分（平平加 O、甘油、羟苯乙酯及纯化水）分别加热至 80℃，不断搅拌下将油相加入水相直至冷凝，即得。

二、乳膏剂的制备与实例

乳膏剂主要由药物、基质和附加剂组成。乳膏中常用的附加剂有抑菌剂、保湿剂、溶剂、抗氧剂、增稠剂、矫味剂、渗透促进剂等。乳膏基质的类型除与乳化剂的类型有关外，基质中油相和水相的比例影响很大。

1. 制备方法与设备

乳膏的常用制备方法为乳化法，乳化法即将处方中油溶性组分（如硬脂酸、液状石蜡、高级脂肪醇类及单硬脂酸甘油酯等）加热至70～80℃，熔化形成油溶液（油相）；另将水溶性成分（如硼砂、NaOH、O/W型乳化剂、抑菌剂、保湿剂等）溶于水，加热至较油温略高时（水相），在不断搅拌下将水相与油相混合成乳，真空脱气，直至冷凝，即得乳膏基质。若药物溶于水相或油相，可在乳化前加入；若药物在水相和油相均不溶解，则在基质成型后，将药物适当分散均匀后再加入乳膏基质。

乳膏制备时的注意事项如下：

（1）搅拌时尽量避免混入空气，乳膏中有气泡残留，不仅容积增大，且可能导致乳膏储存过程分离和酸败。

（2）乳膏制备过程温度控制非常重要，如果水相温度较低时加入油相，可能导致一些油相凝固，大量生产时可采用带夹层加热的真空均质乳化机（见图2-18）。若制得的乳膏基质不够细腻，可在温度降至30℃时通过胶体磨或软膏研磨机研细。

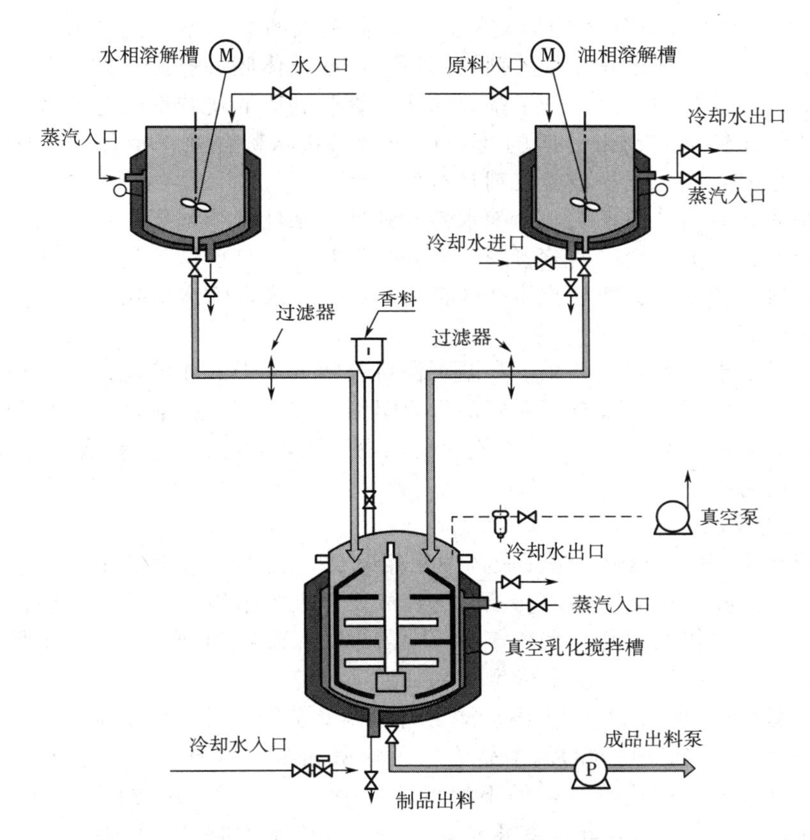

图2-18　真空均质乳化机制备乳膏的流程示意图

（3）乳膏制备中水相和油相的混合方法主要有三种：两相同时掺合，适用于配备输液泵和连续混合装置的乳膏生产线；分散相加入连续相中，适用于含小体积分散相的乳膏；连续相加入分散相中，适用于多数乳膏基质的制备，混合过程引起乳剂转型，形成更为细小的分散粒子。

2. 乳膏实例

例：皮炎平乳膏

【处方】硬脂酸 45g　单硬脂酸甘油酯 22.5g　硬脂醇 50g　液状石蜡 27.5g　丙二醇 10g　三乙醇胺 3.75g　羟苯甲酯 0.5g　羟苯丙酯 0.5g　醋酸地塞米松 0.75g　樟脑 10g　薄荷脑 10g　纯化水加至1000g

【制法】将处方量的硬脂酸、单硬脂酸甘油酯、硬脂醇和液状石蜡在80℃水浴熔化为油相，备用。另将甘油、三乙醇胺、羟苯甲酯和羟苯丙酯溶于水中并加热至80℃作为水相，搅拌下将水相缓慢加入油相，形成乳膏基质，再加入醋酸地塞米松的丙二醇溶液，搅拌；待冷至50℃时加入研磨共熔的樟脑和薄荷脑，继续搅拌混匀即得。

本品为O/W型乳膏，用于神经性皮炎、接触性皮炎、脂溢性皮炎以及慢性湿疹。处方中部分硬脂酸与三乙醇胺反应生成一价皂作为O/W型乳化剂，醋酸地塞米松为难溶性药物，以丙二醇为溶剂溶解后加入基质中，樟脑和薄荷脑研磨可共熔，为防止樟脑、薄荷脑遇热挥发，应待基质温度降至50℃时再加入。

第三节　凝胶剂

凝胶剂（gels）是指药物与能形成凝胶的辅料制成的溶液型、混悬型或乳状液型的稠厚半固体制剂。除另有规定外，凝胶剂局部用于皮肤及体腔如鼻腔、阴道和直肠。其中乳状液型凝胶剂又称乳胶剂。由高分子基质如西黄蓍胶制成的凝胶剂又称为胶浆剂，小分子无机药物如氢氧化铝凝胶剂由分散的药物粒子以网状结构存在于液体中，属双相分散系统，也称混悬型凝胶剂。混悬型凝胶剂具有触变性。

凝胶剂基质属单相分散系统，分为水性和油性。水性凝胶基质一般由水、甘油或丙二醇与纤维素衍生物、卡波姆、西黄蓍胶、明胶、淀粉和海藻酸钠等组成；油性凝胶基质常由液状石蜡与聚乙烯或脂肪油与胶体硅或铝皂、锌皂构成，临床应用较多的是水性基质凝胶剂，简称水凝胶。

凝胶剂质量要求：均匀、细腻，常温下保持胶状，不干涸或液化；混悬型凝胶剂中胶粒应分散均匀，不应下沉；可根据需要加入保湿剂、抑菌剂、抗氧剂、乳化剂、增稠剂及透皮促进剂等；应调节适宜pH；基质不应与药物发生理化作用；除另有规定外，应避光、密闭储存，并应防冻。

1. 凝胶剂的基质

水性凝胶基质（hydrogel）是凝胶剂中常用基质，大多在水中溶胀而不溶解，该类基质涂展性好，易洗除，无油腻感，利于药物释放，能吸收组织渗出液，不妨碍皮肤的正常功能，缺点是润滑性较差，易失水和霉变，常需添加保湿剂和抑菌剂，且用量较大，常用的水性凝胶基质有卡波姆、纤维素衍生物和甘油明胶等。

（1）卡波姆（Carbomer）　为丙烯酸键合烯丙基蔗糖或季戊四醇烯丙醚的高分子聚合物，商品名为卡波普（Carbopol）。本品为白色松散粉末，具有很强的引湿性。分子中含有大量羧基，可在水中迅速溶胀，但不溶解，1%水分散液的pH约为3.11，黏性较低。当加碱中和时，大分子逐渐溶解，黏度逐渐上升，在低浓度时可形成澄明溶液，在浓度大时则形成透明凝胶，当pH为6～11时，黏度和稠度最大，凝胶的黏度和稠度与中和所用的碱量及卡波姆的浓度有关。

例：卡波姆凝胶基质

【处方】卡波姆-940/980 10g　乙醇 50g　甘油 50g　聚山梨酯-80 2g　羟苯乙酯 1g　三乙醇胺 13.5g　纯化水加至1000g

【制法】将卡波姆-940/980与聚山梨酯-80及800mL纯化水混合溶胀成半透明溶液，边搅拌边滴加处方量的三乙醇胺，再将羟苯乙酯溶于乙醇后逐渐加入，最后添加纯化水至全量，搅拌均匀即得透明凝胶。

（2）纤维素衍生物　为纤维素衍生化后形成的在水中可溶胀或溶解的胶性物，调节适宜的稠度可形成水性凝胶基质，常用的有甲基纤维素（MC）、羧甲基纤维素钠（CMC-

Na）和羟丙甲纤维素（HPMC），常用浓度为2%～6%，MC缓慢溶于冷水，不溶于热水，但湿润、放置冷却后可溶解，在pH2～12范围稳定，但加热和冷却会导致不可逆的黏度下降，CMC-Na溶于冷水或热水，1%的水溶液pH为6～8，当pH低于5或高于10时其黏度显著下降；115℃热压灭菌30min，黏度下降。HPMC溶于冷水成黏性溶液，在pH3.0～11.0时稳定。该类基质涂布于皮肤时有较强的黏附性，易失水干燥而有不适感，常加入10%～15%的甘油作保湿剂，储存易长菌，需加入抑菌剂。

例：MC凝胶基质

【处方】甲基纤维素 60g　甘油 100g　硝（醋）酸苯汞 0.05g　纯化水加至 1000g

【制法】将硝酸苯汞溶于适量纯化水中，缓慢加至MC与甘油混合物中，搅拌至MC溶胀成凝胶状，再加纯化水至足量。

例：CMC-Na凝胶基质

【处方】羧甲基纤维素钠 60g　甘油 150g　羟苯乙酯 2g　纯化水加至 1000g

【制法】将羧甲基纤维素钠与甘油混匀，然后加入适量热纯化水，放置待溶胀成凝胶后，再加入羟苯乙酯溶液，并加纯化水至足量。

2. 凝胶剂的制备与实例

凝胶剂的一般制法是：将水性凝胶材料加水溶胀形成凝胶基质，再将药物溶于或分散于少量水或甘油中，加入基质中搅匀，即得。

例：林可霉素利多卡因凝胶（绿药膏）

【处方】林可霉素 5g　利多卡因 4g　丙二醇 100g　羟苯乙酯 1g　卡波姆 5g　三乙胺 6.75g　纯化水加至 1000g

【制法】将卡波姆与500mL纯化水混合溶胀成半透明溶液，边搅拌边滴加处方量的三乙醇胺形成凝胶基质；再将羟苯乙酯溶于丙二醇后逐渐加入，搅匀；将林可霉素、利多卡因溶于剩余量纯化水中，加入上述凝胶基质中，搅拌均匀，即得。

第四节　半固体制剂的包装与质量评价

一、半固体制剂的包装与储存

直接接触软膏剂、乳膏剂、凝胶剂等半固体制剂的包装主要有广口瓶或锡管、铝管、塑料管或铝塑复合管等软管。软管密封性好，使用方便，不易污染。半固体制剂的包装容器不应与药物或基质发生理化作用，若药物遇金属软管引起化学反应，可在管内涂一薄层蜂蜡与凡士林（6∶4）的熔合物或环氧酚醛型树脂防护层隔离。图2-19为软膏管灌装封尾机。

图2-19　软膏管灌装封尾机

二、半固体制剂的质量评价

1. 质量要求

半固体制剂在生产和储存过程中应满足下列质量要求：

① 根据剂型特点、药物性质、制剂疗效和产品稳定性选择适宜的基质。

② 基质应具备以下特点：性质稳定，与主药和附加剂不发生配伍变化，长期储存不变质；无刺激性和过敏性，不妨碍皮肤的正常功能；稠度适宜、均匀、细腻，润滑，易于涂布，不熔化，黏稠度随季节变化很小；具有吸水性，能吸收伤口分泌物；具有良好的释药性能；易洗除，不污染衣物。

③ 根据需要可适当加入保湿剂、抑菌剂、增稠剂、抗氧剂及透皮促进剂。

④ 应无酸败、异臭、变色、变硬，油水分离及胀气等现象。

⑤ 应遮光密闭，25℃以下阴凉、干燥处储存，但不得冷冻。

⑥ 除另有规定外，按照微生物限度检查法（《中国药典》2020 年版四部通则 1107）检查，应符合规定；用于烧伤或严重创伤时，照无菌检查法（《中国药典》2020 年版四部通则 1101）检查，应符合规定。

在实际应用时，应对基质进行具体分析，并根据治疗目的和药物性质，设计半固体制剂基质。通常考虑以下几点：药物从制剂中释放的速率；药物的治疗作用是局部作用还是全身作用；药物在基质中的稳定性；药物及附加剂与基质的相容性等。

2. 质量评价

（1）主药含量测定

多采用适宜的溶媒提取药物，再进行含量测定，含量测定的关键是药物从基质中的提取和排除基质对主药含量测定的干扰。

（2）物理性状检测

① 外观与粒度　要求色泽均匀一致，质地细腻，无粗糙感，无污物。照粒度和粒度测定法（《中国药典》2020 年版四部通则 0982 第一法），取少量供试品涂于载玻片上，盖以盖玻片，置显微镜下检查，对混悬型制剂，要求均匀分散，不得检出大于 180μm 的粒子。

② 熔程 一般软膏剂以接近凡士林的熔程为宜，烃类基质或其他油脂性基质或原料可照熔点测定法（《中国药典》2020 年版四部通则 0612 第三法）检查。

③ 黏度和稠度　为保证半固体制剂的批内和批间的均匀性，常用黏度或锥入度进行控制。

④ 酸碱度　大多半固体制剂基质成分在精制过程中需用酸或碱处理，有时还需通过酸或调节制剂的强度或稠度，因此需对制剂的 pH 进行控制，以免引起刺激。测定时取供试品，加适量水或乙醇分散混匀，然后用 pH 计测定，pH 通常控制在 4.4～8.3。

（3）刺激性研究

半固体制剂涂于皮肤上时，不得引起皮肤的疼痛、红肿等不良现象。刺激性的测定方法如下：

皮肤用制剂，通常在兔背上左右各剃去毛约 3cm×3cm，休息 24h。取 0.5g 受试制剂均匀涂布于一侧的剃毛部位，形成薄层；然后用二层纱布（2.5cm×2.5cm）和一层玻璃纸或类似物覆盖，再用无刺激性胶布和绷带加以固定。贴敷至少 4h。24 h 后观察涂敷部位有无红斑和水肿等情况，并用空白基质作对照。

（4）稳定性研究

半固体制剂的稳定性主要指性状（酸败、异臭、变色、分层、涂展性）鉴别、含量测定、卫生学检查、皮肤刺激性试验等方面，在一定的储存期内应符合规定。

将制剂按市售包装，分别置于烘箱（39±1)℃、室温（25±3)℃及冰箱（5±3)℃中至少储存一个月，代表不同气温，检查其含量、稠度、失水率、酸碱度、色泽、均匀性、霉变等现象及药物含量的改变等。

（5）药物释放、穿透及吸收测定

药物释放、穿透及吸收的测定方法包括体外试验法和体内试验法。

① 体外试验法　体外试验法有离体皮肤法、半透膜扩散法、凝胶扩散法和微生物扩散法等，其中以离体皮肤法较接近应用的实际情况。

a. 离体皮肤法　在扩散池中将人或动物皮肤固定，测定不同时间由供给池穿透皮肤到接收池溶液中的药物量，计算药物对皮肤的渗透率。

b. 半透膜扩散法　取一定量制剂，装于内径及管长约为 2cm 的短玻璃管，管的一端用玻璃纸封贴上并扎紧，将制剂紧贴于一端的玻璃纸上，并应无气泡，放入装有 100mL 37℃的水中，在一定时间间隔内取样，测定，并绘制释放量对时间的曲线图。

c. 凝胶扩散法　利用含显色指示剂的琼脂凝胶为扩散介质，放入约 10cm 的试管内，在上端 10mm 空隙处装入制剂，紧密接触，隔一定时间测定呈色区高度，以呈色区高度对时间拟合，求扩散系数，并比较不同基质的释药能力。

d. 微生物扩散法　本法适用于含抑菌药物半固体外用制剂。将细菌接种于琼脂平板培养基上，在平板上打若干个大小相同的孔，填入制剂，经培养后测定孔周围抑菌区的大小。

② 体内试验法　将制剂涂于人体或动物的皮肤上，经一定时间后进行测定，具体方法有体液与组织器官中药物含量测定法、生理反应法、放射性示踪原子法等。

第十五章 栓剂

第一节 概述

一、栓剂的种类及一般质量要求

栓剂（suppositories）是指药物与适宜基质制成供腔道给药的固体制剂。栓剂因施用腔道的不同，分为直肠栓、阴道栓和尿道栓。直肠栓为鱼雷形、圆锥形或圆柱形等；阴道栓为鸭嘴形、球形或卵形等；尿道栓一般为棒状。栓剂的形状如图 2-20 所示。

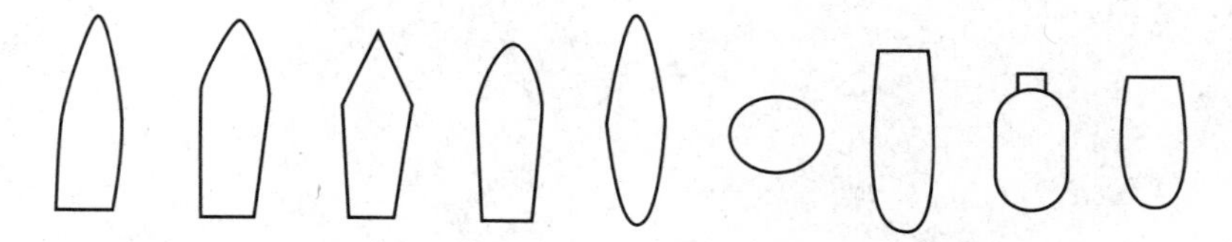

图 2-20 栓剂的形状

按剂型分，栓剂又可分为普通栓剂和缓（控）释栓剂。普通栓剂的应用历史悠久，尤以直肠栓最为常见，目前已有近百个栓剂品种，并由传统的局部治疗转为全身治疗。由于栓剂疗效确切，使用方便，各国又相继研制开发出新型栓剂，包括中空栓、双层栓、微囊栓、海绵栓、凝胶栓、不溶性栓等。中空栓是研究较多的一类新型栓剂，即在栓剂中间的空心部位填充固体或液体药物，亦可将固体药物经添加赋形剂或经制剂技术处理后填入，发挥速释或缓释作用；双层栓可制成内、外两层各含有不同药物，进入体内可先后释放的栓剂，或制成上、下两层，下半部分为水溶性基质，使药物迅速释放，上半部分为脂溶性基质，使药物缓慢释放的栓剂；美国 Alza 公司利用渗透泵原理，制成了渗透泵型控释栓剂；若在栓剂中加入发泡剂即制成泡腾栓，利用泡腾作用可加速药物释放，多为阴道用；以凝胶为载体制成的凝胶栓，在体内逐渐吸水膨胀，可发挥缓释作用，且质地柔软有弹性，无异物感，而且亦可利用基质材料（如甲基纤维素）的敏感特性，制成在体成型的液体型栓剂；还有一种在直肠内不溶解、不崩解，而是通过吸收水分，自身逐渐膨胀，缓慢释药的不溶性栓剂等。

栓剂的一般质量要求：栓剂中的药物与基质应混合均匀，栓剂外形要完整光滑；塞入腔道后应无刺激，应能融化、软化或熔化，并能与分泌液混合，逐渐释放出药物，产生局部或全身作用；应有适宜的硬度，以免在包装或储存时变形。

二、栓剂的作用特点

目前，常用的检剂主要为直肠栓和阴道栓，其中直肠栓既可起局部作用，也可起全身治疗作用。而阴道栓以局部作用为主。

1. 局部作用

对于起腔道局部作用的栓剂，直肠栓主要用于便秘、止痛、止痒、痔疮及肛门直肠炎症等，如甘油栓中的甘油对黏膜的脱水作用使局部受刺激而导致通便；鞣酸栓收敛、消炎，用于治疗痔疮；阴道栓一般用于月经失调、阴道炎及外阴瘙痒等，如复方沙棘籽油栓、鱼腥草钠栓等。

2. 全身作用

在全身治疗作用中，直肠栓可用于镇痛、退热、抗高血压、抗哮喘、抗菌消炎及抗肿瘤等类型药物，与口服剂型相比具有以下特点：

① 药物不受胃肠道 pH 或消化酶的破坏，避免药物对胃的刺激性；

② 避免口服药物的肝首过效应，亦可减少药物对肝的毒副作用；

③ 吸收、起效快，作用时间较口服制剂长；

④ 适合不能或不愿吞服、注射药物的患者。

第二节　栓剂的组成

一、栓剂基质

基质既能使药物成型，又能影响药物发挥其局部或全身治疗作用。用于制备栓剂的基质应符合以下要求：①在室温下有适宜的硬度，塞入腔道时不变形或碎裂。在体温下易软化、熔化或溶解，并与体液混合；②易于成型，不与药物起作用，不妨碍药物的释放与含量测定；③对黏膜无毒、无刺激、无过敏性；④性质稳定，适用于热熔法或冷压法制备栓剂；⑤油脂性基质的酸值在 0.2 以下，皂化值为 200～245，碘值小于 7，熔点与凝固点差距小。

栓剂基质分为油脂性和水溶性两大类。

1. 油脂性基质

(1) 可可豆脂（cocoa butter）　可可豆脂是从植物可可树种仁中得到的一种固体脂肪，主要组分为硬脂酸、棕榈酸、油酸、亚油酸和月桂酸等的甘油三酯。常温下为白色固体，无刺激性，可塑性好，熔点 30～35℃，10～20℃时易碎成粉末，可可豆脂有 α、β、β'、γ 四种晶型。其中以 β 型最稳定，熔点为 34℃。制备栓剂时为避免晶型转化，通常应缓缓升温使其熔化约 2/3 时，停止加热，以余热使其全部熔化。

可可豆脂吸水量少（20%～30%，质量分数），加入乳化剂制成乳剂型基质，可增加其吸水性，加快药物释放。

(2) 半合成脂肪酸甘油酯　半合成脂肪酸甘油酯是从天然植物油中水解、分馏得到的脂肪酸（C_{12}～C_{18}）与甘油酯转化而成。这类基质性质稳定，成型性良好，不易酸败，熔点适宜，价格便宜，目前国内主要使用以下品种。

①混合脂肪酸甘油酯 混合脂肪酸甘油酯是月桂酸与硬脂酸的甘油酯混合物，为白色或类白色蜡状固体，具有油脂臭；在三氯甲烷、乙醚或苯中易溶，在石油醚中溶解，在水或乙醇中几乎不溶。《中国药典》2020 版规定：本品酸值不大于 0.1，碘值不大于 2。

②半合成椰油酯 半合成椰油酯是由椰子油、硬脂酸与甘油经酯化而成，为乳白色块状物，熔点 35.7～37.9℃，抗热能力较强，刺激性小。

③半合成棕榈酸酯 半合成棕榈酸酯是由棕榈仁油经碱处理、酸化得到棕榈油酸，再与硬脂酸、甘油经酯化而成，为乳白色固体，性质稳定，抗热能力强，对直肠和阴道黏膜无不良影响。

（3）合成脂肪酸甘油酯 即硬脂酸丙二醇酯，系由硬脂酸与丙二醇直接合成的酯类，是硬脂酸丙二醇单酯与双酯的混合物，为乳白色或微黄色的蜡状固体，在水中不溶，遇热水可膨胀，熔点36～38℃，对黏膜无明显刺激性，安全无毒。

2. 水溶性基质

（1）甘油明胶（gelatinglycerin） 甘油明胶是由明胶、甘油与水按一定比例混合，置水浴中加热熔合，冷凝而得。本品有弹性，不易折断，在体温下不熔化，可缓慢溶于腔道分泌液中而释放药物；且甘油与水的含量越高越易溶解。通常控制水分含量在10%以下，避免成品过软，明胶与甘油约等量（可视药物量及形状适当调整）。

本品多用作阴道栓，在干燥环境中可失水，易霉变，制备中常加入适量对羟基苯甲酸酯类抑菌剂；另外，本品也不适于与蛋白质产生配伍禁忌的药物如鞣酸、重金属盐等。

（2）聚乙二醇（PEG） 通常将两种或两种以上不同分子量的PEG加热熔融，制成符合要求的栓剂基质，如PEG4000与30% PEG400混合时，硬度较适宜。本品易溶于水，在体温下不熔化，但能缓慢溶于体液中而释放药物。PEG基质不能与银盐、鞣质、水杨酸、乙酰水杨酸、苯佐卡因、氯碘喹啉、磺胺类、氨基比林、奎宁等药物配伍。此外，PEG基质易吸湿，吸潮后易变形，应注意防潮；而且对黏膜有一定刺激性，为减轻刺激，可增加水分含量至20%，或临用前用水润湿栓剂。

（3）聚氧乙烯（40）单硬脂酸酯类（polyoxyl 40 stearate） 聚氧乙烯（40）单硬脂酸酯类是PEG的单硬脂酸酯和二硬脂酸酯的混合物，为白色或微黄色的蜡状固体。熔点为39～45℃，可溶于水、乙醇、丙酮等，HLB值为16.9。商品名卖泽类52，商品代号S-40，可与PEG混合使用，制成栓剂的崩解、释放性能较好。

（4）泊洛沙姆（poloxamer 188） 泊洛沙姆是乙烯氧化物和丙烯氧化物的聚合物，易溶于水，能与很多药物形成间隙固溶体。本品的型号有多种，常用188型，商品名为普朗尼克68，熔点为52℃，由于其具有表面活性作用，能促进药物的吸收。

二、附加剂

1. 吸收促进剂

起全身治疗作用的栓剂中，常加入吸收促进剂以增加黏膜的吸收量。

（1）表面活性剂类 能增加药物的亲水性，尤其对覆盖在直肠黏膜壁上的连续水性黏液层有胶溶、洗涤作用，增加药物的穿透性。常用的表面活性剂有司盘或司盘与吐温的混合物。表面活性剂的加入量应适当，若加入量过大，则由于表面活性剂本身的抑制作用，可使吸收下降。

（2）月桂氮酮（azone） 能增加药物的亲水性，加速药物向分泌物中转移，并能改变生物膜的通透性，有助于药物的释放和吸收。

（3）β-环糊精类衍生物 可通过与药物形成包合物促进直肠吸收，此外还可增加药物的稳定性、减少药物造成的刺激等。

（4）苯甲酸钠（sodium benzoate） 可通过与药物形成络合物，增加药物的溶解度，同时抑制直肠中酶对药物的代谢作用而增加药物的直肠吸收。

2. 硬化剂

若栓剂在储藏或使用时有软化现象，可加入适量的白蜡、鲸蜡醇、硬脂酸、巴西棕蜡等硬化剂进行调节，但由于混合物缺乏内聚性，效果不甚理想。

3. 增稠剂

药物与基质混合时常因机械搅拌情况不良，或因生理需要，在栓剂制品中可酌加增稠剂，如氢化蓖麻油、硬脂酸铝、单硬脂酸甘油酯等。

4. 抗氧剂

对易氧化的药物应加入抗氧剂，如叔丁基羟基茴香醚（BHA）、没食子酸酯类、叔丁基对甲酚（BHT）等。

5. 防腐剂

当栓剂中含有植物浸膏或水性溶液时，可适量加入防腐剂及抗菌剂，如对羟基苯甲酸酯类。使用前应对防腐剂的溶解度、有效剂量、配伍禁忌以及直肠对它的耐受性等进行考察与验证。

6. 乳化剂

栓剂处方中含有与基质不能混合的液相（大于5%）时，可加入适量的乳化剂。

第三节　栓剂的制备工艺

一、栓剂的处方设计

为了保证栓剂的安全、稳定和有效，其处方设计应充分考虑以下几方面因素。

1. 药物性质

药物的理化性质对吸收有一定影响，溶解度小的药物，因直肠中分泌液的量较少，因此药物的溶解量减少，吸收也少，因此将难溶性药物制成盐或溶解度大的衍生物，以促进药物吸收。如将苯巴比妥与β-环糊精（1∶1）制成复合物，体外实验表明：复合物在10min完全溶解，而苯巴比妥粉末20min只溶解了75%。对于药物混悬在基质中的栓剂，药物的粒子大小会影响吸收。如将阿司匹林细粉（比表面积为$320cm^2/g$）与阿司匹林颗粒（比表面积为$12.5cm^2/g$）制成的栓剂进行比较，经健康受试者使用12h后，前者的总水杨酸盐排泄的平均累积量为后者的1.5倍。除另有规定外，供制备栓剂用的固体药物应全部通过六号筛，即为100目细粉。药物的脂溶性和解离度与直肠的吸收有关，一般脂溶性、非解离型的药物易吸收；而pK_a大于4.3或pK_a小于8.5的药物吸收很快。此外，药物也能改变基质的物理性质，大剂量（500mg）脂溶性药物几乎能使油脂性基质的熔点下降，在进行熔点调整时，还应注意基质对药物溶出速率的影响。

2. 药理作用

（1）局部作用的栓剂　局部作用的栓剂要求只在腔道局部起作用，局部药物浓度较高，应尽量减少药物的吸收，如痔疮药、局麻药、消毒剂等，故应选择在腔道中熔化或溶解、释放速率慢的栓剂基质。水溶性基质制成的栓剂因腔道的液体量有限，使药物溶解受限，释放缓慢，比油脂性基质更有利于发挥局部疗效。局部作用时间通常为0.5～4h，若6h内栓剂仍不液化，则影响药物的全部释出，引起患者不适感，而且可能导致药物未被充分利用前即已排出体外，影响疗效。

（2）全身作用的栓剂　药物经直肠吸收的主要途径如下。

① 药物被直肠黏膜吸收，经过上直肠静脉进入门静脉，进入肝后运行全身。

② 直肠中药物经中、下直肠静脉和肛管静脉，绕过肝，从下腔大静脉直接进入血液循环，栓剂在使用时塞入距肛门约2cm处，使给药量的50%～70%不经过肝。

③ 经淋巴系统吸收。阴道中药物可经内阴静脉至下腔静脉，最后直接进入血液循环而发挥全身作用。

全身作用的栓剂一般要求释药迅速，因此，应根据药物性质选择与药物溶解性相反的基质，以达到药物释放快速、吸收完全的目的，如脂溶性药物应选择水溶性基质，水溶性药物则选择脂溶性基质。按治疗时需要药物快速作用、缓慢作用与持久作用的不同，选择用普通栓、速释栓、缓（控）释栓等形式的栓剂，发挥药物全身治疗的作用。

3. 基质影响

栓剂塞入腔道后，首先药物要从基质中释放出来，并溶解于分泌液，才能被黏膜吸收而产生疗效，或者药物从基质中很快释放，直接接触黏膜而吸收，因此，药物从基质中释放到分泌液是影响药物吸收的限速步骤。药物从基质中释放得快，治疗作用就快，反之则作用缓慢而持久，即基质不能阻碍药物的释放。可可豆脂等油脂性基质制成的栓剂在体温下很快熔化，当基质本身的油水分配系数较小时，液化的基质容易与分泌液接触，促使药物从油脂性基质转溶于分泌液中而被吸收。

另外，在栓剂基质中加入适量的表面活性剂，可以增加药物的亲水性，促使药物向分泌液中转移，基质不应与药物产生化学反应，不应干扰药物的含量测定。

二、置换价

栓剂模型的容量一般是固定的，但其质量因基质或药物密度的不同而有差别，通常栓剂模型的容纳质量是指以可可豆脂为代表的基质质量，在不同的栓剂处方中，加入的药物总会占有一定体积，尤其是不溶于基质的药物，为保持原有体积不变，可引入置换价（displacement value，DV）的概念，药物的质量与同体积基质质量的比值称为该药物的置换价，置换价的计算公式为：

$$DV=\frac{m_2}{m-(m_2-m_1)} \tag{2-9}$$

式中，m 为纯基质平均栓质量（此处质量即重量）；m_2 为含药栓平均质量；m_1 为每粒栓的平均含药质量；(m_2-m_1) 为含药栓中基质的质量。

测定方法：称取基质注入栓模中制备空白栓，称其平均质量为 m；另取基质与定量药物混合，同法制成含药栓，称其平均质量为 m_2，每粒栓中药物的平均质量为 m_1，即可求得某药物对某一新基质的置换价，一些常用药物的置换价如表 2-9 所示。

表 2-9　常用药物的可可豆酯及半合成脂肪酸酯的置换价

药物名称	可可豆酯	半合成脂肪酸酯	
		Witepsol	Suppocire
盐酸吗啡	1.6	—	—
盐酸乙基吗啡	—	0.71	—
巴比妥	1.2	0.81	—
阿司匹林	—	0.63	0.63
樟脑	2.0	1.49	1.49
氨基比林	1.3	—	—
盐酸可卡因	1.3	—	—
阿片粉	1.4	—	—
磺胺噻唑	1.6	—	—
薄荷脑	0.7	1.53	1.53
苯巴比妥	1.2	0.84	—
茶碱	—	0.63	0.88
氨茶碱	1.1	—	—
盐酸奎宁	1.2	—	0.83

用测得的置换价可以方便地制备该栓剂所需的基质质量 m_x：

$$m_x=\left(m-\frac{m_y}{\mathrm{DV}}\right)n \tag{2-10}$$

式中，m_y 为处方中药物的剂量；n 为拟制备的栓剂粒数。

三、栓剂的制备

栓剂的制备工艺流程如图 2-21 所示。

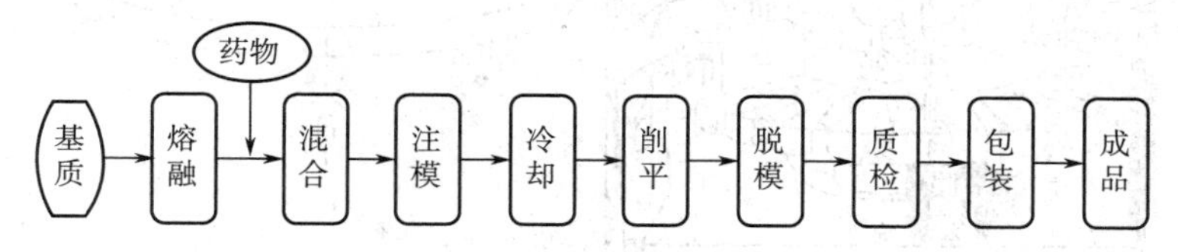

图 2-21　栓剂的制备工艺流程图

栓剂的制法主要有两种，即冷压法（cold compression method）和热熔法（fusion method），可按基质种类和制备数量灵活选择。

药物与基质的混合有以下几种方式：①脂溶性药物如樟脑，可直接混入油脂性基质中，但大剂量的脂溶性药物能降低基质熔点或使栓剂过软，可通过加入适量蜂蜡、石蜡等调节熔距；②水溶性药物如生物碱盐，可用少量水制成浓溶液，再用适量羊毛脂吸收后与基质混合均匀；③不溶于油脂、水或甘油的药物应碎成细粉，再与基质混合均匀。

1. 冷压法

冷压法系用制栓机制备栓剂。先将药物与基质粉末置于冷容器内，混合均匀，然后装入制栓机的圆筒内，经模型挤压成一定形状的栓剂。常用的卧式冷压制栓机见图 2-22。

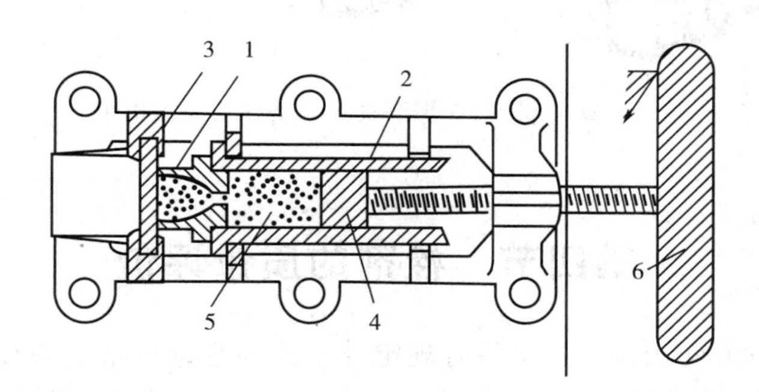

图 2-22　卧式冷压制栓机构造图

1—模型；2—圆筒；3—平板；4—旋塞；5—药物与基质的混合物；6—旋轮

2. 热熔法

将计算量的基质粉末置于水浴或蒸汽浴中加热熔融，温度不宜过高，然后将药物按性质以不同方法加入，混合均匀后，倒入冷却并涂有润滑剂的栓模中，至稍溢出模口为宜，冷却，待完全凝固后，削去溢出部分，开模取栓，晾干，包装。热熔法应用较广泛，实验室中用模具浇注，工业生产采用自动化制栓机，如图 2-23 所示。操作时将混合好的物料加入料斗，斗中保持恒温并持续搅拌，模具的润滑由涂刷或喷雾装置来完成。栓剂凝固后，削去溢出部分，注入和刮削设备均由电热装置控制。冷却系统可通过调节冷却后的转速来调节。已凝固的栓剂转至抛出位置时，栓模自动打开，同时被一钢制推杆推出，栓模又闭合，重新转至喷雾装置处进行润滑，开始新的生产周期。制栓时，应将熔融的物料迅速注模，并一次注完，以免发生液层凝固（见图 2-24）。

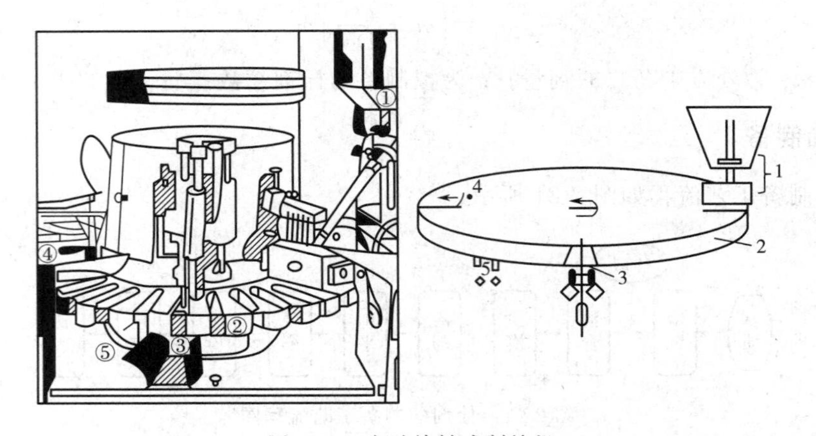

图 2-23　自动旋转式制栓机

1—饲料装置及料斗；2—旋转式冷却台；3—栓剂抛出台；4—刮削设备；5—冷冻剂入口及出口

图 2-24　GZS-9A 型高速全自动栓剂灌封机组

第四节　栓剂的质量评价

《中国药典》2020 年版规定，除另有规定外，栓剂应进行重量差异、融变时限、微生物限度检查。对于缓释试剂还应进行释放度检查，不再进行融变时限检查。此外，为保证栓剂产品的质量，还可以参考稳定性与刺激性试验、药物溶出度与吸收试验等。

1. 重量差异

检查方法：取栓剂 10 粒，精确称量总重量，求得平均粒重后，再分别精确称定各粒的重量。每粒重量与平均粒重相比较，超出重量差异限度的栓剂不得多于 1 粒，并不得超出限度 1 倍，栓剂重量差异限度如表 2-10 所示。

表 2-10　栓剂重量差异限度

平均粒重	重量差异限度/%
1.0g 及 1.0g 以下	±10
1.0g 以上及 3.0g 以下	±7.5
3.0g 以上	±5

2. 融变时限

检查方法：取栓剂3粒，在室温放置1h后，分别放入用于测定时限的装置中，按法测定。除另有规定外，脂肪性基质的栓剂3粒应在30min内全部融化、软化或触压时无硬心；水溶性基质的栓剂3粒应均在60min内全部溶解。如3粒中有1粒不符合规定，应另取3粒复试，均应符合规定。

3. 稳定性与刺激性试验

（1）稳定性试验　将栓剂置于室温（25±2）℃和4℃下储存，定期考察性状、含量、融变时限、体外释放等项目。

（2）刺激性试验　将基质粉末、溶液或栓剂，施于家兔的结膜上或塞入动物的直肠、阴道，观察有无异常反应。在动物试验基础上，进行临床试验，观察人体肛门或阴道用药部位有无灼痛、刺激以及不适感等反应。

4. 药物溶出度与吸收试验

（1）体外溶出度试验　将供试栓剂置于透析管的滤纸筒中或适宜的微孔滤镜中，放入盛有介质［（37±0.5）℃］并附有搅拌器的容器中，自供试品接触溶出介质起，立即计时，至规定的时间取样测定，每次取样后需补充同体积的溶出介质，求出介质中的药物量，作为在一定条件下基质中药物溶出速率的指标。

（2）体外吸收试验　可用家兔进行试验。开始时剂量不超过口服剂量，以后以2倍或3倍增加剂量。给药后按一定时间间隔抽取血样或收集尿样，测定药物浓度，描绘血药浓度-时间曲线或尿药浓度-时间曲线，计算出动物体内药物吸收的各种动力学参数等。

5. 栓剂举例

例1：消炎痛栓

【处方】吲哚美辛 100g　半合成脂肪酸酯适量　制成1000粒

【制法】将吲哚美辛粉碎并过筛成100目细粉，半合成脂肪酸酯置于水浴（水浴温度为60℃，温度过高使成品色泽变黄）中熔化，然后将吲哚美辛细粉加入已熔化的基质中，搅拌均匀，注入栓模中，冷却后刮去多余部分，脱模即得。

【作用与用法】本品为消炎、镇痛、解热药，用于风湿性或类风湿性关节炎及其他炎症性疼痛。使用时塞入直肠（距肛门2cm处），每日1次，每次1粒。

例2：保妇康栓

【处方】莪术油 82g　冰片 75g　聚山梨酯80 75g　聚氧乙烯硬脂酸酯 151g　制成1000粒

【制法】将莪术油与聚山梨酯80混匀，冰片用适量乙醇溶解，与上述油溶液混匀，另取聚氧乙烯硬脂酸酯置于水浴上加热熔化，加入上述药液，搅匀，注入栓模中，冷却后刮去多余部分，脱模即得。

【功能与用法】行气破瘀，生肌止痛。用于湿热瘀滞所致的带下病；霉菌性阴道炎、老年性阴道炎、宫颈糜烂患者。使用时，洗净外阴部，将栓剂塞入阴道深处；或在医生指导下用药，每晚1粒。

第十六章

气雾剂、喷雾剂和粉雾剂

第一节　气雾剂

一、概述

1. 气雾剂的概念

气雾剂（aerosols）是指将药物与适宜的抛射剂封装于具有特制阀门系统的耐压密封容器中，使用时借助抛射剂的压力使药物以细雾状或其他形态喷出的制剂。药物喷出时多为细雾状气溶胶，其粒径小于 50μm；也可以使药物喷出时呈烟雾状、泡沫状或细流。气雾剂可在呼吸道、皮肤或其他腔道起局部或全身作用。

1955 年，由 Riker Laboratories 发明的以氟利昂（chlorofluorocarbon，CFC）为抛射剂的定量吸入气雾剂（pressurized metered dose inhaler，pMDI）一直为肺部吸入剂型的首选。但由于国际社会应环境保护的要求而逐步禁用 CFC，人们不得不寻找不含 CFC 的新型气雾剂。近年来，该领域的研究越来越活跃，产品越来越多，如局部治疗药、抗生素药、抗病毒药等。此外，近年来新技术在气雾剂中的应用越来越多，给药系统本身的完善，如新的吸入给药装置等，使气雾剂的应用越来越方便，患者更易接受。《美国药典》27 版收载 20 个品种的气雾剂和 6 种抛射剂。

近十多年来，气雾剂的研究取得了两方面重要进展：一方面，以干粉吸入剂（dry powder inhaler，DPI）替代 pMDI，因为 DPI 无需使用抛射剂；另一方面，开发新的环保型抛射剂，如氢氟烷（hydrofluoroalkane，HFA）替代传统 CFC，目前国际上采用的替代抛射剂主要为 HFA-134a 和 HFA-227。

2. 气雾剂的特点

气雾剂的主要优点如下。

① 具有速效和定位作用，如治疗哮喘的气雾剂可使药物粒子直接进入肺部，吸入 2min 即能显效；

② 药物密闭于容器内能保持药物清洁无菌，且由于容器不透明，避光且不与空气中的氧或水分直接接触，增加了药物的稳定性；

③ 无局部用药的刺激性；

④ 使用方便，药物可避免胃肠道的破坏和肝的首过作用；

⑤ 可以用定量阀门准确控制剂量。

但气雾剂也具有以下缺点：

① 由于气雾剂需要耐压容器、阀门系统和特殊的生产设备，所以生产成本高；

② 抛射剂有高度挥发性，因而有制冷效应，多次使用于受伤皮肤上可引起不适与刺激；

③ 氟氯烷烃类抛射剂在动物或人体内达到一定浓度后可能造成心律失常，故吸入治疗用的气雾剂对心脏病患者不适宜。

3. 气雾剂的分类

气雾剂可以按分散系统、处方组成、给药定量与否、用药途径进行分类。

（1）按分散系统分类

① 溶液型气雾剂　指液体或固体药物溶解在抛射剂中形成溶液，喷射时随着喷射剂挥发，药物以液体或固体微粒形式释放到作用部位。

② 混悬型气雾剂　指药物的固体微粒分散在抛射剂中形成混悬液，喷射时随着抛射剂挥发，药物的固体微粒以烟雾状喷出。

③ 乳剂型气雾剂　指液体药物或药物溶液与抛射剂形成W/O或O/W型乳液，O/W型乳液在喷射时随着内相抛射剂的汽化而以泡沫形式喷出，因此也称泡沫气雾剂；W/O型在喷射时随着外相抛射剂的汽化而形成液流。内容物喷出后呈泡沫状或半固体状，则称之为泡沫气雾剂或凝胶/乳膏气雾剂。

（2）按相组成分类

① 二相气雾剂　即溶液型气雾剂，由药物和抛射剂形成的均匀液相与液面上部由部分抛射剂汽化的蒸气所组成。

② 三相气雾剂　乳剂型气雾剂和混悬型气雾剂具有三相，即在液相中已形成二相（液-液或液-固）加上液面上部由部分抛射剂汽化的蒸气。由于乳剂有W/O和O/W型，故三相气雾剂有三种类型，即W/O型乳剂加抛射剂蒸气、O/W型乳剂加抛射剂和S/O混悬剂加抛射剂加抛射剂蒸气。这三种类型的气雾剂喷射后形成不同的喷雾状态，见上述按分散系统分类。

（3）按用药途径分类

① 吸入气雾剂　系指含药溶液混悬液或乳液，与合适的抛射剂或液化混合抛射剂共同装封于具有定量阀门系统和一定压力的耐压容器中，使用时借助抛射剂的压力，将内容物呈雾状喷出，经口吸入沉积于肺部的制剂，通常也被称为压力定量吸入剂。揿压阀门可定量释放活性物质，药物分散成微粒或雾滴，经呼吸道吸入发挥局部或全身治疗作用。

② 非吸入气雾剂　如皮肤和黏膜用气雾剂。皮肤用气雾剂主要起保护创面、清洁消毒、局部麻醉及止血等作用。鼻用气雾剂系指经鼻吸入沉积于鼻腔的制剂。鼻黏膜用气雾剂用于一些蛋白多肽类药物的给药方式，可发挥全身作用。阴道黏膜用的气雾剂常用O/W型泡沫气雾剂，主要用于治疗微生物、寄生虫等引起的阴道炎，也可用于节制生育。

二、气雾剂的组成

气雾剂是由抛射剂、药物与附加剂、耐压容器和阀门系统组成。

1. 抛射剂

抛射剂（propellants）是气雾剂的动力系统，是喷射压力的来源，同时可兼作药物的溶剂或稀释剂。由于抛射剂是在高压下液化的液体，当阀门开启时，外部压力突然降低（＜1atm），抛射剂带着药物以雾状喷射，并急剧汽化，同时将药物分散成微粒。理想的抛射剂应具备以下条件：①在常温下饱和蒸气压高于大气压；②无毒、无致敏反应和刺激性；③惰性，不与药物等发生反应；④不易燃，不易爆炸；⑤无色、无臭、无味；⑥价廉易得。抛射剂可大致分为蒸气压力超过大气压的液化或压缩气体。

（1）抛射剂分类

① 氟氯烷烃类　又称氟利昂（Freon，CFC），其特点是沸点低，常温下饱和蒸气压略高于大气压，易控制，性质稳定，不易燃烧，液化后密度大，无味，基本无臭，毒性较小，不溶于水，可作脂溶性药物的溶剂。由于氟利昂对大气臭氧层的破坏，联合国已要求停用。

② 氟氯烷烃代用品　目前国际上采用的替代抛射剂主要为氢氟烷（hydrofluoroalkane，HFA），如四氟乙烷（HFA-134a）和七氟丙烷（HFA-227）。最早的替代产品是3M公司于1996年上市的Airomir和1999年葛兰素威康公司推出的Ventolin Evohaler，均是以HFA-134a为抛射剂的沙丁胺醇（舒喘灵）制剂。HFA分子中不含氯原子，仅含碳、氢、氟3种原子，因而降低了对大气臭氧层的破坏。常温下HFA的饱和蒸气压较高，对容器也提出了更高的耐压要求。HFA与CFC一样，在结构上均为饱和烷烃，在一般条件下化学性质稳定，几乎不与任何物质产生化学反应，也不具可燃性，室温及正常压力下以任何比例与空气混合不会形成爆炸性混合物。

③ 其他碳氢化合物　特别是卤代甲烷、乙烷、丙烷衍生物与低分子量的碳氢化合物，如丁烷和戊烷和压缩气体二氧化碳、氮和氧化亚氮，也可作为非药用气雾剂的抛射剂使用。

（2）抛射剂的用量

气雾剂喷射能力的强弱取决于抛射剂的用量及自身蒸气压。在一般情况下，用量大，蒸气压高，喷射能力强；反之则弱。根据气雾剂所需的压力，可将两种或几种抛射制以适宜的比例混合使用。

CFC作为抛射剂时常混合使用。而HFA-134a和HFA-227均具有较高的蒸气压，不适合混合使用。至今所有HFA产品均采用单一抛射剂（以HFA-134a为主），并且对灌装容器也提出了更高的耐压性要求。

2. 药物与附加剂

液体和固体药物均可制备气雾剂，目前应用较多的药物有呼吸道系统用药、心血管系统用药、解痉药及烧伤用药等，多肽类药物气雾剂给药系统的研究也有报道。

根据需要可加入溶剂、助溶剂、抗氧剂、抑菌剂、表面活性剂、稳定剂等附加剂。吸入气雾剂中的所有附加剂均应对呼吸道黏膜和纤毛无刺激性、无毒性；非吸入气雾剂中的所有附加剂均应对皮肤或黏膜无刺激性。在HFA处方中，无水乙醇广泛用作潜溶剂，以增加表面活性剂和活性药物在HFA中的溶解度。表面活性剂有助于药物和辅料的分散或溶解及阀门的润滑。常用的表面活性剂有油酸、磷脂和司盘85等。

3. 耐压容器

气雾剂的容器应能耐受气雾剂所需的压力，各组成部件均不得与药物或附加剂发生理化作用，其尺寸精度与溶胀性必须符合要求。其最基本的质量要求为安全性，而安全性的最基本指标为耐压性能。目前用作气雾剂耐压容器的有玻璃容器和金属容器。国内生产的气雾罐以传统的铝、不锈钢和马口铁为材料，内涂保护层，涂层无毒并不能变软、溶解和脱落。

4. 阀门系统

阀门系统对气雾剂产品发挥其功能起着十分关键的作用，气雾阀必须既能有效地使内容物定量喷出，又能在关闭状态时有良好的密封性能，使气雾剂内容物不渗漏出来。同时，气雾阀要有承受各种配方液的侵蚀和适应生产线上高速高压的灌装性能。此外，气雾阀必须具有一定的牢固度和强度，以承受罐内高压。阀门系统一般由推动钮、阀门杆、橡胶封圈、弹簧、定量室和浸入管组成，如图2-25所示。

三、制备工艺

1. 药物的配制与分类

首先根据药物性质和所需的气雾剂类型将药物分散于液状抛射剂中，溶于抛射剂的药物可形成澄清药液，不溶于抛射剂的药物可制备成混悬型或乳剂型液体。配制好合格的药物分散系统后，在特定的分装机中定量分装于气雾剂容器内。

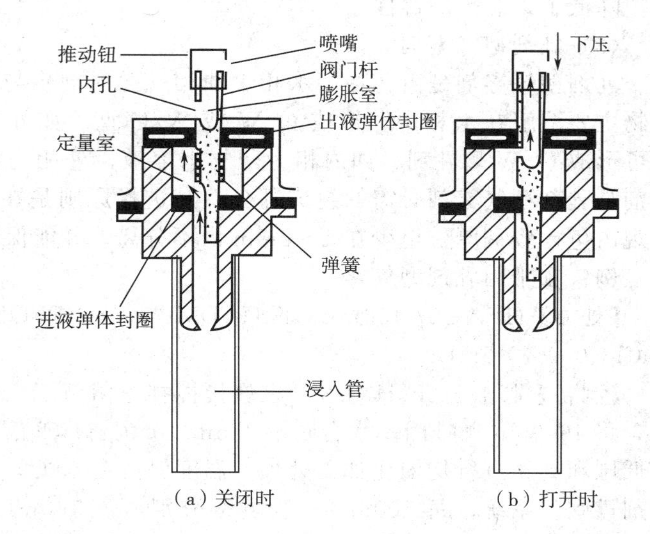

图 2-25　气雾剂的阀门系统结构示意图

(1) 溶液型气雾剂

将药物溶于抛射剂中形成的均相分散体系。为配制澄明的溶液，经常把乙醇或丙二醇加入抛射剂中形成潜溶剂，增加药物在抛射剂中的溶解度，药物溶液喷射后形成极细的雾滴，抛射剂迅速汽化，使药物雾化用于吸入治疗。

例：丙酸倍氯米松气雾剂

【处方】丙酸倍氯米松 1.67g　乙醇 160g　HFA-134a 1839g　共制 2000g

【制备】将丙酸倍氯米松与冷乙醇（−65℃）混合并匀质化，得到的混悬液中加入冷 HFA-134a（−65℃），搅拌混合，冷灌法装于气雾剂容器中，加盖阀门，即得溶液型丙酸倍氯米松气雾剂。

(2) 混悬型气雾剂

药物在混悬型气雾剂中通常具有较好的化学稳定性，可传递更大的剂量。但混悬微粒在抛射剂中常存在相分离、絮凝和凝聚等物理稳定性问题，常需加入表面活性剂作为润湿剂、分散剂和助悬剂。主要需控制以下几个环节：①水分含量需极低，应在 0.03%以下，通常控制在 0.005%以下，以免药物微粒遇水聚结；②药物的粒度极小，应在 5μm 以下，不得超过 10μm；③在不影响生理活性的前提下，选用在抛射剂中溶解度最小的药物衍生物，以免在储存过程中药物微晶粒变大；④调节抛射剂和（或）混悬固体的密度，尽量使两者密度相等；⑤添加适当的助悬剂。

例：硫酸沙丁胺醇混悬型气雾剂

【处方】PEG300 200mg　HFA-134a 12.5mL　硫酸沙丁胺醇 25mg　乙酸乙酯 150mL　卵磷脂 16mg　去离子水适量　1,1,1,3,3,3-六氟丙烷　适量

【制备】将 16mg 卵磷脂溶解于 0.8mL 去离子水中，再取 25mg 硫酸沙丁胺醇和 200mg PEG300 溶解于以上卵磷脂水溶液中，并加入一定量的乙酸乙酯，超声使之形成初乳，再将该初乳转入 150mL 乙酸乙酯中，由于水在乙酸乙酯中有一定的溶解性，水从乳滴中扩散到大量的乙酸乙酯中，形成药物的小颗粒，离心收集药物粒子。再用适量 1,1,1,3,3,3-六氟丙烷分两次将残留的卵磷脂洗去，室温下干燥得药物颗粒。分剂量灌装，封接剂量阀门系统，在每 25mg 药物粒子中分别压入 12.5mL HFA-134a，该组分在 180W、室温下超声处理 10min 即得。

【注解】PEG 是 FDA 批准的可用于喷雾的辅料，PEG300 可包裹药物颗粒，提高药物颗粒的分散性和在抛射剂中的稳定性。本处方中 PEG300 的应用避免了表面活性剂的使

用，降低了该制剂的毒性。

(3) 乳剂型气雾剂

乳剂型气雾剂是由药物、水相、油相（抛射剂）与乳化剂等组成的非均相分散体系。药物主要溶解在水相中，形成O/W或W/O型。如外相为药物水溶液、内相为抛射剂，则可形成O/W型乳剂；如内相为药物水溶液，外相为抛射剂，则形成W/O型乳剂。乳化剂是乳剂型气雾剂必需的组成部分，其选择原则是在振摇时能完全乳化成很细的乳滴，外观白色，较稠厚，至少在1～2min内不分离，并能保证抛射剂与药液同时喷出。

例：咖啡因乳剂型气雾剂

【处方】 HFA-227 150mL　F_8H_{11}DMP 1.5g　PFOB 95mL　咖啡因一水合物 46.9mg　NaCl (0.9%) 5mL

【制备】 取1.5g F_8H_{11}DMP在缓慢搅拌下溶解于95mL PFOB（全氟辛基溴）中得油相，将46.9mg咖啡因一水合物溶于5mL 0.9%NaCl溶液中，将该溶液加到油相后，依次用低压和高压进行均匀化加工处理，温度保持在40℃，得W/O型乳剂。分剂量灌装，封接剂量阀门系统，每100mL药物乳剂分别压入150mL HFA-227，即得咖啡因乳剂型气雾剂。

2. 抛射剂的填充

抛射剂的填充主要有压灌法和冷灌法两种，其中压灌法更常用。

(1) 压灌法

压灌法是在完成药液的分装后，先将阀门系统安装在耐压容器上，并用封帽扎紧，然后用压装机进行抛射剂填充的方法。灌装时，压装机上的灌装针头插入气雾剂阀门杆的膨胀室内，调节阀门杆向下移动，压装机与气雾剂的阀门同时打开，过滤后的液化抛射剂在压缩气体的较大压力下定量进入气雾剂的耐压容器内。

压灌法在室温下操作，设备简单；由于是在安装阀门系统后高压灌装，故抛射剂的损耗较少，我国多用此法生产。

(2) 冷灌法

首先将药液冷却至低温（−20℃左右），抛射剂冷却至沸点以下至少5℃。先将冷却的药液灌入容器中，随后加入已冷却的抛射剂（也可两者同时进入），立即将阀门装上并扎紧，操作必须迅速，以减少抛射剂的损失。

冷灌法速度快，对阀门无影响，成品压力较稳定，但需制冷设备和低温操作，抛射剂损失较多。含水品不宜用此法。

四、质量评价

《中国药典》（2020年版）四部规定定量气雾剂释出的主药含量应准确、均一，喷出的雾滴（粒）应均匀；吸入气雾剂应保证每揿含量的均匀性；制成的气雾剂应进行泄漏和压力检查，确保使用安全；气雾剂应置凉暗处贮存，并避免暴晒、受热、敲打、撞击。在定量气雾剂中应标明每瓶总揿次，每揿主药含量，三相吸入型气雾剂的药物颗粒应控制在10μm以下，大多数在5μm以下。主要有如下检查项目：

(1) 递送剂量均一性　吸入气雾剂产品需作罐（瓶）间递送剂量均一性测定。取10罐（瓶）供试品，采用收集管分别收集1个产品说明书中的临床最小推荐剂量，共10个递送剂量。符合下述条件者，可判为符合规定：

① 10个测定结果中，若不少于9个测定值在平均值的75%～125%，且全部在平均值的65%～135%。

② 10个测定结果中，若2～3个测定值超出75%～125%，但全部在平均值的65%～

135%，另取20罐（瓶）供试品测定。若30个剂量中，超出75%～125%的测定值不超过3个，且全部在平均值的65%～135%。

（2）每罐总揿次　照下述方法检查，应符合规定。取供试品1罐，揿压阀门，释放内容物到废弃池中，每次揿压间隔不少于5s。每罐总揿次数应不少于标示总揿次数（此检查可与递送剂量均一性测定结合）。

（3）每揿主药含量 每揿主药含量应为每揿主药含量的80%～120%。

凡规定测定递送剂量均一性的气雾剂，一般不再进行每揿主药含量的测定。

（4）微细粒子剂量　除另有规定外，微细药物粒子百分比应不少于标示剂量的15%。呼吸驱动的吸入气雾剂的上述操作可按各品种使用说明书进行相应调整。

（5）微生物限度　除另有规定外，照非无菌产品微生物限度检查：微生物计数法（通则1105）和控制菌检查法（通则1106）及非无菌药品微生物限度标准（通则1107）检查，应符合规定

第二节　喷雾剂

喷雾剂（sprays）系指原料药物或适宜辅料填充于特制的装置中，使用时借助手动泵的压力、高压气体、超声振动或其他方法将内容物呈雾状释出，用于肺部吸入或直接喷至腔道黏膜、皮肤等的制剂。按用药途径可分为吸入喷雾剂、鼻用喷雾剂及用于皮肤、黏膜的非吸入喷雾剂。按给药定量与否，喷雾剂还可分为定量喷雾剂和非定量喷雾剂。按使用方法分为单剂量和多剂量喷雾剂。按分散系统分类为溶液型、乳状液型和混悬型。

喷雾剂不含抛射剂，借助手动泵的压力将内容物以雾状等形态喷出。喷雾剂的特点有：①一般以局部应用为主，喷雾的雾滴比较粗，但可以满足临床需要；②由于不是加压包装，喷雾剂制备方便，成本低；③喷雾剂既有雾化给药的特点，又可以避免使用抛射剂，安全可靠。

喷雾剂在生产与贮藏期间应符合下列规定：①喷雾剂应在相关品种要求的环境下配制，如一定的洁净度、灭菌条件和低温环境等。②根据需要可加入溶剂、助溶剂、抗氧剂、抑菌剂、表面活性剂等附加剂，所加的附加剂对皮肤或黏膜无刺激性。③喷雾剂装置中的各组成部件均应采用无毒、无刺激性、性质稳定、与原料药物不起作用的材料制备。④溶液型喷雾剂的药液应澄清；乳状液型喷雾剂的液滴在液体介质中分散均匀；混悬型喷雾剂应将原料药物细粉和附加剂充分混匀、研细，制成稳定的混悬液。经雾化器雾化后供吸入用的雾滴（粒）大小应控制在10μm以下，其中大多数应为5μm以下。⑤除另有规定外，喷雾剂应置阴暗处贮存。

喷雾剂用于烧伤如为非无菌制剂，应在标签上标明“非无菌制剂”；产品说明书中应注明“本品为非无菌制剂”，同时在适应证下应明确“用于程度较轻的烧伤（Ⅰ度或浅Ⅱ度）”；注意事项下规定“应遵医嘱使用”。

一、喷雾剂的装置

喷雾装置的主要结构为喷射用阀门系统（手动泵），该系统采用手压触动器产生压力，使喷雾器内含药液以所需形式释放的装置，使用方便，仅需很小的触动力即可达到全喷量，适应范围广。

该装置中各组成部件均应采用无毒、无刺激性、性质稳定、与药物不起作用的材料制造，目前采用的材料多为聚丙烯、聚乙烯、不锈钢弹簧及钢珠。喷雾剂无需抛射剂作动力，无大气污染，生产处方与工艺简单，产品成本较低，可作为非吸入用气雾剂的替代形

式，具有很好的应用前景。

二、喷雾剂的处方设计

喷雾剂处方设计的一般要求如下：

（1）根据需要可加入溶剂、助溶剂、抗氧剂、防腐剂、表面活性剂等附加剂。吸入喷雾剂中所有附加剂均应为生理可接受物质，且对呼吸道黏膜和纤毛无刺激性、无毒性。非吸入喷雾剂及外用喷雾剂中所有附加剂均应对皮肤或黏膜无刺激性。

（2）喷雾剂装置中各组成部件均应采用无毒、无刺激性、性质稳定、与药物不起作用的材料制备。

（3）溶液型喷雾剂药液应澄清，乳剂型喷雾剂液滴在液体介质中应分散均匀，混悬型喷雾剂应将药物细粉和附加剂充分混匀，制成稳定的混悬剂。吸入喷雾剂的雾滴大小应控制在 10μm 以下，其中大多数应为 5μm 以下。

（4）单剂量吸入喷雾剂应标明：每剂药物含量；液体使用前置于吸入装置中吸入，非口服；有效期；储存条件。多剂量喷雾剂应标明：每瓶总喷次；每喷主药含量。

（5）喷雾剂应在避菌环境下配制，各种用具、容器等需用适宜的方法清洁、消毒，在整个操作过程中应注意防止微生物的污染。烧伤、创伤用喷雾剂应在无菌环境下配制，各种用具、容器等需用适宜的方法清洁、灭菌。

例：莫米松喷雾剂

【处方】莫米松糠酸酯 3g　聚山梨酯 80 适量　注射用水 适量　共制 100 瓶

【制备】将莫米松糠酸酯用适当方法制成细粉，加入表面活性剂混合均匀，再加入到含有防腐剂和增稠剂的水溶液中，分散均匀，分装于规定的喷雾剂装置中即可。

本品为混悬型喷雾剂，用于鼻腔给药。每揿体积为 0.1mL，含莫米松糠酸酯 50μg。莫米松糠酸酯是一种皮质激素类抗变态反应药，用于治疗季节性和成年性鼻炎，对过敏性鼻炎有较好的预防作用。处方中加入聚山梨酯 80 和增稠剂是为了混悬剂的稳定，但由于本制剂为混悬型气雾剂，用前应充分振摇。

三、质量评价

《中国药典》（2020 年版）通则指出，除另有规定外，喷雾剂应进行以下相应检查。

（1）递送剂量均一性　除另有规定外，混悬型和乳状液型定量鼻用喷雾剂应检查递送剂量的均一性，照吸入制剂（通则 0111）或鼻用制剂（通则 0106）相关项下方法测定，应符合规定。

（2）每瓶总喷次　多剂量定量喷雾剂应取供试品 4 瓶，除去帽盖，充分振摇，按压喷雾泵，释放内容物至收集容器内，每次喷射间隔不少于 5s。每瓶总喷次应不少于标示总喷次（此检查可与递送剂量均一性测定结合）。

（3）每喷喷量　除另有规定外，定量喷雾剂照下述方法检查，应符合规定：取供试品 1 瓶，按产品说明书规定，弃去若干喷次，擦净，精密称定，喷射 1 次，擦净，再精密称定。前后两次重量之差为 1 喷量。分别测定标示喷次前（初始 3 个喷量）、中（$n/2$ 喷起 4 个喷量，n 为标示总喷次）、后（最后 3 个喷量），共 10 个喷量。计算上述 10 个喷量的平均值。再重复 3 瓶。除另有规定外，均应为标示喷量的 80%～120%。凡规定测定每喷主要含量或递送剂量均一性的喷雾剂不再进行每喷喷量测定。

（4）每喷主药含量　除另有规定外，定量喷雾剂照下述方法检查，每喷主药含量应符合规定。检查法：取供试品 1 瓶，按产品说明书规定，弃去若干喷次，用溶剂洗净喷口，充分干燥后，喷射 10 次或 20 次（注意每次揿射间隔 5s 并缓缓振摇），收集于一定量的吸收溶剂中，转移至适宜容量瓶中并稀释至刻度后，摇匀，测定。所得结果除以取样喷射次数，即为平均每喷主药含量。每揿主药含量应为每喷主药含量标示量的 80%～120%。

凡规定测定递送剂量均一性的喷雾剂，一般不再进行每喷含量的测定。

（5）微生物限度　除另有规定外，照非无菌产品微生物限度检查：微生物计数法（通则 1105）和控制菌检查法（1106）及非无菌药品微生物限度标准（通则 1107）检查，应符合规定。

第三节　粉雾剂

一、概述

粉雾剂（powder aerosols）按用途可分为吸入粉雾剂、非吸入粉雾剂和外用粉雾剂。

1. 吸入粉雾剂

吸入粉雾剂（inspirable powder aerosols）系指固体微粉化原料药物单独或与合适的载体混合后，以胶囊、泡囊或多剂量贮库形式，采用特制的干粉吸入装置，由患者吸入雾化药物至肺部的制剂。《中国药典》（2020 年版）规定吸入粉雾剂中药物粒度大小应控制在 10μm 以下，其中大多数应在 5μm 以下。吸入粉雾剂应在避菌环境下配制，各种用具、容器等需用适宜的方法清洁、消毒，在整个操作过程中应注意防止微生物的污染。配制粉雾剂时，为改善吸入粉末的流动性，可加入适宜的载体和润滑剂。所有附加剂均应为生理可接受物质，且对呼吸道黏膜和纤毛无刺激性。粉雾剂应置凉暗处保存，防止吸潮，以保持粉末细度和良好的流动性。

吸入性粉雾剂主要应用于治疗哮喘和慢性气管炎等。

2. 非吸入粉雾剂

非吸入粉雾剂系指原料药物或载体以胶囊或泡囊形式，采用特制的干粉给药装置，将雾化药物喷至腔道黏膜的制剂。非吸入粉雾剂主要用于咽炎和慢性喉炎等的治疗。

3. 外用粉雾剂

外用粉雾剂系指药物或与适宜的附加剂灌装于特制的干粉给药器具中，使用时借助外力将药物喷至皮肤或黏膜的制剂。

粉雾剂中的药物通过呼吸道黏膜下丰富的毛细血管吸收，因而作为呼吸道黏膜吸收制剂，具有以下特点：①无胃肠道降解作用，无肝首过效应；②药物吸收迅速，给药后起效快；③小分子药物尤其适用于呼吸道直接吸入或喷入给药，大分子药物的生物利用度可以通过吸收促进剂或其他方法的应用来提高；④药物吸收后直接进入体循环，达到全身治疗的效果；⑤可用于胃肠道难以吸收的水溶性大的药物；⑥顺应性好，特别适用于需进行长期注射治疗的病人；⑦起局部作用的药物，给药剂量明显降低，毒副作用小。

吸入粉雾剂与气雾剂、喷雾剂相比具有以下优点：①患者主动吸入药粉，易于使用；②无抛射剂，可避免对大气环境的污染；③药物可以以胶囊或泡囊形式给药，剂量准确可控；④不含防腐剂及乙醇等溶剂，对病变黏膜无刺激性；⑤药物呈干粉状，稳定性好，干扰因素少，尤其适用于多肽和蛋白质类药物的给药。

二、粉雾剂的装置

1. 粉雾剂装置的类型

吸入型粉雾剂由干粉吸入装置（dry powder inhalers，DPIs）和供吸入用的干粉组成。干粉吸入器种类众多，按剂量可分为单剂量、多重单元剂量、贮库型多剂量；按药物的储存方式可分为胶囊型、囊泡型、贮库型；按装置的动力来源可分为被动型和主动型。

吸入装置是干粉吸入剂开发的重点。第一个吸入装置Spinhaler®由Fisons公司推出，在使用此装置时，胶囊被金属刀片刺破，在吸入过程中胶囊随刀片旋转，粉末从胶囊壁上的孔中释放出来，进入相对较宽的气道中，当气体流速达35L/min时，胶囊壁发生强烈颤动。

ISF公司还研制了一种螺旋式吸入器（ISF haler），它是由小针将胶囊两端刺破，吸入时，胶囊像螺旋桨一样，在一小腔中旋转，粉末则通过小孔进入吸入气流中，该吸入器和Spinhaler常用于色甘酸钠（SCG）的给药。

上述几种装置是第一代DPIs，均为胶囊型，具有简单可靠、便于携带、可清洗和直观的特点。但它们也存在一些缺点：单剂量给药，如在哮喘急症时常不易装药，药物的防湿作用取决于贮存的胶囊质量；当每剂活性药物小于5mg时，为保证胶囊充填的准确性，必须有附加剂；需经常清理。

为克服上述装置的不足，Allen公司推出了Diskhaler，药物装在铝箔上的8只水泡眼中，吸入时刺破一水泡眼的铝箔，药物即可从中释出。该装置可用于沙丁胺醇和倍氯米松二丙酸酯（BDP）的给药，患者无需重新安装装置便可吸入几个剂量，防湿性能优于第一代DPIs，但仍需经常更换药板。

目前市场上最好的产品为贮库型装置，如Turbuhaler，能将许多剂量贮存在装置中。使用时旋转装置，药物即由贮库释放到转盘上，单位剂量的药物粉末进入吸入腔中，在湍流气流的作用下，药物从聚集状态分散，吸入后能很好地沉积于肺部。

应根据主要特性选择适宜的给药装置：需长期给药的宜选用多剂量贮库型装置，主药性质不稳定的则宜选择单剂量给药装置。几种不同剂量的干粉吸入装置示意图，见图2-26。

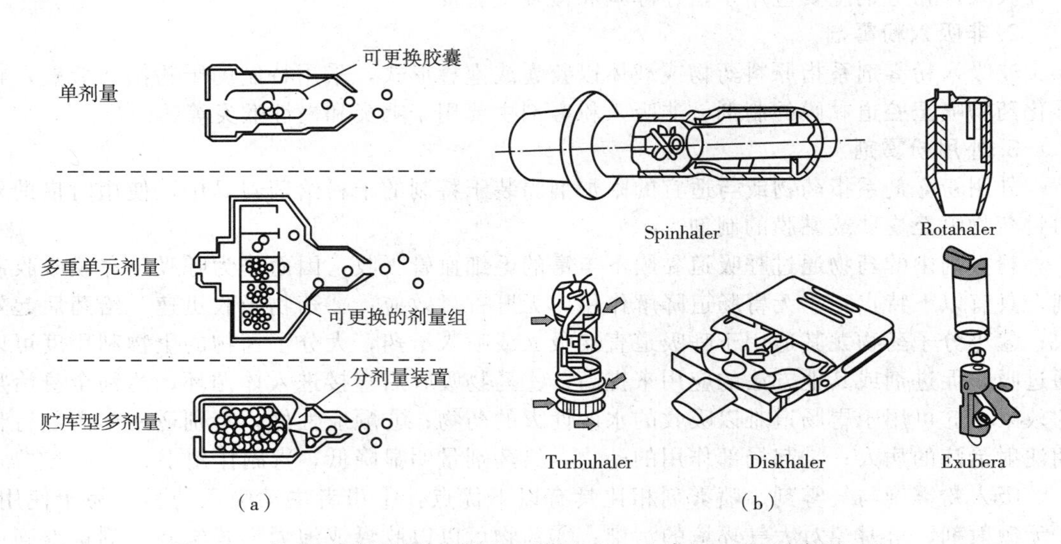

图2-26 几种不同剂量的干粉吸入装置（a）和常用DPIs示意图（b）

2. 粉雾剂装置的质量要求

粉雾剂的给药装置是影响治疗效果的重要因素之一。装置中各组成部件均应采用无毒、无刺激性且性质稳定的材料制备。理想的吸入装置应满足以下要求。

（1）使用方便 装置既可预先放置药物，也可由患者自行放置药物胶囊、泡囊，患者吸入和释药易于协同；

（2）既可装载小剂量药物，亦可装载稍大剂量的药物。

（3）重量和体积较小，便于携带。

（4）剂量准确　有时粉雾剂内仅填充药物粉末，不含起稀释剂或填充剂作用的载体物质，此时要求药物释放完全，才能准确定量释药。

（5）具有保护装置和防潮性能　粉雾剂装置最好能够设有儿童保护锁扣，防止意外发生；影响粉雾剂释药的重要因素是空气中的水分，潮湿天气导致药物聚集甚至变质，影响药物的使用，因此粉雾剂装置本身应当具备一定的防潮性能。

（6）对于多剂量贮库型粉雾剂装置，应当有提示功能或标志，以防止患者过量使用药物。

三、粉雾剂的处方设计

粉雾剂的处方因素对于其药效的发挥至关重要。粉雾剂的处方设计应当结合给药装置一起评价，进行处方筛选。

1. 处方设计

将药物微粉化是吸入粉雾剂取得成功的关键。《中国药典》（2020 年版）四部规定：吸入粉雾剂中的原料药物粒度大小应控制在 10μm 以下，其中大多数应在 5μm 以下。常用的载体物质包括乳糖、甘露醇、木糖醇、氨基酸等。有时加入少量的润滑剂如硬脂酸镁和胶体二氧化硅等。对于长期治疗疾病，吸入型粉雾剂应慎用，因可能会导致肺部损伤。

根据药物与辅料的组成，粉雾剂的处方可分为：①仅含微粉化药物的粉雾剂；②药物加适量的附加剂，以改善粉末的流动性。粉雾剂的附加剂主要包括表面活性剂、分散剂、润滑剂和抗静电剂等，其主要作用是提高粉末的流动性；③一定比例的药物和载体的均匀混合体。载体在粉雾剂中起稀释剂和改善微粉药物流动性的作用；常用粒径为 50～100μm 的载体与粒径为 0.5～5μm 的药物微粉混合，使药物微粉吸附于载体表面，载体的最佳粒径为 70～100μm。乳糖是较常用的载体，也是目前 FDA 批准的唯一的粉雾剂载体；④药物与适当的润滑剂、助流剂以及抗静电剂和载体的均匀混合体。由于吸入制剂直接将药物吸入呼吸道和肺部，所以上述处方中加入的载体、辅料应对呼吸道黏膜和纤毛无刺激性、无毒性。

2. 粉雾剂的制备及其影响因素

（1）粉雾剂的制备　粉雾剂的制备应在避菌环境下配制，各种用具、器皿、混合装置应用适当方法清洁、消毒，在整个操作过程中注意防止微生物污染。

其基本制备流程为：原料药物的微粉化、与载体等辅料混合、填充胶囊或泡囊，半成品质检、包装、装入装置后质检。

（2）影响粉雾剂制备的因素

① 微粉化　药物的微粉化是制备过程中比较关键的一步。流化床式气流超微粉碎机因粉碎性能好、粉碎温度低等特点，在药品和热敏性物质的粉碎领域始终占有极其关键的地位。

② 混合　微粉化的药物与粒径较大的载体如流动乳糖进行混合，关键在于混合设备和混合方式，特别是主药含量很低的药物如每个单剂量中仅含几个微克药物，一半采用等量递增的方式，逐步放大，才能实现混合均匀。

③ 润滑剂　润滑剂的加入有时可导致粉末的均匀度下降，由于硬脂酸镁、微粉硅胶等物质在肺部不能降解，最好不加此类润滑剂。

例：鲑降钙素粉雾剂

【处方】鲑降钙素 300IU　乳糖 10～50mg　共制 96 粒胶囊

【制备】鲑降钙素经微粉化处理，得动态粒径为1～3μm的粉体，与乳糖混合后置于胶囊或泡囊内，使用时通过吸入装置给药。

本品使用时，粉末全部排空吸入，装置内残留量极低，控制药物粒径使其易在吸收部位沉积，且无需加入吸收促进剂，不会对呼吸道黏膜造成破坏，尤其适用于不能使用雌激素的妇女绝经后骨质疏松症，患者的依从性明显高于注射液。

例：色甘酸钠粉雾剂

【处方】色甘酸钠 20g　乳糖 20g　制成 1000 粒

【制备】将色甘酸钠采用适宜方法制成极细的粉末，与处方量的乳糖充分混合均匀，分装到硬明胶胶囊中，使每粒含色甘酸钠20mg，即得。

本品为胶囊型粉雾剂，用时需装入相应的装置中，供患者使用。本品为抗变态反应药，可用于预防各种类型哮喘的发作。色甘酸钠在胃肠道中仅吸收1%左右，而肺部吸收较好，吸入后10～20min血药浓度即可达峰。处方中乳糖为药物载体。

四、质量评价

配制粉雾剂时，为改善粉末的流动性，可加入适宜的载体和润滑剂。吸入粉雾剂中所有附加剂均应为生理可接受物质，且对呼吸道黏膜和纤毛无刺激性、无毒性。粉雾剂质量检查与气雾剂类似，也需进行递送剂量均一性、微细粒子剂量、多剂量吸入粉雾剂总吸次、微生物限度等的检查。

第三篇

制剂新剂型新技术

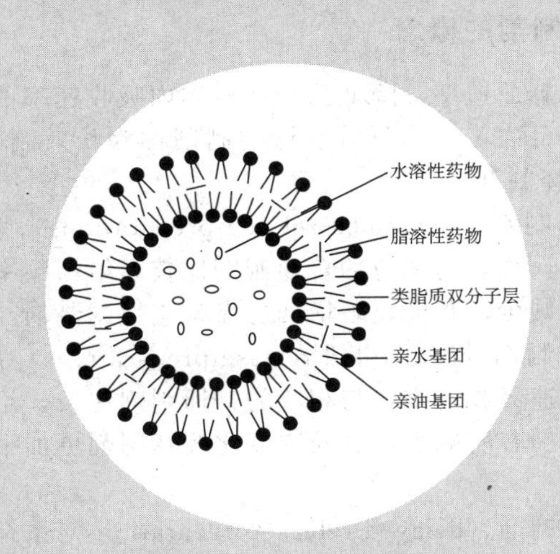

第十七章

缓释、控释和迟释制剂

第一节　概述

药物制剂的发展大致经历了普通制剂、缓释制剂、控释制剂及靶向于细胞水平的给药系统四个阶段。随着对疾病认识的不断深入及制剂新技术、新材料、新工艺的发展，近几十年来药物制剂研究得到了飞速发展，正向“精确给药、定向定位给药、按需给药”的方向发展，其中缓释、控释制剂的发展较为迅速。

一、缓释、控释和迟释制剂的概念

减缓药物从制剂中的释放速率，降低药物在机体内吸收速率的制剂学方法称为缓控释（sustained or controlled-release），为延效设计的制剂称为长效制剂（long-action preparations），又称为缓释、控释制剂。

（1）缓释制剂　缓释制剂（sustained-release preparations）系指在规定释放介质中，按要求缓慢、非恒速释放药物，与相应的普通制剂比较，给药频率比普通制剂减少一半或给药频率比普通制剂有所减少，且能显著增加患者顺应性的制剂。

（2）控释制剂　控释制剂（controlled-release preparations）系指在规定释放介质中，按要求缓慢恒速或接近恒速释放药物，与相应的普通制剂比较，给药频率比普通制剂减少一半或给药频率比普通制剂有所减少，血药浓度比缓释制剂更加平稳，且能显著增加患者顺应性的制剂。

（3）迟释制剂　迟释制剂（delayed-release preparations）系指给药后不立即释放的制剂，包括胃滞留迟释、小肠迟释和结肠迟释的制剂。

缓释与控释的主要区别在于缓释制剂是按时间变化先多后少的非恒速释放，而控释制剂是按零级速率规律释放，即其释药是不受时间影响的恒速释放，可以得到更为平稳的血药浓度，“峰谷”波动更小，直至基本吸收完全。

缓释、控释制剂在医药领域的应用，早在800年前祖国医学就有记载“丸者，缓也”、“舒缓而治之”。丸剂中，尤其是蜜丸和蜡丸，因含大量的辅料使其释药缓和而持久。化学药物缓释制剂的应用始于20世纪40年代，随着高分子化学的发展，出现了越来越丰富的缓释阻滞材料，缓释制剂得到了迅速开发和利用。20世纪70年代以后，生物药学和现代分析仪器的应用使缓释制剂的释放速率能进行合理的模拟。如著名的Higuchi释药方式，药物释放量能定量测定。后来，随着制剂技术及设备的发展，逐渐发展了能控制药物释放速率的控释给药系统，又称控释制剂。

二、缓释、控释制剂的主要特点

与普通口服制剂相比，缓、控释制剂主要有以下优点：

(1) 减少服药次数　对半衰期短的药物或者需要频繁给药的药物，可以减少服药次数，但起效速率不比常规制剂慢。缓释制剂的处方中，一般包括速释与缓释两部分药物。速释部分能很快地释放、吸收，迅速达到有效血药浓度，缓释部分能在较长时间内缓慢释放、吸收，从而使药物维持有效的血药浓度，提高患者服药的顺应性。特别适用于需要长期服药的慢性疾病患者，如心血管疾病、心绞痛、高血压、哮喘等。

(2) 使血药浓度平稳　一般制剂为了维持有效的血药浓度，必须多次给药，药物浓度在体内起伏较大，形成峰谷现象。血药浓度高时，有可能产生毒副作用，血药浓度低时，可能达不到治疗作用，缓、控释制剂则可保持平稳而有效的血药浓度，避免这种峰谷现象，从而降低药物的毒副作用，如图 3-1 所示。

(3) 可减少用药的总剂量　缓、控释制剂延缓了药物的释放，降低了吸收速率，可用最小剂量达到药物吸收的最佳效果，实现最大疗效。

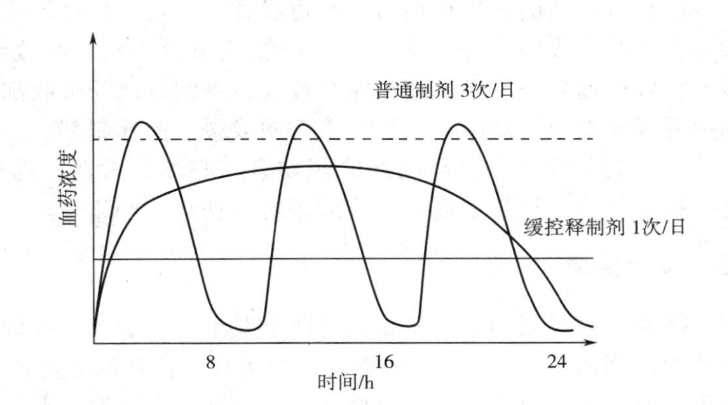

图 3-1　普通制剂与缓控制剂的药-时曲线

(4) 缓释、控释制剂的不足　尽管有上述优点，但缓释、控释制剂也有不利的一面：

① 在临床应用中对剂量调节的灵活性降低，如果遇到某种特殊情况（如出现较大副反应），往往不能立刻停止治疗。有些国家增加缓释制剂品种的规格，可缓解这种缺点，如硝苯地平有 20mg、30mg、40mg、60mg 等规格。

② 缓、控释制剂往往是基于健康人群的平均动力学参数而设计的，当药物在疾病状态的体内动力学特性有所改变时，不能灵活调节给药方案。

③ 制备缓释、控释制剂所涉及的设备和工艺费用较常规制剂昂贵。

第二节　口服缓释、控释制剂的设计

一、药物的选择

药物剂型的选择应充分考虑药物临床应用要求、药物理化特性及生物药剂学性质，并非所有的药物均能制备成缓、控释制剂。制成缓、控释制剂的药物一般应符合下列条件：

(1) 有适当的药物半衰期　半衰期在 2～8h 的药物，适合制成缓、控释制剂，半衰期很短（如$<$1h）或很长（如$>$12h）的药物均不宜制成缓、控释制剂。半衰期很短，说明药物在体内消除很迅速，只有大幅度地增加药物剂量，才能达到缓、控释目的，这给服用和制备带来很大不便；半衰期很长，说明药物本身已具有足够长的作用时间，没有必要制成缓、控释制剂。

(2) 药物 pK_a、解离度和水溶性符合要求　由于大多数药物是弱酸或弱碱，而非解离型的药物容易通过脂质生物膜，因此了解药物的 pK_a 和吸收环境（特别是消化道的 pH 改变）之间的关系很重要。由于药物制剂在胃肠道的释药受其溶出的限制，所以溶解度很小的药物（<0.01mg/mL）本身具有内在的缓释作用。设计缓释制剂时，对药物溶解度要求的下限一般为 0.1mg/L。

（3）药物在胃肠道的稳定性良好　口服给药的药物要同时经受酸、碱的水解和酶降解作用，而且要在胃肠道中停留较长时间，如果药物在胃肠液中不稳定，则不适合制成缓、控释制剂。

（4）血药浓度与药理作用存在相关性　血药浓度与药理作用之间没有相关性的药物，将无法通过试验证明其在体内是否长效。

（5）有合适的给药剂量　普通制剂若单服剂量很大（如>1.0g），制成缓、控释制剂后要维持一定的血药浓度，剂量必然要更大，给服用和制备带来不便。另外，剂量需要精密调节的药物，一般也不宜制成缓、控释制剂。

（6）有合适的药理作用与胃肠道吸收　药效剧烈（治疗指数小）的药物如果制剂设计和制备工艺不周密，释药太快，有可能使患者中毒；吸收无规律或吸收太差的药物制成缓、控释制剂后药物可能还没完全释放，制剂已离开吸收部位；在特定部位主动吸收的制剂因受吸收部位的局限，一般也不宜制成缓、控释制剂。

适于制备缓释、控释制剂的药物有：心律失常药、降压药、抗组胺药、支气管扩张药、抗哮喘药、解热镇痛药、抗溃疡药、铁盐、KCl 等。

二、设计要求

缓释、控释制剂至少需要达到两个要求：①缓释、控释制剂的相对生物利用度一般应在普通制剂的 80%～125%范围内；②缓释、控释制剂稳态时峰浓度 c_{max} 与谷浓度 c_{min} 之比应等于或小于普通制剂，也可用波动百分数表示。波动百分数计算公式为：

$$(DF)=[(c_{max}-c_{min})/c_{max}]\times 100\%$$

要达到以上要求，对材料及制剂工艺的依赖性很高，缓释、控释制剂中的药物会因为二者的差别而具有不同的释药特性。因此，应根据药物性质、临床治疗要求，采用不同的辅料及制剂技术进行缓释、控释制剂的设计。

三、药物缓释和控释的原理

缓释和控释制剂的释药原理主要有溶出、扩散、溶蚀、渗透压或离子交换机制等。药物采用疏水或脂质类载体材料，制成的固体分散体均具有缓释作用，此时，载体材料形成网状骨架结构，以分子或微晶状态分散于骨架内，称为骨架型。此外，缓释、控释制剂也可以是药库型，即在膜内贮存药物，药物通过膜缓慢扩散。骨架型和药库型两种类型的释放机制不相同。

1. 溶出原理

由于药物的释放受溶出速率的限制，溶出速率慢的药物显示出缓释的性质。根据 Noyes-Whitney 溶出速率公式，通过减小药物的溶解度，增大药物的粒径，可以降低药物的溶出速率，达到长效作用。具体方法有下列几种。

（1）制成溶解度小的盐或酯　例如青霉素普鲁卡因盐的药效比青霉素钾（钠）盐显著延长。醇类药物经酯化后水溶性减小，药效延长，如睾丸素丙酸酯、环戊丙酸酯等，一般以油注射液供肌内注射，药物由油相扩散至水相（液体），然后水解为母体药物而产生治疗作用，药效延长 2～3 倍。

（2）与高分子化合物生成难溶性复盐　鞣酸与生物碱类药物可形成难溶性盐，例如

N-甲基阿托品鞣酸盐、丙咪嗪鞣酸盐，其药效比母体药物显著延长，鞣酸与血管升压素形成复合物的油注射液（混悬液），治疗尿崩症的药效长达36～48h。海藻酸与毛果芸香碱形成的盐在眼用膜剂中的药效比毛果芸香碱盐酸盐显著延长。胰岛素注射液每日需注射4次，与鱼精蛋白结合成溶解度小的鱼精蛋白胰岛素，再加入锌盐，形成鱼精蛋白锌胰岛素，药效可维持18～24h或更长。

(3) 控制粒子大小　减小药物的表面积，可减慢药物的溶出速率，故增加难溶性药物的颗粒直径可减慢其吸收，例如超慢性胰岛素中所含胰岛素锌晶（大部分超过10μm），故作用可长达三十余小时；含晶粒较小（不超过2μm）的半慢性胰岛素锌，作用时间则为12～14h。

2. 扩散原理

受扩散控制的缓释、控释制剂，药物要先溶解成溶液，再缓慢扩散到给药系统外进入体液，其释药速率受扩散速率限制。扩散机制的缓释、控释制剂分为两类，分别是药库型和骨架型。

(1) 包衣膜扩散（药库型）　通过包衣膜控制的缓释、控释制剂有水不溶性膜和含水性孔道的膜两类。扩散系统如图3-2所示，给药系统中药物的释放取决于包衣的性质。

① 水不溶性膜　此释药机制是假设聚合物包衣膜是一连续的不溶于水的均相膜，包衣膜上交联的聚合物链间存在分子大小的空隙。增塑剂或其他辅料湿润这些孔道，药物分子经溶解、分配过程进入并通过这些孔道扩散。可通过改变聚合物分子链间孔道的大小来调整药物的扩散速率。

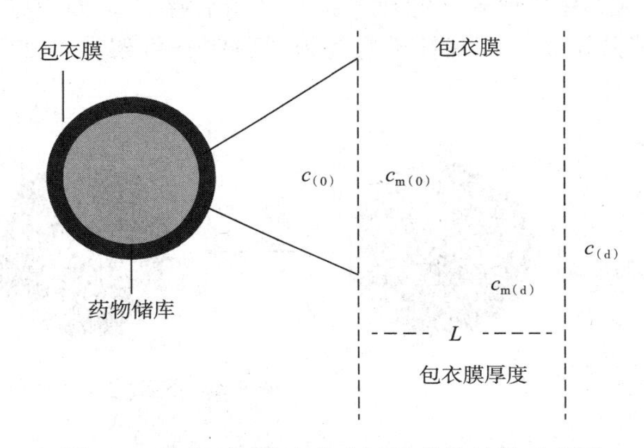

图3-2　药库型缓控释给药系统药物扩散示意图

② 含水性孔道的膜　这种包衣膜不是均匀连续的膜，如添加致孔剂的包衣膜中致孔剂部分溶解或脱落形成了水溶液填充的孔道，或聚合物的胶乳粒子凝结成不完整的膜，或包衣时形成孔道或裂隙的膜等，当与水性介质接触时，溶解的药物可通过这些水性孔道扩散。

③ 释药形式

a. 小丸或片剂包衣　可以将小丸或片剂包不溶性膜或可溶性膜，药物靠释药孔道扩散释放药物。也可采用包不同的衣层厚度来实现不同的释药速率。如制备的丸芯，可以一部分不包衣（速释部分），剩余部分分别包厚度不等的衣层（缓释部分），不包衣或不同厚度的衣，其释药速率不同而达到长效的作用，如图3-3所示。

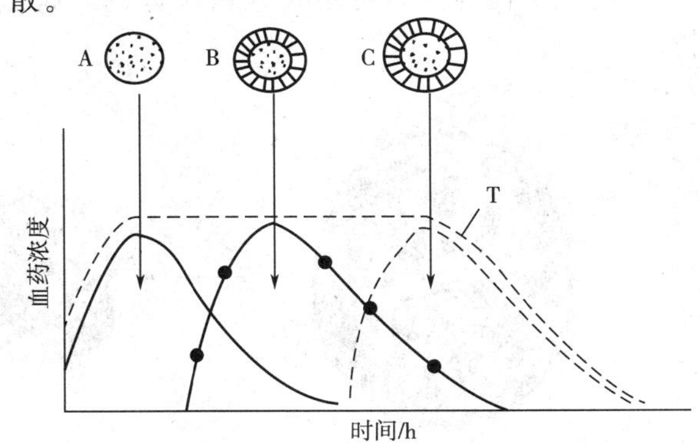

图3-3　不同包衣小丸血药浓度-时间曲线示意图

A—不包衣小丸；B—包较薄衣层的小丸；C—包较厚衣层的小丸；T—A、B、C相加的血药浓度-时间曲线

b. 制成微囊　微囊膜为半透膜，体液可渗透进入囊内，溶解囊

内药物，形成饱和溶液，溶解的药物通过微囊膜渐渐扩散出囊外而被机体吸收。

（2）聚合物骨架扩散（骨架型） 扩散介质通过骨架空隙进入骨架内部，将药物溶解，溶解的药物再沿着扩散介质进来已形成的水性通道扩散出去。骨架型缓释、控释制剂制备工艺简单，但不呈现零级释药特点。

① 释药规律 可用 Higuchi 方程表示

$$q=[De(2c_f-ec)t/t]^{1/2} \tag{3-1}$$

式中，q 为单位面积在时间 t 的累积释放量；D 为药物在介质中的扩散系数；e 为骨架的空隙率，c_f为药物在骨架中的药量；c 为药物在介质中的浓度；t 为骨架空隙的弯曲率。推导上式时基于以下假设：①药物释放时保持表观稳态；②$c_f>c$，即骨架中存在过量的药物；③理想的漏槽状态（释放介质的量不少于形成饱和溶液量的 3 倍，并脱气）；④药物粒子比骨架小得多；⑤D 保持恒定，药物与骨架材料没有相互作用；⑥骨架中药物溶解速率大于药物的扩散速率，即扩散是限速步骤。

如果其他参数都是常数，则上式可简化为：

$$q=K_0t^{1/2} \tag{3-2}$$

即累积释放量同时间的平方根成正比。

② 释药形式 制成骨架小丸或骨架片。如以聚乙烯、聚氯乙烯、甲基丙烯酸-丙烯酸甲酯共聚物、乙基纤维素等为材料制备骨架片，如图 3-4 所示，药物逐步扩散出来后，固体整体从粪便排出。

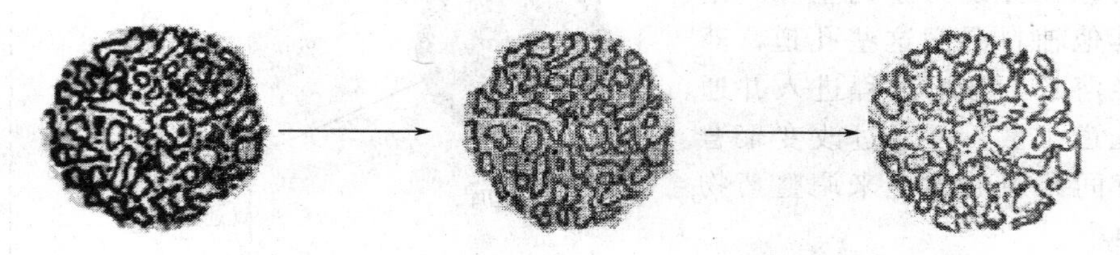

图 3-4 不溶性骨架片释药示意图

（3）溶蚀与扩散相结合原理 生物降解材料可因 pH 变化或体内酶的作用而降解发生溶蚀。在这类系统中，药物不仅可从骨架材料中扩散出来，而且骨架本身也在不断溶蚀，从而使药物扩散的路径及路径长度改变，加速扩散的进行，如图 3-5 所示。此类系统的优点在于材料经生物溶蚀后可不再残留于体内，缺点是由于影响因素多，释药动力学较难控制。

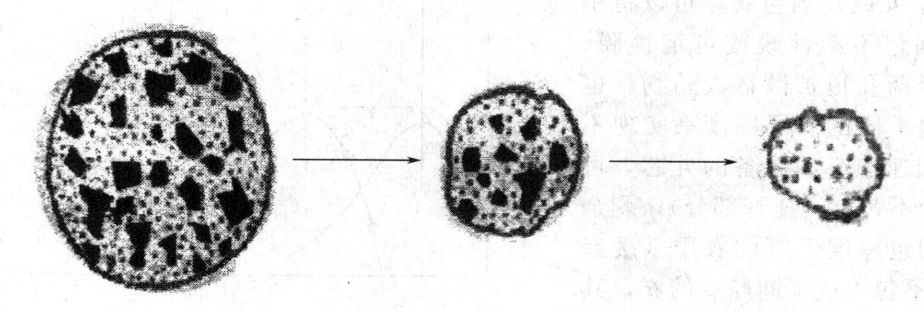

图 3-5 溶蚀型骨架片释药示意图

在这类系统中，药物可以分散、吸附或键合在聚合物中，制备时可以药物与聚合物单体直接混合再聚合，或先制成骨架系统，再吸附药物溶液。聚合物骨架可以是刚性的，也可以是膨胀型的。

（4）渗透压原理　利用渗透压原理制成缓控释制剂，是以渗透压作为驱动力控制药物的释放，能够均匀恒速地释放药物，实现零级释放，其处方可适用于不同的药物，比其他释药机理的缓控释制剂更为优越。以口服片剂为例说明其原理和构造：在渗透压系统中，由药物和具有高渗透压的渗透促进剂、水溶性聚合物及其他辅料制成片芯，片芯外用水不溶性的聚合物，如醋酸纤维素、乙基纤维素或乙烯-乙酸乙烯共聚物包衣，形成半渗透膜（水可通过，药物不能通过），然后用激光在包衣膜上打一个或多个小孔，形成渗透泵片。当与水接触时，水即可通过半渗透膜渗入片芯，使药物溶解成饱和溶液或混悬液，渗透压为4053～5066kPa（体液渗透压仅为760kPa）。由于膜内外存在大的渗透压差，药物的饱和溶液由膜上小孔持续流出，其流出量与渗入膜内的水量相等，直到片芯内的药物完全溶解为止。片芯的处方组成、包衣半渗透膜的渗透性和厚度、释药小孔的孔径和孔率是制备渗透泵片的关键因素。

渗透泵系统有三种类型，如图3-6所示，A型为片芯中含有固体药物和促渗透剂，遇水即溶解，促渗透剂形成高渗透压差。B型为药物以溶液形式存在于不含药的渗透芯弹性囊中，此囊膜外周围为促渗透剂，高渗透压差使内膜产生压力而将药物溶液排出。C型为推拉型（push-pull type），属于多室渗透泵（multi-compartment osmotic pump），片芯上层由药物、具渗透压活性的亲水聚合物和其他辅料组成，下层由遇水溶胀的促渗透聚合物和其他辅料组成，在外层包衣并打孔，药物的释放是上层的渗透压推动力和下层聚合物吸水膨胀后产生的推动力同时作用的结果。上述三种类型渗透泵片的释药孔均可为单孔或多孔。

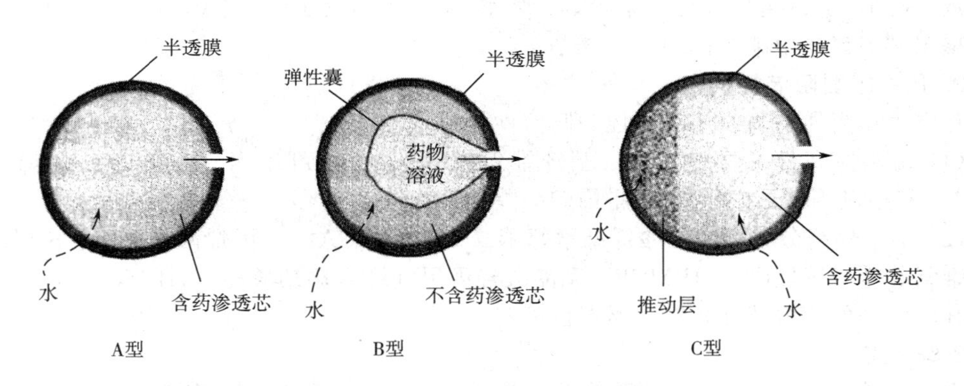

图3-6　三种类型渗透泵片示意图

渗透泵系统的优点是理论上可以实现零级释放，且释放速率与药物的性质和环境无关，由于胃肠液中的离子不会渗入半透膜，故渗透泵片的释药速率与胃肠道pH无关，在胃与肠中释药速率相等，对于不同的药物不需要重新进行处方设计。其缺点是造价高，质控指标严格。

（5）离子交换　离子交换系统是由水不溶性交联聚合物组成的树脂，其聚合物链的重复单元上含有成盐基团，药物可通过离子键结合于树脂上。当带有适当电荷的离子与其接触时，通过离子交换将药物游离释放出来。

$$\text{树脂}^{+}\text{-药物}^{-} + X^{-} \longrightarrow \text{树脂}^{+}\text{-}X^{-} + \text{药物}^{-} \quad (3\text{-}3)$$

$$\text{树脂}^{-}\text{-药物}^{+} + Y^{+} \longrightarrow \text{树脂}^{-}\text{-}Y^{+} + \text{药物}^{+} \quad (3\text{-}4)$$

式中，X^{-}和Y^{+}为消化道中的离子，药物从树脂中的扩散速率受扩散面积、扩散路径长度和树脂的刚性（树脂制备过程中交联剂用量的函数）的控制；并且受释药环境中离子种类、强度和温度影响。例如，多柔比星羧甲基葡聚糖微球（以 $RCOO\text{-}NH_3+R'$表示），在水中不释放，置于 NaCl 溶液中，则释放出多柔比星 $RNH_3^+Cl^-$，并逐步达到平衡。该制剂可用于动脉栓塞治疗肝癌，栓塞到靶组织后，多柔比星羧甲基葡聚糖微球在体内与体液中的阳离子进行交换，逐渐释放多柔比星，发挥栓塞与化疗双重作用。

$$RCOO^- NH_3^+ R' + Na^+ Cl \longrightarrow R'NH_3^+ Cl^- + RCOO^- Na^+ \tag{3-5}$$

药物从载药树脂释放不一定符合一级动力学或零级动力学等释药模型。目前，关于载药树脂的释药动力学研究主要采用粒扩散方程（Boyd 方程）、指数方程、对数方程（Viswanathan 方程）等，其中 Viswanathan 方程适合所有载药树脂复合物的体外释药过程，因而被普遍采用。

四、缓释和控释制剂材料

辅料是调节药物释放速率的重要物质，缓、控释制剂中多以高分子化合物作为阻滞剂（retardants）来控制药物的释放速率，其阻滞方式有骨架型、包衣膜型和增黏作用等。

1. 骨架型阻滞材料

（1）溶蚀性骨架材料　如动物脂肪、蜂蜡、巴西棕榈蜡、氢化植物油、硬脂酸、硬脂醇、三酰甘油、单硬脂酸甘油酯等，可延滞水溶性药物的溶解、释放过程。

（2）亲水性凝胶骨架材料　甲基纤维素（MC）、羧甲基纤维素钠（CMC-Na）、羟丙甲纤维素（HPMC）、羟丙基纤维素（HPC）、聚维酮（PVP）、卡波普（Carbopol）、海藻酸盐、脱乙酰壳聚糖等。

（3）不溶性骨架材料　有乙基纤维素（EC）、甲基丙烯酸酯共聚物（Eudragit RS，EudragitRL）、无毒聚氯乙烯、聚乙烯、乙烯-醋酸乙烯共聚物（EVA）、硅橡胶、聚硅氧烷、聚甲基丙烯酸甲酯（PMMA）等。

2. 包衣膜型阻滞材料

包衣膜型阻滞材料常用疏水性和肠溶性材料。

（1）疏水性高分子材料　如乙基纤维素（EC）、乙酸纤维素、乙烯-醋酸乙烯共聚物（EVA）和甲基丙烯酸三甲胺乙酯-丙烯酸酯共聚物等。

（2）肠溶性高分子　如乙酸纤维素邻苯二甲酸酯（CAP）、丙烯酸树脂 L、S 型、羟丙甲纤维素邻苯二甲酸酯（HPMCP）和醋酸羟丙甲纤维素琥珀酸酯（HPMCAS）等。主要利用其肠液中的溶解特性，在适当部位溶解。

3. 增稠剂

增稠剂是一类水溶性高分子聚合物，溶于水后，溶液黏度随浓度而增大，增加黏度可以减慢扩散速率，延缓药物的吸收，该类物质主要用于注射剂或其他液体药剂。常用的有明胶、PVA、右旋糖酐等。如明胶用于肝素、维生素 B_{12}，PVP 用于胰岛素、肾上腺素、皮质激素、垂体后叶激素、青霉素、局部麻醉剂、安眠药、水杨酸钠和抗组胺类药物，均有延长药效的作用。

第三节　缓释、控释和迟释制剂的制备

一、骨架型缓释与控释制剂的制备

根据药物性质和缓释、控释原理，选用不同性质的药用材料，经过特定的生产设备与工艺技术，可制成骨架型制剂。根据骨架材料性质的不同，骨架型制剂主要有不溶性骨架型、溶蚀性骨架型和亲水凝胶骨架型几种。

1. 亲水性凝胶骨架片

将药物保藏于亲水性的胶体或凝胶物质中，即可制成亲水性凝胶骨架制剂，该制剂已广泛用于缓、控释制剂的研究。亲水性凝胶（hydrophilic gel）指亲水化合物遇水后，表面发生水化作用形成凝胶。亲水性凝胶骨架片以亲水性高分子物质作为骨架材料，通过亲水性凝胶骨架材料与溶出介质接触后，在片剂的表面产生坚固的凝胶层，由该凝胶层控制着药物的释放，且保护片芯部不受溶出溶剂的影响而发生崩解。随着时间的推移，外层凝胶层不断溶解，内部再形成凝胶层，再溶解直至片芯完全溶解在溶出介质中。

（1）释药机制　亲水性凝胶骨架片的药物释放过程包含 3 个步骤。

骨架片的润湿、吸水 → 亲水性凝胶的水化、膨胀及凝胶层的形成 → 已溶药物的扩散及凝胶层的溶蚀

（2）影响药物释放速率的因素

① 骨架材料的影响　一般随骨架材料用量的增加，骨架片的释药速率减慢。羟丙甲纤维素（HPMC）在片剂中含量较低时，片剂表面形成的凝胶层为非连续性的，并导致片剂局部膨胀，甚至起到崩解剂的作用。其次，影响 HPMC 亲水性凝胶骨架片药物释放的因素中，HPMC 用量是最主要的因素。另外，骨架材料水化速率对制剂的释药速率有很大影响，骨架片表面凝胶层的形成是控制药物释放的首要前提，应根据药物的溶解性质选择骨架材料。

② 主药的影响　主药的水溶性影响整个释药过程。主药的水溶性较大，释放机制主要是扩散和凝胶层的不断溶蚀，药物的释放较快；主药的水溶性小，则其释放机制主要表现在凝胶层的溶蚀过程中，释药过程就慢。

③ 辅料的影响　亲水性凝胶骨架片所用辅料的性质和用量等可影响片剂表面聚合物水化速率和凝胶的形成速率。如疏水性助流剂、硬脂酸镁、滑石粉等可使片剂表面释药速率减慢。亲水性辅料可与聚合物竞争片剂表面的水分而减慢水化。

（3）释药特点　释药速率表现为先快后慢，口服后在片剂的表面有大量药物溶出，因此使血药浓度迅速达到治疗浓度，而后缓慢释放用于维持治疗浓度。此外该类片剂口服后释药速率受胃肠道的生理因素、pH 变化及蠕动速度等因素的影响较小。

（4）制备方法

① 粉末直接压片　对药物粉末的粒度、结晶形态、可压性，辅料的流动性、可压性有一定要求。

② 湿法制粒压片　常用的润湿剂主要有水、乙醇、一定比例的水与乙醇混合物，由于亲水凝胶骨架材料吸水后黏度增加，一般采用 60%～90%乙醇作润湿剂。常用的黏合剂有一定浓度的 HPMC 水溶液或一定比例的水与乙醇溶液，有时也选用一定浓度的乙基纤维素（EC）、丙烯酸树脂醇溶液等。

③ 干颗粒压片　将药物与聚合物混合压制为薄片，粉碎后压片。

2. 溶蚀性骨架片

（1）概念　将药物保藏于溶蚀性骨架中，制成溶蚀性骨架制剂。溶蚀性骨架片又称蜡质类骨架片，以可溶蚀（corrodible）的惰性物质，如脂肪酸及其酯类等物质为骨架材料制成。这类骨架片是由于固体脂肪或蜡的逐渐溶蚀，通过孔道扩散与蚀解控制药物的释放。

（2）溶蚀性骨架材料　常用的有蜂蜡、巴西棕榈蜡（carnauba wax）、硬脂醇、硬脂酸、氢化植物油、聚乙二醇、蓖麻蜡、聚乙二醇单硬脂酸酯、单硬脂酸甘油酯、甘三酯等。

（3）影响因素　影响溶蚀性骨架片释放速率的因素很多，如骨架材料的性质、用量、

主药的理化性质、处方中的含量、颗粒的大小、辅料的性质及用量、片剂大小及制备工艺过程等。pH、消化酶能很大程度上影响脂肪酸酯的水解，若用可水解骨架，则药物从颗粒的释放速率与酯水解速率呈平行关系。另外表面活性剂对药物的释放也有一定影响。

（4）制备方法

① 溶剂蒸发法　将药物与辅料的溶液或分散体加入熔融的蜡质相中混合均匀，然后将溶剂蒸发除去，干燥，混合制成团块再颗粒化。

② 熔融法　即将药物与辅料直接加入熔融的蜡质中，温度控制在略高于蜡质熔点，熔融的物料铺开冷凝、固化、粉碎，或者倒入一旋转的盘中使成薄片，再磨碎过筛形成颗粒，如加入 PVP 或聚乙烯月桂醇醚，可呈表观零级释放。

3. 不溶性骨架片

（1）不溶性骨架片的材料　常用的有聚乙烯、聚氯乙烯、甲基丙烯酸-丙烯酸甲酯共聚物、乙基纤维素等。此类骨架片药物释放后整体从粪便排出。

（2）制备方法　不溶性骨架片的制备方法可以将缓释材料粉末与药物混匀直接压片。如乙基纤维素可用乙醇溶解，然后按湿法制粒。此类片剂有时释放不完全，大量药物包含在骨架中，大剂量的药物不宜制成此类骨架片，现应用不多。

二、膜控型缓释与控释制剂的制备

膜控型缓控释制剂是指采用一种或多种包衣材料对颗粒、片剂、小丸等进行包衣处理，以控制药物的释放速率、释放时间或释放部位的制剂。控释包衣膜通常为一种半透膜或微孔膜，是一类不溶于水的高分子聚合物，无毒。膜控型缓控释制剂属于扩散控释，动力基于膜腔内的渗透压，或药物分子的溶出和扩散。

包衣膜材料大多为高分子聚合物，多数难溶于水，但水可以通过，具有很好的成膜性和力学性能。CA、EC、聚丙烯酸树脂为应用最广泛的包衣膜材。此外还有醋酸羟丙甲纤维素琥珀酸酯（HPMCAS）、羟丙纤维素（HPC）、羟乙纤维素（HEC）、羟乙甲纤维素（HEMC）、羟丙甲纤维素（HPMC）、羟丙甲纤维素邻苯二甲酸酯（HPMCP）、聚硅氧烷（silicone elastomer）、虫胶（shellac）、玉米朊（zein）、聚维酮（PVP）、聚乙烯醇邻苯二甲酸酯（PVAP）等。

1. 膜控小丸

（1）小丸（pellets）

又称微丸，为球形或类球形，基本上是基质骨架实体，一般是药物溶解、分散在实体中或吸附在实体上，粒径为 mm 级，通常为 0.25～2.5mm。主要用于口服，流动性好，可填装于空心胶囊或直接分装应用。小丸含药量范围大（1%～95%），口服可广泛均匀地分布在胃肠道，提高生物利用度，无时滞现象，并减少刺激性。小丸在胃肠道转运时受食物及胃排空影响较小，吸收重现性好。采用不同处方，可将药物制成速释、缓释或控释的小丸。

小丸因处方组成、结构及释药机理的不同，可分为骨架小丸、膜控型小丸以及膜控与骨架技术相结合制成的小丸三种类型。

（2）小丸常用辅料

包括丸芯的填充剂（如乳糖、蔗糖、淀粉等）、润湿剂、崩解剂（如羧甲基淀粉钠、羟丙基纤维素、羟丙甲纤维素、微晶纤维素等）、黏合剂和表面活性剂、包衣的材料及增塑剂、致孔剂、润滑剂等。近年来，生物降解材料聚乳酸、聚羟基乙酸、聚氰基丙烯酸烷酯等也用于制备小丸。空白丸芯也是小丸的辅料，如以 30～40 目的蔗糖粉或与淀粉一道再用合适黏合剂滚制成的空白丸芯。还有商品名 Non-Pareild 空白丸芯和商品名 Celphere

的微晶纤维素空白丸芯等。

（3）小丸的制备技术

微丸成型技术可分为：层积式制丸、压缩式制丸、旋转式制丸、球形化制丸及液体介质中制丸五大类。

① 层积式制丸　亦称泛丸法，是研究最多和最充分的一种制丸法，亦是最早的机械制丸工艺，其主要设备是包衣锅。

本法可用数种不同方式制成小丸：①空白丸芯法，置包衣锅内滚动，喷入适量黏合剂溶液，使丸芯表面凝润，撒入药物粉末或药物与辅料的混合粉，也可将药物溶解或混悬在溶液中喷在丸芯上成丸，干燥后再重复如上操作，直至获得一定大小的小丸。此法载药量较小，一般最多可负载约50％的药量；②粉末层积法，用黏合剂将药物干燥粉末或药物与赋形剂的混合干燥粉末在滚动的条件下制成母核，再在母核不断滚动的情况下边喷浆液边将混合干燥粉末加入，粉末被浆液黏到母核上，直至得到大小适宜的微丸；③颗粒成丸法，将药物和辅料粉末与合适黏合剂制粒后，置包衣锅中滚转，依次喷入黏合剂，撒入药粉或药粉与辅料的混合粉，吹干。如上反复操作，直至形成球形为止。该法制丸的特点：a. 粒径均匀，类真球状；b. 同时可完成起母、成丸的全过程，原辅料损失少，生产周期短，成品率高；c. 微丸的硬度较好，便于包衣等操作；d. 产品质量易于控制，易于自动化生产；e. 余料处理，生产过程产生的余料经干燥、磨碎后可调节浆液浓度后直接起母或放大，生产的微丸性质与原来基本相同。

② 压缩式制丸　压缩式制丸（compaction procedure）是用机械力将药物细粉或药物与辅料的混合细粉压制成一定大小微丸的过程，分为加压式制丸和挤压式制丸。

挤压式制丸又称为挤压-抛圆制丸，是目前制备小丸剂较广泛应用的方法，主要流程包括制备软材、挤压、滚圆成丸、干燥。一般采用挤压滚圆机联合完成，如图 3-7 所示。分为三个操作单元：①制软材，用黏合剂将药物细粉或药物与辅料的混合细粉制成具有一定可塑性的湿润软材或湿颗粒；②挤压，将可塑性湿料或湿颗粒经螺旋推进或辊滚等挤压方式挤压成高密度的条状物；③滚圆，条状物在离心式球形化机械中打碎成颗粒并搓圆，制得微丸。

此方法的特点：效率高，粉尘飞扬少，丸条的硬度对质量影响较大。如果制得的条状物较硬，则硬度好，但圆度差；制得的条状物较软，圆度好，但硬度差，滚圆后超出范围的大丸或小丸较多，这些余料再次挤压搓圆后可能影响微丸崩解、溶出等性质。

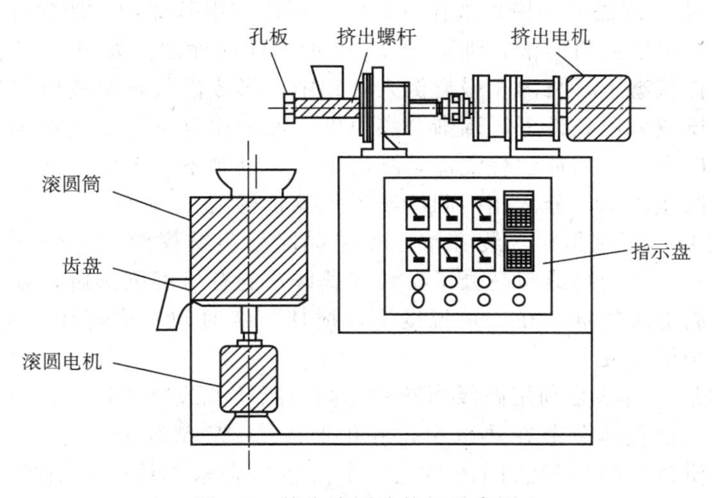

图 3-7　挤出滚圆造粒机示意图

③ 旋转式制丸　主要应用离心造粒机制丸，可在密闭的系统内完成混合、成核、成丸、干燥或包衣全过程，造出圆而均匀的小丸或包衣小丸。

离心造粒主机是一台具有流化作用的离心机，如图 3-8 所示。制丸时可将部分药物与合适辅料的混合粉或丸核投入离心机流化床内并鼓风，通过喷枪喷入适量的雾化浆液，通过离心力和重力的双重作用使丸核增大成丸。此设备还可进行小丸包衣。

离心-流化制丸法的质量除取决于合适的处方外，主要由以下参数决定：①离心机内转盘的转速；②喷浆流量；③影响浆液雾化效果的喷气量；④鼓风量即进入离心机流化床的气流量；⑤鼓风温度的高低；⑥供粉速率。

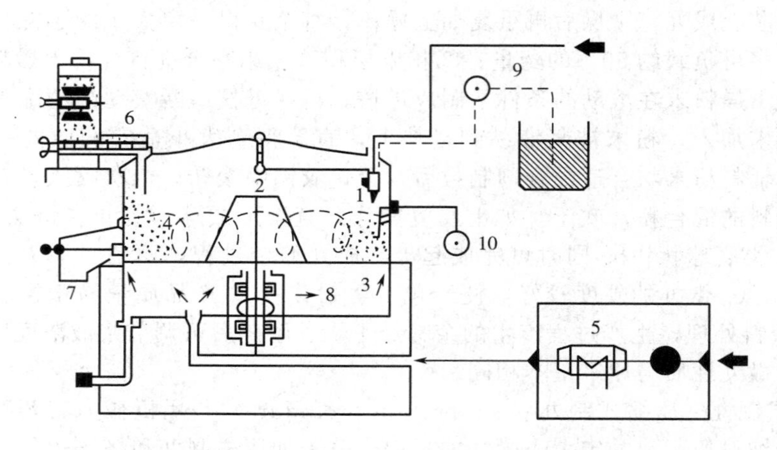

图 3-8　离心流化造粒包衣机示意图

1—喷嘴；2—转盘；3—进气；4—粒子层；5—热交换器；
6—粉末加料器；7—出料口；8—气室；9—计量泵；10—水分计

④ 球形化制丸　球形化制丸技术是将热熔物、溶液或混悬液喷雾形成球形颗粒或微丸的过程。雾化液体在其他制丸技术（如液相层积法）中也被采用，但仅仅是用于微丸成长过程。在球形化制丸技术中，通过蒸发或冷却作用，雾化过程能直接从热熔物溶液和混悬液中得到球形颗粒。液体被雾化后，产生很大的表面积，这就进一步增加了雾滴的干燥和冷却效果。

⑤ 液体介质中制丸

a. 液中干燥法：该法采用惰性液体（如液状石蜡或甲基硅油）作为外相，内相为含一定药物和高分子材料的有机溶液，加适量 W/O 型表面活性剂（如司盘 85 等）和硬脂酸镁为乳化剂，在搅拌状态下，将内相慢慢倒入外相中，形成液状石蜡或甲基硅油包裹有机溶液的乳剂，在常压或减压条件下，逐渐升高温度，使内相有机溶剂慢慢挥干，即形成固化的含药微丸，滤出微丸，用环己烷洗涤，减压干燥。本制备工艺于高沸点连续相中直接加热挥发低沸点分散相溶剂，分散相中固体物料呈球状析出。

b. 球形结晶技术：它是指药物在溶剂中结晶时发生结聚而制成微丸的一种技术。该法制备微丸是取一定量药物或与高分子材料（载体）的有机溶剂溶解，在搅拌条件下，倒入蒸馏水中后，滴加架桥剂，在一定温度下，搅拌一定时间，待药物结聚完全后，过滤，流通空气中干燥制得微丸。

c. 水中分散法：本法是利用高级脂肪醇、高级脂肪酸或蜡质材料在高温下呈液体的特征，把它们作为药物载体分散在热水中，乳化形成 O/W 型乳剂，冷却后，高级脂肪酸、高级脂肪醇或蜡质材料凝固形成固体微丸。本法较适合水不溶性或难溶性药物微丸的制备，药物常以微晶或分子状态分散在载体中。

（4）小丸包衣技术

① 包衣小丸的分类　包衣小丸由丸芯与控制释药或溶解性能的薄膜衣两部分组成。因包衣材料不同可分为以下四种类型。

a. 亲水薄膜衣小丸　这种小丸的包衣膜是由亲水性聚合物构成。药物可加在丸芯中，亦可含在薄膜衣内，或二者兼有。口服后遇消化液，构成薄膜衣的亲水聚合物（如羟丙甲纤维素等）吸水溶胀，形成凝胶屏障控制了药物释放。其药物释放速率受胃肠道生理因素和消化液变化的影响较小。

b. 不溶性薄膜衣小丸　不溶性包衣材料（如乙基纤维素等）在消化道不溶解。这种包衣小丸薄膜衣是一种整体式的膜，通常在膜中含有增塑剂（如邻苯二甲酸二乙酯、枸橼酸三乙酯、甘油酸醋酸酯、蓖麻油、油酸等）。水溶性药物制备在丸芯中，口服后水分透过衣膜进入丸芯，使药物溶解成饱和溶液，溶解的药物通过连续的高分子膜向胃肠道内缓慢扩散，被吸收而产生药效。

c. 微孔膜包衣小丸　此种小丸的包衣是利用水不溶性聚合物（如乙基纤维素）为包衣材料，并在包衣液中加入致孔剂（如乳糖、聚乙二醇等）。口服后致孔剂遇消化液溶解或脱落，在小丸衣膜上形成许多微孔，通过这些微孔控制药物的释放，如图 3-9 所示。

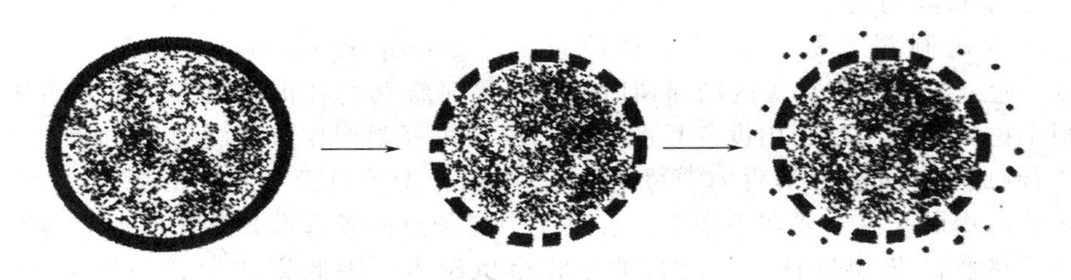

图 3-9　微孔膜包衣小丸示意图

d. 不同 pH 可溶解的薄膜衣小丸　它们是包裹在胃液中可溶的薄膜衣（如酸溶型聚丙烯酸树脂）或在肠液中可溶的薄膜衣（如肠溶型聚丙烯酸树脂、纤维醋法酯等）的小丸。

② 包衣小丸的制备　包衣方法包括流化包衣、锅法包衣、干法包衣等，所用设备与片剂包衣类似。如硝酸异山梨酯缓释小丸，采用空白颗粒锅包衣法，最后制成微孔膜包衣小丸。

2. 膜控释小片

膜控释小片是将药物与辅料按常规方法制粒，压制成小片（minitablet），其直径为 2～3mm，用缓释膜包衣后装入硬胶囊使用。每粒胶囊可装入几片至 20 片不等，同一胶囊内的小片可包上不同缓释作用的包衣或不同厚度的包衣。此类制剂无论在体内体外皆可获得恒定的释药速率，是一种较理想的口服控释剂型。其生产工艺也较控释小丸剂简便，质量也易于控制。片子做大一些，也能成为膜控释片。

3. 渗透泵片

（1）渗透泵片的组成

渗透泵片是由药物、半透膜材料、渗透压活性物质和推动剂等组成。常用的半透膜材料为无活性并在胃肠液中不溶解的成膜聚合物，仅能透过水分子，不能透过其他物质。常用的有乙酸纤维素、乙基纤维素、二棕榈酸纤维素、乙烯-醋酸乙烯共聚物等。渗透压活性物质（即渗透压促进剂）起调节药室内渗透压的作用，其用量多少关系到零级释药时间的长短，一般片内渗透压为外界渗透压的 6～7 倍（渗透压为 4000～5000kPa，体内渗透压约为 760kPa），常用的有乳糖、果糖、葡萄糖、甘露醇以及它们不同组合的混合物等。

推动剂亦称为促渗透聚合物或助渗剂，能吸水膨胀，产生推动力，将药物层的药物推出释药小孔，常用的有分子量为3万到500万的聚羟甲基丙烯酸烷酯、分子量为1万～36万的PVP等。释药孔通常用激光做成，一般为圆形，其直径由几十到几百微米，释药速率与药物的扩散系数和分子大小、释放介质的黏度、片内外渗透压差等有关。除上述组成外，渗透泵片中还可加入助悬剂、黏合剂、润滑剂、润湿剂等。

（2）渗透泵片的制备工艺

① 单室渗透泵片　将水溶性药物与具有高渗压的渗透促进剂及其他辅料压制成片芯，外包一层刚性半透膜，在膜上开一个或几个小孔（通常用激光），即得。

② 双层或双室渗透泵片　难溶性药物也可以制成双室渗透泵片，片中用弹性隔膜将药物与渗透促进剂分隔成两室。上层由药物、促进渗透剂等组成，下层由推动剂组成，在双层片外包半透膜，在上层用激光打孔。服用后胃肠液水分进入推动剂一侧使之溶解、膨胀，将弹性隔膜向药液一方推压，使药物混悬得以释放。如需同时释放两种有配伍禁忌的药物，也可以制成上下两个药室，包衣后两边打孔，两边同时释放药物。

三、迟释制剂的制备

1. 胃定位释药制剂

胃定位释药制剂也称为胃滞留释药系统（gastric retenting-drug delivery system，GRDDS），通过延长制剂在胃内的滞留时间，从而延缓药物在消化道的释放，改善药物吸收，有利于提高药物生物利用度。目前多数口服缓控释制剂在其吸收部位的滞留时间仅有2～3h，而制成胃内滞留片后胃内滞留时间达5～6h，具有骨架片释药的特性。

大多数药物口服后主要在小肠中上部（十二指肠至回肠远端）部位吸收，也就是说在小肠中上部释放的药物量越大，药物被吸收得也越多。因此胃滞留释药制剂的目的是：①延长在肠道pH环境中不稳定的弱酸性药物及溶解性差的药物在胃部的排空时间。促进药物吸收，提高生物利用度，如呋塞米；②提高治疗胃部和十二指肠部位疾病的疗效，如雷尼替丁、呋喃唑酮、硫酸庆大霉素等；③提高在胃部和十二指肠段有主动转运药物的吸收，如沙丁胺醇、维生素B_2、多巴胺等；④延长在低pH环境易溶解吸收药物的胃部滞留时间，药物得到充分的吸收，如美托洛尔，诺氟沙星等。

实现胃滞留的途径有胃内漂浮滞留（gastric floating retention）、胃壁黏附滞留（gastric adhesive retention）、磁导向定位技术（magnetic target site technology）和膨胀滞留（expansion retention）。

胃漂浮片（gastric floating tablet）是口服后维持自身密度小于胃内容物密度（1.004～1.010g/cm^3），漂浮于胃液中的制剂，由药物和一种或多种亲水凝胶骨架材料及其他辅料制成，实际上是一种不崩解的亲水性凝胶骨架片。与胃液接触时，亲水骨架开始产生膨胀水化，使制剂密度小于胃液，漂浮于胃液上，同时片剂的表面形成一层水不透性胶体屏障层，控制漂浮片内药物与溶剂的扩散速率。目前有阿莫西林、硫酸庆大霉素等胃漂浮型缓释片上市。

① 制备材料

a. 骨架材料　制备胃漂浮片的亲水凝胶骨架材料密度必须小于1mg/mL，并维持一定时间。常用材料有羟丙甲纤维素（HPMC）、乙基纤维素（EC）、甲基纤维素（MC）、羟丙基纤维素（HPC）、羟乙基纤维素（HEC）、羧甲基纤维素（CMC）、羧甲基纤维素钠（CMC-Na）、聚维酮（PVP）、聚乙烯醇（PVA）、可溶性或不溶性海藻酸盐、果胶、黄原胶和琼脂等。

b. 助漂剂　为增加漂浮力，还可以加入疏水且相对密度小的酯类，脂肪醇类，脂肪酸类或蜡类辅料，如单硬脂酸甘油酯、鲸蜡醇、硬脂醇、硬脂酸、蜂蜡等。这些物质本身相对密度小且具有一定的疏水性，能降低骨架的水化速率，但用量太大会影响药物的释放。

c. 发泡剂　常加入碳酸盐如 $MgCO_3$、$NaHCO_3$，或将碳酸盐与枸橼酸联合使用，与胃酸作用产生 CO_2 气体包被于凝胶层，有助于减轻制剂的密度。

d. 调节药物释放　在处方中适当加入可溶性辅料，如乳糖、甘露醇，或难溶性辅料，如丙烯酸树脂Ⅱ，可提高或减缓释药速率。

② 制备方法　胃漂浮制剂可以装胶囊，也可以压片，但以全粉末直接压片为宜，因为采用制粒法将破坏干粉空隙，影响制剂的密度和水化漂浮。同时，压片时压力太大也易使制剂的密度增大，影响片剂的漂浮性能。

胃漂浮制剂的质量评价除与普通片剂相同的检查项目外，还需进行体外漂浮性能、体外膨胀性能、体内漂浮性能的测定。

2. 肠溶制剂

为防止药物在胃内分解失效、对胃的刺激或控制药物在肠道内定位释放，可对片剂包肠溶衣或制成肠溶胶囊。

下述药物最好能制成肠溶制剂，使之能够安全通过胃部而到肠道崩解或溶解：①遇胃液能起化学反应、变质失效的药物；②对胃黏膜具有较强刺激性的药物；③有些药物如驱虫药、肠道消毒药等希望在肠内起作用，在进入肠道前不被胃液破坏或稀释；④有些在肠道吸收或需要在肠道保持较长的时间以延长其作用的药物。

(1) 肠溶包衣片

肠溶包衣片是指在胃中保持完整而在肠道内崩解或溶解的包衣片剂。

① 肠溶衣材料 常用的肠溶衣材料如下：

a. 邻苯二甲酸乙酸纤维素（CAP）　白色纤维状粉末，不溶于水和乙醇，但能溶于丙酮或乙醇与丙酮的混合液中。包衣时一般用8%～12%的乙醇丙酮混合液，成膜性能好，操作方便，包衣后的片剂不溶于酸性溶液中，而能溶解pH5.8～6.0的缓冲液中，胰酶能促进其消化，这些是CAP作为肠溶衣材料的优点。因为在小肠上端十二指肠附近的肠液往往不是碱性而是接近中性或偏酸性，加之在胰酶的作用下，可以保证片剂在肠内崩解，很少有排片现象。但CAP具有吸湿性，其包衣片储藏在高温和潮湿的空气中易于水解而影响片剂质量，因此，本品常与其他增塑剂或疏水性辅料如邻苯二甲酸二乙酯、虫胶或十八醇等配合应用。除能增加包衣的韧性外，并能增强包衣层的抗透湿性。

b. 虫胶　由虫胶树上的紫胶虫吸食和消化树汁后的分泌液，在树枝上凝结干燥而成紫红色的天然树脂，即虫胶（shellac），经精制后变成黄色或棕色、白色。主要成分是光桐酸（9,10,16-三羟基软脂酸）和紫胶酸的酯类，不溶于水，可溶于乙醇和碱性溶液，制成15%～30%的乙醇溶液包衣。虫胶的 pK_a 值为6.9～7.5，形成的薄膜在略带酸性的十二指肠部分较难溶解，因而将延缓肠道内对药物的吸收，从而影响疗效，现已较少应用。

c. 丙烯酸树脂　丙烯酸树脂为丙烯酸和甲基丙烯酸酯等的共聚物，这类材料中甲基丙烯酸和甲基丙烯酸甲酯或乙酯的共聚物为肠溶衣材料，常用的Eudragit L100和S100则是甲基丙烯酸与甲基丙烯酸甲酯的共聚物。作为肠溶衣层的渗透性较小，在肠中的溶解性能较好。可溶于pH6以上的微碱性缓冲介质中，而S100分子中由于含羧基较少，在pH7以上的微碱性缓冲介质中溶解较慢，故将两者按不同比例混合使用可调节药物的溶出速率。Eudragit L30D为甲基丙烯酸与丙烯酸乙酯的共聚物，在pH5.5～8的介质中溶解，在酸性条件下不溶，其特点是以水为分散介质（水分散体），具有包衣不用有机溶剂且成本低廉等优点。

d. 其他肠溶衣材料　羟丙甲纤维素邻苯二甲酸酯（HPMCP），本品不溶于水，也不溶于酸性缓冲液中，其薄膜衣在pH5～5.8或以上的缓冲液中溶解，是一种在十二指肠上端就能开始溶解的肠溶衣材料，其效果比CAP好。

② 肠溶包衣法　肠溶包衣可先将片剂在包衣锅中包数层粉衣至片面棱角消失后，再加肠溶衣材料包至适当层数后，再包糖衣数层（以免在包装运输过程中肠衣受到损坏），然后打光。目前一般应用丙烯酸树脂类或购买的成品包衣粉。包肠溶衣时，包衣过程同包薄膜衣一样，直接向片面上喷洒肠溶包衣液，包成肠溶薄膜衣，省时、省力，而且效果良好。也可将不溶性膜材料如乙基纤维素与肠溶性膜材料混合包衣，制成在肠道中释药的微孔膜包衣片，在肠道中肠溶衣溶解，在包衣膜上形成微孔，微孔膜控制片芯内药物的释放。

（2）肠溶胶囊

肠溶胶囊剂系指硬胶囊或软胶囊经药用高分子材料处理或用其他适宜方法加工而成。其囊壳不溶于胃液，但能在肠液中崩解、溶化，释放出胶囊中活性成分，或将内容物按前述制成肠溶性的颗粒、小片、小丸装入胶囊。胶囊壳在胃中后释放肠溶性的颗粒、小片、小丸，但并不释放药物，而是这些内容物进入小肠后逐步释放药物。

① 甲醛与胶囊直接作用法　本法是将胶囊剂置于密闭容器中，使甲醛蒸气与明胶起胺缩醛反应，明胶分子互相交联，生成甲醛明胶，甲醛明胶中已无游离氨基，失去与酸结合的能力，故不能溶于胃的酸性介质中。但由于仍有羧基，故能在肠液的碱性介质中溶解，而释出药物。此种肠溶胶囊的肠溶性很不稳定，能依甲醛的浓度、甲醛与胶囊接触的时间、成品储存时间等因素而改变，现在较少使用。

② 胶囊包衣法　本法系先用明胶制成空心胶囊，再在空心胶囊外层涂上肠溶材料（如CAP和Eudragit L，S），然后填充药物，并用肠溶性胶液封口制得。本法常用沸腾床对囊壳进行包衣，比甲醛处理或乙基纤维素包衣的成品质量好。如用交联聚乙烯吡咯烷酮（PVP）作底衣，再用CAP、蜂蜡等进行外层包衣，可以改善CAP包衣后“脱壳”的缺点。

软肠溶胶囊是先制成软胶囊，然后用甲醛溶液或肠溶材料包衣。此种软胶囊的胶壳常由明胶33.5%～58%、甘油或山梨醇17%～29.5%、硅油1%～9.0%、水23%～27%等组成。包衣后，胶壳不但抗胃酸性能强，而且机械强度高，抗湿性好。

③ 包肠溶衣小丸装胶囊法　与肠溶包衣片相同。

3. 口服结肠定位制剂

口服结肠定位释药制剂是指用适当方法，使药物口服后避免在胃、十二指肠、空肠和回肠前端释放药物，运送到回盲肠部后释放药物而发挥局部和全身治疗作用的一种给药系统。近年来，这种给药系统普遍受到关注，结肠在药物吸收及局部治疗方面所表现的优势被逐渐认识。与胃和小肠的生理环境比较，结肠的转运时间较长，而且酶的活性较低，这种生理环境对结肠定位释药比较有利，除在结肠发挥局部治疗作用外，结肠定位释药可延迟药物吸收时间，对于受时间节律影响的疾病，如哮喘、高血压等有一定意义。

结肠定位释药制剂的优点为：①提高结肠局部药物浓度，提高药效，有利于治疗结肠局部病变，如溃疡性结肠炎、结肠癌和便秘等；②结肠给药可避免首过效应；③有利于多肽、蛋白质类大分子药物的吸收，如激素类药物、疫苗、生物技术类药物等；④固体制剂在结肠中的转运时间很长，可达20～30h，因此结肠定位释药制剂的研究对缓、控释制剂，特别是日服一次制剂的开发具有指导意义。

根据释药原理可将结肠定位释药制剂分为三种类型。

(1) 时控型　根据制剂口服后到达结肠所需时间，用适当方法制备具有一定时滞的时间控制型制剂，即口服后 5～12h 开始释放药物，可达结肠靶向转运的目的。大多数此类制剂由药物储库和外面包衣层或控制塞组成，此包衣或控制塞可在一定时间后溶解、溶蚀或破裂，使药物从储库内芯中迅速释放发挥疗效。如小丸采用 HPMC 包衣后再用 EC 包衣，时控型结肠定位微丸 6h 释药量为 20%左右。

(2) pH 敏感型　是利用在结肠较高 pH 环境下溶解的 pH 依赖性高分子聚合物，如聚丙烯酸树脂、乙酸纤维素邻苯二甲酸酯等，使药物在结肠部位释放发挥疗效。有时可能因为结肠病变或细菌作用，其 pH 低于小肠，使药物在结肠内不能充分释药，因此此类系统可和时控型系统结合，以提高结肠定位释药的效果。

(3) 生物降解型　结肠中细菌的含量要比胃和小肠中多，生物降解型系统是利用结肠中细菌产生的酶对某些材料具有专一的降解性能制成，可分为材料降解型和前体药物型。降解材料目前研究较多的是合成的偶氮聚合物和天然的果胶、瓜尔胶、壳聚糖和淀粉等。前体药物研究最多且已有临床应用的主要是偶氮降解型的 5-氨基水杨酸前体药物，如奥沙拉嗪（o-salazine)、巴柳氮（balsalazide）等。在结肠内细菌所产生的偶氮还原酶的作用下，偶氮键断开，释放 5-氨基水杨酸发挥治疗作用。

4. 脉冲制剂

近年来，时辰药理学（chronopharmacology）的研究表明某些疾病的发作也显示出生理节奏的变化，如妇女排卵周期、高血压、哮喘可能在特定时间发作。因此，给药系统可按预定时间单次或多次地释放药物。另外，心绞痛的患者只需要短时间用硝酸甘油，糖尿病患者一般在进食以后才更需用胰岛素等。对于这些疾病，即时释放的缓释、控释制剂对患者提供连续释放的供药方式并不一定适合。而根据疾病发作时间定时释放的脉冲式释药系统或根据需要自动释放药物需要已成为药物新剂型研究的热点之一。

(1) 脉冲制剂释药技术

脉冲式释药可通过各种技术设计成定时的脉冲释放药物，或通过外部的变化因素如磁性、超声波、热、电的变化而脉冲式地释放药物。

① 定时释放式给药　主要有：渗透泵定时释药制剂，制备渗透泵片，外包时滞衣，延缓水分的渗透速率；包衣脉冲系统，如图 3-10 所示，由外层膜（EC、致孔剂、增塑剂组成）和膜内崩解物质（L-HPC）来控制水进入膜内，使崩解物质崩解而胀破膜的时间来控制药物的释放，通过改变包衣厚度或包衣材料中的疏水、亲水性物质比例，可以调节释药的间隔时间；柱塞型定时释药胶囊，如图 3-11 所示，胶囊由水不溶性胶囊壳体，药物储库，定时塞（膨胀型、溶蚀型、酶降解型），水溶性胶囊帽组成。胶囊遇水时，水溶性胶囊帽溶解，定时塞遇水膨胀脱离胶囊体，或溶蚀，或在酶作用下降解，使储库中药物快速释出。

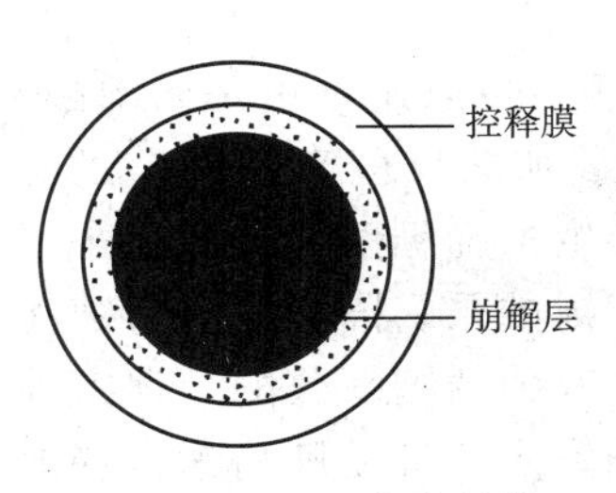

图 3-10　包衣脉冲系统

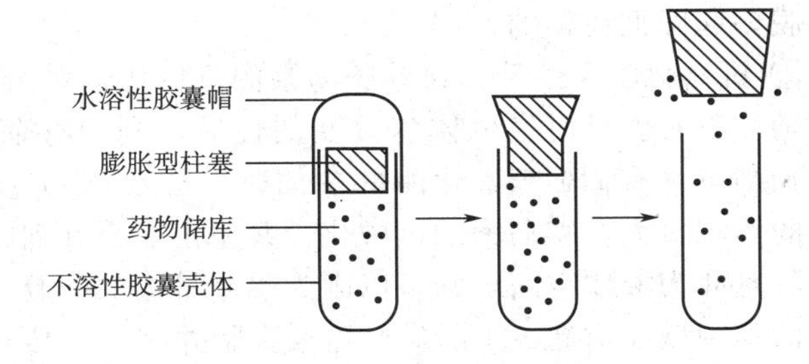

图 3-11　柱塞型定时释药胶囊

② 磁性触发式给药　本系统的聚合物骨架中，同时分散有药物和磁粒，释放速率可由外界磁场控制，取决于外加磁场的性质和聚合物骨架的力学特性。

③ 超声波触发式给药　超声波可以引起有些聚合物降解而加速药物释放。例如，氟尿嘧啶（Fu）乙烯-乙烯醇（EVAI）共聚物环制法如下：将EVAI聚合物先做成管状（壁厚0.6mm），填入Fu的水性混悬液，用单体氰基丙烯酸烷酯聚合物黏合成环状（环内径14mm，外径20mm），即得。将该环放在盛有10mL纯化水的37℃恒温释放池中，1MHz超声发生器与之相距3cm，超声30min，发现超声后释放速率加大，且释放速率与超声的强度（以W/cm^2为单位表示）成正比。

④ 温度触发式给药　用热敏聚合物可制成温度触发式给药系统。如热敏水凝胶可随温度的变化发生可逆性的膨胀和收缩（亦称退膨deswelling），应用时膨胀的程度和速率、转变的温度对释放都很重要。常用的水凝胶是丙烯酰胺的*N*-取代物，特别是*N*-异丙基丙烯酰胺IP（AAm），它在接近34℃时，温度升高凝胶收缩，其网状结构中的溶剂即被挤出。另外，IPAAm和甲基丙烯酸丁酯（BMA）的无规则共聚物，可在20～30℃之间膨胀和收缩，即温度升高到30℃（0～24h）含水量下降即收缩，温度降低到20℃（24～48h）系统吸水膨胀。用此共聚物制成的温度触发式给药系统，由温度变化控制胰岛素的释放和扩散，即凝胶收缩而使胰岛素的扩散增多，温度降低复原后，凝胶膨胀而扩散百分率保持不变，此后温度又升高，引起收缩而扩散增多。

⑤ pH与电场触发式给药　聚甲基丙烯酸（PMAA）膜的水合作用可通过直接电诱导和膜内pH变化来控制。pH升高引起羧基的解离，使聚合物水合程度增大。开始为pH 3时水合程度低，到T_0时pH从3升高到6，水合程度迅速升高，到T_1时pH从6降到3，水合程度立即降至初始值附近。PMAA膜水合程度不仅可随pH变化，亦可通过跨膜电场的变化来实现，因为电扩散过程可引起膜内的pH或离子强度的变化，从而使膜膨胀或收缩；同时静电作用也可以影响带电溶质的电泳或介质的电渗，从而改变带电溶质在膜界面的分配和透过性。

（2）自调式给药系统

自调式给药系统由体内信号自动调节释药。如胰岛素依赖型糖尿病是由于生理性的血中葡萄糖浓度所控制的胰腺分泌胰岛素反馈机制破坏所引起。目前，大多数治疗为近用餐时（估计血糖水平将会升高）注射胰岛素。新型给药系统利用血糖浓度的升高来激发给药系统胰岛素的分泌，即葡萄糖自动反馈系统。

① 竞争结合型自调式给药　竞争结合型自调式胰岛素给药是基于生物调节和控制释放相结合的原理，应用琼脂糖凝胶小珠-伴刀豆球蛋白A（Con A，一种外源性植物凝集素）-糖基化胰岛素（简称G-胰岛素）形成复合物，然后包裹于既能透过糖基化胰岛素，又能透过葡萄糖的聚合物膜中。这时，G-胰岛素不能通过膜扩散。当体内葡萄糖浓度增加，就会透过膜，与G-胰岛素竞争Con A上的糖结合部位，使G-胰岛素从Con A上释放并扩散出膜，起降低血糖的作用。

② 机械化学泵给药　设计胰岛素的机械化学泵给药系统，可以用聚甲基丙烯酸凝胶，具有随pH的改变而发生体积改变的性质，利用有葡萄糖参加的反应来控制：当血糖过高，葡萄糖在有葡萄糖氧化酶的参加时，与水和O_2反应产生葡萄糖酸，导致pH下降使凝胶的体积增大。胰岛素的机械化学泵是由3个并列隔室组成的泵。隔室Ⅰ含有胰岛素制剂。隔室Ⅱ为液体空间，它可以因为隔室Ⅲ内的凝胶（结合有葡萄糖氧化酶）遇室外较高浓度的葡萄糖而引起pH下降，导致膨胀并将压力传送给隔室Ⅰ，推动胰岛素的释放，血糖水平正常时隔室Ⅲ收缩到正常状态。

胰岛亲自调式系统也可以通过pH变化而改变聚合物的通透性来实现自调。如在纤维素微孔膜上嫁接聚丙烯酸后，再固定葡萄糖氧化酶，则可制得一种对葡萄糖敏感的纤维素膜。一般情况下，纤维素膜微孔处的聚丙烯酸链处于舒展状态，微孔关闭，一旦外界葡萄糖浓度升高，膜上产生的葡萄糖酸引起系统 pH 下降，聚丙烯酸链开始卷曲，微孔自动打开，释放胰岛素。

第四节　缓释、控释和迟释制剂的质量评价

缓释、控释和迟释制剂的质量评价一般包括制剂质量检测、体外药物释放度试验、体内试验和体内-体外相关性试验。缓释、控释和迟释制剂体外释放速率和体内吸收速率的测定比普通剂型更为重要，是其质量评价中必不可少的控制指标。

1. 缓释、控释和迟释制剂的质量检测

缓释、控释和迟释制剂通常以口服剂型为主，也包括眼用、鼻腔、耳道、阴道、直肠、口腔，透皮、注射或植入等可使药物缓慢释放，一定程度上避免首过效应的制剂。因此，缓控迟释制剂根据其具体剂型不同，其质量检查可参照《中国药典》(2020 年版) 制剂通则中相关剂型的检测内容，其质量应符合制剂通则中各剂型，如片剂、胶囊剂、眼用制剂、鼻用制剂、注射剂和植入剂等的质量要求。质量检查内容与本书前述章节普通制剂类似，包括重（装）量差异、崩解时限、药物含量、微生物限度等。

2. 体外药物释放度试验

体外药物释放度试验是在模拟体内消化道条件下（如温度、介质的 pH、搅拌速率等），对制剂进行药物释放速率试验，制订出合理的体外药物释放度测定方法，以监测制剂的生产过程并对产品进行质量控制。多于一个活性成分的缓释、控释和迟释制剂，要求对每一个活性成分均按相关要求进行释放度测定。

(1) 仪器装置　除另有规定外，缓释、控释和迟释制剂的体外药物释放度试验可采用溶出度测定仪进行。体外药物释放度测定主要有桨法、转篮法和小杯法，具体选择应以简便、质量可控、更符合体内情况为原则。

(2) 温度控制　缓释、控释和迟释制剂模拟体温应控制在 37℃±0.5℃。

(3) 释放介质　释放介质的体积应符合漏槽条件（漏槽条件的生理学解释为：药物一旦释放出来，立即在体内被迅速吸收），一般要求不少于药物饱和溶液量的 3 倍。常用释放介质为脱气的新鲜纯化水，或根据药物的溶解特性、处方要求、吸收部位，使用稀盐酸 (0.001～0.1mol/L) 或 pH 3～8 的磷酸盐缓冲液作为释放介质。难溶性药物不宜采用有机溶剂，可加少量表面活性剂，如 0.2%以下的聚山梨酯 80、0.5%的十二烷基硫酸钠等。

(4) 释放度取样时间点　除迟释制剂外，体外释放速率试验应能反映出受试制剂释药速率的变化特征，且满足统计学处理的需要。体外释药全过程的时间不应低于给药的间隔时间，且累积释放百分率要求达到 90%以上。除另有规定外，通常将释药全过程的数据作累积释放百分率-时间的释药曲线图，制订出合理的释放度检查方法和限度。

缓释制剂应至少选取 3 个取样时间点，第一点为开始 0.5～2h 的取样时间点（累积释放量约为 30%），用于考察药物是否有突释；第二点为中间的取样时间点（累积释放量约为 50%），用于确定释药特性；最后的取样时间点（累计释放量>75%），用于考察释药是否基本完全。此 3 点可用于表征体外缓释制剂药物释放度。控释制剂除以上 3 点外，还应增加 2 个取样时间点。此 5 点可用于表征体外控释制剂药物释放度，其释放百分率的范围应小于缓释制剂。如果需要，可以再增加取样时间点。迟释制剂应根据临床要求，设计释放度取样时间点。

(5) 工艺的重现性与均一性试验　应考察 3 批以上、每批 6 片（粒）产品批次之间体

外药物释放度的重现性，并考察同批产品6片（粒）体外药物释放度的均一性。

（6）释药模型的拟合 为了直观地说明药物制剂的释药特性，释药数据可用数学模型拟合，通过实验结果分析判断其释药机制。

缓释制剂的释药数据可用一级方程和Higuchi方程拟合，即

$$\ln[1-M_t/M_\infty]=-kt\text{（一级方程）} \tag{3-6}$$

$$(M_t/M_\infty)=kt^{1/2}\text{（Higuchi 方程）} \tag{3-7}$$

控释制剂的释药数据可用零级方程拟合，即

$$M_t/M_\infty=kt\text{（零级方程）} \tag{3-8}$$

式中，M_t为t时间的累积释放量；M_∞为∞时累积释放量；M_t/M_∞为t时累积释放百分率。拟合时以相关系数（r）最大而均方误差（MSE）最小为最佳拟合结果。

3. 体内药效学和药物动力学试验

对缓释、控释和迟释制剂的安全性和有效性进行评价，应通过体内药效学和药物动力学试验进行。

药物的药效学评价应反映出在足够广泛的剂量范围内药物浓度与临床响应值（治疗效果或不良反应）之间的关系。此外，应对血药浓度和临床响应值之间的平衡时间特性进行研究。如果药物或药物的代谢物与临床响应值之间存在明确的剂量依赖关系，缓释、控释和迟释制剂的临床表现可以由血药浓度-时间关系的数据进行预测。如果无法得到这些数据，则应进行临床药动学-药效学试验。

缓释、控释和迟释制剂体内药物动力学评价的主要意义在于用动物或人体验证该制剂在体内的释药特性，评价体外试验方法的可靠性，并通过体内试验进行制剂的体内动力学研究，计算各动力学参数，为临床用药提供可靠的依据。其主要包括生物利用度和生物等效性评价。药物动力学评价推荐采用该药物的普通制剂（静脉或口服溶液，或经批准的其他普通制剂）作为参考，评价缓释、控释和迟释制剂的释放、吸收情况。当设计口服缓释、控释和迟释制剂时，应测定药物在胃肠道各段的吸收，并考虑食物的影响。缓释、控释和迟释制剂的生物利用度与生物等效性试验，可参照《中国药典》（2020年版）四部通则9011进行，考察受试缓释、控释和迟释制剂与参比制剂在单次给药后药物的吸收速率和程度上有无差异，多次给药后药物达稳态的速率与程度有无差异，血药浓度和波动情况、释药特性是否达到和满足临床需要等。

4. 体内外相关性评价

体内体外相关性是指由制剂产生的生物学性质或由生物学性质衍生的参数（如t_{max}、c_{max}或AUC），与同一制剂的物理化学性质（如体外释放行为）之间建立合理的定量关系。缓释、控释和迟释制剂要求进行体内外相关性试验，只有当体内外具有相关性时，才能通过体外释放曲线预测体内情况，进而进行药品生产质量控制。当药物或主要代谢物血药浓度与临床治疗作用毒副作用之间的线性关系明确或可预计时，可用血药浓度测定法，否则应用药理效应法评价缓释、控释和迟释制剂的安全性与有效性。

体内外相关性主要包括体外释放曲线与体内吸收曲线的点对点相关、体外释放的平均时间与体内平均滞留时间之间的相关和释放时间点（$t_{50\%}$、$t_{90\%}$等）与药物动力学参数（如AUC、c_{max}）之间单点相关三种。《中国药典》（2020年版）四部通则中缓释、控释和迟释制剂的体内外相关性规定，将同批试样体外释放曲线上不同时刻的释放百分率和体内吸收曲线上的各个时间点的吸收百分率进行回归，得到直线回归方程的相关系数符合要求，即可认为具有体内外相关性。

（1）体内-体外相关性的建立

① 体外积累释放百分率-时间曲线 如果缓释、控释和迟释制剂的释放行为随外界条

件变化而变化，就应该另外再制备两种试品（一种比原制剂释放更慢，另一种更快），研究影响其释放快慢的外界条件，并按体外释放度试验的最佳条件，得到体外累积释放百分率-时间曲线（体外释放曲线）。

② 体内吸收百分率-时间曲线　根据单剂量交叉试验所得血药浓度-时间曲线的数据，对在体内吸收呈现单室模型的药物，可换算成体内吸收百分率-时间曲线（体内吸收相血药浓度-时间曲线），体内任一时间药物的吸收百分率（F_a）可按 Wagner-Nelson 方程计算：

$$F_a=\frac{c_t+kAUC_{0\sim t}}{kAUC_{0\sim\infty}}\times 100\% \tag{3-9}$$

式中，c_t 为 t 时间的血药浓度；k 为由普通制剂求得的消除速率常数；$AUC_{0\sim t}$ 为 0～t 时刻的血药浓度-时间曲线下面积；$AUC_{0\sim\infty}$ 为 0～∞时刻的血药浓度-时间曲线下面积。双室模型药物可用简化的 Loo-Regelman 方程计算各时间点的吸收百分率。

（2）体内-体外相关性检验

当药物释放为体内药物吸收的限速因素时，可利用线性最小二乘法回归原理，将同批试样体外释放曲线上不同时刻的释放百分率和体内吸收相血药浓度-时间曲线上对应的各个时间点的吸收百分率进行回归，得直线回归方程。如直线的相关系数大于临界相关系数（$P<0.001$），即可确定体内外相关。

第五节　实例

骨架型缓控释制剂

磷酸苯丙哌林缓释片

【处方】磷酸苯丙哌林 8.0g，羟丙甲纤维素（HPMC）8.0g，硬脂酸镁 0.6g，丙烯酸树脂Ⅱ号 12.0g，聚维酮（PVP）15%乙醇液 适量。

【制备】取辅料 HPMC、丙烯酸树脂Ⅱ号分别粉碎并过 100 目筛备用，再将磷酸苯丙哌林原料及上述辅料充分混合均匀，过 100 目筛，加入适量的 15%PVP 乙醇溶液润湿制成软材，用 18 目筛制粒，60℃鼓风干燥，18 目筛整粒，加入硬脂酸镁混匀，用 8.5mm 冲模压片。

【注解】本片剂为亲水凝胶骨架缓释片。处方中，磷酸苯丙哌林为主药，HPMC 和丙烯酸树脂Ⅱ号是骨架材料，PVP 是非膨胀性黏合剂，与骨架材料一起形成限制药物过早释放的基本骨架结构，硬脂酸镁为润滑剂，15%乙醇液为润湿剂。磷酸苯丙哌林为非麻醉性中枢止咳药物，并具有罂粟样平滑肌解痉作用，止咳效果是磷酸可待因的 2～4 倍，镇咳作用兼具中枢性和末梢性，尤其对刺激性干咳效果更佳。制成的苯丙哌林缓释片在 2h、4h、8h 的释放度分别为 30%～60%、55%～80%和 80%以上，在酸性溶液中具有显著的缓释作用。

硝酸甘油缓释片

【处方】硝酸甘油 0.26g（10%乙醇溶液 2.95mL），硬脂酸 6.0g，十六醇 6.6g，聚维酮 3.1g，微晶纤维素 5.88g，微粉硅胶 0.54g，乳糖 4.98g，滑石粉 2.49g，硬脂酸镁 0.15g。

【制法】将聚维酮溶于硝酸甘油乙醇溶液中，加微粉硅胶混匀，加硬脂酸与十六醇，水浴加热到 60℃，使熔化；将微晶纤维素、乳糖、滑石粉的均匀混合物加入上述熔化的系统中，搅拌1h；将上述黏稠的混合物摊于盘中，室温放置20min，待成团块时，用16目筛制粒；30℃干燥，整粒，加入硬脂酸镁，压片。

【注解】本片剂为溶蚀型骨架片，开始1h释放23%，以后释放接近零级，12h释放76%。

茶碱不溶性骨架片

【处方】茶碱200g，羟丙甲纤维素（HPMC K15M）45g，乙基纤维素（EC）125g，80%乙醇适量，硬脂酸镁1.2%。

【制法】取茶碱固体约250g，放置研钵内研磨均匀，过100目筛，羟丙甲纤维素约60g、乙基纤维素约150g，分别研磨，过80目筛，取茶碱细粉200g、羟丙甲纤维素45g及乙基纤维素125g于研钵内混合均匀，加入适量80%乙醇溶液（用95%乙醇加入一定量蒸馏水稀释），制成软材，过20目筛制粒；制得的湿颗粒放置于干燥箱中，在60℃下干燥60min，测量颗粒的水分，过20目筛整粒，加入适量硬脂酸镁，混匀；颗粒含量测定，计算片重，9mm冲模压片即得。

【注解】软材需注意其湿度及黏度，过湿或过干都将对压成的片剂质量有影响；颗粒所含水分应均匀、适量，一般干颗粒所含水分为1%～3%。

膜控型缓控释制剂

硝酸异山梨酯缓释小丸

【处方】硝酸异山梨酯200g，蔗糖颗粒（24～32目）640g，乳糖300g，乙基纤维素65g，PEG 6000 65g，16.7%HPC水溶液150mL。

【制备】将蔗糖颗粒放入包衣锅中，于40℃将16.7% HPC水溶液以5～7mL/min的速率喷雾加入，同时缓慢加入硝酸异山梨酯和乳糖的混合物，干燥后得到颗粒（16～32目）1120g。取此颗粒500g放入15r/min转速包衣锅中，喷入EC/PEG 6000混合溶液（以乙醇/二氯甲烷=1∶1作溶剂），在40℃10r/min条件下得到干燥小丸590g，装于胶囊（5mg硝酸异山梨酯）。本品作为缓解心绞痛的药物，每天服两次，每次服一粒。

盐酸曲马多控释包衣片

【处方】片芯：盐酸曲马多100.0mg，微晶纤维素180.0mg，硬脂酸镁4.0mg，聚维酮K30（PVP K30）16.0mg。包衣液：SureleaseE-7-7050（乙基纤维素水分散体）115.4g，纯化水72.1g。

【制备】片芯：将处方量的盐酸曲马多和微晶纤维素用PVP K30的水溶液制粒，干燥过筛整粒后，与硬脂酸镁混合压制成直径10mm的片芯。包衣：将片芯置于鼓式包衣机上60℃的供气流中，用5%（以片剂重量计）乙基纤维素包衣，即可。

【注解】本品为微孔膜包衣片。处方中，盐酸曲马多为主药，微晶纤维素可提高片芯表面与衣膜的黏着力，PVP K30是黏合剂，硬脂酸镁为润滑剂，SureleaseE-7-7050为包衣控释膜。盐酸曲马多具有镇痛作用，可用于术后镇痛。盐酸曲马多控释包衣片可延长药物作用时间，减少服药次数。

盐酸维拉帕米渗透泵片

【处方】片芯：盐酸维拉帕米28.50g，聚环氧乙烷（MW 500万）0.60g，甘露醇28.50g。包衣液：醋酸纤维素0.63g，羟丙纤维素0.225g，PEG3350 0.045g，甲醇7.35mL，二氯甲烷17.55mL。

【制备】压片：将主药及辅料充分混匀，加入PVP乙醇溶液，制软材，过10目筛制粒，50℃干燥，10目筛整粒，加入硬脂酸镁，混匀压片，片剂硬度9.7kg/cm^3。包衣：用空气悬浮包衣技术包衣，将醋酸纤维素包衣溶液混合均匀，进液速率为 20mL/min，包至每个片芯上的衣膜增重 15.6mg。将包衣片置于相对湿度 50%、50℃存放 45～50h，而后 50℃干燥 20～25h。打孔：用激光打孔机在包衣片上下两面各打一个小孔，孔径为 254μm。

【注解】本品为单室渗透泵片。处方中，盐酸维拉帕米为主药，聚环氧乙烷为推进剂，甘露醇为渗透压活性物质，醋酸纤维素和羟丙基纤维素为成膜材料，PEG3350 为致孔剂改善膜通透性，二氯甲烷和甲醇为溶剂。维拉帕米为钙通道阻滞剂，用于治疗心律失常和心绞痛。普通口服片剂，每日需服用 3～4 次，生物利用度不规则，常导致不良反应。维拉帕米渗透泵片，每日服药 1～2 次，血药浓度平稳，不良反应减少。

硝苯地平双层渗透泵片

【处方】药物层：硝苯地平 30mg，NaCl 60mg，PVP K90 80mg，丙二醇适量。推动层：CMC-Na 50mg，NaCl 50mg，微晶纤维素（MCC）30mg。包衣液：乙基纤维素（30%PEG400）适量。

【制备】药物层和推动层分别制备。采用湿法制粒，将药物和辅料混合均匀，以丙二醇为溶剂制软材，过筛整粒。先装入推动层，再装入药物层，压片即得片芯。在包衣锅内用配制好的包衣液给片芯包衣，喷雾速率为 3mL/min，转速 30r/min，50℃干燥 24h，并在药物层外膜打孔（1～1.5mm）。

【注解】本品为双室渗透泵片。处方中，硝苯地平为主药，NaCl 为渗透压活性物质，CMC-Na 和 MCC 为助推剂，PVP K90 是黏合剂，丙二醇为润湿剂，乙基纤维素为包衣膜，PEG400 为包衣膜致孔剂。硝苯地平临床用于预防和治疗冠心病、心绞痛，适用于各种类型的高血压。硝苯地平普通片剂需日服 3 次，并且血药浓度波动较大，血压不平稳。硝苯地平控释制剂 24h 接近于恒速释放药物，每日只需服用一次，血药浓度平稳，血压可得到稳定控制，提高了用药的安全性和有效性。

迟释制剂

法莫替丁胃漂浮缓释片

【处方】法莫替丁 40mg，HPMC 224mg，果胶 56mg，十八醇 40mg，乳糖 40mg，乙醇 0.5mL，蒸馏水适量，硬脂酸镁适量。

【制备】取处方量的药物、十八醇、HPMC 及其他赋形剂充分混匀，过五号筛，用 85%乙醇液制成软材，过一号筛制粒，于 45℃干燥，整粒后加少许硬脂酸镁，混匀压片。制得片重 400mg，含法莫替丁 40mg 的胃漂浮缓释片。

【注解】处方中法莫替丁为主药，HPMC 和果胶为骨架材料，十八醇为助漂剂，乳糖的作用是调节药物释放，乙醇和水为润湿剂。法莫替丁为第二代 H_2受体拮抗剂，用于治疗消化性胃溃疡。目前常用的剂型为片剂和胶囊剂，生物利用度低，药物在胃部的停留时间短，胃壁细胞内的蓄积低，不利于药效的充分发挥。法莫替丁胃漂浮缓释片能长时间地停留在胃部，持续释放药物，发挥药效，减少胃排空的影响，提高生物利用度和疗效。

盐酸青藤碱肠溶控释片

【处方】片芯：盐酸青藤碱 60g，微晶纤维素 39.5g，乙基纤维素 52.1g，乳糖 1984g，羟丙甲纤维素溶液 3%。包衣液：丙烯酸树脂 RS/RL 适量，邻苯二甲酸羟丙甲纤维素酯适量，邻苯二甲酸二乙酯适量，滑石粉适量，80%乙醇适量。

【制备】取处方量的药物和辅料混匀，加入 3%HPMC 制软材，20 目制粒，干燥，18 目整粒，加硬脂酸镁适量，压片；丙烯酸树脂 RS/RL、邻苯二甲酸羟丙甲纤维素酯以及邻苯二甲酸二乙酯用80%乙醇溶解，加入滑石粉搅拌均匀过筛，得包衣液，包衣锅包衣，制漂浮肠溶控释片。

【注解】与普通肠溶片相比，本制剂可控制药物在0.1mol/L盐酸溶液中2h释放于10%，PBS（pH6.8）达到90%以上。

奥美拉唑肠溶胶囊

【制备】丸芯的制备：奥美拉唑、甘露醇、糊精三者的重量比为1∶3∶1，以等量递增法加入1.4%的磷酸氢二钠，置于快速搅拌制粒机中混合2min，取出粉碎过120目筛待用。小丸的泛制：将自制的30～40目淀粉丸芯置于BZJ-360M包衣造粒机中，25%PVP K30乙醇液作为黏合剂。调整合适的主机转速、喷浆、加料速率进行积层，有一定的粒度、外观圆整时取出，于50℃真空干燥箱中干燥2h，取16～20目小丸待用。

包衣：①包隔离层衣：取适量PVP K30溶解于无水乙醇中制成6% PVP K30乙醇液，边搅拌边加入滑石粉，配制成20%的滑石粉混悬液。取上述制备的16～20目小丸，置于多功能造粒包衣机中采用空气悬浮包衣法进行包衣，至衣层增重为原小丸重量的20%。包衣控制条件如下：进气温度为50℃，雾化压力为0.3MPa，喷浆速率为35mL/min。②包肠溶衣：取丙烯酸树脂，溶于适量无水乙醇中，放置过夜至溶解完全，再加入乙醇配成6%的丙烯酸树脂液，加入15%的聚山梨酯80、邻苯二甲酸二乙酯为增塑剂，搅拌均匀，过100目筛。取已包隔离层的小丸置于多功能造粒包衣机中，采用空气悬浮包衣法进行喷液包衣，直至衣层增重为包隔离层丸重的8%。包衣条件除喷浆速率为15mL/min外，其余条件同隔离层包衣。

制备胶囊：取上述制备的肠溶小丸，加入适量自制的淀粉小丸作为重量调整剂，于胶囊填充机中填充，每一胶囊装量为240mg，含奥美拉唑20mg。

柳氮磺胺吡啶结肠定位控释片

【处方】片芯：柳氮磺胺吡啶250.0mg，微晶纤维素30.0mg，羧甲基淀粉钠12.5mg，聚维酮1.5mg，硬脂酸镁1.5mg。外层：丙烯酸树脂（Eudragit L）20.0mg，丙烯酸树脂（Eudragit S）80.0mg，邻苯二甲酸二乙酯6.0mg，聚山梨酯804.0mg，80%乙醇2.0mL。

【制备】按照处方量称取柳氮磺胺吡啶和适当的辅料，混合均匀，加入适量黏合剂制软材，制粒，颗粒干燥后加入润滑剂混合均匀，压片得到片芯。将适量的丙烯酸树脂溶解：在一定量的乙醇溶液中，同时加入合适的增塑剂，溶解分散均匀，作为包衣液。用所制包衣液对片芯进行包衣，得到结肠定位控释片。

【注解】处方中柳氮磺胺吡啶为主药，微晶纤维素和羧甲基淀粉钠为崩解剂，聚维酮为黏合剂，硬脂酸镁为润滑剂，丙烯酸树脂是肠溶包衣材料，邻苯二甲酸二乙酯是增塑剂，聚山梨酯80是致孔剂。

溃疡性结肠炎是一种病因不明的慢性结肠炎，病变部位主要为结肠黏膜。柳氮磺胺吡啶是目前治疗溃疡性结肠炎的主要药物之一，口服后，少部分药物在胃和上部肠道吸收，大部分药物进入远端小肠和结肠。由于柳氮磺胺吡啶需要长期用药，同时不良反应发生率高，使其应用受到限制，制备柳氮磺胺吡啶结肠控释制剂可降低不良反应，提高患者用药的耐受性。

盐酸维拉帕米渗透泵型脉冲控释片

【制备】片芯的制备　含药层：盐酸维拉帕米240mg、聚氧乙烯PEON750 100mg、氯化钠24mg，PVP K30 32mg，混匀，加95%乙醇溶液制软材，过20目筛制粒，45℃干燥12h，过18目筛整粒，加入1%硬脂酸镁混匀，备用。助推层：取聚氧乙烯PEOWSN

85mg、氯化钠 15mg、HPMC 7mg 和黑色氧化铁 2mg 混匀，加无水乙醇制软材，过 20 目筛制粒，45℃干燥 12h，过 18 目筛整粒，加入 1%硬脂酸镁，混匀，备用。压片：含药层与助推层颗粒分别加至 11mm 的浅四冲中，压制成黑白双色的双层渗透泵片芯，硬度在 10kg/mm^2。

片芯的包衣　①时滞衣：取适量羟乙基纤维素溶于 50%乙醇溶液中，搅拌 12h，制成固含量为 5%的包衣液。将片芯置包衣锅内，转速 20r/min，包衣液喷速为 8～10mL/min，片床温度 45℃，时滞衣膜每片增重 120mg。②控释衣：取乙酸纤维素-致孔剂羟丙基纤维素 HPC-L（7∶3，质量比）溶于丙酮-乙醇（10∶1，体积比）中，搅拌 12h，制成固含量为 4%的包衣液。将片芯置包衣锅中，转速 30r/min 包衣液喷速 6～8mL/min，片床温度 35℃。控释衣膜增重 8%。

制孔：在含药层一侧（白色）机械制孔，形成 2 个孔径为 0.9mm 的释药孔（深度以刚穿透控释衣膜为度），即得盐酸维拉帕米脉冲控释片。

【注解】实验表明该制剂在不同释放介质中药物释放时滞均为 3～4h，此时制剂应进入小肠部位，能有效根据原发性高血压和心绞痛的发病规律释药。

胰岛素海藻酸盐磁性微球

【制法】13mg 铁酸锶微粒（约 1μm）于超声波搅拌下分散于 1.3mL 1.5%海藻酸钠水溶液中，在轻微机械搅拌下加入 100mg 牛胰岛素粉末，直至形成均匀的混悬液。用 1mL 的注射器将混悬液滴加到 15mL 1.5% 氯化钙中即胶凝成球。继续搅拌 15min，用纯化水洗后，将其在 2%聚左旋赖氨酸水溶液中分散 30min 使微球交联，最后用纯化水洗净微球。

【注解】通过改变内加磁粒的强度、外磁场与磁粒的距离、电压以改变磁场的振幅等，可以控制释放速率。在无外加磁场时，胰岛素不能从高度交联的海藻酸盐微球骨架中扩散出来，但在磁场存在下，磁粒的位移使大分子的部分链断裂，导致空隙增大，胰岛素即可释放出来。

第十八章 脂质体制备技术

当两性分子如磷脂和鞘脂分散于水相时，分子的疏水尾部倾向于聚集在一起，避开水相，而亲水头部暴露在水相，形成具有双分子层结构的封闭囊泡，称为脂质体（liposomes），见图3-12。脂质体在形成过程中，脂质体的疏水链会自发形成一个疏水相区域，而脂质体内部会形成一个水相核心，由此脂质体同时能够有效地包载水溶性和脂溶性药物。脂质体的主要材料一般为磷脂与胆固醇，而这两种成分都是人体所必需的物质，所以理论上脂质体是一种无任何毒副作用的给药载体。

近年来由于脂质体在基础理论及应用上的重大意义，脂质体的研究成为一个十分活跃的领域。当前脂质体与泡囊的研究主要集中在3个领域：模拟膜的研究；药品的可控释放和在体内的靶向给药；在体外培养中将基团和其他物质向细胞内的传递。

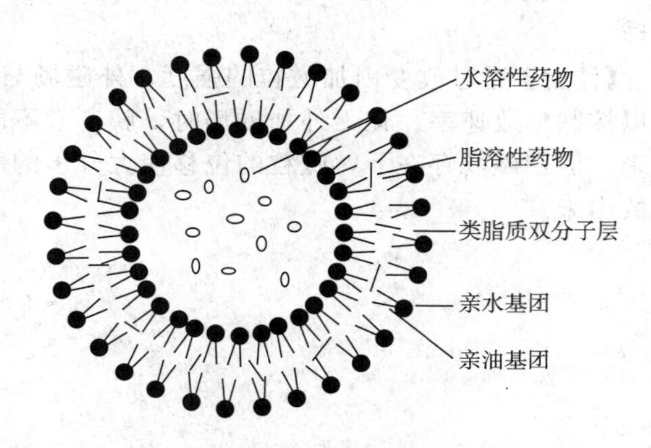

图3-12 脂质体囊泡结构示意图

脂质体最早于1965年由英国Bangham和Standish提出，他们发现磷脂分散在水中时形成多层封闭囊泡，类似洋葱结构。第一个上市用于皮肤病治疗的益康唑脂质体凝胶（Pevaryl Lipogel）于1988年由瑞士Cilag制药公司注册，现已在瑞士、意大利、比利时等国上市销售。随后多种脂质体药物获得批准上市，如两性霉素B脂质体（Ambisome，美国NeXstar制药公司）、阿霉素脂质体（Doxil，美国Sequus制药公司）、柔红霉素脂质体（DaunoXome，美国NeXstar制药公司）等。不难看出随着脂质体全盛时期的到来，生物技术、免疫调节、遗传工程等各个领域之间的相互渗透，脂质体在生物医学领域中将备受青睐。

第一节 脂质体的特点

一、脂质体剂型的特点

脂质体可以包裹脂溶性和水溶性两类药物，是具有多种功能的定向性的药物载体。它具有如下特点：

(1) 制备工艺简单，一般药物都较容易包封在脂质体中。

(2) 水溶性和脂溶性两类药物都可包裹在同一脂质体中，药物的包封率主要与药物本身的脂水分配系数及膜材性质有关。

(3) 脂质体本身对人体毒性小，并且脂质体对人体无免疫抑制作用。

(4) 在体内使药物具有定向分布的靶向性特征。

(5) 可以制成免疫脂质体，根据靶分子特性将脂质体运送到特定的组织中，与抗体或受体作用释放药物。

(6) 药物包裹在脂质体中是非共价键结合，而有些药物载体是以共价键与药物结合进入体内后由共价键结合的药物不易与载体脱离，影响药效，而脂质体中的药物进入体内可以在指定部位完全释放出来；肌内注射和皮下注射脂质体首先进入淋巴管，最后进入血液循环并具有长效作用；脂质体口服给药可保护被包封的药物，并在一定程度上促进药物被胃肠道吸收；脂质体还可在肺内、心脏或关节腔等部位注射，增加隔室靶向性；脂质体还可以眼用或皮肤给药等局部给药，具有促进药物吸收等作用特点。

(7) 脂质体静脉给药时，离开血管进入细胞间质的机会很小；经皮下或腹腔注射的脂质体主要进入局部淋巴结中，只有粒径较小的脂质体才从肝等器官的不连续血管的窦状隙进入细胞间质。进入体内的脂质体主要被网状内皮系统的巨噬细胞和血中的单核细胞吞噬。

(8) 药物被包封于脂质体中，能够降低药物毒性，增强药理作用。

(9) 脂质体制剂能够降低药物的消除速率，延长药物作用时间，增加药物的体内外稳定性。

二、脂质体的组成和结构

脂质体与由表面活性剂构成的胶体（micelles）不同，后者是由单分子层组成。胶体增溶的溶液用肉眼观察，呈透明状，而脂质体是以类脂质（如磷脂、胆固醇等）构成的双分子层为膜材料包合而成。

1. 脂质体的膜材料

制备脂质体的膜材料主要为类脂质成分，现常用脂质体膜材料简介如下。

磷脂的结构通式为：

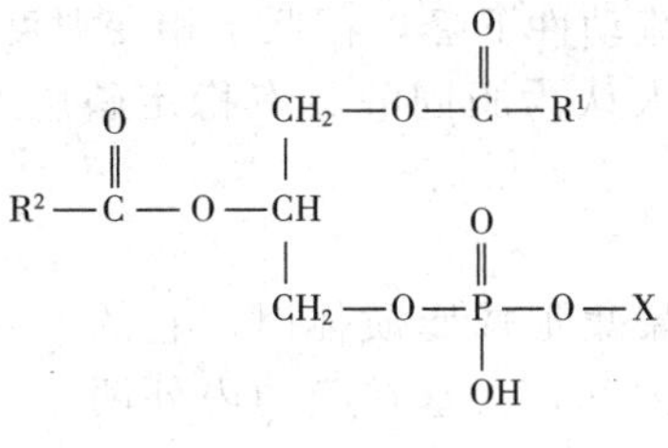

```
                              O
                              ‖
          O          CH2—O—C—R1
          ‖           |
R2—C—O—CH
                      |       O
                      |       ‖
                     CH2—O—P—O—X
                              |
                              OH
```

图 3-13 磷脂结构图

其中，R^1，$R^2=C_{12}\sim C_{18}$，疏水基，R 可为饱和烃链或不饱和烃链；X 为亲水基，X 不同，则磷脂命名不同。

(1) 中性磷脂

磷脂酰胆碱（phosphatidylcholine，PC）是最常见的中性磷脂，亦称卵磷脂。卵磷脂有天然和合成两种来源，可从蛋黄和大豆中提取。与其他磷脂比较，它具有价格低、中性电荷、化学惰性等性质。卵磷脂是细胞膜的主要磷脂成分，也是脂质体的主要组成成分。

除了磷脂酰胆碱外，脂质双分子膜也可由其他一些天然中性磷脂（neutral phospholipids），如神经鞘磷脂（sphingomyelin，SM）、磷脂酰乙醇胺（phosphatidyl ethanolamine，PE）等组成。此外，还有一些人工合成的磷脂酰胆碱衍生物，如二棕榈酰磷脂酰胆碱（dipalmitoyl phosphatidyl choline，DPPC）、二硬脂酰磷脂酰胆碱（distearoyl phosphatidyl choline，DSPC）、二肉豆蔻酰磷脂酰胆碱（dimyristoyl phosphatidyl choline，DMPC）等。

（2）负电荷磷脂

负电荷磷脂（negatively-charged phospholipids）又称酸性磷脂，常见的负电荷磷脂有磷脂酸（phosphatidic acid，PA）、磷脂酰甘油（phosphatidyl glycerol，PG）、磷脂酰肌醇（phosphatidyl inositol，PI）、磷脂酰丝氨酸（phosphatidyl serine，PS）等。在负电荷磷脂中，有三种力量共同调节双分子层膜头部基团的相互作用，这三种力即空间屏障位阻、氢键和静电荷。

由酸性磷脂组成的膜能与阳离子特别是二价阳离子如 Ca^{2+} 和 Mg^{2+} 发生强烈的结合，使头部基团静电荷消失导致双分子层的凝聚，排列紧密，使相变温度提高。在适当的环境温度下，加入阳离子能引起相变。由酸性和中性脂质组成的膜，加入阳离子能引起相分离。

（3）正电荷脂质

制备脂质体所用的正电荷脂质均为人工合成产品，目前常用的正电荷脂质（positively-charged lipids）有：①硬质酰胺（stearamide）；②油酰基脂肪胺衍生物，如 *N*-[1-(2,3-二油酰基)丙基]-*N*,*N*,*N*-三甲基氯化铵［*N*-[1-(2,3-dioleyloxy)propyl]-*N*,*N*,*N*-trimethylammonium chloride，DOTMA］，又如 *N*-[1-(2,3-二油酰氧基)丙基]-*N*-(2-(精氨酸基酰氨基)乙基)-*N*,*N*-二甲基三氟乙酸铵［*N*-[1-(2,3-dioleyloxy) propyl]-*N*-(2-(spermine-carboxamido) ethyl) -*N*,*N*-dimethylammonium trifluoroacetate，DOSPA］；③胆固醇衍生物，如 3*β*-[*N*-(*N*′,*N*′-二甲基氨基乙烷)氨基甲酰基] 胆固醇盐酸盐［3*β*-[*N*-(*N*′,*N*′-dimethylaminoethane) carbamoyl] cholesterol hydrochloride，DC-CHOL］等。正电荷脂质常用于制备基因转染脂质体。

（4）胆固醇

胆固醇（cholesterol，Chol）是许多天然生物膜的重要成分，其本身并不形成双分子层结构，但它能以很高的比例参与到磷脂膜中，它与磷脂的摩尔比可达 1∶1 甚至 2∶1。加入胆固醇可改变磷脂膜的相变温度，从而影响膜的通透性和流动性。在高于相变温度时，胆固醇导致膜的通透性和流动性下降，在低于相变温度时，胆固醇的加入则引起膜的通透性和流动性增加。因此有人认为胆固醇具有稳定磷脂双分子层膜的作用。图 3-14 为胆固醇结构图。

2. 脂质体的结构

磷脂分子悬浮在水溶液中聚集形成脂质体时，它的两条疏水链一个挨一个地指向内部，头基在膜的内外两个表面上。磷脂双层构成一个个封闭小室，内部包含着一定体积的水溶液。小室中水溶液被磷脂双层包围而独立，磷脂双层形成的泡囊又被水相介质分开。脂质体可以是单层的封闭双层结构，也可以是多层的封闭双层结构。在显微镜下，脂质体的外形除了常见的球形、椭圆形外，还会有长管状结构，直径变化从几十纳米到零点几个毫米，而且各种大小和形状的结构可以共存。凡由一层类脂质双分子层构成的，称为单层脂质体。由多层类脂质双分子层构成的，称为多层脂质体。

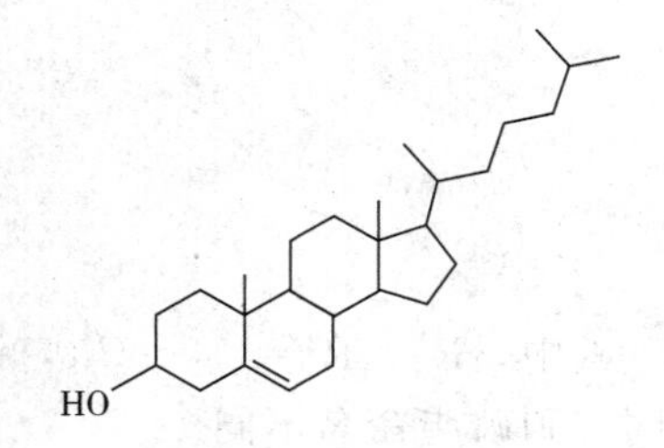

图 3-14 胆固醇结构

三、脂质体的理化性质

（1）相变温度

脂质体双分子层中的酰基侧链的排列方式与温度密切相关，当温度升高时，酰基侧链从有序排列变为无序排列，由此引起脂质膜的物理性质发生变化，如由“胶晶体”转变为“液晶态”，膜的横切面增加，双分子层的厚度减小，膜的流动性增加等，这种转变温度称为相变温度（phase transition temperature，T_c）。

相变温度的高低取决于磷脂的种类，与磷脂的极性基团的性质、酰基侧链的长度和不饱和度相关，一般酰基侧链越长或饱和度越高，相变温度越高，反之，链短或饱和度低，则相变温度低。在相变温度以下时，磷脂脂肪酸的排列为全反式构象，排列紧密，膜刚性和厚度增加，膜结构处于“胶晶态”；当在相变温度以上时，磷脂中的酰基侧链伸缩、弯曲及外扭和侧向移动，膜结构处于“液晶态”。膜流动性的增加，易导致包封内容物的泄漏。在制备和应用脂质体时，了解磷脂膜的相变温度极其重要，因为相变温度显著影响脂质体的稳定性和体内过程。胆固醇具有调节膜流动性的作用，被称为“流动性缓冲剂”，磷脂中加入胆固醇，在低于相变温度时，可使膜减少有序排列而增加膜的流动性；在高于相变温度时，胆固醇可增加膜的有序排列而减少膜的流动性，当脂质体膜中加入50%（摩尔分数）胆固醇，脂质体膜的相变温度消失。

（2）膜的通透性

脂质体膜是半通透性膜。不同离子、分子扩散跨膜的速率有极大的不同。对于在水和有机溶液中溶解度都非常好的分子，易于穿透磷脂膜。极性分子，如葡萄糖和高分子化合物通过膜非常慢，而电中性小分子，如水和尿素能很快跨膜。荷电离子的跨膜通透性有很大差别：质子和羟基离子穿过膜非常快，可能是由于水分子间氢键结合的原因；钠和钾离子跨膜则非常慢。在体系达到相变温度时，质子的通透性增加，并随温度的升高而进一步提高。钠离子和大部分物质在相变温度时通透性最大。

（3）脂质体荷电性

用含有磷脂酸、磷脂酰丝氨酸等酸性磷脂制备的脂质体一般荷负电，含碱基（氨基）如硬脂酰胺等的脂质体荷正电。脂质体表面电性对其包封率、稳定性、靶器官的分布及对靶细胞的作用均有影响。

四、脂质体的类型

1. 按脂质体的结构类型分类

（1）单层脂质体（unilamellar vesicles）是由一层双分子脂质膜形成的囊泡，根据其大小可分为小单层脂质体（small unilamellar vesicles，SUVs）和大单层脂质体（large unilamellar vesicles，LUVs）。小单层脂质体的最小直径约为20nm，大单层脂质体的直径一般大于100nm，LUVs与SUVs相比，对水溶性药物的包封率高，包封容积大。

（2）多层脂质体（multilamellar vesicles，MLVs）是双分子脂质膜与水交替形成的多层结构的囊泡，一般由双层以上磷脂双分子层组成多层同心层（concentric lamellae）。MLVs的直径一般从100nm到5μm。图3-15为单层脂质体和

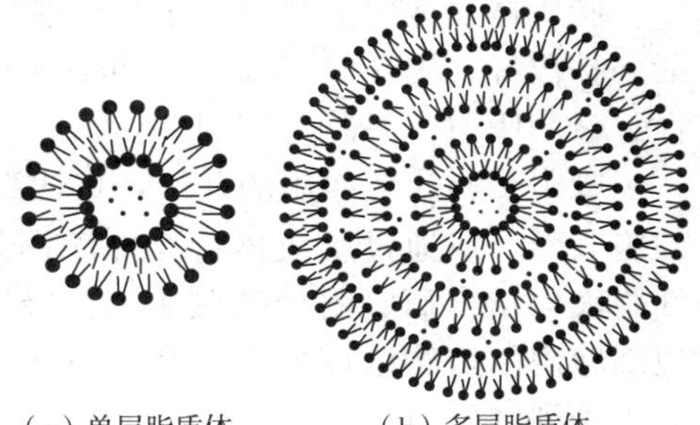

图3-15　单层脂质体和多层脂质体结构示意图

多层脂质体的结构示意图。

2. 按脂质体的性能分类

（1）普通脂质体　由一般脂质组成脂质体，包括上述的小单层脂质体、大单层脂质体和多层脂质体。

（2）长循环脂质体（long circulation liposomes）　也称为隐形脂质体（stealth liposomes）。脂质体被神经节苷脂（GM1）、磷脂酰肌醇、聚乙二醇等在脂质体表面高度修饰，交错重叠覆盖在脂质体表面，形成致密的构象云，也称为空间稳定脂质体（sterically stabilized liposomes，SSLs）。这种立体保护作用取决于聚合物的柔性、位阻、亲水性等，阻止脂质体不被血液中的调理素（opsonin）识别，降低网状内皮系统（reticuloendothelial system，RES）的快速吞噬或摄取作用，从而使脂质体清除速率减慢，在血液中驻留时间延长，使药物作用时间延长。

（3）特殊功能脂质体　包括：①热敏脂质体，指具有稍高于体温的相变温度的脂质体。其药物的释放对热具有敏感性；②pH 敏感脂质体，指对 pH 变化（特别是向低 pH）敏感脂质体；③多糖被复脂质体，指结合了天然或人工合成的糖脂的脂质体；④免疫脂质体（IL），类脂质膜表面被抗体修饰的具有免疫活性的脂质体；⑤其他，如超声波敏感脂质体、光敏脂质体和磁性脂质体等。

3. 按用途和给药途径分类

（1）气雾化脂质体　利用气雾剂结构装置的特点，将有机相和水相分成两室，药物溶于有机相或水相。给药时，阀门装置使定量的有机相及水相在加压下在混合室中混合，最后产生的乳剂抛射到空气中成为气雾剂。用于治疗呼吸窘迫综合征有特别显著的效果。

（2）其他

① 静脉滴注脂质体；

② 口服给药脂质体；

③ 眼部用药脂质体；

④ 黏膜给药脂质体；

⑤ 外用脂质体、经皮给药脂质体；

⑥ 肌注和关节腔、脊髓腔、肿瘤内等局部注射脂质体；

⑦ 免疫诊断用脂质体；

⑧ 基因工程，生物工程用脂质体。

其他用途的脂质体还很多，如农药、化妆品用脂质体等，不再赘述。

脂质体还可以按荷电性质分类：中性脂质体、负电性脂质体和正电性脂质体。

五、脂质体的作用机制

脂质体在体内的组织分布及在细胞水平上的作用机制有吸附、交换、内吞、融合、渗漏和扩散等。图 3-16 为脂质体和细胞的相互作用。

（1）吸附

吸附是脂质体作用的开始，在适当条件下，脂质体通过静电等作用非特异性地吸附到细胞表面，或通过脂质体特异性配体与细胞表面结合而吸附到细胞表面。吸附使细胞周围药物浓度增高，药物可慢慢地渗透到细胞内。

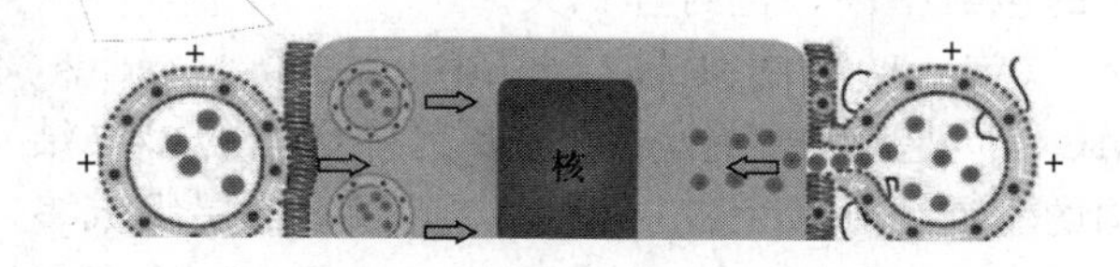

图 3-16　脂质体和细胞的相互作用

（2）脂交换

脂质体的脂类与细胞膜上脂类发生

交换。其过程为脂质体与细胞先吸附，然后在细胞表面蛋白质的介导下，特异性交换脂类的极性顶部基团或非特异性交换酰基链。交换仅发生在脂质体双分子层中外部单分子层和细胞质膜外部的单分子层之间，而脂质体的内含物并未进入培养细胞。

（3）内吞/吞噬

内吞是脂质体主要作用机制，是非渗透性载体穿过细胞的最普遍形式。脂质体易被网状内皮系统细胞，特别是单核吞噬细胞作为外来异物吞噬，进入溶酶体、融合，迅速被溶酶体消化、裂解释放药物。药物释放后在溶酶体内作用，或在溶酶体外作用。通过内吞，脂质体能特异性地将药物集中于要作用的细胞房室内，也可使不能通过浆膜的药物达到溶酶体内。

（4）融合

融合是指脂质体的膜插入细胞膜的脂质层中，而将内容物释放到细胞内。在多层脂质体情况下，脂质体内膜层与胞浆接触，这样脂质体与亚细胞器之间按融合方式相互作用。

（5）渗漏

渗漏是考察脂质体稳定性的重要指标。当受纤维细胞、肝癌细胞及肝、胆囊细胞等诱导时，脂质体内容物发生渗漏。这也许是细胞表面蛋白与脂质体相互作用的结果。适量的胆固醇可减少或防止脂质体渗漏。

（6）磷酸酯酶消化

脂质体被磷酸酯酶消化，其消化程度与体内磷酸酯酶含量呈正比例关系，肿瘤组织中磷酸酯酶水平明显高于正常组织，所以脂质体在肿瘤组织中更容易释放药物。

六、脂质体的作用特点

1. 脂质体的靶向性

（1）被动（天然）靶向性

被动靶向性是脂质体静脉给药时的基本特征。这是由于脂质体进入体内即被巨噬细胞作为外界异物吞噬的天然倾向产生的。一般的脂质体主要被肝和脾中网状内皮细胞（phagocytic cells）吞噬，是治疗肝寄生虫病、利什曼病等网状内皮系统疾病理想的药物载体。脂质体的这种被动靶向性也被广泛用于肝肿瘤等的治疗和防止淋巴系统肿瘤等的扩散和转移。

（2）主动靶向性

脂质体本身无特异主动靶向性，必须在脂质双分子层上修饰抗体、激素、糖残基和受体配体等。主动靶向性是利用靶器官的结构和功能特点，人为设计和制备能选择性分布于靶器官的脂质体药物载体，将药物输送到特定的组织器官、细胞或亚细胞器上。

（3）物理化学靶向性

物理化学靶向性是在脂质体的设计中，应用某种物理或化学因素的改变，例如用药局部的 pH、病变部位的温度等的改变而明显改变脂质体膜的通透性，引起脂质体选择性地释放药物，从而使脂质体携带的药物作用于靶向位点。

（4）转移靶向性

这种靶向性是采用封闭网状内皮系统或减少网状内皮系统的摄取。如用胶体粒子阻断网状内皮系统的吞噬作用，亦可预先注射空白脂质体，使肝脾摄取脂质体呈饱和状态，然后再给药物脂质体以增加非网状内皮系统的摄取。

2. 脂质体的长效作用

脂质体作为药物载体还具有长效作用。实验证明，脂质体及包封的药物在血液循环中保留的时间，多数要比游离药物长得多。体内动力学研究指出：不同的脂质体药物在体内的存留时间，可以从几分钟到几天。据报道，使用神经鞘磷脂或二硬脂酰磷脂胆碱制成的脂质体，在体内有更长的存留时间。根据需要，可以通过磷脂的选择，设计具有不同半衰期的脂质体作为长效的药物载体。这种药物载体，使药物缓慢地从脂质体中释放出来，在细胞的生命周期中更好地发挥作用，从而提高治疗指数。如果脂质体以非静脉注射进入体内，脂质体将发挥药物储库的作用，即使脂质体已经与细胞和组织结合，甚至它们被细胞内体吞噬后，仍可以缓慢地释放药物。

3. 脂质体降低药物毒性

药物被脂质体包封后，主要被网状内皮系统的吞噬细胞摄取，故在肝、脾和骨髓等网状内皮细胞较丰富的器官中有较高浓度，而在心和肾中的累积量比给予游离药物时低得多。因此，将那些对心和肾有毒性的药物，尤其是对正常细胞有毒性的抗肿瘤药物，包封成脂质体可以明显降低药物的毒性。

4. 脂质体保护被包封药物

实验证明，将一些不稳定或易氧化的药物包封在脂质体中，药物因受到脂质体双层膜的保护，可显著提高稳定性。同时，脂质体也增加药物在体内的稳定性，因为药物进入靶区前被包在脂质体内，使药物免受机体酶和免疫系统的分解；当进入靶区后，脂质体和细胞相互作用被细胞内体摄取，经溶酶体的作用，脂质体解体并释放药物。

第二节　脂质体制备技术

一、脂质体的制备技术

1. 薄膜分散法

薄膜分散法（thin-film hydration）是最基本和应用最广泛的制备脂质体的方法。首先，将磷脂和胆固醇等类脂及脂溶性药物溶于有机溶剂，然后将溶液置于圆底烧瓶中，旋转减压蒸干，磷脂在烧瓶内壁上会形成一层很薄的膜，然后加入一定量的缓冲溶液，充分振荡烧瓶使脂质膜水化脱落，得到脂质体。薄膜分散法制备的脂质体为MLV，粒径较大（1～5μm）而且不均匀。为了降低其粒径大小使MLV转变成LUV或SUV，可以通过不同的分散方法处理，如超声分散法、薄膜-挤压法等。

（1）超声分散法　薄膜分散法制备的样品经超声波处理，则根据所采用超声的时间长短而获得0.25～1μm的SUV。超声可采用两种方法：一是探头型超声，另一是水浴超声。

（2）薄膜-挤压法　使脂质体挤压通过固定孔径的滤膜，脂质体的粒径变小和均匀的方法称薄膜-挤压法。当把薄膜法制备的大小不一的MLV连续通过孔径0.1～1.0μm的聚碳酸酯膜后，得到粒径大小均匀的脂质体。

2. 逆相蒸发法

逆相蒸发法（reverse phase evaporation method，REV）是脂质体制备技术的一个突破，因为它首次考虑到制备具有高内水相体积-脂质比特性的脂质体，且能够包封现有的大部分水溶性物质。逆相蒸发是在反胶束的基础上形成的。这种反胶束是由缓冲水相和有机相的混合物经超声形成的，其中缓冲水相含有待包封入脂质体的水溶性分子，而有机相溶有两亲性磷脂。缓慢除去有机相使反胶束转变成黏稠凝胶状。在此过程的临界点，凝胶塌陷，部分反胶束破裂。反胶束破裂而产生的过量磷脂，反过来在余下的胶束周围形成完整的双分子层，形成囊泡。REV脂质体可由各种脂质和脂质混合物（包括胆固醇）制得，其内水相体积、脂质体数目比手摇法制得的脂质体或多层脂质体高4倍。

3. 注入法

注入法是将脂质和脂溶性药物溶于有机溶剂（油相）中，然后把油相匀速注射到恒温在有机溶剂沸点以上的水相（含水溶性药物）中，搅拌挥尽有机溶剂，再乳匀或超声得到脂质体。注入法常用的溶剂有乙醚、乙醇等。根据溶剂不同可分为乙醚注入法（ether injection）和乙醇注入法（ethanol injection），一般来说，在相同条件下，乙醚注入法形成的脂质体好于乙醇注入法。

4. 复乳法

复乳法（multiple emulsion method）是指将少量水相与较多量的磷脂油相进行（第 1 次）乳化，形成 W/O 的反相胶团，减压除去部分溶剂（或不除去也可），然后加大量的水相进行第 2 次乳化，形成 W/O/W 型复乳，减压蒸发除去有机溶剂，即得脂质体。此法包封率为 20%～90%。复乳法制备的脂质体为非同心多囊结构，更适合包封水溶性药物，增加包封率，并具有缓释效果。

5. 冷冻干燥法

冷冻干燥法（freeze-drying method）系将类脂高度分散在水溶液中，冷冻干燥，然后再分散到含药的水性介质中，形成脂质体。冻干温度、速率及时间等因素对形成脂质体的包封率和稳定性都有影响。

6. 加压挤出法

将多层脂质体置于 Frech 压力机，100kPa 下通过小孔径压出，反复进行，可获得小的单层脂质体；低压下 15kPa 则生成中等大小的单层脂质体。这种方法简单、重现性好、不需要离心、凝胶过滤、透析、浓缩等操作，可用较高类脂浓度来制备大容积的脂质体，包封率较高（见表 3-1）。

表 3-1　传统方法制备的脂质体类型与粒径

制备方法	脂质体类型	粒径/nm	制备方法	脂质体类型	粒径/nm
薄膜分散法	MLV	100～300	乙醇注入法	SUV	30～110
薄膜-超声法	SUV	20～50	复乳法	MLV	2000～100000
逆相蒸发法	LUV	200～1000	冷冻干燥法	LUV	20～200
乙醚注入法	LUV	100～400	加压挤出法	SUV	30～50

二、脂质体的分离技术

分离脂质体的方法，较常用的有葡聚糖或琼脂凝胶过滤法、透析法、超速离心法等。也有报道超过滤技术和超滤器分离脂质体。常用的分离方法如下。

1. 透析法

该法适合于分离小分子物质，不适用于除去大分子药物。透析过程是缓慢的，在室温条件下，不断更换外部介质（透析袋外面的洗涤液），在 10～24h 内可以除去 95%以上脂质体中游离的药物。应注意在透析过程中，所用的洗涤液的渗透压应与脂质体悬浊液的渗透压相同，否则，会引起脂质体的体积变化，导致被包封的药物泄漏。

2. 离心法

在不同条件下，离心是脂质体与游离物质分离的有效方法。沉淀脂质体的离心力依赖于脂质体组分成分、粒径大小，在某些条件下，依赖于脂质体的密度。转速为 2000～4000r/min，较大的脂质体可起到分离作用，而较小的脂质体则要用超速离心机才能分离游离药物，非常小的脂质体（约10nm以下）则需要用冷冻超速离心的方法才能将游离的药物分开。

3. 凝胶过滤法

凝胶过滤又称为凝胶渗透色谱技术。它是一种柱层分级法，当溶质分子在一个流动液体中通过多孔粒子固定床时，这些填料本身有很多小孔。较大的脂质体渗过细孔的比例较少，因此它比小的分子更易从柱上洗脱。其结果是，粒径大的先从柱中流出，而粒径小的后流出。利用这种技术可以将脂质体（粒径大）和游离药物（粒径小）分开。

三、脂质体的灭菌

常用的脂质体灭菌方法如下。

1. 热压灭菌

这种方法适合于少数脂质体药物，但在121℃可以造成脂质体不可恢复的破坏。不同脂质成分的MLVs和挤压脂质体，经121℃灭菌20min后，在生理盐水中可以看到囊泡聚集，继而出现相分离，而在等渗糖溶液中未观察到聚集。

2. 滤过除菌

这是脂质体除菌最常用的方法。0.22μm或更小的脂质体可通过此方法除菌，脂质体及其内容物损失0.3%～18.6%。将脂质体挤压通过0.2μm聚碳酸酯膜也可以得到无菌的脂质体，这样可将调节粒径和除菌相结合，一步完成。

3. ^{60}Co射线灭菌

目前这种方法尚未广泛用于制药工业，^{60}Co射线灭菌对脂质体灭菌可能是较好的选择之一，但也有研究表明，γ射线可破坏脂质体膜。

4. 无菌操作

这是实验室制备无菌脂质体最常用的方法。将脂质体的组成成分脂质、缓冲液、药物和水分别通过过滤除菌或热压灭菌。所用的容器及制备仪器均经过灭菌，在无菌环境下制备脂质体。这个过程费力、耗时并且花费大。

第三节　脂质体的稳定性研究和质量控制

一、脂质体的稳定性研究

由于脂质体在体内外的弱稳定性，产生了一系列问题。体外问题包括：制备工艺不成熟、包封率低、基本理化性质变化、粒子易聚集、融合；磷脂膜不稳定，加剧药物泄漏；运输储存成本高；制剂保质期短等。体内问题包括：在血液、消化液中易被消除，影响治疗效果；热不稳定等使药物有突释风险；氧化产物或药物泄漏；体内毒性增加。这大大限制了其作为药物载体的应用。因此运用有效、可靠的研究技术和方法，对脂质体制剂学稳定性进行评价十分重要。

一般来说，脂质体的稳定性包括物理稳定性、化学稳定性和生物稳定性三方面。

1. 物理稳定性

脂质体由流动的动态磷脂膜构成，磷脂不断自由地跨膜交换位置，从而引起脂质体粒子自发地聚集、沉降，磷脂膜不稳定、粒径和Zeta电势的变化会造成脂质体物理形态结构的不稳定。考察脂质体的基本理化性质，是评价其制剂学稳定性的常用方法。

（1）制剂性状　从外观形貌上观察稳定的脂质体，对于脂质体混悬制剂，肉眼观察应无沉淀、无絮凝分层、分散均匀和流动性好，对光可见明显的乳光现象，且有腥气味；对于冻干制剂，其外观应为疏松均匀的块状物或粉末，平滑饱满且表面光整。

（2）微观形态结构　脂质体是一种纳米药物载体，制剂稳定性与粒子微观形态性质相关，稳定脂质体应粒子边缘圆整，为封闭多层的圆球体或囊状，且粒度大小均匀。

（3）粒径和 Zeta 电势　脂质体的粒径大小及其分布与制剂稳定性直接相关，影响脂质体在生物体内的行为和处置，是评价脂质体稳定性的重要参数。高质量脂质体粒径大小、分布应较为稳定，粒径呈正态分布，且分布范围窄。Zeta 电势是体系中颗粒之间相互排斥或吸引强度的衡量标准，适宜的 Zeta 电势能够减少脂质体的聚集和融合，且在脂质体与药物之间具有稳定作用。

（4）泄漏率　脂质体不稳定造成包载药物泄漏，不仅会使药物代谢动力学过程和药效发生改变，还可能增大药物的毒性，泄漏率是评价脂质体稳定性的重要指标。测定方法一般是将样品于不同条件下贮存，间隔不同时间取样，再用透析管或凝胶柱分离法，分别测定各样品中从脂质体泄漏药物百分率，以比较药物在脂质体内包封的稳定性。

（5）热力学参数　脂质体膜升温达到相变温度时，脂质膜由胶晶态变为液晶态，可液态、液晶态和胶晶态共存，膜横切面和流动性增加，双分子层厚度减小，出现相分离，导致包封药物的泄漏。可借助热分析方法对脂质体热稳定性进行研究。

（6）聚集状态　脂质体不稳定产生的聚集现象与粒径、Zeta 电势和膜稳定性等多方面复杂因素相关，可直接从脂质体制剂整体的聚集状态研究脂质体的稳定性。

2. 化学稳定性

脂质体一般由磷脂、胆固醇和包封药物组成，化学稳定性与脂质体的制备处方、储存条件如 pH、温度、氧气和光照等影响因素有关，主要由磷脂氧化和水解造成，磷脂变性从根本上导致脂质体膜不稳定、包封药物泄漏和产生有毒产物，破坏脂质体的稳定性。

（1）磷脂氧化　大多构成脂质体的磷脂分子含有极易氧化的不饱和键，氧化使脂质体膜流动性降低，药物渗透性增加，产生脂质体聚集、沉淀或破裂等现象，稳定性遭到破坏，同时磷脂氧化生成的过氧化物、丙二醛等氧化产物对人体有一定毒性。

（2）磷脂水解　脂质体的磷脂水解是自发过程，而且随着水解进行，水解产物游离脂肪酸（free fatty acid,，FFA）增多，使体系 pH 值随之下降，进一步促进磷脂水解，造成脂质体包封药物泄漏及产生溶血磷脂等有毒的水解产物。

3. 生物稳定性

脂质体在到达生物病灶或靶区前，应保持其形态和功能的完整，复杂的生物体内环境对脂质体稳定性是一大挑战，如体内的多种蛋白、降解酶、免疫系统甚至血液流动都会破坏脂质体的稳定性，进行脂质体的体内外生物稳定性考察，不仅是脂质体制备和优化的重要基础，同时也对临床试验和应用提供重要依据。

（1）血液稳定性　脂质体的普遍给药形式是静脉给药，血液中存在多种破坏脂质体的因素：循环系统中的磷脂酶会水解磷脂；高密度脂蛋白破坏磷脂膜形成孔洞；补体系统的多种调理素如抗体、补体等与脂质体结合，使磷脂膜出现亲水通道而造成包封药物泄漏和水、电解质进入，加速脂质体清除。因此在模拟体内循环系统中孵育，考察脂质体与血清、血浆相互作用对评价脂质体稳定性十分重要。

（2）消化液稳定性　口服给药作为一种便捷的给药方式，研究开发口服脂质体具有广阔的发展前景，由于口服脂质体会经消化道吸收，可通过研究脂质体在模拟人体胃肠液中性质的变化来考察其稳定性。

（3）体内生物稳定性　脂质体在体内稳定是发挥载体作用的关键，体内环境相比体外稳定性评价的模拟环境更加复杂和真实，更具意义。

二、脂质体的质量评价

1. 形态与粒径

脂质体粒径大小和分布均匀程度与包封率和稳定性有关，直接影响脂质体在机体组织的分布和代谢，影响到脂质体载药的治疗效果。脂质体形态与粒径的观察方法主要有以下几种。

（1）光学显微镜法　将脂质体混悬液稀释，取1滴放入载玻片或滴入细胞计数板内，放上盖玻片，观察脂质体大小与数目，然后按其大小分档计数，以视野见到的粒子总数，求出各档次的百分数，观察其形态并在显微镜下拍照，该方法仅适于粒径较大的脂质体。

（2）电子显微镜法　这是直接测定粒径最精确的方法。负染可用于分析小脂质体，技术简便、可靠。负染用于检测脂质体的两种重金属为磷钨酸（phosphotungstic，PTA）和钼酸铵（ammonium molybdate，AM）。这两种染料均是阴离子，适用于中性和负电性的脂质体染色。如果脂质体由正电性脂质组成，负离子能引起脂质体的聚集和沉淀。如果负染正电性脂质体，可以用阳离子双氧铀盐。图3-17为脂质体的透射电镜图。

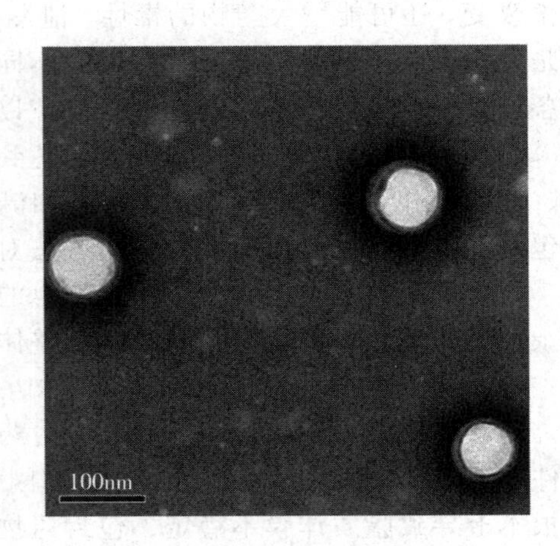

图3-17　脂质体的透射电镜图

（3）激光散射法　又称为光子相关光谱法（photon correlation spectroscopy，PCS）或动态光散射法（dynamic light scattering，DLS）。该方法能快速简单地测定脂质体粒径，但仅能测定出脂质体样品的平均粒径。

2. 包封率和载药量

（1）包封率（encapsulation efficiency，*EE*）　系指包入脂质体内的药物量与体系总药物量的百分比，一般采用重量包封率。测定包封率时需分离载药脂质体和游离药物，然后计算包封率，用式（3-10）表示：

$$EE=\frac{W_e}{W_e+W_o}\times 100\% \tag{3-10}$$

式中，W_e为脂质体内包封的药物量；W_o为未包封的游离药物量。包封率表示所有药物中有多少包封于脂质体内。包封率是在脂质体的制备过程中很重要的考察参数。

（2）载药量（loading efficiency，*LE*）　系指脂质体中药物的百分含量，可用式（3-11）计算：

$$LE=\frac{W_e}{W_m}\times 100\% \tag{3-11}$$

式中，W_e为包封于脂质体内的药量；W_m为载药脂质体的总重量。载药量可以明确制剂中药物的百分含量，对脂质体工业化生产具有实用价值。

3. 表面电性

含酸性脂质，如磷脂酸（PA）和磷脂酰丝氨酸（PS）的脂质体荷负电；含碱基脂质，如十八胺等的脂质体荷正电；不含离子的脂质体显电中性。脂质体表面电性对包封率、稳定性、靶器官分布及靶细胞的作用有影响。测定方法有显微电泳法和荧光法等。

（1）显微电泳法　是将脂质体混悬液放入电泳装置样品池内，在显微镜监视下测量粒

子在外加电场强度 E 时的泳动速度 v。向正极泳动的脂质体荷负电，反之荷正电。由测定结果可求出单位电场强度下的运动速率，即淌度 $u=v/E$，依式（3-12）计算 ξ 电势。

$$\xi=\frac{6\pi\eta u}{\varepsilon} \tag{3-12}$$

式中，η 为脂质体混悬液的黏度；ε 为介电常数；ξ 电势（mV）随脂质体电荷的增加而增大。

（2）荧光法　是依据脂质体和荷电荧光探针的结合量与其表面电性和电荷量有关的性质进行测定。两者荷电相反，结合多，荧光强度增加；相反，两者荷电相同，结合少，荧光强度减弱。

（3）激光散射法　也可较为方便地测定脂质体的表面电性。

4. 泄漏率

脂质体中药物的泄漏率表示脂质体在贮存期间包封率的变化情况，是衡量脂质体稳定性的重要指标，可用式（3-13）表述：

$$泄漏率=\frac{贮存后泄漏到介质中的药量}{贮存前包封的药量}\times 100\% \tag{3-13}$$

5. 磷脂的氧化程度

磷脂容易被氧化，在含有不饱和脂肪酸的脂质体中，磷脂的氧化分为 3 个阶段：单个双键的偶合、氧化产物的形成、乙醛的形成与键断裂。因各阶段产物不同，氧化程度难以用一种试验方法评价。

（1）氧化指数的测定　氧化指数是检测双键偶合的指标。氧化偶合后的磷脂在 233nm 波长处具有紫外吸收峰，因而有别于未氧化的磷脂。测定时，将磷脂溶于无水乙醇，配制成一定浓度的澄明溶液，分别测定其在 233nm 及 215nm 波长处的吸光度，按式（3-14）计算氧化指数：

$$氧化指数=\frac{A_{233\mathrm{nm}}}{A_{215\mathrm{nm}}} \tag{3-14}$$

磷脂的氧化指数一般应低于 0.2。

（2）氧化产物的测定　卵磷脂氧化产生丙二醛（MDA）和溶血磷脂，MDA 在酸性条件下可与硫巴比妥酸（TBA）反应，生成红色染料（TBA-pigment）。该化合物在波长 535nm 处有特征吸收，吸收值的大小即反映磷脂的氧化程度。研究人员对丙二醛与溶血之间的关系进行了研究，实验证明，当每毫升含卵磷脂的生理盐水中丙二醛含量超过 2.3μg 时，在 37℃放置 1～2h 即产生溶血。

除上述方法可估计磷脂的氧化程度外，根据聚合不饱和脂肪酸链在氧化最后阶段发生断裂或缩短，也可用液相色谱-质谱联用技术测定这些酰基链的变化。

第四节　实例

一、抗肿瘤药物的载体

癌症是人类的大敌，在攻克癌症堡垒中，目前化疗还是主要手段，而提高化疗效果的关键是如何提高药物的靶向性和降低药物的毒副作用。脂质体剂型可以在某种程度上提高化疗药物的靶向性，并大幅度地降低化疗药物的毒副作用，从几种途径上提高化疗药物的治疗指数。

1. 阿霉素脂质体

阿霉素是临床常用的蒽环类抗恶性肿瘤药，抗菌谱广，疗效好，但是该药毒性作用较为严重，除骨髓抑制、胃肠道毒性及脱发外，尚可引起严重的心毒性，表现为各种心律失常，累积量大时可引起心肌损害乃至心衰。这些毒性作用使阿霉素的临床应用受到限制。多年来人们一直在寻找降低阿霉素毒性的有效方法，70年代末开始研究脂质体作为蒽环类抗癌药的有效载体。现在，临床前药理试验已证明，用脂质体载运的阿霉素抗肿瘤作用类似或稍强于游离阿霉素制剂，而毒性则显著减轻。

阿霉素脂质体进入体循环后主要被网状内皮系统（reticuloendothelial system，RES）中的白细胞、单核细胞及巨噬细胞吞噬，这对于RES肿瘤的治疗有特殊的意义。早期阿霉素脂质体的应用因稳定性差、药物易渗漏、储存期限短、组织靶向性差和易被RES迅速清除等受到限制。现在在其表面包裹了高分子物质聚乙二醇（polyethylene glycol，PEG），因其组成中含有亲水性基团，可提高其表面的亲水性。而且阿霉素长循环脂质体的衍生物可以阻止血浆蛋白吸附于脂质体表面，减少RES的吞噬吸收，逃避免疫系统的拦截，延长了药物在体内的循环时间，大大提高了阿霉素的生物利用度。

Doxil®，美国塞奎斯制药（Sequus Pharmaceuticals）研制，是FDA于1995年批准的第一个PEG化长循环脂质体，主要适应证为晚期卵巢癌、多发性骨髓癌以及HIV并发的卡波西肉瘤。其处方组成摩尔比为：HSPC∶CHOL∶DSPE-mPEG2000＝56∶39∶5，每瓶Doxil®脂质体浓度约为16mg/mL，阿霉素浓度为2mg/mL。Doxil®使用硫酸铵梯度法实现阿霉素的主动载药。药物分子在内水相中与硫酸根结合形成晶状硫酸盐沉淀，使得阿霉素包封率高且稳定，不易发生药物泄漏。Doxil®于1996年获得了欧洲EMA批准上市，商品名Caelyx（楷莱），2003年由西安杨森出品进入中国市场。目前国内仿制的产品有三个：复旦张江的“里葆多”（2008）、石药集团的“多美素”（2011）以及常州金远的“立幸”。

2. 柔红霉素脂质体

柔红霉素是从我国河北正定县土壤中获得同类放线菌并提出同类物质（即柔红霉素）。主要用于对常用抗肿瘤药耐药的急性淋巴细胞或粒细胞白血病，但缓解期短，故需与其他药物合并应用。作用与阿霉素相同，嵌入DNA，可抑制RNA和DNA的合成，对RNA的影响尤为明显，选择性地作用于嘌呤核苷。

美国NeXstar制药公司研发的柔红霉素脂质体DaunoXome®于1996年得到FDA的批准在美国率先上市，并随后在欧洲得到许可，后来NeXstar被Gilead合并，其脂质体产品和脂质体技术也带入Gilead公司。DaunoXome®采用主动载药法-pH梯度法将柔红霉素包封于二硬脂酰卵磷脂和胆固醇组成的普通单层脂质体内，增加了药物在实体瘤部位的蓄积，提高了治疗指数同时降低了心毒性。脂质体化的柔红霉素其循环半衰期比脂质体化的阿霉素小，对AIDS相关的KS其抗癌效果总体反应率为55%。

3. 紫杉醇脂质体

1983年，美国国立癌症研究所（NCI）和迈阿密-施贵宝（BMS）共同开发了紫杉醇制剂，开始对其进行临床研究。1992年12月29日，FDA批准紫杉醇上市，商品名为Taxol®，用于当一线药物或序贯化疗失败后的转移性卵巢癌。与Taxol®相比，国产紫杉醇脂质体——力扑素®不含聚氧乙烯蓖麻油和无水乙醇，预处理更方便，激素用量小于传统注射用紫杉醇，过敏反应及肌肉疼痛发生率更低，血液毒性、肝毒性及心毒性明显小于传统紫杉醇注射液，药代参数优于传统紫杉醇注射液，具有肿瘤靶向性和淋巴靶向性。

4. 其他抗肿瘤药物脂质体

除上述三种脂质体以外，国内外还有多种抗肿瘤药物脂质体上市，如阿糖胞苷脂质体（Depocyt®）、硫酸长春新碱脂质体（Marqibo®）、伊立替康脂质体（Oniivyde®）等。另顺铂脂质体、奥沙利铂脂质体、勒托体康脂质体等也进入临床研究。与目前其他抗癌剂型相比较，脂质体具有独特的优点，早已为国内外专家所瞩目。至今将脂质体应用于肿瘤化疗方面的研究文章已数不胜数。

二、抗菌药物的载体

利用脂质体与生物细胞膜亲和力强的特性，将抗生素包裹在脂质体内可提高抗菌效果。两性霉素B（Amphotericin B）是结节性链丝菌产生的一种大环多烯类抗生素。由于其能较特异地与真菌细胞膜上麦角固醇结合而用于抗真菌治疗。目前该药仍然是最有效的抗真菌药物，但由于其毒副作用较大，因而在临床上的应用受限。两性霉素B脂质体Ambisome®是由美国NeXstar公司研制的全球首个上市脂质体制剂，而后被Gilead公司并购。其最先于1990年在欧洲上市，而后于1997年在美国上市。产品为冻干制剂，用于治疗严重的深度真菌感染，如黑热病、酵母病、球孢子菌病等；也可用于由曲霉菌、念珠菌等引起的侵略性系统感染的治疗。Ambisome®利用负电荷磷脂DSPG与两性霉素B结构中带正电荷的海藻糖胺相结合将药物稳定包载，因此API两性霉素B存在于磷脂双分子膜上。处方中的胆固醇与药物分子产生疏水作用。具体处方为HSPC：CHOL：DSPG：AmB=2：1：0.8：0.4（摩尔比），产品粒径约为100nm。作为全球第一款上市的脂质体制剂，两性霉素B脂质体在制剂领域可以说是具有里程碑式意义的。虽然它上市早，但在国外的市场一直很好。在经受了临床与市场的长期考验后，其2009年（上市19年）的全球总销售额仍有4.2亿美元，可见该产品的质量与疗效十分好。

三、镇痛类药物的载体

Pacira公司研制的布比卡因脂质体Exparel®，2011年FDA批准上市，用于手术部位术后麻醉镇痛，可延长药物释放至72h。处方中使用了一种新的PC类磷脂辅料DEPC，这在基于DepoFoam™技术的上市产品中是独一无二的。其处方磷脂组成为DEPC、DPPG、胆固醇和三辛酸甘油酯。每瓶产品含布比卡因13.3mg/mL、DEPC 8.2mg/mL、DPPG 0.9mg/mL、胆固醇4.7mg/mL以及三辛酸甘油酯2.0mg/mL。作为非阿片局部镇痛药品，盐酸布比卡因长效脂质体混悬液仅在手术中滴注1次即可镇痛数日，代表了处理术后疼痛的一次创新。本品获准上市是Pacira药公司的一个重要里程碑，可解除美国每年数以百万计手术患者的疼痛。Exparel系一创新产品，DepoFoam技术制成布比卡因脂质体，可在所需的时间范围内持续释放药物。近年来，Exparel®的市场及销售额高速增长，2015年总销售额达2.4亿美元且仍不断上升。

四、激素类药物的载体

抗炎甾醇类激素包入脂质体后具有很大的优越性：浓集于炎症部位便于被吞噬细胞吞噬；避免游离药物与血浆蛋白作用，一旦到达炎症部位，就可以内吞、融合后释药，在较低剂量的情况下便能发挥疗效，从而减少甾醇类激素因剂量过高引起的并发症和副作用。Silua等曾用可的松棕榈酸酯脂质体关节腔内注射，治疗6例风湿性关节炎，只用常规剂量1/25即能改善症状，治疗11个月未见任何副作用。另有人用泼尼松龙脂质体给大鼠臀部注射，30h后血药浓度比泼尼松龙大8倍，24h后大29倍，表明用小剂量激素脂质体即能维持长时间药效。

五、脂质体在遗传工程中的应用

Wilson等将脊髓灰质病毒（Polio virus）通过脂质体带进HeLa细胞，Polio-脂质体病毒感染HeLa细胞的能力不受抗血清的影响，而裸露的Polio病毒的感染力受抗血清的影响，说明 Polio 病毒是被包裹在脂质体内受到保护，因而不受血清中酶的作用。Polio-脂质体可以感染缺乏这种病毒受体的细胞，例如非洲灵长目动物细胞，说明脂质体携带的 Polio 病毒不是通过病毒受体引起感染的，而是由脂质体将病毒直接引入细胞内。这一研究结果首次表明脂质体能够用作携带核酸物质进入细胞的载体。

目前，已有人将 RNA、DNA 这些遗传基因包入脂质体中，将其引入细胞为遗传工程提供了新的途径和方法，据报道有人将 RNA 包入脂质体内包封率可达 43%～60%。

六、改造脂质体研制新型脂质体

脂质体作为药物载体具有使药物靶向网状内皮系统、延长药效、降低药物毒性、提高疗效、避免耐药性，改变给药途径等优点，但脂质体作为药物载体仍存在对有些疾病的靶向特征不理想，体内稳定性和贮存稳定性欠佳等缺点，因而限制了脂质体制剂的临床应用和工业化生产，尽管研究了几十年但开发的产品很少。近年来为了改造脂质体的靶向性和体内稳定性，人们研究了许多新型脂质体，如温度敏感性脂质体、pH 敏感脂质体、S-脂质体、光敏脂质体、掺入糖脂的脂质体、免疫脂质体、聚合膜脂质体、前体脂质体、磁性脂质体、声波脂质体等。

阿霉素热敏脂质体 ThermoDox® 最初由美国杜克大学（Duke University）的科学家研发，他们开发出了一种对热敏感的微小脂质球体，微小球体的内核为抗癌药物多柔比星，脂质球体的外壳由脂质分子组成。该脂质球体被加热到某个特定温度（39～42℃）时，其外壳的物理结构被快速改变，并形成多个小开口，抗癌药物就可以从中快速释放出来。1999 年，Celsion 获得杜克大学有关该药物的授权，继续开发这一新技术。Celsion 公司认为该方法有可能将高剂量的多柔比星直接输送至癌症组织中，并有潜力改善传统化疗方案中相关的耐受性问题。可惜的是该项目在Ⅲ期临床试验中没有取得理想的效果。

总之，随着研究的不断深入，还会有更新型脂质体的出现，这些研究充分证明了脂质体作为目前药剂学最新的第四代给药系统——靶向给药系统的一种重要的新剂型将有广阔的应用前景。

第十九章

乳　剂

乳剂（emulsion）系指互不相溶的两种液体混合，其中一种液体以液滴状分散于另一相液体中形成的非均匀相液体分散体系。液滴状液体称为分散相（dispersed phase）、内相或非连续相，另一液体则称为分散介质、外相（external phasex）或连续相。乳剂由水相（W）、油相（O）和乳化剂组成，三者缺一不可。根据乳化剂的种类、性质及相体积比（φ）形成水包油（O/W）或油包水（W/O）型。也可制备复乳（multiple emulsion），如W/O/W或O/W/O型。

第一节　乳化理论及释药特性

一、乳化理论

乳化剂（emulsifying agents，Emulsifier）是乳剂的重要组成部分，对乳剂的形成、稳定性以及药效发挥等起重要作用。乳化剂的作用主要包括以下两个方面：①乳化剂应能有效地降低表面张力，有利于形成乳滴、增加新生界面，使乳剂保持一定的分散程度和物理稳定性；②在乳剂的制备过程中不必消耗更多的能量，振荡、搅拌和均质等方法能制成稳定的乳剂。

乳化剂促进两种互不相溶的液相形成乳剂的效应称为乳化作用。乳化理论应对乳剂稳定的原因及不同类型的乳化剂为何形成不同类型的乳剂进行阐明。由于乳化剂有多种，其稳定的原因不相同，形成乳剂的种类也不相同，故无普遍通用的乳化理论。现将有关理论的要点分别阐述如下。

1. 普通乳

普通乳（emulsion）的粒径较大，通常在1～100μm范围，在热力学和动力学上均属于不稳定系统，应用上受到较大的限制。它除具有掩盖不良气味、使药物缓释、控释或淋巴定向性等优点外，还可增加经皮吸收。普通乳是非均相分散系统，热力学上是不稳定的，必须有其他成分——乳化剂的参与。目前主要有单层膜理论、高分子膜理论、复合凝聚膜理论、固体微粒膜理论和液晶相膜理论等。

2. 亚微乳

亚微乳常作为胃肠外给药的载体，其特点包括：提高药物稳定性、降低毒副作用、提高体内及经皮吸收、使药物缓释、控释或具有靶向性。

3. 微乳

微乳是粒径为10～100nm的乳滴分散在另一种液体中形成的胶体分散系统，外观上是透明液体，而普通乳是乳白色的不透明液体，微乳乳滴多为球形，间或有圆柱形，大小比较均匀，始终保持均匀透明，经加热或离心也不能使之分层，多属于热力学稳定系统。

微乳近年来越来越受到重视，主要用作药物的交替载体。其优点包括增大难溶于水的药物的溶解性，提高易水解药物的稳定性，也可作为缓释给药系统或靶向给药系统。将疏水性药物作成口服乳剂，适合儿童或不能吞服固体剂型的患者服用；脂溶性的维生素A、维生素D、维生素K等作成口服微乳，比溶解在植物油中的化学稳定性更好，在多数情况下，其吸收比片剂或胶囊剂更迅速、更有效；环磷酰胺作成O/W型微乳可提高抗癌活性。

二、乳剂的释药特征、吸收与靶向性

1. 释药机制

（1）透过油相的扩散

对于药物溶于水相的W/O型乳剂，其释药符合一级反应速率，即：

$$dc/dt=-Kc=-Kc_0\exp(-Kt) \tag{3-15}$$

式中，c_0为水相中药物的初浓度；K为乳剂中药物的消除速率常数，且有

$$K=ADP/Vh \tag{3-16}$$

式中，A为水滴的总表面积；D为药物在油相中的扩散系数；P为药物的油水分配系数；V为水相的体积；h为油相的厚度。当A大（粒径小）、P大（药物易溶于油）、油相厚度h小，则释药速率大。

脂溶性药物包括在低pH时的弱酸性物质主要以不电离形式存在，可以透过油膜。

利用这一释放机理，可能将内水相为碱性缓冲剂的复乳口服，来处理过剂量的阿司匹林或巴比妥酸盐。因pH1～2的胃液作为外水相，阿司匹林等以中性分子形式透过复乳的油膜进入内水相，再被碱性液电离成弱酸盐，故内水相中弱酸的浓度几乎为零，一直维持其浓度差，同时进入内水相的弱酸盐难再溶于油相而被截留。有报道体外实验10min可排除90%的弱酸，也有几分钟可排除95%的。几篇报道都得到这种扩散一级动力学的结论，透过速率受温度、油膜温度、黏度、扩散系数和分配系数的影响。

（2）载体传递转运

即载体使亲水物质变成疏水性，从而可透过油膜。如用仅溶在油中的硬脂酸（HSt）作为载体，可通过以下反应使外水相中的Cu^{2+}透过油膜进入含酸性缓冲系统的内相：外水相开始转走了Cu^{2+}而交换了$2H^+$，当$CuSt_2$透过油膜而达到内水相时，发生逆反应，将Cu^{2+}交给内水相而将内水相的$2H^+$带入油相（2HSt），而内水相的酸性缓冲液可提供相当量的H^+，这样便可在较大程度上实现Cu^{2+}对抗其浓度梯度的连续转运。这类系统可用于重金属污染物的清除。过剂量药物从体内清除，也可利用类似机制。

（3）胶团转运

即疏水和亲水的表面活性剂形成两种混合胶团，而水合离子被包在亲水基向内的反向胶团通过油膜。

此外，水分子及水合离子在表面活性剂组成的薄膜内油层很薄的地方透过（尤其当有渗透压时）的薄层透过机制，或水相物质少量溶入油膜中而透过的溶解机制等，对药物透过W/O/W型的油膜，都是有可能的。

2. 释药模型

Higuchi（1964）将溶液中固态溶解或增长的理论应用于乳剂的释药，推导并证实了微米大小的乳滴受外相控制的溶质转移速率理论。如乳滴（粒径1μm左右或更小）为一

室型，可因释药而缩小或因吸收溶质而增大，则乳滴质量 $m=4\pi r^3\rho/3$ 的变化速率为

$$\mathrm{d}m/\mathrm{d}t=4\pi r^2\rho(\mathrm{d}r/\mathrm{d}t) \tag{3-17}$$

t 时的乳滴半径符合下式：

$$r^2={r_0}^2+2D\Delta ct/\rho \tag{3-18}$$

式中，ρ 为乳滴的密度，g/L；D 为溶质在外相中的扩散速率；Δc 为连续相中远离乳滴处同乳滴表面处（连续相一侧）的溶质的质量浓度差，g/L（为正值则乳滴增大，为负值则乳滴缩小）；r_0 为时间 $t=0$ 时的乳滴半径。

Higuchi 用 1g/L 十二烷基硫酸钠作为乳化剂，将油相的邻苯二甲酸二丁酯乳化成含油 1%的 O/W 型乳剂（粒径<5μm），再将此乳剂不同倍数稀释，25℃搅拌下用 Coulter 计数器测定不同大小的乳滴数随时间的变化。选用邻苯二甲酸二丁酯作油相（即作为释药的乳滴模型）的原因是，其在 25℃的溶解度（1.20×10^{-2}g/L）既不太大（否则溶解太快，乳滴消失不易测得粒径），也不太小（否则很快达到饱和，不容易看到粒径的变化）。根据将 5μL 乳剂加到 100mL 生理盐水中测得的粒径随时间变化的数据，得

$$r^2={r_0}^2-1.2\times10^{-10}t \tag{3-19}$$

由式（3-17）、式（3-18）及 Δc、ρ 数据，可得邻苯二甲酸二丁酯在水相中的扩散系数 $D=5.2\times10^{-6}\mathrm{cm^2/s}$。另由 Stokes-Einstein 关系式 $D=kT/(6\pi\nu\lambda s)$，代入玻尔兹曼常数 k、黏度 ν、邻苯二甲酸二丁酯分子的流体动力半径 s 的数值后，得 $D=5.1\times10^{-6}$/s。这与上面从粒径变化得到的值十分符合，证明了在实验条件下，可用于乳剂释药的公式是正确的。但当十六烷（不溶于水）与邻苯二甲酸二丁酯混合作为油相制备乳剂时，有关实验数据证明，乳剂中有不溶于水的十六烷共存时，式（3-17）最后一项似乎太简单，可能还应增加一些新的参数才能适用。

3. 吸收特性

药物的经皮吸收受到对扩散起障碍作用的角质层的限制，热力学活度与饱和度直接相关，过饱和系统增大药物的扩散压和吸收速率。微乳是由水、油、表面活性剂和助表面活性剂按适当比例混合，自发形成的各向同性、透明、热力学稳定的分散体系。微乳过饱和系统对透皮给药是一种促进吸收的较好的剂型。乳剂皮下注射后向淋巴系统转移，血药浓度较低，W/O 型微乳作为水溶性药物载体，可使药物的释放和吸收明显变慢。口服乳剂生物利用度高，在胃肠道中提供较大的油相表面积，乳剂中油相促使胆汁的分泌，有利于难溶性药物的吸收。

4. 影响乳剂释药特性与靶向性的因素

影响乳剂释药特性与靶向性的因素有界面大小、油相、乳化剂的浓度及种类、乳剂的类型、药物的性质、电解质的性质、乳剂中药物靶向性等（如乳剂的粒径、乳剂的表面性质等）。

第二节　乳剂制备技术

一、普通乳的制备技术及影响成乳技术

制备技术：在选定油、水及乳化剂后，普通乳的制备一般可用机械搅拌的方法进行。影响成乳的因素如下。

1. 乳化剂的性质

乳化剂的 HLB 值应与所用油相的要求符合，并且不能在油水两相中都易溶解，否则乳剂不稳定。如乳化剂辛苯聚醇-9 易溶于水，在十六烷中的溶解度≤14g/L(25℃)，属微溶，但可在二甲苯中以任意比例混溶，作乳化剂时，只要加 1g/L 就可制得稳定的 O/W

型十六烷乳剂，但即使加到6g/L，也不能制得稳定的二甲苯乳剂。

2. 乳化剂的用量

乳化剂的用量与分散相的量及乳滴粒径有关。若用量太少，乳滴界面上的膜密度过小，甚至不足以包裹乳滴；用量过多，乳化剂不能完全溶解，一般在普通乳剂中的用量为5～100g/L。

3. 相体积分数

乳剂的相体积分数系指分散相占乳剂总体积的分数，常用φ表示。从几何学的角度看，具有相同粒径的球体最紧密填充时，球体所占的最大体积为74%；如果球体之间再填充不同粒径的小球体，球体所占的总体积可达90%。理论上相体积比在小于74%的前提下，相体积比越大乳滴的运动空间越小，乳剂越稳定。实际上，乳剂的相体积比达50%时能显著降低分层速率，相体积比一般在40%～60%较稳定。相体积比＜25%时乳滴易分层，分散相的体积比超过60%时，乳滴之间的距离很近，乳滴易发生合并或引起转相。制备乳剂时应考虑油、水两相的相体积比，以利于乳剂的形成和稳定。

4. 乳化的温度与时间

升高温度可降低连续相的黏度，有利于剪切力的传递和乳剂的形成；但升高温度界面膜会膨胀，同时也增大了乳滴的动能，因而乳滴易聚集合并，乳剂的稳定性会降低，通常乳化温度宜控制在70℃左右；用非离子型乳化剂时，不宜超过其昙点。降低温度特别是经过凝固-熔化循环，使乳剂稳定性降低，往往比升高温度的影响还大。有时可使乳剂破裂。乳化开始阶段的搅拌可使液滴分散，但继续搅拌则增加乳滴间的碰撞机会，可促使乳滴聚集合并，因此应避免乳化时间过长。

5. 电解质的影响

乳剂中的电解质可以是有效成分、附加剂或杂质。

乳剂中的电解质$Mg(NO_3)_2$、$Al(NO_3)_3$、NaCl、Na_2SO_4可能使非离子型表面活性剂和高分子乳化剂盐析，影响乳剂的稳定性。又如乳化设备的机械力过大时，可能导致乳滴大小不一；剪切力过大时，有可能在分散乳滴的同时，增加乳滴的碰撞机会，使其聚集。

二、亚微乳的制备技术及影响成乳技术

亚微乳的粒径一般认为应比微血管小才不会发生油栓塞。亚微乳常用两步高压乳匀机制备，但应先用组织捣碎器制成粗乳，再将粗乳反复通过两步高压乳匀机，直到制得合格的亚微乳。

1. 亚微乳的制备过程

（1）将药物和/或乳化剂溶入水相或油相　有三种方法：①将水溶性成分溶入水中，将油溶性成分溶入油相中，本法最常用；②将水不溶性的乳化剂溶入醇中，加水，蒸发完全除去醇，得到在水相中呈细分散的乳化剂；③先制备类脂质体的分散系统，如将磷脂及两性霉素溶于甲醇、二氯甲烷或氯仿或其混合液，减压蒸发得薄膜，再在水相中用超声波处理，加热至70℃，油相过滤后亦热至70℃，将二者混合再电磁搅拌。

（2）将油相及水相于70～80℃用组织捣碎机制得粗乳。

（3）将粗乳迅速冷却至20℃以下，再用两步高压乳匀机乳化，即得细分散的亚微乳。

（4）调节pH，过滤除粗乳滴与碎片，可进一步保证亚微乳的质量。

如药物或其他成分易于氧化，则制备的各步都在氮气条件下进行，可加热灭菌，如有成分对热不稳定，则采用无菌操作。

2. 影响成乳的因素

（1）稳定剂的影响

地西泮亚微乳的pH调到7.8～8.0，油酸大量电离，但仍能处在油水界面上，而且油

酸的存在使亚微乳的 ζ 电势绝对值高，且 ζ 电势的绝对值随油酸浓度的增大而升高，无油酸时为－34mV，有 5%油酸时约为－70mV，有利于亚微乳的稳定。

（2）混合乳化剂的影响

磷脂与胆固醇混合比例为 10∶1 时可形成 O/W 型乳剂，比例为 6∶1 时则形成 W/O 型乳剂。毒扁豆碱在单独用磷脂乳化时，不能得到稳定的乳剂，加入一种乳化剂 Poloxamer 即可提高毒扁豆碱乳剂的稳定性，可能是在油-水界面上形成 Poloxamer 与磷脂的复合凝聚膜。这两种乳化剂在胃肠外给药的 O/W 型乳剂中广泛合用，已用于静脉脂肪乳，未发现有毒性。

三、微乳的制备技术及影响成乳技术

制备微乳第一步是确定处方。其处方组成的必需成分通常是油、水、乳化剂和辅助乳化剂。油、水、乳化剂和辅助乳化剂确定之后，可通过三元相图找出微乳区域，从而确定它们的用量。一般可把乳化剂及其用量固定，水、油、辅助乳化剂三个组分占正三角形的三个顶点作图，伪三元相图。

图 3-18 中有两个微乳区，一个靠近水的顶点，为 O/W 型微乳区，范围较小；另一个靠近辅助乳化剂与油的连线，为 W/O 型微乳区，范围较大，故制备 W/O 型微乳较容易。但温度对微乳的制备影响较大。

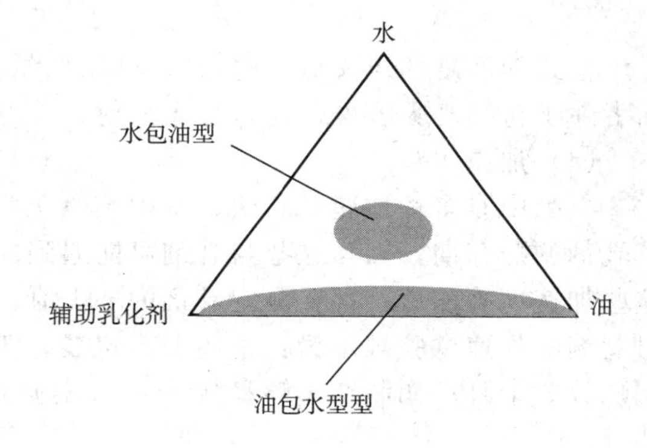

图 3-18　伪三元相图

制备 O/W 型微乳的基本步骤如下：

① 选择油相及亲油性乳化剂，将该乳化剂溶于油相中。

② 在搅拌下将溶有乳化剂的油相加入水相中，如已知辅助乳化剂的用量，则可将其加入水相中。

③ 如不知辅助乳化剂的用量，可用辅助乳化剂滴定油水混合物，至形成透明的 O/W 型微乳为止。

影响成乳的因素是乳化剂与辅助乳化剂的用量，因为微乳通常必须有助乳化剂。助乳化剂可插入到乳化剂界面膜中，形成复合凝聚膜，提高膜的牢固性和柔顺性，微小的乳滴才易形成。少数离子型表面活性剂（如 Aerosol-OT）和非离子型表面活性剂不加助乳化剂也可形成 O/W 型微乳。助乳化剂与乳化剂合并使用能增加乳剂的稳定性。助乳化剂的乳化能力一般很弱或无乳化能力，但能提高乳剂的黏度，并能增加乳化膜的强度，防止乳滴合并等作用。制备 W/O 型微乳时，大体要求乳化剂的 HLB 值为 3～6，制备 O/W 型微乳则需用 HLB 值 8～18 的乳化剂。乳化剂能有效降低表面张力，有利于形成乳滴，增加新生界面，有利于微乳保持一定的分散性及稳定性。

第三节　乳剂质量的评价

一、物理稳定性评价

（1）测定乳剂的粒径

乳剂粒径大小是评价其质量的重要指标，不同用途的乳剂对粒径的要求不同，静脉注射乳剂的粒径应在 0.5μm 以下。测定方法有：①显微镜测定法（测定粒子不得少于 600

个)；②库尔特计数器测定法；③激光散射光谱法（PCS，粒径范围 0.01～2μm)；④透射电镜法（TEM，粒径范围 0.01～20μm)，可观察形态。

（2）离心法

经离心后，乳滴会上浮或下沉。将乳滴放在 3750r/min、半径为 10cm 的离心机中离心 5h，可相当于放置 1 年因密度不同产生分层、絮凝或合并的结果。

（3）浊度法

比浊度与乳剂粒径呈反比，乳剂浊度变小时表明粒径变大，可用于评价乳剂的稳定性。

浊度（turbidity，τ)：将一束入射光的光强度降到 $1/e$ 的光程的倒数称为浊度。设一定波长的光通过乳剂后吸光度 A 与光程 L 呈正比（Lambert 定律），即 $A=KL=\lg(I_0/I)$，式中 I_0、I 分别为入射光及透射光的强度。如光程为 L' 时光强度降到入射光的 $1/e$，即 $A'=KL'=\lg e$。按浊度定义，可得：

$$\begin{aligned}\tau &= 1/L' = K/A' = \lg(I_0/I)/LA' \\ &= \lg(I_0/I)/[L(\lg e)] \\ &= \ln(I_0/I)/L\end{aligned} \tag{3-20}$$

上式即浊度的定义式。τ/c（c 可用质量分数）称为浊度系数，与吸光系数相当，但前者除了包括光吸收外，还包括光散射。

（4）加速实验

文献中有多种加速试验法，其中蒸汽灭菌、激烈振摇及冷冻-融化循环一般可用于推算乳剂的贮存期，因为这些与乳剂可能遇到的灭菌、运输及陈化的实际条件比较接近。在这些加速试验前后，都要测定乳剂的 pH 值、ζ 电势、乳滴粒径分布及药物含量等。我国对制剂的加速试验规定为：采用上市包装，于 40℃及 60℃两种温度、相对湿度 75%，分别贮放 3 个月；如制剂不够稳定，可分别降低温度、湿度继续试验，同时可考虑改良包装等。

二、乳滴的表面电荷

乳剂有绝对值高的 ζ 电势（如高于 $|-30|$ mV)，可使乳滴间有较大的斥力，有利于乳剂的稳定。乳剂的 ζ 电势可用 ζ 电势仪或界面移动电泳仪测定。

ζ 电势来源于组成乳滴膜的物质的解离，如磷脂的解离使乳滴带负电。一般卵磷脂中含的某些磷脂的电离明显地受介质 pH 值的影响，这时介质的 pH 值会影响 ζ 电势。

三、化学测定法

（1）pH 值

脂肪乳的主要降解途径是其中的磷脂及甘油三酯的水解，从而引起介质的 pH 值降低。水解的速率与乳剂最初的 pH 值有关，故乳剂制得后即应将 pH 值调至 7～8，以减少水解的影响，并应在整个贮存过程中经常测定 pH 值，以检查脂肪酸的形成。

（2）药物含量

乳剂中的药物可因氧化、水解、光解等化学反应而变质，也可因乳化剂形成胶团的催化作用而加速分解，故常需了解药物在乳剂中的化学稳定性。

如用 HPLC 法同时测定替加氟（FT-207）静脉脂肪乳及其分解产物 5-氟尿嘧啶（5-FU)。于 100℃、不同 pH 值的碱性环境加热，测 FT-207 浓度与时间的关系，发现在 pH7.52～10.22 的分解反应都符合一级反应动力学方程，且分解速率常数 k 随 pH 的升高而显著降低。另在不同温度（49.5～85.3℃）测定 FT-207 及 5-FU 浓度随时间的变化，由求得各温度下 FT-207 的分解速率常数，回归得：

$$\ln k = -14308.5/T + 37.56,\ r = 0.9982 \tag{3-21}$$

由斜率求得 FT-207 在脂肪乳中的分解活化能 $E_a = 118.9\text{kJ/mol}$，频率因子 $A = 5.70\times10^{12}/\text{s}$。并由 25℃及 4℃的分解速率常数，求得该脂肪乳在 25℃及 4℃的有效期分别为 147.8d 及 5652d；并得 5-FU 进一步分解为尿素的降解速率常数 k_2 为 0.015/h（85.3℃）或 9.2×10^{-4}/h（74.6℃）。

四、药物释放性与靶向性评价

1. 体外释药的动力学试验

（1）透析袋扩散法

自 Thomas Graham 1861 年发明透析方法至今已有一百多年。透析已成为生物化学实验室最简便最常用的分离纯化技术之一。在生物大分子的制备过程中，除盐、除少量有机溶剂、除去生物小分子杂质和浓缩样品等都要用到透析的技术。透析只需要使用专用的半透膜即可完成。通常是将半透膜制成袋状，将生物大分子样品溶液置入袋内，将此透析袋浸入水或缓冲液中，样品溶液中的大分子量的生物大分子被截留在袋内，而盐和小分子物质不断扩散透析到袋外，直到袋内外两边的浓度达到平衡为止。保留在透析袋内未透析出的样品溶液称为“保留液”，袋（膜）外的溶液称为“渗出液”或“透析液”。

透析的动力是扩散压，扩散压是由横跨膜两边的浓度梯度形成的。透析的速率反比于膜的厚度，正比于欲透析的小分子溶质在膜内外两边的浓度梯度，还正比于膜的面积和温度，通常是 4℃透析，升高温度可加快透析速率。

在透析袋中放置一定体积的药用 O/W 型微乳或亚微乳，扎紧后置入释放介质中，37℃恒温并连续电磁搅拌，定时从释放介质中取样分析药物含量。通常药物从乳剂中进入透析袋内溶液的速率，小于从透析袋内透析出来的速率。袋内外的药物浓度梯度较小，这是本法测得的释放药物速率往往显著偏小的原因。

（2）总体液平衡反向透析法

将 O/W 型乳剂直接放入一定体积的释放介质中，在 37℃条件下搅拌，这时释放介质成为油滴的分散介质，药物从油滴中释放入释放介质，仅受到油滴和新的外水相之间的真实浓度梯度的控制，符合无限稀释条件。由于稀释的倍数很大，药物的分配基本上全偏向水相。整个动力学的过程是受油水间的分配速率所控制，而不是受透过界面膜的扩散控制。该法可避免将亚微乳分散系统封闭在透析袋中，但仅能区分 1h 以内的释药情况。

（3）离心超滤法

所用装置是在离心管中用有超滤膜隔开的封闭管，可在离心条件下将纳米粒子与水相分离。

该法方便快速，缺点是强的离心力可能使乳剂发生变化，从而改变药物的分布。

（4）低压下超滤法

将乳剂置入带搅拌的超滤池，池中有适量的释放介质，隔一定时间将一定量此释放介质通过超滤膜过滤，再测定滤液中的药物含量。

2. 体内释药评价

当应用于体内时，仅限于水溶性的药物，而对乳剂中亲脂性强的药物的体内释放，体内的脂解代谢也对药物的释放有促进作用。除非在用于低压超滤的含清蛋白的缓冲释放介质中，同时也加入适当的脂解酶，否则无法把体外结果推广到体内。

3. 靶向性评价

乳剂具有淋巴亲和性和靶向性，其靶向性可以用靶向指标评价。

药物的靶向性可由以下三个参数衡量：

（1）相对摄取率 r_e

$$r_e=(AUC_i)_m/(AUC_i)_s \quad (3\text{-}22)$$

式中，AUC_i是由浓度-时间曲线算得的第一个器官或组织的药时曲线下面积；脚标 m 和 s 分别表示微粒及溶液，r_e大于 1 表示微粒在该器官或组织内有靶向性，r_e越大靶向效果越好；小于 1 表示无靶向性。

（2）靶向效率 t_e

$$t_e=AUC_{靶}/AUC_{非靶} \quad (3\text{-}23)$$

式中，t_e的值表示微粒或溶液对靶器官的选择性。t_e大于 1 表示药物对靶器官比某非靶器官有选择性；t_e的值越大，选择性越强；微粒的 t_e与溶液的 t_e相比，则说明微粒靶向性增强的倍数。

（3）峰浓度比 c_e

$$c_e=(c_p)_m/(c_p)_s \quad (3\text{-}24)$$

式中，c_p为峰浓度，每个组织或器官中的 c_e值表明微粒改变药物分布的效果，c_e越大，表明改变药物分布的效果越明显。

第四节　实例

1. 普通乳

鸦胆子油是从鸦胆子果实中提取的油性成分，油中主要成分油酸是抗肿瘤的活性成分之一。临床用于治疗肺癌、肺癌脑转移、消化道肿瘤及肝癌的辅助治疗剂，疗效好。目前临床应用的鸦胆子油制剂主要以液体形式提供，如以鸦胆子石油醚提取物为原料，采用精制大豆磷脂为乳化剂制成的水包油型鸦胆子油乳剂。

2. 亚微乳

地西泮亚微乳注射液：地西泮在水中溶解度仅为 0.05mg/mL，且在生理范围内不随着 pH 值变化，市售地西泮注射液使用 40%丙二醇和 10%乙醇作共溶剂，其中还含有苯甲醇和苯甲酸。有机溶剂对注射部位及血管刺激性较大，严重时患者常常会发生血栓性静脉炎。以乳剂为脂溶性及疏水性药物的载体已经比较广泛地应用于临床，在乳剂中有相当一部分药物分配在油相或油水界面，避免了直接与水接触。地西泮亚微乳注射液已由多家公司研制并在欧洲上市，商品名 Diazemuls®、Diazepam-Lipuro®、Steolid®。

3. 微乳

环孢素 A 微乳口服液：环孢素 A 主要用于器官或组织移植的抗排斥反应，也用于一些免疫系统导致的疾病。口服的环孢素 A 植物油溶液，生物利用度低，个体差异大，瑞士 Sandoz 公司于 1996 年上市的环孢素 A 微乳浓缩胶囊，临床使用证明主药的体内生物利用度和吸收稳定性好，个体间的给药差异小，能够降低给药剂量，从而降低了药物的不良反应。

第四篇

生物药剂学基础

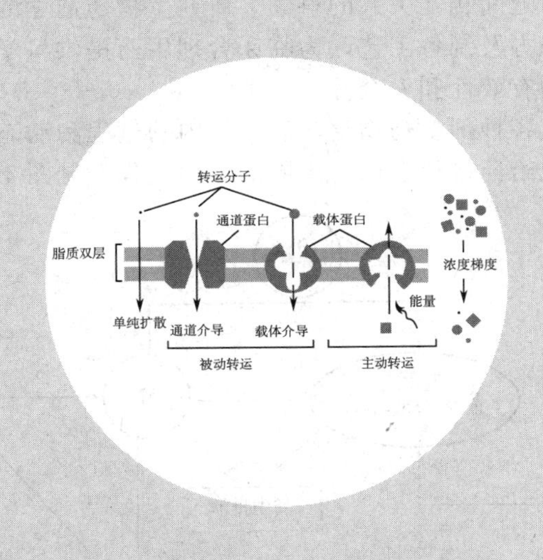

第二十章

生物药剂学概述

第一节　生物药剂学基本概念及在新药研发中的应用

一、生物药剂学的基本概念

生物药剂学（biopharmaceutics）是20世纪60年代迅速发展起来的药剂学分支，是研究药物及其剂型在体内的吸收、分布、代谢与排泄过程，阐明药物的剂型因素、机体的生物因素与药物效应三者之间相互关系的科学。研究生物药剂学的目的是评价药物制剂质量，设计合理的剂型、处方及制备工艺，为临床合理用药提供科学依据，使药物发挥最佳的治疗作用并确保用药的有效性和安全性。

生物药剂学着重研究各种剂型药物给药后在体内的过程和动态变化规律以及影响体内过程的因素。不同剂型或给药途径会产生不同的体内过程（见图4-1）。

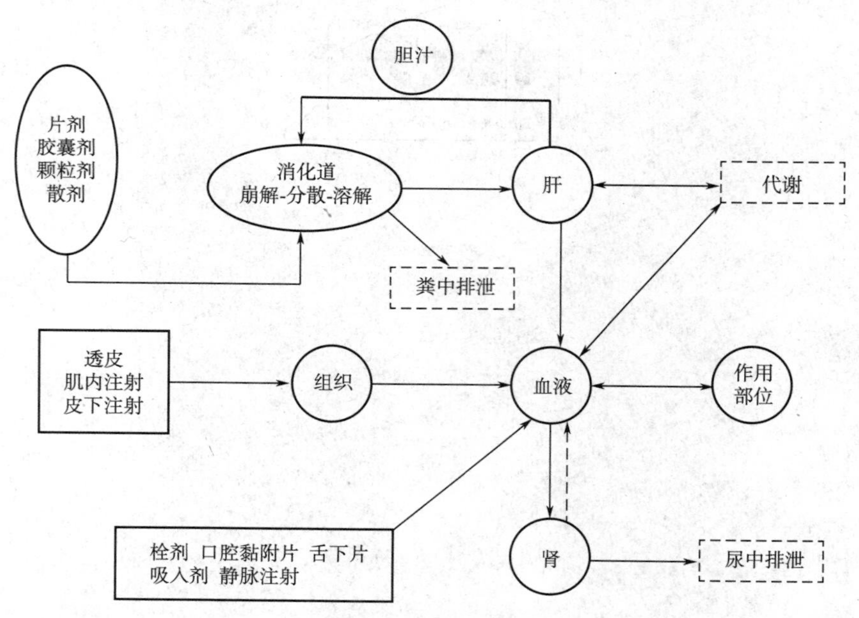

图4-1　不同剂型给药的体内过程

药物进入体循环才能发挥全身治疗作用，多数情况下，药物必须透过生物膜才能进入体循环。药物从体循环向各组织、器官或体液转运的过程称为分布（distribution）。药物在吸收过程或进入体循环后，受肠道菌丛或体内酶系统的作用，结构发生转变的过程称为代谢（metabolism）或生物转化（biotransformation）。药物及其代谢物排出体外的过程称为排泄（excretion）。药物的吸收、分布和排泄过程称为转运（transport），而分布、代谢和排泄过程称为处置（disposition），代谢与排泄过程称为消除（elimination）。

生物药剂学中的药物效应，是指药物作用的结果，是机体对药物作用的反映，包括治疗效果、副作用和毒性。生物药剂学研究剂型体内过程的主要影响因素包括剂型因素和生物因素。剂型因素不仅指注射剂、片剂、胶囊剂、丸剂、软膏剂和溶液剂等药剂学中的剂型概念，而且包括与剂型有关的如下因素。

① 药物的某些化学性质，如同一药物的不同盐、酯、络合物或衍生物，即药物的化学形式、药物的化学稳定性等。

② 药物的物理性质，如粒子大小、晶型、晶癖、溶解度、溶出速率等。

③ 药物的剂型及用药方法。

④ 制剂处方中所用的辅料的种类、性质和用量。

⑤ 处方中药物的配伍和相互作用。

⑥ 制剂的工艺过程、操作条件和贮存条件等。

生物因素主要包括如下。

① 种族差异，指不同的生物种类，如小鼠、大鼠、兔、狗、猴等实验动物与人的差异；以及同一种生物在不同地理区域和生活条件下形成的差异，如不同人种之间的差异。

② 性别差异，指动物的雌雄与人的性别差异。

③ 年龄差异，新生儿、婴儿、青壮年与老年人的生理功能可能存在的差异。

④ 生理和病理条件的差异，生理条件如妊娠及各种疾病引起的病理变化导致药物体内过程的差异。

⑤ 遗传因素，体内参与药物代谢的各种酶的活性可能引起的个体差异等。

二、生物药剂学的研究工作及其在新药研发中的应用

1. 生物药剂学的研究工作

生物药剂学是研究药物及其剂型在体内转运和动态变化过程，其研究工作主要涉及以下内容。

（1）研究药物的理化性质对药物体内转运行为的影响

药物在体内的转运特征与药物的化学结构与物理状态有关。药物的基本结构决定了药物的疗效，而通过对非基本结构进行化学修饰，可以使其具有良好的体内生物药剂学性质和特点。由于药物理化性质的限制，很大程度上阻碍了理想药效的发挥。难溶性药物的溶出速率小，往往会影响药物的吸收，药物的物理性质如粒径、晶型、晶癖等会影响溶解度或溶出速度，从而影响药物的生物活性。研究药物的物理性质是制剂处方前工作的重要内容，而改善药物的溶出速率是生物药剂学的任务之一。

（2）研究剂型、制剂处方和制剂工艺对药物体内过程的影响

剂型、处方和工艺的设计需要运用药剂学的基本理论和方法，而研究制剂处方和工艺对药物体内过程的影响则是生物药剂学研究的主要内容。如固体制剂的处方和工艺会影响药物的溶出速率，测定固体制剂溶出度能间接反映药物在体内的吸收情况。研究各种剂型因素对药物体外溶出速率的影响，可为合理制药提供科学依据。

（3）根据机体的生理功能设计缓控释制剂

根据消化道各段的 pH、药物在胃肠道的转运时间和消化道酶与细菌对药物及辅料的

作用，设计胃肠道定位、定时给药系统。如根据胃内容物的比重，可设计胃内漂浮制剂。为延长药物在胃肠道的滞留时间，根据胃肠黏膜的性质可设计生物黏附制剂。由于胃肠道pH依次增加，利用胃和小肠部位的pH差异，可设计pH敏感型定位释药系统。与胃和小肠的生理环境相比，结肠的转运时间较长，且酶的活性较低，因此结肠部位对某些药物的吸收会增加；根据结肠部位的特定pH和结肠细菌所能产生的独特酶系，利用pH敏感的高分子材料或采用可降解的高分子材料为载体能使药物在结肠定位释放。

(4) 研究微粒给药系统在血液循环中的命运，为靶向给药系统设计提供依据

对微粒表面进行修饰，可避免网状内皮系统（retiuloendothelial systems，RES）的吞噬作用，如以聚乙二醇、吐温80或泊洛沙姆等修饰脂质体膜，形成长循环脂质体或隐形脂质体，可降低RES的吞噬作用，延长药物在血液中的循环时间，提高对特殊靶组织的选择性。

(5) 研究新的给药途径与给药方法

开发新的给药途径和方法，需要研究和比较这些给药途径和方法对药物体内转运过程的影响以及转运机制。例如，鼻腔给药需要研究鼻黏膜中酶对药物的降解作用，观察药物或辅料对鼻黏膜纤毛运动的刺激性以及毒性作用。经皮给药需要研究皮肤角质层对药物转运的影响，采用药剂学或物理化学方法增加皮肤对药物的通透性。

(6) 研究中药制剂的溶出度与生物利用度

中药尤其是复方中药，往往具有多方面的药理效应，但其成分复杂，在质量控制中，缺乏明确的定量指标和方法。中药制剂具有中医理论组方用药的背景，不宜单纯套用一般化学药物的方法进行研究。因此，建立适合中药制剂特点的溶出度和生物利用度评价方法，已成为生物药剂学与药物动力学研究的新课题。

(7) 研究生物药剂学的试验方法

体外溶出速率测定装置的设计和测定条件的控制，反应药物在胃肠道中的溶出变化。因此，需要对溶出度的测定条件和试验方法如试验装置的改进、溶出介质的选择以及试验条件的控制等进行研究，设计不同制剂成分、不同药物制剂及不同给药途径的体外试验方法。此外，建立模拟体外吸收的体外模型（如Caco-2细胞模型研究药物的小肠吸收），研究以药物的理化参数预测机体的吸收，研究可以预测人体血药水平的动物实验模型等，都是生物药剂学研究工作不可缺少的部分。

2. 生物药剂学在新药开发中的应用

在一个新结构类型药物的研究与开发过程中，从新药的设计、药效与安全性评价，到临床Ⅲ期试验的各个阶段，都需要生物药剂学与药物动力学的参与和评价。

(1) 在新药的合成和筛选中，需要考虑药物体内的转运和转化因素

在围绕先导化合物进行系列化合物的合成过程中，往往挑选一些可能成为候选药的代表性化合物，用少量动物进行部分生物药剂学研究，以初步判断它们的代谢性质。一个比较好的候选药应具备口服吸收良好，容易转运到药效作用部位（如中枢神经药物能通过血脑屏障），有适宜的药动学参数等。

在新药设计中，除了关心药物的活性、安全性和稳定性之外，还要关注药物能到达靶组织的浓度，淘汰出缺乏药效，毒性较大以及吸收、分布、代谢和排泄不理想的候选化合物。由于代谢途径复杂的药物会使不同个体间及不同种族人群的药效作用差异大，毒性作用难以预测，理想的候选药物应尽可能避免生成反应性代谢产物。根据药物在体内的代谢途径来设计前药，通过定向结构改造改变药物的体内过程，可以使其更有利于临床应用。

(2) 在新药的安全性评价中，药动学研究可以为毒性实验设计提供依据

受多种因素的影响，毒性试验观察到的毒性反应往往不与剂量相关而与血药浓度相

关。毒性试验所用的剂量可能高于人用计量的数十倍至近百倍，如果剂型中高浓度的药物吸收不良，进入体内的药量与剂量不成正比，就有可能造成毒性剂量评估上的误差。因此，需要将药动学数据与短期和亚慢性毒性研究的结构结合来确定慢性毒性、生殖和致畸研究的适宜剂量水平。给药频度通常根据药物的生物半衰期（$t_{1/2}$）进行设计，药物的组织分布也是毒性试验要考虑的因素。

（3）在新药的制剂研究中，剂型设计的合理性需要生物药剂学研究进行评价

合理的药物剂型是发挥药效的重要因素。例如常用的口服剂型，一般希望能使药物充分吸收，这可以通过血药浓度-时间曲线来衡量，其中血药浓度-时间曲线下面积（AUC）、达峰浓度（$c_{\max}$）、达峰时间（$t_{\max}$）等参数可以反映药物在胃肠道的吸收速度和吸收程度。多数血管外给药剂型可通过测定血药浓度来评价处方设计和制备工艺的合理性以及制剂质量的可靠性。

（4）在新药临床前和临床实验中，需要进行动物或人体药动学研究

新药临床前研究中，必须完成动物药动学系统研究并提供独立的申报资料，以便为新药的安全性和有效性评价提供有意义的信息。新药Ⅰ期临床试验中，要进行健康人体单剂量给药的药动学研究，以推算多次给药的药动学参数。在Ⅱ、Ⅲ期临床试验中，继续开展药动学研究，主要目的是核对按单剂量药动学参数推算的多次给药方案是否合理，如达不到适宜浓度或出现蓄积现象，应调整剂量或给药间隔。

3. 与相关学科的关系

生物药剂学作为药剂学的分支学科，与药剂学关系密切，相辅相成。药剂学中新剂型的研制，需要体内外质量的保证，制剂体内质量的考察需要借鉴生物药剂学的理论和方法，而药剂学的发展又对生物药剂学提出新的要求，因此，生物药剂学研究可以为制剂处方筛选、工艺设计及质量控制等提供科学依据，药剂学中新剂型的设计和开发又推动了生物药剂学理论与方法的完善和发展。

药物动力学需要借助动力学的原理和数学处理的方法，研究药物体内过程的量变规律，为生物药剂学提供理论基础和研究手段。

生物药剂学与药理学和生物化学等学科，在内容上相互补充渗透，都是研究药物及其他生理有效基础与机体的关系，但研究的侧重点不同。药理学主要研究药物在体内的作用方式和作用机制，生物化学主要研究药物参与机体的生化过程。生物药剂学则是研究药理上已证明有效的药物，制成某种剂型并以某种途径给药后的体内吸收、分布、代谢和排泄过程，以评价制剂的体内质量。研究生物药剂学，还需具备生理学和人体解剖学的相关基础。

第二节　生物药剂学的发展

近年来，数理、电子、生命、材料、信息等科学领域的发明和创造，极大地推动了生物药剂学的发展，同时，也给生物药剂学提出了新的研究领域和课题。

一、研究内容和进展

1. 生物药剂学分类系统

生物药剂学分类系统（biopharmaceutics classification system，BCS）根据药物的体外溶解性和肠壁通透性将药物分成四种类型，为预测药物在胃肠道的吸收及确定限速步骤提供了科学依据，并可根据这两个特征参数预测药物在体内外的相关性。

在此基础上发展的生物药剂学药物处置分类系统（biopharmaceutics drug disposition

classification system, BDDCS)，用药物代谢程度部分或完全替代 BCS 中的渗透性标准，弥补了 BCS 分类标准不易准确区分水难溶性的Ⅱ类和Ⅳ类药物的不足，可用于预测药物处置的整个过程。此外，定量生物药剂学分类系统，是以明确定量的渗透性和剂量数为标准的 BCS 系统，强调在分类过程中计量数的重要性，根据从细胞单层膜模型中获得的渗透系数数据，对药物进行分类。基于渗透系数的分类系统是通过建立人小肠、肝、肾小管和脑等部位的体外被动渗透性与体内吸收分数的关系，对药物在体内不同部位的吸收或摄取进行预测。

2. 药物的吸收预测

(1) "The rule of five" 规则

也称为 Lipinski 定性规则，由 Lipinski 等通过研究大量候选药物的氢键形成能力、分子量和脂溶性等理化性质与其生物膜通透性之间的关系而提出。认为当化合物的理化性质满足下列任意两项时，就会呈现较差的吸收性质，即：分子量＞500、氢键供体数＞5、氢键受体数＞10、$\lg P>5$。Veber 等人建议在此基础上增加一些参数，例如动力学分子极化表面积＜140、氢键供体数和受体数的总和＜12、可旋转的连接键＜10 等，可提高该规则预测的准确性。

(2) 定量构效关系和定量构动关系

指通过理论计算和统计分析，对药物的生物活性或药物体内动力学特征及其结构之间关系的定量描述。通过采用计算技术模拟重要的体内处置参数，建立相应的数学模型。根据配体与受体之间相互作用的原理，通过计算机辅助药物设计，进行定量构效关系与定量构动关系的研究，可以快速设计和筛选目标化合物，提高新药开发效率。

(3) 线性溶剂化能量方程法

线性溶剂化能量方程法是一种研究药物定量结构与保留活性关系、预测色谱系统中药物保留指数的重要工具。根据线性溶剂化方程可建立人工生物膜模型中药物保留因子与其分子结构之间的定量关系，阐明药物与膜之间的作用机制，可用于候选药物生物药剂学性质的高通量筛选。

3. 从分子和细胞水平研究剂型因素对药物疗效影响

与运用药剂学应用物理学、化学和生物学技术等科学研究制剂设计和制备过程不同的是，分子生物药剂学着重从分子和细胞水平解释制剂特性和体内处置过程，研究剂型因素对药物作用的影响。

(1) 药物的细胞内靶向与胞内动力学

药物作用的靶点通常是蛋白质、核酸、酶和受体等功能性生物分子，这些分子通常位于细胞内，因此需要研制靶向给药系统将药物转运至靶组织、靶细胞，甚至是特定的细胞器。细胞内靶向的载体应能携带药物完成以下过程：①通过配体-受体介导、抗原抗体的结合、阴阳离子吸附等机制与大分子药物结合，并到达细胞膜；②以内吞、融合、扩散、磷脂交换等途径穿透细胞膜到达胞浆；③释放药物于各种细胞器。药物靶向的细胞器主要有胞浆、线粒体、细胞核和高尔基体。通过剂型设计达到细胞内靶向并调控药物在细胞内的动力学过程是分子生物药剂学研究的主要内容之一。

(2) 药物转运器的研究

药物转运器是控制药物处置的决定性因素之一。肠细胞膜上存在多种转运器，它们在营养物质、内源化合物及药物吸收方面有重要的作用。多台模拟是目前药物设计中的重要方法，它以多肽化学、分子生物学和结构生物学为基础，设计合成小分子肽和多肽模拟物抑制蛋白。此外对介导药物吸收的药物转运器进行研究，不仅有利于加深对药物吸收的转运机制的了解，同时也为新药开发和临床用药中改善药物处置、减少药物相互作用等提供理论依据。

（3）基因给药

基因传递系统是基因治疗的核心技术，载体在输送基因的过程中主要有胞外和胞内两大屏障。分子生物药剂学研究的重点在于，针对基因转染的各种生物学屏障，通过合成新的载体材料或对已有载体材料进行结构改造，以提高胞内转运和细胞核的摄取，增强组织和细胞的特异性，降低载体的毒性等，从而为临床基因治疗提供安全、高效的载体技术平台。

（4）辅料与载体的结构对药物生物转运的影响

载体是靶向给药系统的重要组成部分，载体的结构和特性决定药物的靶向效率。纳米载体具有保护药物（特别是易被破坏的 DNA、蛋白酶等生物药物）、缓释和毒副作用小等优点。纳米载体便于改造，可以根据胞内转运过程对其进行逐步修饰，从而转运活性成分到各级靶部位如细胞质基质、细胞核、线粒体、溶酶体和内质网等。常用的纳米载体有聚合物/金属纳米粒、脂质体、聚合物胶束和树枝状聚合物等。

4. 药物对映体的生物药剂学研究

构成生物系统的基本成分如糖、蛋白质、氨基酸、核苷酸和脂质等均为手性成分。许多内源性物质如激素、神经递质等都具有手性特征。药物在体内吸收、分布、排泄和代谢等过程以及药物与作用靶点结合都涉及与这些生物大分子间的相互作用，导致手性药物药效学和手性药代动力学立体选择性。在不同的给药途径、合并用药、个体的药物代谢酶活性、特殊病理状态等情况中，优、劣对映体的药物动力学具有明显的特异性，对药物效应和治疗效果有显著影响。

二、新技术和新方法

1. 细胞模型和药物转运

（1）Caco-2 细胞模型

与整体动物试验方法相比，Caco-2 细胞来源于人结肠癌细胞，同源性好，实验条件精确可控，重复性好，应用范围广，不仅可研究细胞摄取、跨膜转运和转运机制，还可研究药物在细胞内的代谢。对该模型结构进行修饰可使 Caco-2 细胞模型表现出某种小肠上皮黏液层的活性，在 Caco-2 细胞中引入表达细胞色素 P450 酶的 DNA 片段（CYPcDNAs），开拓了 Caco-2 模型在研究药物首过代谢方面的应用，提高了体内外的相关性。

（2）Calu-3 细胞模型

Calu-3 细胞模型是一种研究肺部给药后药物吸收和沉积作用的体外细胞模型。Calu-3 细胞来源于人黏膜下层腺癌细胞，同源性好，易于培养且生命力强，实验条件如温度、pH 等精确控制，样品分析简单，易处理，可用于研究药物吸收和代谢机制，预测药物体内吸收及其结构-转运关系。在评价药物肺部吸入以及药物口服在肺细胞的分布转运方面，Calu-3 细胞模型比 Caco-2 细胞模型更有优势。

（3）MDCK-MDR1 细胞模型

MDCK-MDR1 细胞模型是用人类的 *mdr*1 基因稳定转染 MDCK 细胞建立的细胞系。与 Caco-2 细胞模型相比，MDCK-MDR1 细胞模型培养周期短，P-gp 在细胞单层的顶侧面分布显著，可作为药物肠道黏膜和血脑屏障通透的快速筛选模型，评价药物通过中枢神经系统的能力。鉴于 P-gp 在肾小管有机阳离子分泌中的作用，高表达 P-gp 的 MDCK-MDR1 细胞系也是一种理想的评价药物肾内相互作用的细胞模型。

2. 人工生物膜技术

（1）模拟生物色谱

也可称之为固定化磷脂色谱或脂质体色谱。是以凝胶为载体，利用在凝胶上固定的脂质体等模拟生物膜，模拟药物的被动吸收过程，结合高效液相色谱等，直接测定化合物通过该膜的量。色谱柱的固定相除凝胶外也可以采用硅胶。药物在模拟生物膜色谱中的保留行为与小肠黏膜吸收实验的结果有良好的相关性，可用作分析药物小肠吸收的体外模型。

（2）胶束液相色谱

即采用浓度高于临界胶束浓度（critical micellar concentration，CMC）的表面活性剂溶液为流动相的反相液相色谱。胶束液相色谱属于模拟生物膜色谱的一种，只是在色谱系统中引入的类生物膜结构为胶束而非脂质体，药物在胶束色谱上的保留行为反映了药物与生物膜的作用强度。脂质体和胶束均为有类生物膜有序亲水区域和疏水区域的各向异性组合体，可以模拟物质与生物膜的各种分子间作用力，包括疏水作用、静电作用、氢键和空间效应等。

（3）平行人工膜渗透分析

其原理为当含多种磷脂成分的十二烷或十六烷溶液遇到含有药物的水性缓冲液后，自组装形成人工膜，进行药物的膜渗透性研究，可替代细胞膜模型使用。该法的特点是无需细胞培养液，效率高于 Caco-2 细胞模型，且价格低廉。其不含主动转运载体及代谢酶类，主要反映被动扩散药物的吸收情况。

3. 生物和物理实验技术

（1）表面等离子共振技术

指利用金属膜/液面界面光的全反射引起的物理光学现象研究生物分子相互作用的一种先进技术。具有灵敏度高、无需标记、稳定快速、便捷实时等特点，目前已广泛用于研究蛋白质-蛋白质、核酸-蛋白质、核酸-核酸以及药物-蛋白质之间相互作用的结合特异性、亲和力以及动力学分析等。应用该技术通过分析化合物和靶标的亲和力可以筛选先导化合物。

（2）正电子发射断层显影术

利用正电子发射标记的药物为示踪剂（显像剂），注入动物后在体内循环及参与代谢反应，同时释放正电子。正电子与体内负电子相撞而消失，此时可放出能量，并以两个光子的形式发出。探测器则记录下发出光子的时间、位置、方向和数量，通过计算机进行信息存储和运算，并将数据转换成代谢图像，然后进行定性、半定量和定量分析。应用于小动物时能无创伤、动态、定量地显示正电子标记的放射性药物在活体内的分布，大大提高生物药剂学的研究效率与研究结果的准确性和有效性。

（3）微透析技术

以透析原理为基础的在体取样技术。微透析系统一般由微透析探针、连接管、收集器、灌流液和微量注射泵组成，其原理为在非平衡条件下，灌注埋在组织中的微透析探针，组织中待测化合物沿浓度梯度逆向扩散进入透析液，被连续不断地带出，从而达到从活体组织中取样的目的。具有在体、实时和在线的特点，可在麻醉或清醒的生物体上进行，尤其适于深部组织和重要器官的活体研究。为研究药物的脑内分布、眼局部摄取和处置、经皮吸收及皮肤药代动力学考察等提供了新的研究方法。

（4）人工神经网络

人工神经网络是一种利用计算机模拟生物学意义中人脑神经元及其互联网络功能的技术，由类似于神经细胞的相互紧密联系的处理单元组成，具有模式识别、系统优化、结果预测以及联想记忆等方面的能力。不仅用于生物药剂学研究，还可用于筛选制剂处方，设计剂型和工艺，预测血药浓度和药效，研究结构和药动学的定量关系，以及进行药动学和药效学的结合研究。

第二十一章

口服药物的吸收

第一节　药物的膜转运与胃肠道吸收

物质通过生物膜的现象称为膜转运（membrane transport）。膜转运对于药物的吸收、分布、代谢和排泄过程十分重要，是不可缺少的重要生命现象之一。药物的吸收过程就是一个膜转运的过程。药物的吸收（absorption）是指药物从给药部位进入体循环的过程。口服药物的吸收在胃肠道黏膜的上皮细胞中进行。胃肠道吸收部位包括胃、小肠、大肠，其中以小肠吸收最为重要。药物透过胃肠道上皮细胞后进入血液循环，随体循环系统分布到各组织器官而发挥疗效。

一、生物膜的结构与性质

1. 生物膜结构

生物膜是细胞的重要组分，生物膜主要由膜脂（membrane lipid）和膜蛋白（membrane protein）借助非共价键结合而形成，在膜的表面含有少量的糖脂和糖蛋白。膜脂主要包括磷脂、糖脂和胆固醇三种类型；其中胆固醇含量一般不超过膜脂的1/3，其功能是提高脂质分子层的稳定性，调节双分子层的流动性，降低水溶性物质的渗透性。

1935年，Danielli和Davson提出细胞膜的经典模型，认为细胞膜是由脂质双分子层构成，两个脂质分子的疏水端相连在中间形成膜的疏水区，脂质分子的亲水端朝外分布在膜的外侧形成对称的双层膜结构；膜蛋白分布在脂质双分子层两侧，膜上有许多带电荷的小孔，水分能自由通过。膜结构中还存在特殊的载体和酶促系统，能与某些物质特异结合，进行物质转运。1972年，Singer和Nicolson提出生物膜流动镶嵌模型（fluid mosaic model）。生物膜具有流动性（flowability）和不对称性（asymmetry），即膜的结构不是静止的而是流动的，膜结构中蛋白质和脂肪的分布是不对称的。但该模型不能说明具有流动性的膜脂在变化过程中如何保持膜的相对完整性和稳定性。1975年，由Wallach提出的晶格镶嵌模型，进一步解释了膜的流动性和完整性特征，认为其流动性是由于脂质能可逆地进行无序（液态）和有序（晶态）的相变过程，膜蛋白对脂质分子的活动具有控制作用；认为具有流动性的脂质呈小片的点状分布，因此脂质的流动性是局部的，并不是整个脂质双分子层都在流动。该模型清楚地解释了细胞膜既具有流动性又能保持其完整性和稳定性的原因。

2. 生物膜的性质

（1）膜的流动性

在相变温度以上时，膜脂处于流动状态，膜脂分子具有不同形式的运动，膜蛋白也处于运动状态。磷脂脂肪酸链不饱和键可降低膜脂分子间排列的有序性，从而增加膜的流动性，胆固醇对膜的流动性具有调节作用。

（2）膜的不对称性

细胞膜内外两侧层面的组分和功能有明显的差异，称为膜的不对称性。膜脂、膜蛋白、糖脂和糖蛋白在膜上均呈不对称分布，导致膜功能的不对称性和方向性。糖脂和糖蛋白只分布于细胞膜的外表面，这些成分可能是细胞表面受体（cell surface receptors）、表面抗原等。

（3）膜的选择透过性

细胞膜具有选择透过性，可以让水分子自由透过，选择吸收的离子和小分子也可以通过，而其他的离子、小分子和大分子则不能通过。

3. 膜转运途径

跨细胞途径（transcellular pathway）是指一些脂溶性药物借助细胞膜的脂溶性，或者特殊转运机制的药物借助膜蛋白的作用，或者大分子和颗粒状物质借助特殊细胞的作用等，而穿过细胞膜的转运途径。该途径是药物吸收的主要途径。

细胞间途径（paracellular pathway）又称细胞旁路途径，是指一些水溶性小分子物质通过细胞连接处微孔而进行扩散的转运途径。

二、药物转运机制

生物膜具有复杂的结构和生理功能，因而药物的跨膜转运机制呈多样性，可分为三大类：被动转运（passive transport，或被动运输）、主动转运（active transport，或主动运输）和膜动转运（membrane-mobile transport）。药物跨膜转运机制及其特点见表 4-1，药物主要跨膜转运机制示意图见图 4-2。

表 4-1　药物跨膜转运机制及其特点

转运途径	转运机制	转运形式	膜蛋白	能量	膜变形
细胞间途径	被动转运	单纯扩散（膜孔转运）	无	不需要	无
跨细胞途径	被动转运	单纯扩散（脂质途径）	无	不需要	无
		单纯扩散（通道介导）	通道蛋白	不需要	无
		促进扩散	转运体	不需要	无
	主动转运	主动转运	载体蛋白	需要	无
	膜动转运	胞饮作用	（受体）	需要	有
		吞噬作用	（受体）	需要	有

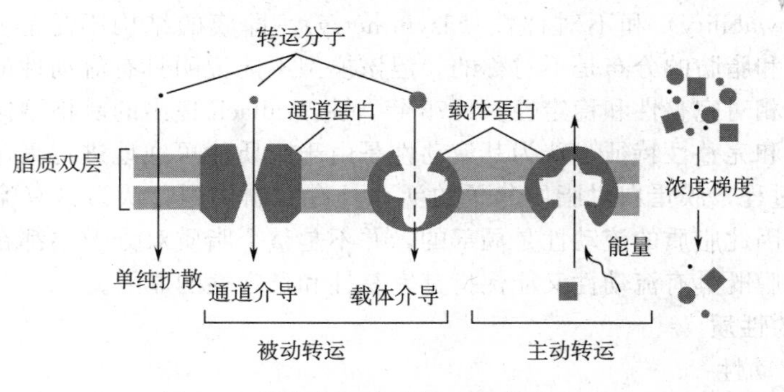

图 4-2　药物主要跨膜转运机制示意图

1. 被动转运

被动转运是指不需要消耗能量，生物膜两侧的药物由高浓度侧向低浓度侧（顺浓度梯度）转运的过程。被动转运分为单纯扩散（simple diffusion，又称被动扩散，passive diffusion）和促进扩散（facilitated diffusion，又称易化扩散）。

（1）单纯扩散

单纯扩散是指药物仅在其浓度梯度的驱动下由高浓度侧向低浓度侧跨膜转运的过程。单纯扩散途径包括跨细胞脂质途径、细胞间膜孔途径和通道介导的亲水通道途径等。

跨细胞脂质途径是单纯扩散的主要途径。药物从水相穿越细胞膜的单纯扩散属于一级速率过程，服从 Fick's 扩散定律：

$$\frac{\mathrm{d}c}{\mathrm{d}t}=\frac{DAk}{h}(c_{\mathrm{GI}}-c) \tag{4-1}$$

式中，$\frac{\mathrm{d}c}{\mathrm{d}t}$ 为扩散速率；D 为扩散系数；A 为扩散表面积；k 为油水分配系数；h 为膜厚度；c_{GI} 为胃肠道中的药物浓度；c 为血药浓度。

当药物口服后，胃肠道中的药物浓度远大于血中的药物浓度，因此 c 可以忽略不计。在给予某一药物于某一个体的吸收过程中，其 D、A、h、k 为定值，可用渗透系数 P（permeability coefficient）来表达，即 $P=\frac{DAk}{h}$，式（4-1）可简化为：

$$\frac{\mathrm{d}c}{\mathrm{d}t}=Pc_{\mathrm{GI}} \tag{4-2}$$

即药物的扩散速率等于渗透系数与胃肠道药物浓度的乘积。渗透系数是药物渗透性（permeability）的参数，描述药物的膜渗透能力。对于给定药物，药物单纯扩散透过膜的转运速率与胃肠道中药物浓度呈线性关系。

膜孔转运（membrane transport）是指物质通过细胞间微孔按单纯扩散机制转运的过程。胃肠道上皮细胞间紧密连接的完整性有很大的不同，因而在胃肠道上皮上有直径0.4～0.8nm 的微孔，这些微孔贯穿上皮且充满水，水、乙醇、尿素等亲水性小分子可通过此途径按单纯扩散机制吸收。

通道介导转运（channel mediated transport）是指物质借助细胞膜上通道蛋白形成的亲水通道按单纯扩散机制转运的过程。通道蛋白是一类内在蛋白，可形成跨膜的亲水通道，水和水溶性小分子、离子等能经单纯扩散通过，但不与被转运物质结合，不移动，不消耗能量。

（2）促进扩散

促进扩散是指某些药物在细胞膜上转运体的帮助下，由高浓度侧向低浓度侧跨细胞膜转运的过程。一般认为促进扩散的转运机制为细胞膜上的转运体在膜外侧与药物结合后，通过转运体的自动旋转或变构将药物转运到细胞膜内侧。

与单纯扩散相同，促进扩散也服从顺浓度梯度扩散、不消耗能量原则。促进扩散转运不同于单纯扩散的特点是：①促进扩散速率快、效率高。某些高极性药物的促进扩散转运速度更快；②促进扩散有选择性。一种转运体只能识别并转运某种结构的药物，例如，在同样浓度梯度下，右旋葡萄糖的跨膜通量明显大于左旋葡萄糖，这就是转运体易与右旋葡萄糖结合所致；③促进扩散有饱和现象。因需要转运体参与，但转运体数量、与药物结合位点数量有限，药物浓度超过该限度时转运速率不再增加；④促进扩散有部位特异性。转运体在各个器官或者同一器官的不同部位的表达水平不同，因而其药物底物在不同部位的转运存在差异；⑤促进扩散有竞争性抑制现象。两种药物靠同一种转运体进行转运时，可相互竞争转运体结合位点，从而产生转运的相互抑制现象。

2. 主动转运

主动转运是指需要消耗能量，生物膜两侧的药物借助载体蛋白的帮助由低浓度侧向高浓度侧（逆浓度梯度）转运的过程。与促进扩散一样，主动转运也需要生物膜上载体蛋白的参与，因而促进扩散与主动转运属于载体介导转运（carrier-mediated transport）。

主动转运是人体重要的物质转运方式，转运速率可用米氏方程（Michaelis-Menten equation）描述：

$$\frac{dc}{dt}=\frac{V_m c}{K_m + c} \tag{4-3}$$

主动转运可分为 ATP 驱动泵和协同转运两种。

（1）ATP 驱动泵

以 ATP 水解释放的能量为直接能源进行主动转运的载体蛋白家族称为 ATP 驱动泵（ATP-powered pumps）。这类载体蛋白也是一种 ATP 酶，能催化 ATP 水解提供能量。此类由 ATP 水解直接供能的逆浓度差转运方式称为原发性主动转运（primary active transport）。目前研究较多的 ATP 驱动泵是离子泵（ion-pumps）和 ABC 转运体（ABC transports）。离子泵有多种，专一性强，不同的 ATP 酶转运不同的离子。转运 Na^+、K^+ 的称为钠钾泵，转运 Ca^{2+} 的称为钙泵。钠钾泵不仅转运 Na^+、K^+，还参与非电解质如葡萄糖、氨基酸等的主动转运。

（2）协同转运

协同转运（cotransport）是指转运器不直接利用 ATP 水解的能量，而是借助膜上相邻钠钾泵排出 Na^+ 所产生的势能贮备（Na^+ 电化学梯度），与 Na^+ 相伴或后继进行药物转运的主动转运方式，参与的转运器称为钠离子依赖型转运器。根据物质转运方向与离子沿浓度梯度的转移方向相同与否，协同转运又可分为同向协同（symport）与反向协同（antiport）。例如，小肠上皮细胞从肠腔中逆浓度梯度吸收葡萄糖、肾小管上皮细胞从小管液中逆浓度梯度重吸收葡萄糖属于同向协同转运；Na^+/H^+ 交换载体则属于反向协同转运，即伴随 Na^+ 进入细胞而将 H^+ 输出细胞，以调节细胞内 pH。由于此类主动转运所需的能量间接来自于钠钾泵活动时消耗的 ATP，因此此类转运方式称为继发性主动转运（secondary active transport）。

综上，主动转运的特点是：①逆浓度梯度转运；②需要消耗能量，能量来源是 ATP 水解；③需要载体参与，载体通常对药物结构具有特异性，一种载体只转运一种或一类底物；④转运速率及转运量与载体数量及其活性有关，当药物浓度较高时，药物转运速率慢，可达到转运饱和；⑤可发生竞争性抑制，结构类似物竞争载体结合位点，抑制药物转运；⑥受代谢抑制剂的影响，抑制细胞代谢的物质（如 2-硝基苯酚、氟化物等）可影响主动转运过程；⑦部位特异性，例如，小肠中参与维生素 B_2 或胆酸吸收的转运器主要分布在上端，因而其主动转运仅在小肠上端进行。

3. 膜动转运

膜动转运是指通过细胞膜的主动变形将物质摄入细胞内或从细胞内释放到细胞外的转运过程，包括物质向内摄入的入胞作用（endocytosis，又分为胞饮和吞噬）和向外释放的出胞作用（exocytosis）。膜动转运是细胞摄取物质的一种转运形式，与生物膜的流动性特征有关。

（1）入胞作用

物质借助与细胞膜上某些蛋白质的特殊亲和力而附着于细胞膜上，通过细胞膜的内陷成为小泡（vesicle），包裹药物的小泡逐渐与细胞膜表面断离，从而将物质摄入细胞内的转运过程称为入胞作用。转运的物质为溶解物或液体时，此过程称为胞饮（pinocytosis）。

转运的物质为大分子或颗粒物时，此过程称为吞噬（phagocytosis）。蛋白质、多肽、脂溶性维生素等大分子物质通过入胞作用被吸收，但对小分子药物吸收的意义不大。

（2）出胞作用

与入胞作用的方向相反，某些大分子物质通过形成小泡从细胞内部移至细胞膜内表面，小泡的膜与细胞膜融合，从而将物质排出细胞外的转运过程称为出胞作用，又称胞吐作用。腺细胞分泌胰岛素的过程是典型的出胞作用。

总之，药物的转运机制是一个非常复杂的过程。药物以何种机制转运吸收，与药物的性质、吸收部位的生理特征等密切相关。某种药物可以通过一种特定的转运机制吸收，也可以通过多种转运机制吸收。

三、药物转运体

转运体是一类镶嵌型膜蛋白，又称膜转运体（membrane transport），能识别并转运其生理学底物（physiological substrates）或内源性底物（endogenous substrates），例如转运糖、氨基酸、寡肽、核苷酸和维生素等营养物质进出细胞，或者保护机体免受食物或环境中毒素的侵害。转运体还能识别与其生理学底物结构相似的外源性物质，包括药物。因此，将转运药物的转运体称为药物转运体（drug transporters）。

药物转运体在药物的吸收、分布、代谢和排泄等方面扮演着重要的角色，因此决定着药物的体内命运、治疗效果与毒副作用。此外，对非靶部位和靶部位转运体的系统研究与阐明，可以为高度靶向性药物和制剂的设计提供参考。

1. 药物转运体的转运机制

转运体既参与物质的被动转运，也参与物质的主动转运，因此根据其转运机制的不同，转运体可分为被动转运体（passive transporters）和主动转运体（active transporters）。被动转运体也称为易化转运体（facilitated transporters），它帮助分子顺浓度梯度穿越细胞膜，此过程不需要 ATP 提供能量。

转运体具有高度的特异性，其上有结合位点，只能与某一种物质进行暂时性、可逆地结合和分离。转运体与底物分子的特异的结合位点可被竞争性抑制剂占据，而非竞争性抑制剂亦可与转运体在结合位点之外结合，从而改变其构象、阻断转运进程。转运体转运物质的动力学曲线具有“膜结合酶”的特征，转运速度在一定浓度时达到饱和。

2. 药物转运体的分类

可根据三种方式对药物转运体进行分类。

① 根据转运底物穿越细胞膜的方向不同，可分为内流转运体（influx transporters）与外排转运体（efflux transporters）。

② 根据基因代码（gene symbol）不同，药物转运体可分为溶质载体转运体（solute carrier transporters，SLC transporters，SLC 转运体）与 ATP-结合盒转运体（ATP-binding cassette transporters，ATP transporters，ABC 转运体）。

③ 根据体内药物动力学行为不同，药物转运体可分为吸收型转运体（absorptive transporters）与分泌型转运体（secretory transporters）。根据这种分类方式，将底物转运进入全身血液循环的转运体称为吸收型转运体，而将底物从血液循环进入胆汁、尿液或肠道管腔的转运体称为分泌型转运体。但是，转运药物渗透进入大脑或胎儿的转运体也称为吸收型转运体。

需要说明的是，吸收型转运体并不一定意味着它将底物内流转运进入细胞，同样，分泌型转运体也并不一定是外排泵。一个内流型转运体究竟是属于吸收型转运体还是分泌型转运体，取决于表达该转运体的组织和膜的具体位置。

3. 药物转运体的组织分布

药物转运体在小肠、肝、肾、肺、脑和胎盘等许多重要处置器官与组织的上皮细胞膜上均有表达，在决定药物的药动学行为方面扮演重要角色，它们在体内各脏器的分布及转运方向示意图见图 4-3。在上皮组织中表达的大多数药物转运体具有屏障功能，且这些部位的上皮细胞通常是极化的。在大多数情况下，药物转运体的表达被高度限制在极化细胞的某一侧（顶侧或基底侧）。转运体的这种极化的表达对于保证药物向同一方向进行协同转运非常重要。

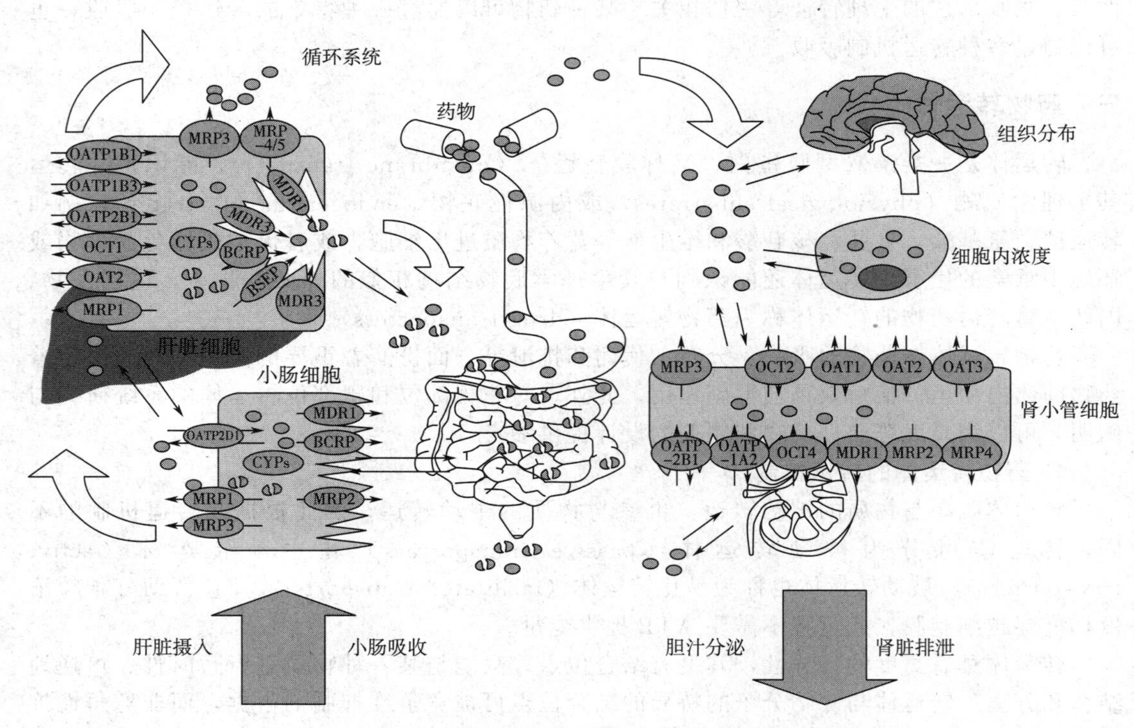

图 4-3　药物转运体在人体内各脏器的分布与转运方向示意图

4. 药物内流转运体

药物的脂溶性是影响药物通过单纯扩散机制透过细胞膜的主要因素，但是，很多脂溶性不强的药物可以通过转运体参与的转运机制透过细胞膜。利用药物内流转运体提高药物的口服生物利用度，已成为药物传递系统和新药研究的热点。

（1）核苷转运体

核苷转运体中的非 Na^+ 依赖平衡型核苷转运体（Na^+-independent equilibrative nucleoside transporter，ENT）主要表达在细胞基底膜上，分布广泛，底物类别丰富；Na^+ 依赖浓缩型核苷转运体（Na^+-independent concentrative nucleoside transporter，CNT）主要分布于小肠组织细胞，底物的特异性较强。核苷转运体可转运天然核苷底物，如腺苷、鸟苷、肌苷、尿苷、胞苷和胸苷，还可转运核苷类抗肿瘤药物（如扎西他滨、氟达拉滨、阿糖胞苷、吉西他滨、5-氟尿嘧啶）和抗病毒药物（如齐多夫定）药物底物。

（2）肽转运体

肽转运体（peptide transporter，PTPT）主要分布于小肠、肺、肾等器官的上皮细胞，主要生理功能是摄取消化道和体液中的寡肽，在细胞内寡肽酶的作用下降解成氨基酸为机体提供营养，或介导寡肽类和肽类似结构药物的转运。PEPT1 是目前研究最深入、应用最广泛的肽转运体之一，是低亲和力/高容量的药物转运体，它表达于小肠上皮细胞顶侧膜，在小肠近端至远端方向的表达水平逐渐增高，因此其药物底物的肠道吸收有部位依赖性。PEPT1 的底物为二肽或三肽，它对具有肽类似结构的 β-内酰胺类抗生素、血管紧张素转化酶抑制剂、肾素抑制剂和凝血酶抑制剂、氨肽酶抑制剂等药物的口服吸收产生重要的作用。PEPT1 具有立体选择性，对含有 L-氨基酸残基的肽类亲和力高于含有 D-氨基酸残基的肽类。

（3）葡萄糖转运体

被消化的碳水化合物的最终产物大多是通过葡萄糖转运体从小肠吸收。葡萄糖转运体分为钠/葡萄糖协同转运体（sodium/glucose cotransporter，SGLT）、葡萄糖转运体（glucose transporter，GLUT）两类，前者是钠离子依赖的继发性主动转运体，后者是非钠离子依赖的促进扩散转运体。

SGLT 主要分布于小肠刷状缘囊泡（brush border membrane vesicles，BBMV），SGLT1 是该家族最重要的成员之一，主要位于小肠顶侧膜，在肠道中主动转运的葡萄糖。SGLT 依赖钠离子电化学梯度为动力转运葡萄糖，还可转运肌醇、脯氨酸、泛酸酯、脲类及葡萄糖衍生物。

（4）其他转运体

有机阳离子转运体（organic cation transporter，OCT）表达于肾、肝和小肠，底物非常丰富，临床应用的药物大约有 50% 是有机阳离子药物，包括抗心律失常药物、抗组胺药物、β-肾上腺受体阻断剂、骨骼肌松弛剂以及其他内源性物质（如胆碱、多巴胺和组胺等）。

有机阴离子转运多肽（organic anion transporting polypeptides，OATPs）是肝中重要的内流转运体，OATPs 与肝代谢酶的协同作用是目前药物相互作用研究的重要领域。OATPs 底物种类很多，包括四溴酚酞磺酸钠、牛磺胆酸、甘胆酸盐、雌酮硫酸盐、利福平、白三烯 C4、奎尼丁、脑啡肽和地高辛等。

L 型氨基酸转运体（L-type amino acid transporters，LATs）是介导氨基酸跨膜转运的膜蛋白。大多数氨基酸由于其亲水性，难以扩散直接通过生物膜。氨基酸转运体作为氨基酸从胞外进入胞内的通道，对底物具有高度选择性，有些氨基酸类似物被认为通过氨基酸转运体吸收，如 L-多巴、甲基多巴和加巴喷丁等。

维生素转运体主要转运不同类别的水溶性维生素，如维生素 C、维生素 B_1、维生素 B_2、维生素 B_5、盐酸、叶酸、肌醇和维生素 H 等，对脂溶性维生素无效。目前，研究较多的有两种钠离子依赖型维生素 C 转运体（sodium-dependent vitamin C transporters，SVCTs），分别命名为 SVCT1 和 SVCT2，前者主要分布于小肠、肝和肾上皮组织，后者主要表达于小肠、脑、眼等器官。此外还有叶酸转运体，分布于人源淋巴细胞、胎盘、小肠、肝和肾，主要转运还原型叶酸和维生素 B_1。

胆酸转运体参与胆酸的肠肝循环，包括位于肝细胞基侧膜的钠离子依赖型牛磺胆酸共转运多肽（Na^+-dependent taurocholate co-transporting polypeptide，NTCP）和 ATP 依赖型胆盐外排泵（ATP-dependent bile salt excretory pump，BSEP）等。NTCP 参与很多胆盐的吸收，如牛磺胆酸、胆酸盐、甘胆酸盐、牛磺酸鹅脱氧胆酸钠、牛磺熊去氧胆酸钠以及雌酮-3-硫酸盐等。胆酸转运体也参与胆固醇类化合物（如类固醇及其共轭物）、环肽类以及其他一些药物的吸收。

5. 药物外排转运体

外排转运体（即大多属于 ATP 转运体）在药物的口服吸收及药物的临床治疗中也具有很重要的作用。ABC 转运体不仅在小肠、肝、肾、血脑屏障、胎盘等组织中分布广泛，而且在肿瘤细胞中过度表达。外排转运体对抗肿瘤药物（如多柔比星、紫杉醇、长春碱等）的外排作用会导致肿瘤细胞内药物量减少，从而对肿瘤细胞杀伤力下降，这种现象称为“多药耐药”（multidrug resistance，MDR）。

（1）P-糖蛋白

P-糖蛋白（P-gp）是多药耐药蛋白的重要成员及 MDR1。P-gp 由 1280 个氨基酸组成，分子量在 130～190kDa 之间。P-gp 分子的 ATP 结合区在细胞内部，具有 ATP 酶的活性，通过水解 ATP 提供外排药物所需的能量，1 个药物分子的外排需要消耗 2 分子的 ATP。P-gp 广泛存在于人体各组织细胞中，如肠上皮细胞、肾小管上皮细胞、脑组织等。

（2）多药耐药相关蛋白

多药耐药相关蛋白（MRP）是另外一大类 ABC 转运体，迄今为止至少发现有 MRP1～9，对 MRP1～3 的研究较为深入。在所有 MRP 中，MRP2 的分布较为独特，它位于组织器官细胞的顶侧膜，而其他 MRP 均位于细胞的底侧膜。MRP2 在肿瘤组织中的阳性表达以及高表达可能是肿瘤组织对化疗药物耐药的一个重要因素。MRP2 不仅分布于许多肿瘤细胞中，而且还在正常组织（如肝、小肠、肾、脑）中均有表达，在人小肠上段表达量较高，而在结肠段表达量很少。

（3）乳腺癌耐药蛋白

乳腺癌耐药蛋白（BCRP）由 655 个氨基酸组成，分子量 72kDa。大多数 ABC 转运蛋白（包括 P-gp 和 MRP2）都含有 2 个 ATP 结合区和 2 个跨膜区，但 BCRP 在氨基末端只有 1 个 ATP 结合区，在羧基末端仅有 1 个跨膜区，所以又称为半转运方式的转运蛋白。BCPR 除了在乳腺癌细胞内有较高的表达外，在胎盘、小肠、肝、肾和脑中都有分布。BCRP 在人肠道中的分布以空肠的表达量最多，从空肠到结肠顺次递减。

四、胃肠道的结构与功能

胃肠道是口服药物的必经通道，由胃、小肠和大肠三部分组成。了解其结构与功能以及与吸收有关的生理特征（表 4-2），有利于掌握口服药物吸收的规律。

表 4-2　胃肠道生理和药物吸收

部位	pH	长度/cm	表面积	转运时间
胃	1～4	—	小	0.5～3h
十二指肠	4～6	20～30	较大	6s
空肠	6～7	150～250	很大	1.5～7h
回场	6.5～7.5	200～350	很大	
盲肠/右结肠	5.5～7.5	90～150	较小	14～80h
左结肠/直肠	6.1～7.5			

（1）胃

胃是消化道中最为膨大的部分，胃壁由黏膜、肌层和浆膜层组成。每平方毫米的黏膜面上分布有约 100 个胃小凹，其下分布有胃腺可分泌胃液。胃上皮细胞表面覆盖着一层约 140μm 厚的黏液层，主要由黏多糖组成，具有保护细胞表面的作用。大多数口服的药物在胃内停留过程中可崩解、分散或溶出。胃黏膜表面虽有许多褶壁，但缺乏绒毛而使吸收面积有限，因此除一些弱酸性药物有较好吸收外，大多数药物胃内吸收较差。

（2）小肠

小肠由十二指肠、空肠和回肠组成。十二指肠与胃相连，胆管和胰腺管开口于此，排出胆汁和胰液，帮助消化和中和部分胃酸使消化液 pH 升高。小肠液的 pH 为 5～7.5，是弱碱性药物吸收的最佳环境。

小肠黏膜上分布有许多环状褶壁（kerckring），并拥有大量指状突起的绒毛（villi）。绒毛是小肠黏膜表面的基本组成部分，绒毛内含有丰富的血管、毛细血管及乳糜淋巴管。每根绒毛的外面是一层柱状上皮细胞（epithelium cell），其顶端细胞膜的突起称为微绒毛（microvilli）。每个柱状上皮细胞的顶端约有 1700 条微绒毛，是药物吸收过程进行的区域。微绒毛上的细胞膜厚约 10nm，上皮细胞面向黏膜侧的膜称为顶膜（apical membrane），构成刷状缘膜（brush border membrane）。面向浆膜（或血液）侧的膜称为基底外侧膜（basolateral membrane），细胞两侧膜称为侧膜（lateral membrane）。相邻细胞之间充满间隙液，在细胞顶膜处相连构成紧密连接（tight junction），是细胞间途径转运的屏障。

由于环状皱褶、绒毛和微绒毛的存在，使小肠吸收面积比同样长短的圆筒面积增加约 600 倍（图 4-4）。因此，小肠黏膜拥有与药物接触的巨大表面积，达 $200m^2$ 左右，因而小肠（尤其是空肠和回肠）是药物吸收的主要部位。药物通过微绒毛后进入毛细血管、乳糜淋巴管而被吸收。由于绒毛中的血流速度比淋巴液快 500～1000 倍，故在吸收过程中淋巴系统的作用只占一小部分。

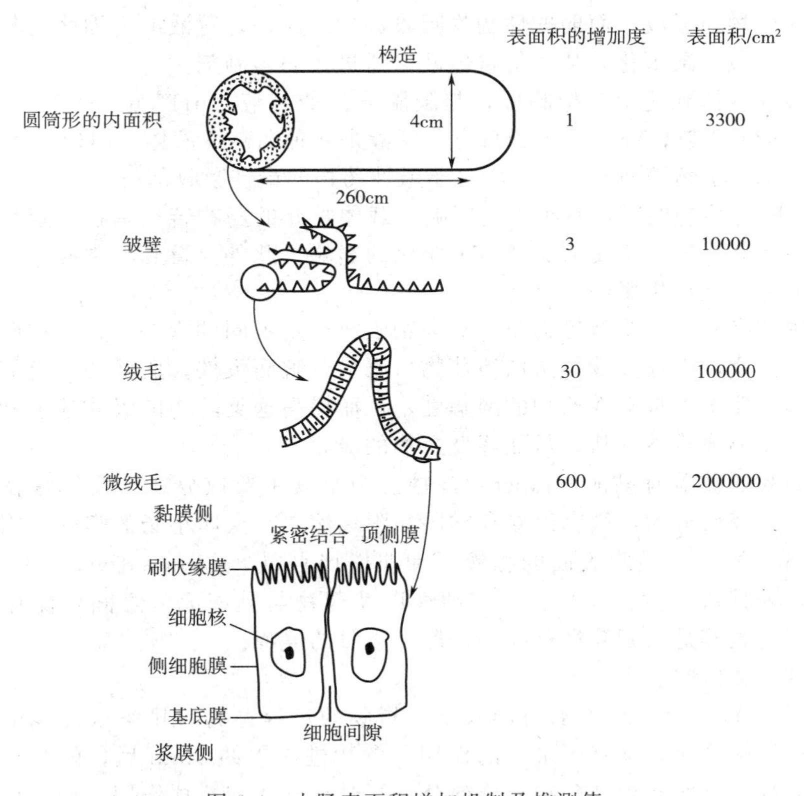

图 4-4　小肠表面积增加机制及推测值

（3）大肠

大肠是由盲肠、结肠（升结肠、横结肠、降结肠、乙状结肠）和直肠组成。大肠的主要功能是储存食物糟粕、吸收水分、无机盐及形成粪便。与小肠相比，大肠粗而短（约 1.7m），黏膜上有皱纹但无绒毛，因而有效表面积比小肠小得多，药物吸收也比小肠差。除结肠定位给药和直肠给药外，只有一些吸收很慢的药物，在通过胃与小肠未被吸收时，才呈现药物吸收功能。

结肠是特殊的给药部位，是结肠疾病治疗药物的作用部位，也可以作为多肽类药物的口服吸收部位。一般认为，结肠的pH在整个肠道中最高，可达7.5～8.0。结肠中有400余种细菌，主要是厌氧菌，可使营养物质发酵或药物降解。

第二节　影响药物吸收的因素

一、生理因素

口服药物的吸收在胃肠道上皮细胞进行，胃肠道生理环境的变化对吸收产生较大的影响。掌握和熟悉各种影响口服吸收的生理因素，对剂型设计、制剂设备、提高生物利用度和安全性等方面有重要指导意义。

1. 消化系统因素

（1）胃肠液的成分与性质

胃液的主要成分是胃酸（盐酸），正常成人每日分泌的胃液量为1.5～2.5L，空腹时胃液pH为0.9～1.5，饮水或进食后，pH可上升至3.0～5.0。由于胃液的pH呈酸性，有利于弱酸性药物的吸收，而弱碱性药物吸收甚少。此外，胃液的表面张力较低，有利于药物离子润湿和包衣层水化，从而促进体液渗透进入固体制剂。

胃中的酸性液体到达十二指肠后，与胰腺分泌的胰液（pH7.6～8.2）中的碳酸氢根中和，使肠液的pH较胃液高。小肠自身分泌液是一种弱碱性液体，pH约为7.6，成人每天分泌量1～3L。小肠较高的pH环境是弱碱性药物的最佳吸收部位。

胃肠道pH对药物的吸收有很大的影响。载体媒介的药物转运是在特定部位的转运体或酶系统作用下完成的，不受胃肠道pH变化的影响。此外，胃肠道中酸、碱性环境可能对某些药物的稳定性产生影响。

胃肠液中含有酶类、胆盐等物质，对药物吸收产生不同的影响。胃蛋白酶、胰酶等能分解多肽及蛋白质，因此多肽与蛋白质药物口服易分解而失效。胆汁中含有胆酸盐，是一种表面活性剂，能增加难溶性药物的溶解度，从而提高这类药物的吸收速度和程度；胆盐也能与一些药物形成难溶性盐，从而降低药物的吸收。

胃肠道黏膜还覆盖有黏液（mucus），糖蛋白是其主要成分。黏液具有黏滞性和形成凝胶的特性。黏液层分为松散黏液层和牢固黏附黏液层。人体小肠的牢固黏附黏液层的厚度大约200μm。紧贴于黏膜表面的黏液层和非搅拌水层（unstirred water layers，UWL）存在一致性，因其亲水性、黏性、不流动性以及药物与黏液成分之间可能存在的相互作用，因而是药物尤其是高脂溶性药物的扩散、吸收的屏障。

（2）胃排空和胃空速率

①胃排空　胃内容物从胃幽门排入十二指肠的过程称为胃排空（gastric emptying）。胃既有贮存食物的功能，又有“泵”的作用。食物进入胃约5min后，能以每分钟3次的频率蠕动。胃蠕动可使药物与食物充分混合，同时有分散和搅拌作用，使与胃黏膜充分接触，有利于胃中药物的吸收，同时将内容物向十二指肠方向推进。

②胃空速率　胃排空的快慢用胃空速率（gastric emptying rate）来描述。胃排空按照一级速率过程进行，可用胃空速率常数或胃空半衰期来表达，服从下式：

$$\lg V_t = \lg V_0 - \frac{K_{em}}{2.303}t \quad (4\text{-}4)$$

式中，V_t为t时间时胃内容物体积；V_0为初始时胃内容物体积；K_{em}为胃空速率常数。由式（4-4）可知，胃空速率与胃内容物体积成正比，当胃中充满内容物时，对胃壁产生较大的压力，胃张力增大，从而促进胃排空。

胃排空的快慢对药物在消化道中的吸收有一定影响。胃排空速率慢，药物在胃中停留时间延长，与胃黏膜接触机会和面积增大，主要在胃中吸收的弱酸性药物吸收会增加。但是，由于小肠表面积大，大多数药物的主要吸收部位在小肠，因此，胃空速率决定了药物到达肠道的速率，对药物的起效快慢、药效强弱及持续时间有显著的影响。

胃空速率与胃内容物体积、食物类型、食物物理性质、身体位置、精神状态、运动状况、病理状况以及使用药物情况等有关。各类食物中，糖类的胃排空较快，蛋白质次之，脂肪最慢。胃内容物黏度低、渗透压低时，胃空速率较大。服用某些药物如抗胆碱药、抗组胺药、止痛药、麻醉药等可使胃空速率下降。此外，站立比卧姿排空快，右侧卧时胃排空比左侧卧快，站坐结合则可产生最快的胃排空速率，情绪低落时胃排空减慢。

(3) 肠内运行

小肠固有运动方式包括节律性分节运动、蠕动运动和黏膜与绒毛的运动三种。分节运动以肠环型肌的舒张与收缩运动为主，常在一段小肠内运行较长时间（20min），使小肠内容物不断分开又不断混合，并反复与黏膜接触；蠕动运动使内容物分段向前缓慢推进，通常是到达一个新的肠段，又开始分节运动；黏膜与绒毛的运动是由局部刺激而发生的黏膜肌层收缩造成，有利于药物的充分吸收。肠的固有运动可促进固体制剂进一步崩解、分散，使之与肠液充分混合，增加药物与肠表面上皮的接触面积，有利于药物的吸收。从十二指肠、空肠到回肠，内容物的通过速度依次减慢。一般药物与吸收部位的接触时间越长吸收越好。

一些药物可影响肠道的运行速度而干扰其他药物的吸收。如阿托品、丙胺太林等能减慢胃空速率与肠内容物的运行速率，从而增加一些药物的吸收；甲氧氯普胺可促进胃排空且增加肠运行速率，因减少了其他药物在消化道内的滞留时间而减少这些药物的吸收程度。

肠内运行速度还受生理、病理因素的影响，如可随消化液的分泌、甲状腺分泌的减少而降低，可因痢疾、低血糖等疾病而增加，此外，妊娠期间运行速度也降低。

(4) 食物的影响

食物不仅能改变胃空速率而影响吸收，而且可因其他多种因素而对药物吸收产生不同程度、不同性质的影响。除了延缓或减少药物吸收外，食物也可能促进或不影响某些药物的吸收，见表 4-3。

表 4-3　食物对药物吸收的影响

影响结果	相关药物
增加吸收量	维生素 C、头孢呋辛、维生素 B_2、异维 A 酸、对氯苯氧基异丁酸、普萘洛尔、更昔洛韦、地丙苯酮、三唑仑、咪达唑仑、特非那定
降低吸收速率	非诺洛芬、吲哚美辛
降低吸收速率与吸收量	卡托普利、乙醇、齐多夫定、利福平、普伐他汀、林可霉素、异烟肼、溴苄胺托西酸盐、卡托普利、头孢菌素、红霉素
降低吸收速率，不影响吸收量	阿司匹林、卡普脲、头孢拉定、克林霉素、氯巴占、地高辛、甲基地高辛、奎尼丁、西咪替丁、格列本脲、氧氟沙星、环丙沙星、依诺沙星
降低吸收速率，增加吸收量	呋喃妥因、酮康唑
不影响吸收速率，增加吸收量	芬维 A 胺
无影响	保泰松、甲基多巴、磺胺异二甲嘧啶、丙基硫胺嘧啶

① 延缓或减少药物的吸收　食物除了改变胃空速率而影响吸收外，食物还能消耗胃肠内水分，使胃肠黏液减少，固体制剂的崩解、药物的溶出速率变慢，从而延缓药物的吸收。食物的存在还可增加胃肠道内容物的黏度，使药物的扩散速率减慢而影响吸收。其结果有：①延缓吸收，使最大血药浓度 c_{max} 降低，达峰时间 t_{max} 延长，但对反映吸收程度的血药浓度-时间曲线下面积（AUC）无明显影响；②减少吸收，使最大血药浓度 c_{max} 降低，达峰时间 t_{max} 延长，药物吸收的速率和程度均降低。空腹与饱腹服用药物会产生不同的生物利用度。例如，空腹服用对乙酰氨基酚的 t_{max} 为 20min，而早餐后服用的 t_{max} 为 2h，而且空腹服用时的 c_{max} 比饱腹服用时高。由此看来，饮食延缓了对乙酰氨基酚的吸收速率，又降低了吸收程度。又如，食物可减慢苯巴比妥的吸收而使其不能产生催眠作用。

② 促进药物的吸收　脂肪类食物具有促进胆汁分泌的作用，由于胆汁中的胆酸离子具有表面活性作用，可增加难溶性药物的溶解度而促进其吸收。例如，服用灰黄霉素的同时进食高脂肪食物或高蛋白食物，前者的血药浓度为 3μg/mL，而后者约为 0.6μg/mL。食物因降低胃空速率而延长溶出较慢药物在胃内的滞留时间，可增加药物的胃内吸收，而减慢药物的肠内吸收。有部位特异性吸收的药物可因食物降低胃空速率而增加吸收，例如主要在十二指肠吸收的维生素 B_2。此外，进食后组织器官的血流量增加，因而有些药物的生物利用度提高，如普萘洛尔、美托洛尔等。

一些食物或饮料能对药物的吸收产生特殊的影响，如柚汁对口服药物的吸收有广泛的影响，可使苯二氮䓬类药物、钙拮抗剂和抗组胺药特非那定的吸收总量增加 3～6 倍以上。

(5) 胃肠道代谢作用

胃肠道黏膜内存在着各种消化酶和肠道菌群产生的酶，它们既对食物有消化作用，又能使药物在尚未被吸收时就发生代谢反应而失去活性。肠道代谢可在肠腔进行，也可在肠壁发生，既可在细胞内产生，也可在细胞外进行（图 4-5）。主要有水解反应、结合反应等。通常药物在胃肠道滞留时间越长，这种代谢反应就越容易发生。药物的胃肠道代谢也是一种首过代谢，对药物疗效有一定的甚至很大的影响。

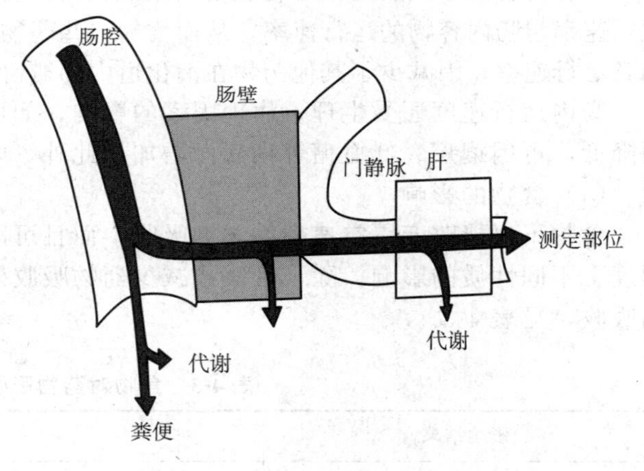

图 4-5　药物胃肠道代谢示意图

2. 循环系统因素

(1) 胃肠血流速度　血流具有组织灌流和运送物质的双重作用，胃肠道周围的血流与药物的吸收、分布和代谢有复杂的关系。当药物的透膜速率小于血流速率时，透膜是吸收的限速过程；而当透膜速率大于血流速率时，血流是吸收的限速过程。对后者而言，血流下降，吸收部位运走药物的能力降低，不能维持漏槽状态，药物吸收降低。高脂溶性药物和膜孔转运药物的吸收属于血流限速过程。血流量可影响胃的吸收速度，但这种现象在小肠吸收中不显著，因为小肠黏膜有充足的血流量。

(2) 肝首过效应　透过胃肠道黏膜吸收的药物经肝门静脉进入肝后，在肝药酶作用下药物可发生生物转化。经胃肠道给药的药物在尚未吸收进入血液循环前即在肝被代谢，而使进入血液循环的原型药量减少的现象称为“肝首过代谢”或“肝首过效应”（liver first pass effect）。通常肝首过效应越大，药物被代谢越多，原型药血药浓度降低，药效明显降低。

(3) 肠肝循环　肠肝循环（enterohepatic cycle）是指经胆汁排入肠道的药物，在肠道中被重新吸收，经门静脉又返回肝的现象。肠肝循环主要发生在经胆汁排泄的药物中，有些药物的Ⅱ相代谢产物经胆汁排入肠道后，在肠道细菌酶作用下水解释放出脂溶性较强的原型药物，会再次吸收形成肠肝循环，如氯霉素在肝内与葡萄糖醛酸结合，水溶性增高，分泌胆汁排入肠道，水解释放出原型药物又被肠道吸收进入肝。肠肝循环在药动学上表现为药时曲线上出现双峰现象，而在药效学上表现为药物的作用时间明显延长，延长的时间与肠肝循环药物量和给药剂量的比值相关。

(4) 胃肠淋巴系统　药物从胃肠道向淋巴系统转运也是药物吸收的途径之一。淋巴液的流速比血流慢得多，为血流的1/1000～1/500。药物在胃肠道中的吸收主要通过毛细血管向血液循环系统转运，淋巴系统的转运几乎可忽略，但它对大分子药物的吸收起着重要作用。淋巴液从肠淋巴管、胸导管直接注入左锁骨下静脉进入全身循环，所以，经淋巴系统吸收的药物不经过肝，不受肝首过作用的影响。脂肪能加速淋巴液流动，使药物淋巴系统的转运量增加。淋巴系统转运对在肝中易受代谢的药物的吸收及一些抗癌药物的定向淋巴系统吸收和转运具有重要的临床意义。

3. 疾病因素

疾病对药物吸收的影响机制比较复杂，主要是造成生理功能紊乱而影响药物的吸收。疾病引起的胃肠道 pH 改变能影响药物从剂型中的溶出及吸收。腹泻时由于肠内容物快速通过小肠而降低药物吸收，或由于肠绒毛生理功能改变而干扰药物吸收。部分或全胃切除术、肝疾病、甲状腺功能异常均可影响药物的吸收。

二、药物因素

1. 药物的理化性质

药物的理化性质与药物的胃肠道吸收密切相关，药物的解离度（degree of dissociation）、脂溶性（liposolubility）、溶出速率（dissolution rate）、稳定性（stability）等对药物的胃肠道吸收有不同程度的影响。

(1) 药物的解离度

在胃肠道液中已溶解的弱酸或弱碱性药物以未解离（分子型）和解离型两种形式存在，两者所占比例由药物的解离常数 pK_a 和胃肠道吸收部位 pH 所决定。药物的吸收取决于吸收部位 pH 条件下未解离型药物的比例和油/水分配系数的假说，称为 pH-分配假说（pH-partition hypothesis）。

胃肠液中未解离型与解离型药物浓度之比是药物解离常数 pK_a 与胃肠道吸收部位 pH 的函数，可用 Henderson-Hasselbalch 方程式描述：

弱酸性药物：
$$pK_a - pH = \lg \frac{c_u}{c_i} \tag{4-5}$$

弱碱性药物：
$$pK_a - pH = \lg \frac{c_i}{c_u} \tag{4-6}$$

式中，c_u、c_i 分别为未解离型和解离型药物的浓度，由式（4-5）和式（4-6）可知，在胃肠道 pH 条件下，弱碱性药物因 pK_a 较低，在胃中未解离型药物所占比例大，弱碱性药物因 pK_a 较高，在肠中未解离型药物所占比例大。

例如，弱碱性药物水杨酸的 pK_a 为 3.0，在 pH 为 1 的胃液中未解离型与解离型的比例为 100∶1，而在 pH 为 7 的肠液中该比例为 1∶10000。弱碱性药物奎宁的 pK_a 为 8.4，在 pH 为 7 的肠液中未解离型与解离型的比例为 1∶25，而在 pH 为 1 的胃液中该比例为

1：(2.5×10^7)。

但是，药物吸收不仅仅与 pK_a和 pH 有关。例如，水杨酸的 pK_a为 3.0，在小肠中的解离型比例高，但是其吸收率比预测的好，其原因除了小肠吸收部位实际 pH 偏低之外，还与小肠有丰富的血流和巨大的吸收表面积有关。

(2) 药物的脂溶性

胃肠道黏膜上皮细胞为类脂膜，而细胞外是水性环境，因此药物分子若要通过被动扩散渗透进入细胞，必须具有合适的水溶性和脂溶性。评价药物脂溶性大小的参数是油/水分配系数（$K_{o/w}$）。药物穿越细胞的能力与它的油/水分配系数存在相关性，通常药物的 $K_{o/w}$大，说明该药物的脂溶性好，吸收率也大，但是 $K_{o/w}$与药物的吸收率不成简单的比例关系。脂溶性太强的药物难以从类脂膜中扩散入水溶性体液中，因而药物吸收率下降；对于被动扩散机制吸收的药物，其吸收还与分子量相关，分子量较小的药物更易穿透生物膜。

(3) 药物的溶出

药物的溶出速率是指在一定溶出条件下，单位时间内药物溶解的量。口服固体药物制剂后，药物在胃肠道内经历崩解、分散、溶出过程才可通过上皮细胞膜吸收。对于水溶性药物而言，崩解是药物吸收的限速过程。对于难溶性药物而言，溶出是难溶性药物吸收的限速过程。

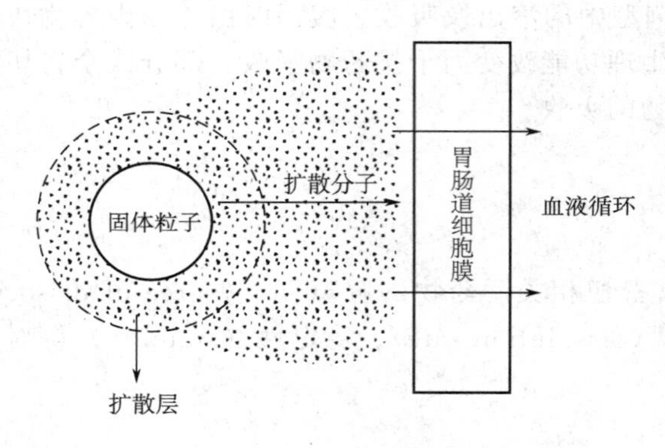

图 4-6　药物溶出原理示意图

药物粒子与胃肠液或溶出介质接触后，药物溶解于介质，并在固-液界面之间形成溶解层或静流层（图 4-6）。当药物在扩散层中的饱和浓度 c_s与总体介质中的浓度 c 形成浓度差时，溶解的药物不断向总体介质中扩散，从而发生溶出，其溶出速率可用 Noyes-Whitney 方程描述：

$$\frac{dc}{dt}=\frac{D}{h}S(c_s-c) \tag{4-7}$$

式中，$\frac{dc}{dt}$ 为药物的溶出速率；D 为溶解药物的扩散系数；S 为固体药物的表面积；h 为扩散层厚度。对于特定药物制剂，在固定的溶出条件下其 D 和 h 为定值，这两个参数可合并表达为溶出速率常数 k，即 $k=\frac{D}{h}$。在胃肠道中，溶出的药物被不断透膜吸收入血，此时 $c_s \geqslant c$，形成漏槽状态。溶出由固-液界面上药物的溶解、扩散速度所控制，溶出速率与药物的溶出速率常数、药物溶解度和固体药物颗粒表面积成正比。

2. 药物在胃肠道中的稳定性

胃肠道分泌液、不同 pH、消化酶、肠道菌群及细胞内代谢酶等，可使口服药物在吸收前产生降解或失去活性，因而在药物剂型设计、制剂处方工艺设计时应加以注意。例如，胰岛素极易被胃肠道消化酶破坏失去活性，加上分子量大不易被吸收，故设计成注射剂。为提高药物在胃肠道中的稳定性，可制成药物的衍生物或前体药物、加入酶抑制剂、采用肠溶包衣技术防止药物在胃酸中降解等。

第三节　口服药物吸收与制剂设计

大量研究表明，影响药物吸收的主要因素为药物透膜能力和胃肠道环境下的溶解度或溶出度。据此，美国密歇根大学的 Amidon 等在 1995 年首次提出了生物药剂学分类系统的概念。

一、生物药剂学分类系统基本理论

1. 定义

生物药剂学分类系统（biopharmaceutics classification system，BCS）是根据药物体外溶解性和肠道渗透性的高低，将药物进行分类的一种科学方法。BCS 依据溶解性（solubility）与渗透性（permeability）将药物分为四类：Ⅰ类为高溶解性/高渗透性药物，Ⅱ类为低溶解性/高渗透性药物，Ⅲ类为高溶解性/低渗透性药物，Ⅳ类为低溶解性/低渗透性药物。BCS 不仅在新药研发阶段可用于候选化合物的筛选或进行合理的剂型设计，也可用于预测口服药物的体内外相关性。BCS 也被美国食品药品监督管理局（FDA）、欧洲药品管理局（EMEA）等药品管理机构用于药品管理，以指导仿制药的研究申报。

2. 分类标准

BCS 对药物进行分类时，判别高溶解度与高渗透性的标准，不同管理机构设定的标准不尽相同。FDA 的分类标准如下：

（1）溶解性

高溶解性药物是指在药物最大应用剂量能在不大于 250mL 的 37℃、pH1～7.5 的水性缓冲液介质中完全溶解的药物，否则即为低溶解性药物。可用剂量（mg）与溶解度（mg/mL）的比值（$D:S$，单位 mL）来判断药物溶解度的高低。标准中的 250mL 是生物等效性实验方案中禁食健康志愿者服药时的规定饮水量。在 BCS 中，$D:S$ 中的剂量为 WHO 推荐的单次最大剂量（以 mg 计），不同国家处方规范信息中推荐的剂量可能不同，从而导致不同的 $D:S$ 值。如阿司匹林，WHO 规定的单剂量用药范围为 100～500mg，而在德国处方信息中规定的最大剂量是 1000mg。因此，选择不同的最大剂量对 $D:S$ 值有直接影响，甚至可能是一些在分类表中高溶解性药物被划成低溶解性。

（2）渗透性

高渗透性药物是指在没有证据表明药物在胃肠道不稳定的情况下，在肠道吸收达到 90%以上的药物，否则即为低渗透性药物。FDA 推荐的药物渗透性测定方法有质量平衡法、绝对生物利用度以及人体肠灌流法。如通过人体药动学研究可根据质量平衡原理确定吸收程度（例如尿液中药物的回收率＞90%或由代谢物的量换算成原型药物量＞90%），或与静脉给药比较若绝对生物利用度＞90%，均可判断该药物为高渗透性药物。

二、BCS 与口服药物制剂设计

1. BCS 指导口服制剂设计的基本思路

BCS 对药物的制剂设计有着重要的指导意义。在对不同类别药物进行制剂研究时，可根据 BCS 理论选择合适的剂型，并通过处方、工艺优化，合理地设计剂型或制剂，有针对性地解决影响药物吸收的关键问题，以获得安全、有效的药品。

2. 基于 BCS 的制剂设计

① Ⅰ类药物的制剂设计　Ⅰ类药物的溶解度和渗透率均较大，药物的吸收通常很好，进一步改善其溶解度对药物的吸收影响不大。此类药物易于制成口服制剂，剂型选择普通

的胶囊或片剂即可。

② Ⅱ类药物的制剂设计　该类药物一般溶解度较低，药物在胃肠道溶出缓慢，进而限制了药物的吸收。影响Ⅱ类药物吸收的理化因素有药物的溶解度、晶型、溶媒化物、粒子大小等。增加药物的溶解度或（和）加快药物的溶出速率均可有效地提高该类药物的口服系数。另外，Ⅱ类药物虽然肠道渗透性良好，但由于药物的疏水性，限制了药物透过黏膜表面的不流动水层，延缓药物在绒毛间的扩散，影响药物的跨膜吸收。

为提高Ⅱ类药物的生物利用度，通常采取以下方法：制成可溶性盐类、选择合适的晶型和溶媒化物、加入适量表面活性剂、用亲水性包合材料制成包合物、增加药物的表面积、增加药物在胃肠道内的滞留时间、抑制外排转运体及药物肠壁代谢等。

③ Ⅲ类药物的制剂设计　Ⅲ类药物的渗透性较低，跨膜转运是药物吸收的限速过程。影响该类药物透膜的主要因素有分子量、极性、特殊转运载体参与等。该类药物由于水溶性较好，药物溶出较快，可选择胶囊、片剂等普通剂型。若要提高该类药物的吸收，则可采用以下方法：加入透膜吸收促进剂、制成前体药物、制成微粒给药系统、增加药物在胃肠道的滞留时间等。

④ Ⅳ类药物的制剂设计　Ⅳ类药物的溶解性与渗透性均较低，药物的溶出和透膜性都可能是药物吸收限速过程，影响药物吸收的因素复杂，药物口服吸收不佳。对于该类药物通常考虑采用非口服途径给药。

第二十二章 非口服给药途径药物的吸收

口服给药是最主要的给药途径，但口服给药存在若干缺点，如起效较慢、药物可能在胃肠道被破坏、对胃肠道有刺激性、不适于吞咽困难的患者等。非口服给药的途径很多，除血管内给药外，非口服给药后可产生给药部位的局部作用，也能吸收后产生全身的治疗作用。药物的吸收与给药方式、部位以及药物的理化性质和制剂因素等有关。表 4-4 列出了硝酸甘油不同给药方法所产生的起效时间、作用持续时间，其中舌下给药能治疗心绞痛，而贴剂只能预防心绞痛的发作。

表 4-4　硝酸甘油不同给药方法的作用特点

给药方法	常用剂量/mg	起效时间/min	达峰时间/min	持续时间/h
口服	6.5～12.8	20～45	45～120	2～6
舌下	0.3～0.6	2～5	4～8	0.17～0.5
颊部	1～3	2～5	4～10	0.5～5
2%软膏外用	1.27～5.08cm	15～60	30～120	3～8
透皮贴剂	5～20	30～60	60～180	2

第一节　注射给药

注射给药（parenteral administration）是最主要的非口服给药方法之一。注射给药起效迅速，可避开胃肠道的影响，避免肝首过效应，生物利用度高，起效可靠。对于一些急救、口服不吸收或在胃肠道被破坏的药物，以及一些不能口服的患者，如昏迷或不能吞咽的患者，常以注射方式给药。注射给药会对周围组织造成损伤，常伴有注射疼痛与不适。另外，若药物误用或注射剂量不当，会引起十分严重的后果。

一、注射部位与吸收途径

注射给药方法有：静脉注射、动脉注射、皮内注射、皮下注射、肌内注射、关节腔内注射和脊髓腔注射等（见图 4-7）。除血管内注射给药外，其他部位注射给药后的吸收是药物由注射部位向循环系统转运的过程。注射部位不同，药物吸收的速度不同。大部分注射给药会产生全身作用，一些注射给药如局部注射麻醉药及关节腔内注射等系产生局部作用。不同注射部位所能容纳的注射液体积及允许的药物分散状态不同。

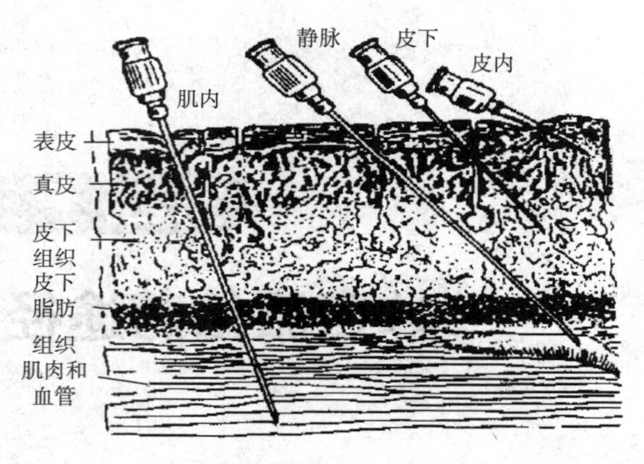

图 4-7　注射给药示意图

（1）静脉注射

静脉注射药物直接注入血液循环，不存在吸收过程。药物首先被上腔静脉和下腔静脉中的血液稀释后进入心，进一步泵入肺，最后由动脉泵向全身各组织器官。静脉注射的生物利用度一般认为是 100%。

药物经静脉注射吸收迅速，注射的容量一般小于 50mL，当药物的半衰期较短或需要大容量给药时，可采用静脉滴注给药。

（2）肌内注射

肌内注射是将药物注射到骨骼肌中，注射容量一般为 2～5mL。通常选择臀部作为注射部位，以将损及神经的危险降到最小。肌内注射存在吸收过程，药物先经注射部位的结缔组织扩散，再经毛细血管吸收进入血液循环，所以肌内注射药物的起效比静脉注射稍慢，但是比静脉注射简便安全，比皮下注射刺激性小，应用较广。肌肉组织内的血管十分丰富，肌内注射起效较迅速。但一些混悬型注射剂肌内注射吸收亦可能比口服慢。一般认为肌内注射给药的药物吸收程度与静脉注射相当。也有一些药物肌内注射后吸收缓慢且不完全，如苯妥英钠口服吸收虽缓慢，但几乎完全吸收，肌内注射时受肌肉组织 pH 的影响可产生沉淀，吸收慢而不规则。

（3）皮下与皮内注射

皮下注射是将药物注射到疏松的皮下组织中。皮下结缔组织内间隙多，药物皮下注射后通过结缔组织扩散进入毛细血管吸收。皮下组织血管较少，血流速度比肌肉组织慢。因此，皮下注射后药物吸收较肌内注射慢，有时甚至比口服吸收还慢。需延长作用时间的药物可采用皮下注射，如治疗糖尿病的胰岛素等。一些油混悬型注射液或植入剂可注射或埋藏于皮下，以发挥长效作用。

皮下注射容量不宜过大，每次 1～2mL。注射液不应有刺激性，因皮下感觉神经末梢分布广泛。身体不同部位皮下注射后药物吸收速度不同，胰岛素不同部位注射的吸收快慢依次为腹部＞上臂＞大腿＞臀部。

皮内注射是将药物注入真皮下，此部位血管细小，药物吸收差。注射容量仅为 0.1～0.2mL，一般作为皮肤诊断与过敏试验。皮内注射的药物很难进入血液循环。

（4）其他注射部位

动脉注射是将药物直接注入动脉血管内，不存在吸收过程和肺首过效应，而且能使药物直接靶向输送至作用部位。如抗癌药物经靶位的动脉血管注射，可提高治疗效果，降低毒副作用。鞘内注射是将药物直接注射到椎管内，能避开血液-脑屏障和血液-脑脊液屏障，使药物向脑内分布，如治疗结核性脑膜炎时可鞘内注射异烟肼和激素药物。腹腔内注射以门静脉为主要吸收途径，药物首先通过肝再向全身组织分布，此种给药途径多用于动物实验。

二、影响药物吸收的因素

与其他给药方式比较，注射给药影响因素较少，药物吸收较完全迅速。但对于血管外注射的药物，其吸收程度与速度主要取决于药物的被动扩散速度与注射部位的血流状态，受药物的理化性质、制剂及机体生理因素等影响。

（1）生理因素

血管外注射给药时，注射部位的血流状态是影响药物吸收快慢的主要生理因素，血流丰富的部位药物吸收快。肌内注射的药物吸收速率一般为上臂三角肌＞大腿外侧肌＞臀大肌。对于水溶性大分子或油溶液型注射剂，淋巴液的流速也会影响药物的吸收。

肌内或皮下注射后，注射部位的按摩与热敷能加快血液流动，促进药物吸收；运动使血管扩张，血流加快，也能促进药物吸收。同时给予透明质酸酶，有利于药物在皮下组织的扩散，使吸收增加。药物与肾上腺素合并使用，后者使末梢血管收缩，可降低药物在皮下的吸收速度。

（2）药物的理化性质

肌内或皮下注射的药物可通过组织液进入毛细血管和毛细淋巴管，究竟主要通过何种途径吸收，取决于药物的理化性质和分子量等。分子量小的药物既能进入毛细血管，也能进入毛细淋巴管，由于血流量大大超过淋巴流量，药物几乎全部由血管转运。分子量大的药物难以通过毛细血管的内皮细胞膜和毛细血管壁上的微孔，主要通过淋巴途径吸收。氯化钠肌内注射后主要通过毛细血管吸收；山梨醇铁（分子量约 5000）肌内注射后有 50%～60%通过毛细血管吸收，16%通过淋巴吸收；大分子量的铁-多糖复合物（分子量 10000～20000）肌内注射后主要通过淋巴吸收。

难溶性药物的溶解度可影响吸收。混悬型注射剂肌内注射后，药物的溶解是吸收的限速因素。如苄星青霉素混悬液注射后药效可持续 7～10 天。

（3）制剂因素

制剂中药物的释放往往影响药物的吸收速率。注射剂中药物的释放速率按以下次序排列：水溶液＞水混悬液＞油溶液＞O/W 型乳剂＞W/O 型乳剂＞油混悬液。故可通过选择合适的药物剂型或介质来满足药物不同的吸收速率。

第二节　肺部给药

肺部给药（pulmonary drug delivery）又称吸入给药（inhalation drug delivery），主要是通过口腔吸入，经过咽喉进入呼吸道，到达呼吸道深处或肺部，起到局部作用或吸收后产生全身治疗作用。治疗哮喘的吸入型药物局部作用在气管壁上，用于全身治疗的吸入药物只有沉积在肺泡处才具有良好的吸收效果。与其他给药途径相比，肺部给药吸收面积大、肺泡上皮细胞膜薄、渗透性高；吸收部位的血流丰富，酶活性相对较低，能够避免肝首过效应，因此肺部给药的生物利用度高。对于口服给药在胃肠道易被破坏或具有较强肝首过效应的药物，如蛋白质和多肽类，肺部给药可显著提高生物利用度。用于肺部给药的剂型包括气雾剂、喷雾剂和粉雾剂。

一、呼吸器官的结构与生理

人体的呼吸器官表面的上皮细胞覆盖着由分泌细胞分泌的黏液，呼吸道黏液组成很复杂，含有糖蛋白、蛋白质和磷脂等成分，起到保护呼吸道及润湿吸入空气的作用。纤毛节律性的运动推动黏液层沿着呼吸道向咽喉部移动，将异物带至咽喉部被吐出或吞咽。

肺泡是血液与气体进行交换的部位，肺泡是半球状囊泡，呈薄膜束状，由单层扁平上皮细胞构成，厚度仅 0.1～0.5μm，细胞间隙存在致密的毛细血管。肺泡腔至毛细血管腔间的距离仅为 1μm，是气体交换和药物吸收的良好场所。巨大的肺泡表面积、丰富的毛细血管和极小的转运距离，决定了肺部给药的迅速吸收，而且吸收后的药物直接进入血液循环，不受肝首过效应的影响。

肺部给药的药物吸入粒子在气道沉积主要受三个方面因素的影响：气溶胶的特性、肺通气参数和呼吸道生理构造。通过控制各种参数，可以有效地调节粒子在肺部特异性的沉积。

药物粒子在气道内的沉积机制如下。

① 惯性碰撞　动量较大的粒子随气体吸入，在气道分叉处突然改变方向，受涡流的影响，产生离心力，当离心力足够大时，即与气道壁发生惯性碰撞。

② 沉降　质量较大的粒子在气道内的停留时间足够长时，受重力的作用沉积于气道。

③ 扩散　当药物粒子的粒径较小时，沉积也可能仅仅是布朗运动的结果，即通过单纯扩散运动与气道相接触。

药物的沉积效率受到呼吸道局部几何形状、粒子特性参数及气流特征的影响，但当某一特定患者使用某一特定吸入剂时，患者的肺部形态及药物的性质均已被决定，只有呼吸参数可供调节，要想达到理想的定位沉积是十分困难的。在气道上部，大粒子的沉积一般主要归因于惯性碰撞，但在外周气道中沉降是主要机制。通过控制肺通气参数如增加吸入气体流速，可显著增加通过惯性碰撞在肺上部的沉积；增加吸气后暂停时间（憋气时间）可显著增加肺下部的沉积。粒径小于 1μm 的粒子主要是以扩散方式沉积；由于在上支气管中流速最大，较大的粒子往往通过惯性碰撞沉积；而在终末支气管中流速最小，重力沉降是最主要机制。

粒子在肺部沉积还与粒子的大小有关。从某种意义上讲，粒子大小是决定肺部沉积与治疗作用的关键因素。此外，肺部沉积还与粒子形态和密度等有关。为全面评价不同类型的气溶胶粒子，可采用空气动力学粒径（aerodnamic diameter）来表示粒径，一般用多级碰撞器或激光散射技术测定。

二、影响药物吸收的因素

1. 生理因素

气雾剂粒子到达肺部的部位与患者的呼吸量、呼吸频率和类型有关。通常药物粒子进入呼吸系统的量与呼吸量成正比，与呼吸频率成反比。呼吸之间短暂的屏气能够推迟粒子沉积的时间。为了达到最大的肺部给药效果，推荐在吸入药物后屏气 5～10s。

气管壁上的纤毛运动可使停留在该部位的异物在几小时内被排除。呼吸道越往下，纤毛运动越弱。呼吸道的直径对药物粒子到达的部位亦有很大影响。支气管病变的患者，腔道往往较正常人窄，很容易截留药物。

患者使用气雾剂的方法对药物的吸入量与吸入深度均有影响。使用气雾剂不熟练的患者，往往使阀门的揿压与吸气不同步，结果药物大部分停留在咽喉部，这种情况尤其易发生在儿童身上。采用抛射装置给药，药物在呼吸道的损失大于 70%，甚至超过 90%。当使用粉雾剂或雾化器给药时，药物经患者主动吸入，损失药量相对较少。

覆盖在呼吸道黏膜上的黏液层是药物的吸收屏障之一。粉末状吸入剂中的药物需要首先溶解在黏液中，才能进一步完成吸收过程。黏稠的黏液层可能成为这些药物，特别是难溶性药物吸收的限速部位；有些带正电荷的药物分子可与黏液中带负电荷的唾液酸残基发生相互作用，亦有可能影响药物的吸收。

呼吸道黏膜中存在巨噬细胞和多种代谢酶，如磷酸酯酶和肽酶。药物可能在肺部上皮组织被清除或代谢，从而失去活性。酶代谢也是肺部药物吸收的屏障因素之一。实验表明，5-羟色胺、去甲肾上腺素、前列腺素 E_2、三磷酸腺苷、缓激肽等均能在肺部代谢。

2. 药物的理化性质

药物的脂溶性和油水分配系数影响药物的吸收。水溶性化合物主要通过细胞旁路吸收，吸收较脂溶性药物慢，如季铵盐类化合物、马尿酸盐和甘露醇的吸收半衰期为45～70min，但水溶性药物的肺部吸收仍然比小肠、直肠、鼻腔和颊黏膜快。药物的分子量大小是影响肺部吸收的因素之一，小分子药物吸收快，大分子药物吸收相对较慢。分子量小于1000时，分子量对吸收速率的影响不明显。

由于肺泡壁很薄，细胞间存在较大的细孔，大分子药物可通过这些空隙被吸收，也可先被肺泡中的巨噬细胞吞噬进入淋巴系统，再进入血液循环。因此，肺部有可能成为一些水溶性大分子药物较好的给药部位。多肽蛋白质类药物的肺部给药，已成为近年来国内外药学工作者研究的热点。

3. 制剂因素

肺部给药制剂的处方组成、给药装置产生的雾滴或微粒的粒径、药物微粒喷出的速度等都会影响药物的肺部吸收。

肺部给药时药物粒子沉降、惯性碰撞及布朗运动决定药物的有效沉积、微粒的大小及速度是决定肺部有效给药的关键因素。只用到达呼吸系统末端的粒子才容易被吸收进入血液循环发挥全身治疗作用，故吸入气雾剂微粒的粒径一般控制在0.5～5μm为宜。此外，微粒的形态和密度对其在呼吸道的沉降部位也有较大影响。将药物制成脂质体或微球吸入给药，能够增加药物在肺部的滞留时间或延缓药物的释放。

气雾粒子喷出的初速度对药物粒子的停留部位影响很大。气雾剂粒子以一定的初速度进入气流层，当气流在呼吸道改变方向时，气雾剂粒子仍有可能依惯性沿原方向继续运动，结果产生碰撞被黏膜截留。初速度越大，在咽喉部截留越多。

为了提高药物的生物利用度，增加蛋白质多肽类药物的肺部吸收，可采用吸收促进剂、酶抑制剂、对药物进行修饰或制成脂质体等方法。胆酸盐类表面活性剂，如胆酸钠、去氧胆酸钠、甘氨胆酸钠和去氧甘氨胆酸钠、牛磺胆酸钠和去氧牛磺胆酸钠等是常用的吸收促进剂。

第三节　皮肤给药

皮肤给药可以用于局部皮肤病的治疗，也可以经皮肤吸收后治疗全身性疾病。对于皮肤病，由于病灶部位的深浅不同，某些药物需要透过角质层以后才能起效。经皮吸收是指药物从应用于皮肤上的制剂中释放与穿透皮肤进入体循环的过程。

一、皮肤的结构与药物的转运

(1) 皮肤的结构

皮肤由表皮、真皮和皮下组织三部分组成，此外还有汗腺、皮脂腺、毛囊等附属器。成人皮肤面积1.8～2.0m^2，厚度0.5～4mm，重量占体重的5%，若包括皮下组织则可达体重的16%。皮肤内容纳了人体约1/3的循环血液和约1/4的水分。

表皮有外向内可分为角质层、透明层、颗粒层、棘层和基底层五层。角质层是由厚15～20μm的10～20层死亡的扁平角质细胞形成的层状结构，表皮的其他四层统称为活性表皮。角质细胞间类脂与角质细胞一起形成一道类似“砖墙结构”的致密组织，是药物渗透的主要屏障。活性表皮厚50～100μm，由活细胞组成，细胞膜具脂质双分子层结构，细胞内主要是水性蛋白质溶液。

真皮位于表皮和皮下脂肪组织之间，厚1～2mm，主要由结缔组织构成，毛发、毛囊、皮脂腺和汗腺等皮肤附属器分布于其中，并有丰富的血管和神经。一般认为，从表皮转运来的药物可以迅速由毛细血管移除而不形成吸收屏障。

皮下组织是一种脂肪组织，其厚度因部位和性别的不同而有差异。分布有皮肤血液循环系统、汗腺和毛囊。与真皮组织类似，皮下组织一般不成为药物的吸收屏障。皮下脂肪组织可以作为脂溶性药物的贮库。

皮肤附属器包括毛囊、汗腺、皮脂腺等。毛发遍布整个身体表面，包埋于真皮中的毛囊内，包括毛球、毛根和毛干。汗腺亦广泛分布于皮肤，通过导管从真皮深部向表皮延伸，穿越表皮开口于皮肤表面的汗孔。汗液的 pH 为 4.5～5.5。皮脂腺位于真皮上部，开口于毛囊漏斗部的下段。皮脂腺的分泌物含皮脂，是皮肤表面类脂层的主要成分，它们的分泌受激素调节。

（2）药物在皮肤内的转运

药物渗透通过皮肤吸收进入体循环的途径有两条，即表皮途径和附属器途径。表皮途径是指药物应用到皮肤上后，药物从制剂中释放到皮肤表面，在皮肤表面溶解的药物分配进入角质层，扩散穿过角质层到达并进入水性的活性表皮，扩散至真皮被毛细血管吸收进入体循环的途径，它是药物经皮吸收的主要途径。药物主要以被动扩散方式进行转运。药物通过角质层分为跨细胞途径和细胞间途径。

药物通过皮肤的另一条途径是通过皮肤附属器吸收。药物通过皮肤附属器的穿透速度要比表皮途径快，但皮肤附属器在皮肤表面所占面积只有 0.1%左右，因此不是大多数药物经皮吸收的主要途径。但是对于一些离子型药物及水溶性的大分子，由于其难以通过角质层，表皮途径的渗透速率很慢，因此附属器途径起重要作用。离子穿透过程中，皮肤附属器是离子型药物通过皮肤的主要通道。

药物经皮渗透的主要屏障来自角质层，在离体透皮实验中，将皮肤角质层剥除后，药物的渗透性可增加数十倍甚至数百倍。如亲水性药物 5-氟尿嘧啶的渗透性增加了约 40 倍，水溶性药物阿糖胞苷的渗透性增加了 1300 倍，脂溶性药物正戊醇也增加了 23 倍。

二、影响药物经皮渗透的因素

1. 生理因素

（1）皮肤渗透性的差异

皮肤的渗透性存在个体差异，动物种属、年龄、性别、用药部位和皮肤的状态都可能引起皮肤渗透性的差异。

药物经皮渗透存在着明显的个体差异，不同个体相同解剖部位皮肤的渗透性可能差异很大。如有人采用 18 位年龄 36～76 岁的妇女和 13 位年龄 42～76 岁的男子腹部皮肤，测定硝酸甘油的透皮速率，结果变化范围是 4.3～36.9μg/(cm²·h)。

药物经皮渗透速率随身体部位而异，这种差异主要是由于皮肤或角质层厚度及皮肤附属器密度不同而引起，身体各部位皮肤渗透性大小为阴囊＞耳后＞腋窝区＞头皮＞手臂＞腿部＞胸部。另外同一部位的皮肤厚度，也随年龄、性别、职业、工种的不同而有差异。

皮肤的生理条件受年龄和性别影响，婴儿没有发达的角质层，因此皮肤的通透性比较大；成人皮肤厚度为新生儿的 3.5 倍，但至 5 岁时，儿童皮肤厚度基本与成人相同。角质层厚度也与性别等多种因素有关。男性成年人皮肤的渗透性较儿童、妇女低。种族不同，皮肤的渗透性可能不同，例如对烟酸甲酯的渗透性顺序为：黑种人＜黄种人＜白种人。

皮肤的水化能够改变皮肤的渗透性。当皮肤上覆盖塑料膜或具有封闭作用的软膏后，水分和汗液在皮肤内积蓄，使角质层水化，药物渗透性增加。皮肤水化对水溶性药物的促渗作用较脂溶性药物显著。

（2）皮肤的代谢与蓄积

皮肤中的药物可在酶的作用下发生氧化、水解、结合和还原等过程。但皮肤内代谢酶含量很低，且皮肤用药面积一般很小，所以代谢酶对多数药物的经皮吸收不产生明显的首过效应。有研究利用皮肤的酶代谢作用设计前体药物。如阿糖胞苷、茶碱、甲硝唑等药物的经皮渗透速率不能达到治疗要求，将其改造成亲脂性前体药物后，渗透能力提高，扩散进入活性表皮内被代谢成为具有治疗作用的母体药物，继而吸收进入系统循环。

药物表面寄生着许多微生物，这些微生物可能对药物有降解作用，当经皮制药贴剂贴于皮肤上长达数天时，促使微生物生长，可使药物降解变得明显。药物在经皮吸收过程中可能会在皮肤内产生积蓄，积蓄的主要部位是角质层。积蓄作用可以使药物在皮肤内形成贮库，有利于皮肤病的治疗。

（3）疾病与其他因素

使角质层受损而削弱其屏障功能的任何因素均能加速药物的渗透。溃疡、破损或损伤等创面的渗透性可能增加数倍至数十倍。湿疹及一些皮肤炎症也会引起皮肤渗透性的改变。反之，某些皮肤病如硬皮病、老年角化病等使皮肤角质层致密，可减少药物的通透性。

随着皮肤温度的升高，药物的渗透速率也提高。水杨酸在豚鼠腹部皮肤的吸收可因温度从 20℃升高至 30℃而提高 5 倍。

2. 药物因素

（1）药物的理化性质

药物的分子量、溶解度、油/水分配系数、熔点等因素是影响药物经皮吸收的重要因素。分子量大于 600 的物质不能自由通过角质层。低熔点的药物容易渗透通过皮肤。

一般而言，脂溶性药物，即油/水分配系数大的药物较水溶性药物或亲水性药物容易通过角质层屏障。分子型药物容易通过皮肤吸收。药物的透皮速率与分配系数不成正比关系，往往呈抛物线关系。

（2）制剂因素

剂型对药物的释放性能影响很大，药物从制剂中释放越容易，则越有利于药物的经皮吸收。一般来说，基质对药物的亲和力不应太大，否则将影响药物的吸收。溶解与分散药物的介质不但会影响药物的释放，有些也会影响皮肤的渗透性。皮肤表面和给药系统内的 pH 能影响有机酸类和有机碱类药物的解离度，从而影响药物的渗透效果。

药物通过皮肤的渗透是被动扩散过程，所以随着皮肤表面药物浓度的增加，渗透速率亦增大。药物透皮吸收的量与给药系统的表面积成正比，常通过调节给药面积大小调节给药剂量。

三、促进药物经皮吸收的方法

促进药物经皮吸收的方法有药剂学方法、化学和物理学方法。研究最多的药剂学方法是使用经皮渗透促进剂，近年来许多研究采用微粒载体来促进药物和疫苗的经皮渗透。化学方法是合成具有较大透皮速率的前体药物，在经皮渗透过程中被活性表皮中的酶还原成母体药物而发挥作用，实际应用比较少。物理学方法主要包括离子导入、超声波、电穿孔和微针等。

第四节　鼻腔给药

鼻腔给药（nasal drug delivery）不仅适用于鼻腔局部疾病的治疗，也是全身疾病治疗的给药途径之一。鼻腔给药的药物吸收是药物透过鼻黏膜向循环系统转运的过程，与鼻黏膜的解剖、生理以及药物的理化性质和剂型等因素有关。研究发现一些载体类激素、抗高血压、抗生素类以及抗病毒药物经鼻腔给药，通过鼻黏膜吸收可以获得比口服更好的作用。某些蛋白多肽类药物经鼻黏膜吸收也能达到较高的生物利用度。

鼻腔给药的主要优点有：①鼻黏膜薄、有效表面积大、渗透性高、血管丰富，有利于吸收，吸收程度和速度有时可与静脉注射相当；②可避开药物在胃肠液中的降解和肝首过作用；③能够增加一些药物向脑内传递，有利于脑部疾病的治疗；④鼻腔内给药方便易行。但鼻腔给药也存在不足，如单次给药剂量有限，某些药物生物利用度相对较低，吸收剂量不够准确，药物与吸收部位的接触时间相对较短等。

一、鼻腔的结构与生理

（1）鼻腔的解剖生理　鼻腔表面积为150～200cm^2。鼻黏膜表面有众多的纤毛，对药物在鼻腔内的保留时间有很大的影响。鼻上皮细胞下有许多毛细血管和丰富的淋巴网。有些药物在鼻腔给药后可能通过嗅区转运，绕过血脑屏障直接进入脑内。

（2）鼻黏膜　鼻腔的内表面为黏膜，由上皮和固有层构成。鼻黏膜表面覆盖着黏液层。鼻腔黏液中的肽酶和蛋白水解酶是影响多肽蛋白类药物鼻腔吸收的因素之一。

（3）药物的经鼻脑靶向　药物经鼻黏膜吸收入脑，其途径有嗅神经通路、嗅黏膜上皮通路和血液循环通路。

二、影响鼻黏膜吸收的因素

1. 生理因素

鼻黏膜吸收途径包括经细胞的脂质通道和细胞间的水性孔道。以脂质途径为主，脂溶性药物易吸收，生物利用度可接近静脉注射。药物经鼻黏膜吸收的机制为主动转运和被动扩散。成人鼻腔分泌物正常的pH为5.5～6.5。鼻用制剂的pH对药物的解离度和吸收有较大影响，通常在pH4.5～7.5间选择最佳值以提高药物的吸收。鼻黏膜毛细血管丰富，药物吸收后直接进入体循环。鼻腔的血液循环对外界影响或病理状况均很敏感。成人鼻腔分泌物中含有多种酶，其中活性最高的为氨基肽酶。因此，对这类酶敏感的药物经鼻黏膜给药时可能被降解。另外，鼻黏膜纤毛清除作用可能缩短药物在鼻腔吸收部位的滞留时间，影响药物的生物利用度。

2. 剂型因素

脂溶性大的药物鼻腔吸收迅速。某些亲水性药物的鼻黏膜吸收与其分子量密切相关。分子量小于1000的药物较易通过人和大鼠的鼻黏膜吸收。

鼻腔气雾剂、喷雾剂和粉雾剂在鼻腔中分布面积较广，药物吸收快，生物利用度高。溶液剂在鼻腔中分布不均匀，易流失，不利于药物吸收。混悬剂的作用与其粒子大小及其在鼻腔吸收部位中保留的位置和时间有关。欲发挥局部作用如杀菌、抗病毒药物的气雾剂，为避免肺吸收，粒径应大于10μm。凝胶剂因黏性较大，可延长药物在鼻腔内的滞留时间，从而改善药物的吸收。

新型给药系统脂质体、微球、纳米粒等具有生物黏附，可延长药物在鼻腔中的滞留时间，保护药物免受酶降解，不影响鼻黏膜纤毛的清除作用，并能有效减少药物对鼻腔的刺激性和毒性等。

鼻黏膜吸收促进剂主要有胆酸盐、表面活性剂、螯合剂、脂肪酸、蛋白酶抑制剂和环糊精等。但高浓度表面活性剂可能破坏甚至溶解鼻黏膜组织。去氧胆酸易破坏上皮屏障，有可能对鼻黏膜的正常生理功能造成不可逆的损伤。

第五节　口腔黏膜给药

药物经口腔黏膜给药可发挥局部或全身治疗作用，局部作用的剂型多为溶液型或混悬型，如漱口剂、气雾剂、膜剂、软膏剂、口腔片剂等。欲产生全身作用常用舌下片、黏附片、贴剂等。口腔黏膜给药的优点主要有：避开肝首过效应、避开胃肠道的降解作用、给药方便、起效迅速、无痛无刺激、患者耐受性好。与其他非口服给药途径相比，口腔黏膜给药还具有以下特点：①口腔黏膜中的颊黏膜和舌下黏膜部位的血流丰富，黏膜组织的通透性仅次于鼻黏膜；②口腔黏膜对外界刺激具有较强的耐受性，当黏膜组织受到制剂中一些成分的刺激和损伤时，停止用药后能够较快地恢复；③剂型易定位，用药方便，可以随时撤去药物，易被患者接受。

一、口腔黏膜的结构与生理

口腔黏膜的总面积约为 $100m^2$，根据角质化程度可将口腔黏膜分为非角质化和角质化区域，前者包括舌下黏膜和颊黏膜，这两个部位血流丰富，对药物的通透性好。

产生全身作用的口腔用药主要部位是颊黏膜，其次是舌下黏膜。颊黏膜的上皮层由角质形成细胞与非角质形成细胞组成，为药物透过黏膜的主要屏障。药物在口腔黏膜中渗透到达黏膜下层，药物被吸收进入舌静脉、面静脉和后腭静脉，汇集至颈内静脉而进入血液循环，因此可避免肝首过效应。

唾液 pH 为 5.8～7.4，含有 99%的水分。成人口腔中唾液腺每天大约分泌 1～2L 唾液，唾液中含有黏蛋白、淀粉酶、羧酸酯酶和肽酶等。

二、影响口腔黏膜吸收的因素

1. 生理因素

口腔黏膜的结构与性质具有分布区域差别，给药部位不同，药物吸收速度和程度也不同。一般认为口腔黏膜的渗透性能介于皮肤和小肠黏膜之间。口腔黏膜中舌下黏膜渗透性最强，颊黏膜次之，齿龈黏膜和腭黏膜最慢。舌下黏膜渗透能力强，药物吸收迅速，给药方便。颊黏膜表面积较大，渗透性比舌下黏膜差，受口腔中唾液冲洗作用影响小。

影响口腔黏膜给药吸收的最大因素是唾液的冲洗作用，舌下片剂常因此保留时间很短。此外，口腔组织运动、饮水或进食都可以影响制剂在用药部位的滞留，从而影响药物的黏膜吸收。

药物制剂本身可能改变口腔局部环境的 pH。唾液中酶活性较低，含有的黏蛋白有利于黏膜贴附制剂的黏着，黏蛋白也可能与药物发生特异性或非特异性的结合，影响药物的吸收。此外，口腔中的细菌、唾液与黏膜中的酶会使一些药物在口腔中代谢失活，口腔黏膜的物理损伤和炎症易使药物吸收增加。

2. 药物因素

药物经口腔黏膜渗透的能力与药物本身的脂溶性、解离度和分子量大小密切相关。大多数弱酸和弱碱类药物能通过黏膜吸收，其口腔黏膜吸收与分配系数有关，$\lg P$ 在 1.6～3.3 之间有较好的吸收。亲水性药物的吸收与药物分子量大小有关，分子量小于 100 药物的可迅速透过口腔黏膜，分子量大于 2000 的药物口腔黏膜渗透性急剧降低。遵循 pH-分配学说，分子型药物易透过口腔黏膜，离子型难以透过脂质膜。

口腔黏膜给药对药物的口感要求较高，舌背侧分布有许多被称为味蕾的味觉受体，使某些具有苦味的药物和赋形剂的应用受到限制。

3. 剂型与给药部位

口腔黏膜给药系统包括片剂、贴剂、喷雾剂、水凝胶、膜剂、粉剂和溶液剂等。一般要求口腔黏膜制剂能够在口腔中滞留较长时间，以利于药物的充分吸收或局部治疗。高分子聚合物的黏度增大或聚合物用量的增加，能够延长制剂在口腔中的滞留时间，有利于药物的吸收，但也可能使药物的释放减慢，影响药物吸收。

4. 吸收促进剂

口腔黏膜吸收促进剂与其他一些黏膜吸收促进剂相似，常用的吸收促进剂有：金属离子螯合剂、脂肪酸、胆酸盐、表面活性剂等。吸收促进剂的加入，能够有效改善口腔黏膜的通透性，提高药物黏膜吸收的速度和程度。

第六节　直肠给药与阴道给药

一、直肠给药

直肠给药（rectal drug delivery）可用于局部治疗或发挥全身作用，常用的剂型是栓剂或灌肠剂。栓剂用于全身治疗时有许多优点：①药物直肠吸收后，大部分绕过肝进入大循环发挥全身作用，降低了肝首过效应，也相应减少药物对肝的毒副作用；②避免胃肠pH和酶的影响和破坏，避免药物对胃肠功能的干扰，对胃有刺激的药物可采用直肠给药；③作用的时间一般比片剂长，通常给药为1～2次/日；④适于不愿或不能吞服药物的患者，如婴幼儿及意识障碍的患者，使用栓剂较口服或注射给药更容易、更安全；⑤可作为多肽蛋白质类药物的吸收部位。

1. 直肠的结构生理与药物的吸收

（1）直肠的解剖生理

直肠位于消化道末端，人的直肠长12～20cm，最大直径为5～6cm。直肠液体量为2～3mL，pH为7.3左右。直肠具有以下特点：①平均温度为36.2～37.6℃，水不呈流体存在，在半固体粪便中有77%～82%的水分；②直肠无蠕动作用；③直肠内容物压力因具体部位不同而有差异；④直肠pH受粪便的酸碱度影响。因直肠体液无缓冲作用，故溶解的药物会决定直肠部位的pH。

（2）直肠黏膜的生理特征

直肠黏膜由上皮、黏膜固有层和黏膜肌层三部分构成。直肠黏膜上皮细胞下分布有许多淋巴结，黏膜固有层中分布有浅表小血管，黏膜肌层由平滑肌细胞组成，分布有较大血管。直肠黏膜吸收面积较小（200～400cm^2），药物吸收比较缓慢，故直肠不是药物吸收的主要部位。

（3）药物经直肠吸收的途径

主要有两个途径：一条是通过直肠上静脉，经门静脉入肝，在肝代谢后再转运至全身；另一条是通过直肠中、下静脉和肛管静脉进入下腔静脉，绕过肝而直接进入血液循环。因此药物的直肠吸收与给药部位有关，栓剂引入直肠的深度越小，栓剂中药物不经肝的量也越多，一般为总量的50%～70%。栓剂距肛门口2cm处给药生物利用度远高于距肛门口4cm处给药。当栓剂距肛门口6cm处给药时，大部分药物经直肠上静脉进入门静脉-肝系统。药物也可经直肠淋巴系统，通过乳糜池经胸导管进入血液循环，经淋巴吸收的药物可避开肝代谢作用。

2. 影响直肠药物吸收的因素

（1）生理因素

直肠黏膜为类脂膜结构。直肠黏膜上的水性微孔分布数量较少，分子量300以上的极性分子难以透过，药物主要通过类脂质途径透过直肠黏膜。直肠液实际上无缓冲能力，溶解的药物影响直肠液的pH。直肠黏膜表面覆盖着一层连续不断的黏液层。黏液中含有蛋白水解酶和免疫球蛋白，可能会形成药物扩散的屏障并促使药物酶解。直肠蛋白水解酶活性较低。直肠中粪便影响药物的扩散，阻碍药物与直肠黏膜接触，从而影响药物的吸收。成人经直肠灌肠清洗者予以林可霉素栓剂生物利用度与口服胶囊剂相似，未经清洗灌肠者生物利用度仅为胶囊剂的70%。

直肠缺乏有规律的蠕动，直肠液容量小，这些生理因素对水溶性较差药物的溶解以及药物从水溶性基质中的释放不利，其溶出过程可能成为药物吸收的限速过程。

（2）剂型因素

① 药物的脂溶性与解离度　脂溶性好、非解离型药物能够迅速从直肠吸收，非脂溶性的、解离的药物不易吸收。在家兔体内进行的孕激素类药物的吸收研究表明，直肠给药生物利用度比口服给药高9～20倍。分子型药物渗透直肠黏膜的速度远大于离子型药物，pK_a大于4.3的弱酸性药物或pK_a小于8.5的弱碱性药物，一般吸收快；pK_a小于3.0的酸性药物或pK_a大于10.0的碱性药物，其吸收速度十分缓慢。如在直肠pH条件下，高度解离的青霉素钠和四环素溶液给药后，吸收量仅为口服溶液吸收量的10%。

② 药物的溶解度与粒度　药物的溶解度对直肠吸收有较大影响。对难溶性药物可采用溶解度大的盐类或衍生物制备栓剂，以利吸收。不同溶解度的药物选择适宜类型的基质，可获得较好的吸收效果，水溶性药物混悬在油脂性基质中，或脂溶性较大的药物分散在水溶性基质中，由于药物与基质之间的亲和力弱，有利于药物的释放，且能够降低药物在基质中的残留量，可以获得较完全的释放与吸收。水溶性较差的药物呈混悬状态分散在栓剂基质中时，药物粒径大小能够影响吸收。如阿司匹林栓剂，采用比表面积为$320cm^2/g$的细粉与比表面积为$12.5cm^2/g$的粗粒分别制成栓剂，经健康志愿者使用后，12h水杨酸累积排泄量细粉为粗粒的15倍。

③ 基质的影响　药物在栓剂中常以溶解或混悬状态分散于油脂性或水性介质中，除了基质本身的理化状态如熔点、溶解性能、油/水分配系数会影响药物的释放与吸收外，药物在不同基质中的热力学性质也能影响其释放与吸收。一般来说栓剂中药物吸收的限速过程是基质中的药物释放到体液的速度，而不是药物在体液中溶解的速度。因此药物从基质中释放得快，可产生较快而强烈的作用，反之，则作用缓慢而持久。

药物的直肠吸收与栓剂在直肠中的保留时间有关。为延长栓剂的直肠保留时间，可采用生物黏附性给药系统，增加滞留时间，提高生物利用度。如采用Eudragit凝胶制备的水杨酰胺亲水凝胶栓剂，其生物利用度比水溶性基质和油脂性基质的普通栓剂高1～3倍。

④ 剂型　在直肠给药剂型中，溶液型灌肠剂比栓剂吸收迅速且安全。研究表明茶碱栓剂直肠吸收慢且不规律，而茶碱溶液剂灌肠效果较好，血药浓度与静脉给药相似，达峰比口服片剂快。为了达到速释目的，也可采用中空栓剂或泡腾栓剂，而微囊栓剂与凝胶栓剂可适当延缓药物的释放。

（3）吸收促进剂

对于直肠吸收差的药物，如抗生素和多肽蛋白质类大分子药物，制成栓剂时可适当加入吸收促进剂。离子型表面活性剂和络合剂对黏膜毒性大，一般不宜采用。用作直肠吸收促进剂的物质有：①非离子型表面活性剂；②脂肪酸、脂肪醇和脂肪酸酯；③羧酸盐，如水杨酸钠、苯甲酸钠；④胆酸盐，如甘氨胆酸钠、牛磺胆酸钠；⑤氨基酸类，如盐酸赖氨酸等；⑥环糊精及其衍生物等。其促进吸收机制可参见本章相关内容。

二、阴道给药

阴道给药（vaginal drug delivery）是指将药物纳入阴道内，发挥局部作用，或通过吸收进入体循环，产生全身的治疗作用。阴道给药的主要优点有：可自身给药；阴道环等可根据需要撤药；能持续释放药物，局部疗效好而安全；适用于一些有严重胃肠道反应，不适合口服的药物；避免肝的首过效应，提高生物利用度等。该给药途径的主要缺点是：半固体药物的给药不便，并有不适排出物；用药受生理性周期影响；存在局部耐受性差等问题。

1. 阴道的结构与生理

人的阴道为管状腔道，前壁长7～9cm，后壁长10～12cm，上端包绕宫颈，这部分称阴道穹隆。阴道壁由弹力纤维、肌层和黏膜组成，富含静脉丛。阴道黏膜由上皮和固有层组成。阴道上皮可以进一步分成上层、中层和基底层。阴道血管分布丰富，血流经会阴静脉丛流向会阴静脉，最终进入腔静脉，可绕过肝的首过作用。

阴道黏膜表面覆盖着一层黏液，由子宫颈和阴道本身的分泌液组成，这些分泌液中含有各种抗菌物质，成为机体预防感染的屏障。阴道一般pH≤4.5，多为3.8～4.4，有利于防御病原微生物的繁殖。更年期妇女阴道pH上升至7.0～7.4。

2. 阴道给药的药物吸收及影响因素

（1）药物吸收途径

药物在阴道的吸收过程包括药物从给药系统的释放、药物在阴道液中的溶解和黏膜的渗透。分散在基质中的药物微粒溶解在周围高分子材料中，通过高分子基质扩散到制剂表面进入阴道液，扩散通过阴道液后被阴道黏膜摄取，再通过血液循环或淋巴系统将药物转运分布于作用部位。

药物扩散穿过阴道上皮的机制有：①细胞转运通道（脂质通道）；②细胞外的转运通道（水性通道）；③受体介导的转运机制。阴道黏膜对药物的转运以脂质通道为主，亲水性药物可通过水性通道。药物必须具有足够的亲脂性，以利于扩散通过脂质连续膜，但也要求有一定程度的水溶性以保证能溶于阴道液体。对于在阴道黏膜中渗透性大的药物，其吸收主要受流体动力学扩散层的影响，该扩散层由阴道上皮和药物制剂之间的阴道液体形成。对于在阴道黏膜中渗透性小的药物，吸收受阴道上皮渗透性的限制。阴道黏膜的渗透性大于直肠、口腔、皮肤，但小于鼻腔和肺。药物从阴道吸收存在“子宫首过效应”(first uterine pass effect)，子宫首过效应是指药物经阴道黏膜吸收后，直接转运至子宫的现象。

（2）影响药物吸收的因素

影响药物透过阴道上皮吸收的生理因素包括：阴道壁的厚度、宫颈黏液、上皮层厚度和空隙率、月经周期、阴道液的量、pH和黏度等；阴道壁厚度随排卵周期、妊娠和绝经期时阴道上皮及阴道内pH的变化而变化。动物试验表明，动情期后和动情期，阴道内亲水性物质的渗透能力增大，原因可能是上皮细胞之间的连接比较松弛，阴道上皮层也较薄。此外，药物吸收前须先溶出，因此阴道液的理化性质和量的多少也显著影响药物的吸收。宫颈黏液有助于给药系统黏附性的发挥，但也是药物吸收的屏障。

药物理化性质，如分子量、脂溶性、离子化程度等影响药物透过阴道黏膜吸收。阴道上皮的渗透系数随药物脂溶性的增加而增大。分子型药物容易通过阴道黏膜吸收，而离子型药物难以吸收。

阴道用剂型必须能适应阴道这个特殊的生理结构，使患者易于使用，在阴道内滞留时间长，涂布面广，能渗入黏膜皱褶，这样才能有助于药物与病灶、致病因子的接触，利于药物的吸收。

在阴道用药的各种剂型中，泡沫剂、泡腾制剂具有使药物分布广的优点，但滞留时间短。凝胶剂或在位凝胶能与阴道黏膜紧密黏合，延长药物在阴道内的滞留时间、消除或减少药物渗漏、减少给药次数以及改善患者用药顺应性，提高治疗效果。阴道环是阴道给药的专用剂型，放置于阴道后以设计的速率释放药物，可持续长时间地释放低剂量药物，主要用于避孕和雌激素替代治疗。

第七节　眼部给药

眼部给药（ophthalmic drug delivery）主要用于眼局部疾病的治疗，如抗眼部细菌性或病毒性感染、降低眼压、缩瞳或扩瞳等。眼部给药后药物能够达到眼内病灶部位，发挥疾病的治疗作用。所谓眼部药物吸收，主要是探讨药物在眼内各生物膜的透过性以及通过眼部黏膜吸收进入人体循环的问题。眼睛是人的重要器官，又非常敏感，因此一般不会作为全身治疗作用的给药途径。

一、眼的结构与生理

1. 眼球

眼球由眼球壁和眼内容物组成。眼球壁由三层结构组成：外层、中层和内层。外层主要由角膜和巩膜组成，两者结合处称角巩膜缘；中层自前向后分为虹膜、睫状体和脉络膜三部分；内层为视网膜。眼内容物包括房水、晶状体和玻璃体。在角膜后面与虹膜和晶体前面之间的空隙叫前房；在虹膜后面，睫状体和晶状体赤道部之间的环形间隙叫后房。充满前、后房的透明液体叫房水。房水主要成分为水，含有少量氯化物、蛋白质、维生素C、尿素及无机盐类等，房水呈弱碱性，比重较水略高。晶状体为双凸透镜状的富有弹性的透明体。玻璃体为透明、无血管、无神经、具有一定弹性的胶体。

2. 眼附属器

眼附属器主要包括眼睑、结膜、泪器。眼睑覆盖于眼球外部，起到保护眼球的作用。眼睑的开闭可协助泪液的铺展，并可减少泪液的蒸发。结膜覆盖眼球前部除角膜以外的整个外表面，并与眼睑的内表面相连，其间构成结膜囊，眼用溶液滴入眼内后主要集聚于此。泪腺和结膜腺分泌的泪液为无菌的澄清水溶液，含溶菌酶，其在角膜和结膜表面形成一层液膜能润湿眼膜，并能清除微生物和粉尘，起到保护作用。泪液的容量为7μL，pH为6.5～7.6，并有一定的缓冲能力。

二、药物眼部吸收的途径

药物溶液滴入结膜内主要有经角膜渗透和不经角膜渗透（又称结膜渗透）两种途径。由于角膜表面积较大，经角膜是眼部吸收的最主要途径，有些药物滴眼给药可转运至眼后部发挥治疗作用。药物与角膜表面接触并渗入角膜，进一步进入房水，经前房到达虹膜和睫状肌，药物主要被局部血管网摄取，发挥局部作用。另一条途径是药物经眼进入体循环的主要途径，即药物经结膜吸收，并经巩膜转运至眼球后部。结膜内血管丰富，结膜和巩膜的渗透性能比角膜强，药物经结膜血管网进入体循环，不利于药物进入房水，同时也有可能引起药物全身吸收后的副作用。

脂溶性药物一般经角膜渗透吸收，亲水性药物及多肽蛋白质类药物不易通过角膜，主要通过结膜、巩膜途径吸收。亲水性药物的渗透系数与其分子量相关，分子量增大，渗透系数降低。

药物经何种途径吸收进入眼内，很大程度上依赖于药物本身的理化性质、给药剂量及剂型。

三、影响药物眼部吸收的因素

1. 角膜的渗透性

大多数需要发挥局部作用的眼用药物，如散瞳、扩瞳、抗青光眼药物，需要透过角膜进入房水，然后分布于周边组织，如睫状体、晶状体、玻璃体、脉络膜、视网膜等。

角膜厚度为0.5～1mm，主要由脂质结构的上皮、内皮及内层之间的亲水基质层组成。角膜组织实际上为脂质-水-脂质结构。角膜上皮对于大多数亲水性药物构成扩散限速屏障，亲脂性很高的药物则难以透过角膜基质层。因此药物分子必须具有适宜的亲水亲油性才能透过角膜。

2. 角膜前影响因素

眼用制剂角膜前流失是影响其生物利用度的重要因素，其中鼻泪腺是药物损失的主要途径，75%的药物从此途径在滴入眼内后5min内损失，仅有1%左右的药物被吸收。可通过增加制剂黏度、减少给药体积、调节pH、渗透压和表面张力以及应用软膏、膜剂、在位凝胶剂型等诸多方法来有效降低药物流失。

3. 渗透促进剂的影响

眼用制剂中亦有使用渗透促进剂。合适的渗透促进剂的选择必须通过严格的筛选。此外，眼用渗透促进剂对刺激性要求很高。

第二十三章
药物分布

第一节　概述

药物进入血液循环后，在血液和组织之间的转运过程，称为药物的分布（distribution of drug）。药物的理化性质和机体各部位的生理、病理特征是决定药物分布的主要因素，这些因素导致不同药物在体内分布的差异，影响到药物疗效，关系到药物的蓄积和毒副作用等安全性问题。药物分布到欲发挥作用的靶器官（target organ）、靶组织（target tissue）、靶细胞（target cell），甚至分布到靶向作用的细胞器或者其他需要的靶点（target site），才能产生所期待的药效。

药物的化学结构、脂溶性、组织亲和性、相互作用、血液循环与血管通透性、不同组织的生理结构、生物学特征等药物的理化性质和机体的生理特性，都是影响分布的因素。采用现代制剂学、高分子科学、纳米科学以及细胞生物学等多学科融合的手段，可改变药物在体内的自然分布，设计可控体内分布、病灶部位靶向的药物和制剂。

一、组织分布与药效

药物分布速度决定药效产生的快慢，分布越迅速药效产生越快。而药物对作用部位的亲和力越强，药效就越强越持久。药物分子通过细胞膜的能力一般取决于药物的理化性质和组织的血管通透性。通常分子量小、脂溶性高的药物更易于扩散通过细胞膜，而分子量大、极性高的药物不易进入细胞。如果药物跨膜转运限制了药物分布，药物膜转运是分布的限速步骤，药物分布取决于其膜转运速度。如果药物迅速跨过细胞膜，血流是药物分布的限速步骤，那么药物分布主要取决于组织器官的血液灌流（perfusion）速度。

药物分布是药效产生的一个关键步骤，而真正可能与作用靶点产生作用的药物，通常只是组织内药量的很少一部分，与药效直接相关，靶部位的药物通过与细胞膜上的受体、细胞内的细胞器等作用产生药理效应。由于可逆平衡的结果，作用部位的药物浓度会随时间变化。药物与组织的亲和力是决定药物在该组织中分布和累积的主要因素。药物在体内以及在作用部位的转运过程可用图 4-8 描述。

近年，利用靶向制剂改变药物原有的体内分布性质，增加药物对靶组织的亲和力、滞留时间，提高靶部位药物的浓度。特别是对抗肿瘤药物，靶向给药系统增加其在肿瘤组织浓集，提高疗效并降低外周毒副作用。

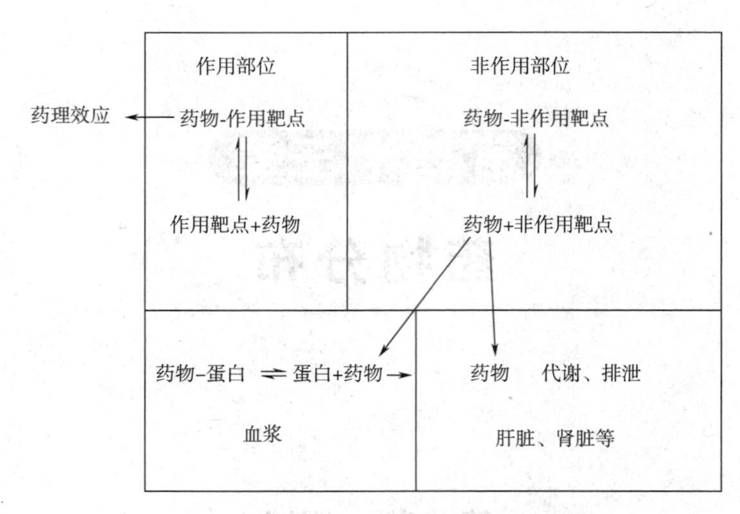

图 4-8 药效产生于药物在体内转运过程之间的关系

二、组织分布与化学结构

药物的化学结构和其体内分布密切相关。化学结构类似的药物，往往由于某些功能基团略有改变，可能导致脂溶性、空间立体构型等的变化，从而影响药物在组织和细胞膜等的被动扩散能力，或者影响转运体、受体对药物的识别、亲和力等，结果可能明显改变药物在体内的分布，包括组织间的扩散和跨膜转运的速度、与作用靶点的结合力等。

药物的脂溶性也是影响药物分布的主要因素之一。脂溶性高的药物更易于透过血脑屏障进入脑内产生药效，因此巴比妥类药物的亲脂性对镇静催眠作用影响很大。随着取代基碳原子总数的增加，药物亲脂性增加，其作用增强，但超过一定程度时，可因中枢作用过强而产生中枢毒副作用。

立体构型对药效和毒副作用也有重要影响。例如，局部麻醉药布比卡因是长效酰胺类局麻药，而它的 R-(＋) 构型却选择性地阻断心脏的 hKv1.5 钾通道，引起毒副反应，说明对映体对一些功能蛋白的选择性，结合强度存在差异。

三、药物蓄积与药效

当长期连续用药时，机体某些组织中的药物浓度有逐渐升高的趋势，这种现象称为蓄积（accumulation）。产生蓄积的原因主要是药物对该组织有特殊的亲和性，此时常可以看到药物从组织解脱入血的速度比进入组织的速度慢，该组织就可能成为药物的贮库，也可能导致蓄积中毒。油/水分配系数较高的药物具有较高的亲脂性，容易从水性血浆环境中分布进入脂肪组织。这一分布过程是可逆的。脂肪组织中血液流量极低，药物蓄积也较慢。但一旦药物在脂肪组织中蓄积，其移出的速度也非常慢。有些药物能通过与蛋白质或其他大分子结合而在组织中蓄积。细胞内存在的蛋白质、脂肪和酶等，能与药物产生非特异性结合，但一般是可逆的。由于结合物不能透过细胞膜，故使药物蓄积在组织中。例如，地高辛可与心脏组织的蛋白质结合，使成人心脏的药物水平是血清的 60 倍；痤疮治疗用阿维 A 酯在体内脂肪广泛分布，其半衰期长达 100 天。在设计、合成新药物时，降低脂溶性可减少药物蓄积、降低致畸等毒副反应的发生率。

但是，如果药物不可逆地与某些组织结合，极有可能产生毒性反应，例如某些药物的代谢中性产物可与组织蛋白以共价键不可逆结合，大剂量的对乙酰氨基酚的肝毒性就是由于生成的活性代谢物与肝蛋白的相互作用。

四、药物的体内分布与生物膜

生物膜（biomembrane）具有分隔细胞和细胞器的作用，也是细胞与外界进行物质交换的重要部位。药物不仅可以通过被动扩散的方式进入细胞，同时生物膜上存在着与物质交换相关的各种药物转运体，以易化扩散、主动转运等机制摄取或外排药物。

以被动扩散方式在体内分布的药物，其在各种组织、细胞等的分布行为主要与药物本身的理化性质紧密相关，包括药物的脂溶性、分子量、解离度等。而通过主动转运方式在体内分布的药物，同时受到药物的化学结构、药物转运相关蛋白的影响。

五、表观分布容积

表观分布容积（apparent volume of distribution，V）用于描述药物在体内分布的程度，是表示全血或血浆中药物浓度与体内药量的比例关系，其单位为 L 或 L/kg。通常用下式表示：

$$V=\frac{D}{c} \tag{4-8}$$

式中，D 表示体内药量；c 表示相应的血药浓度。它是指假设在药物充分分布的前提下，体内全部药物溶解所需的体液的总容积。人（60kg 体重）的体液由细胞内液（25L）、细胞间液（8L）和血浆（3L）三部分组成。

表观分布容积（V）虽然没有解剖学上的生理意义，但是 V 值表示药物在血浆和组织间的动态分布特性，与药物的理化性质相关。甘露醇不能透过血管壁，静注后分布于血浆，其 V 为 0.06L/kg；安替比林均匀分布在全身体液，其 V 等于 36L；氯喹在肝、肺和脾高浓度积聚，其 V 达到 115L/kg。表 4-5 列出了一些常用药物的 V。

表 4-5　一些药物在正常人体内的稳态表观分布容积

药物	V/(L/kg)	药物	V/(L/kg)
甘露醇	0.06	地西泮	1.4～4.4
头孢唑林	0.12	美沙酮	6.2
丙戊酸	0.156	地高辛	6～10
氨苄西林	0.28	丙米嗪	21
奥美拉唑	0.34	氯喹	115
利多卡因	0.72	米帕林	124
紫杉醇	2.4		

根据药物的理化性质及其机体组织亲和力，药物分布有三种情况：①组织中药物浓度与血液中药物浓度几乎相等的药物，即具有在各组织内均匀分布特征的药物。安替比林为这类药物的代表，由于分布容积近似于总体液量，可用于测定体液容积；②组织中的药物浓度比血液中的药物浓度低，V 值将比该药实际分布容积小。水溶性药物或血浆蛋白结合率高的药物，例如水杨酸、青霉素等有机酸类药物，主要存在于血液和细胞外液，不易进入细胞或脂肪组织，故它们的 V 值通常较小；③组织中的药物浓度高于血液中的药物浓

度，V 值将比该药实际分布容积大。脂溶性药物易被细胞或脂肪组织摄取，血液浓度较低，V 值常超过体液总量，如地高辛的 V 值可达 600L。V 值较大的药物可能排泄慢、药效长、毒性大。

第二节　影响分布的因素

药物通过生物膜取决于药物和细胞膜的理化性质。影响药物体内分布的因素主要有毛细血管血流量、通透性以及组织细胞亲和力等生理学和解剖学因素，另外药物的分子量、化学结构和构型、pK_a、脂溶性、极性以及微粒给药系统的理化性质等。

一、血液循环与血管通透性的影响

1. 血液循环对分布的影响

组织的血流灌注速率（perfusion rate）为药物分布的主要限速因素。通常血流量大，血液循环好的器官和组织，药物的转运速度和转运量相应较大。反之，血流量小，血液循环差的器官和组织，药物的转运速度和转运量相应较小。如心脏每分钟输出的血液约 5.5L，在主动脉中血液流动的线速度为 300mm/s。在这种流速下，血液与药物溶液混合十分迅速。

2. 血管通透性对分布的影响

毛细血管的通透性是影响药物向组织分布的另一重要因素。毛细血管通透性取决于管壁的类脂质屏障和管壁微孔。一般高脂溶性药物比极性大的药物容易通过被动扩散方式透过毛细血管壁，小分子药物也比分子量大的药物易于进行膜转运。而药物如以易化扩散或主动转运进入细胞，则与细胞表面存在的转运体蛋白的数量和转运能力相关。毛细血管的通透性受到组织生理、病理状态的影响，如肝窦、肿瘤新生血管的不连续性毛细血管壁上有很多缺口，使分子量较大的也较易通过。而脑毛细血管形成血脑屏障，小分子化合物也很难进入脑内。在炎症、肿瘤等病理条件下，血管通透性发生改变也影响药物的分布特征。

二、药物与血浆蛋白结合率的影响

许多药物在血液中，与血浆蛋白结合成为可逆或不可逆结合型药物，可逆的蛋白结合在药动学中具有重要作用。药物与血浆蛋白结合后很难通过血管壁，因此蛋白结合型药物通常没有药理活性。相反，非结合的游离型药物易于透过细胞膜，与药物的代谢、排泄以及药效密切相关，具有重要的临床意义。

人血浆中有三种蛋白质与大多数药物结合有关，即白蛋白（albumin）、α_1-酸性糖蛋白（alpha acid glucoprotein，AGP）和脂蛋白（lipoprotein）。白蛋白占血浆蛋白总量的 60%，通过离子键、氢键、疏水键及范德华力结合药物。白蛋白可与许多内源性物质、药物结合，包括游离脂肪酸、胆红素、多数激素等。水杨酸盐等弱酸性（阴离子）药物以静电荷疏水键与白蛋白结合。AGP 主要和丙米嗪等碱性（阳离子）药物结合。当白蛋白结合位点饱和时，脂蛋白也可能与药物结合。

1. 蛋白结合与体内分布

血浆中药物蛋白结合的程度会影响药物的 V。结合型的药物不易向细胞内扩散，药物分布主要取决于血液中游离型药物的浓度。蛋白结合率较高的药物血浆中的浓度高，进入组织能力低。蛋白结合对药物分布的影响见表 4-6。

表 4-6 蛋白结合对药物表观分布容积的影响

药物	血浆未结合药物/%	V/(L/kg)	药物	血浆未结合药物/%	V/(L/kg)
甘珀酸钠	1	0.10	呋塞米	4	0.20
布洛芬	1	0.14	甲苯磺丁脲	4	0.14
保泰松	1	0.10	萘啶酸	5	0.35
萘普生	2	0.09	氯唑西林	5	0.34
夫西地酸	3	0.15	磺胺苯吡唑	5	0.29
氯贝丁酯	3	0.09	氯磺丙脲	8	0.20
华法林	3	0.10	苯唑西林	8	0.44
布美他尼	4	0.18	萘夫西林	10	0.63
双氯西林	4	0.29			

因为血管外体液中的蛋白质浓度比血浆低，所以药物在血浆中的总浓度一般比淋巴液、脑脊液、关节腔液以及其他血管外体液的药物浓度高，血管外体液中的药物浓度与血浆中游离型浓度相似。

药物与血浆蛋白结合是一种可逆过程，有饱和现象，血浆中游离型药物和结合型药物之间保持着动态平衡关系。当游离型药物浓度降低时，结合型药物可以转变成游离型药物。可逆的药物-蛋白结合动力学简单表示为：

$$\text{药物}+\text{蛋白} \rightleftharpoons \text{药物-蛋白复合物}$$

尽管大多数药物在结合时对血浆蛋白的选择性不高，但是蛋白与药物分子的结合部位相对稳定，有一定的空间构象选择性。多个药物竞争结合同一位点，可能产生药物间的相互作用。如假设与药物作用的蛋白质，其分子中的几个结合部位都具有同样的亲和性，一个药物分子只与一个蛋白质作用部位结合，且相互间无作用时，则相互间的关系应为：

$$D_f + \text{游离部位} \underset{k_2}{\overset{k_1}{\rightleftharpoons}} D_b \tag{4-9}$$

式中，D_f 为游离药物浓度；D_b 为与蛋白质结合的药物浓度；k_1为结合速率常数；k_2为解离速率常数。

平衡时的结合常数 K 为：

$$K=\frac{k_1}{k_2}=\frac{[D_b]}{[D_f](nP-[D_b])} \tag{4-10}$$

式中，$[D_f]$ 和 $[D_b]$ 分别为游离型药物和结合型药物的摩尔浓度；P 为蛋白质的总摩尔浓度；n 为每个分子蛋白质表面的结合部位数。

K 值越大，药物与蛋白结合能力越强，对药物的贮存能力也越大。高蛋白结合药物的 K 值为 $10^5 \sim 10^7$ mmol/L；低结合或中等结合强度的 K 值为 $10^2 \sim 10^4$ mmol/L；K 值接近于零表示没有结合。蛋白结合率高的药物，在血浆中的游离浓度小，结合率低的游离浓度高。

K 值大的药物在低浓度时几乎都以结合型存在，当血浆中的药物浓度达到某值时，蛋白结合出现饱和现象，体内药物总量不变，但游离型急剧增加，药物可大量转移至组织，血浆中药物所占比例急剧下降。因此，对于蛋白结合率高的药物，在给药剂量增大或者同时服用另一种蛋白结合能力更强的药物后，由于竞争作用其中一个蛋白结合能力较弱的药物可能被置换下来，导致游离型药物浓度急剧变动，从而改变药物分布，引起药理作用显著增强。对于毒副作用较强的药物，易发生用药安全问题。

2. 蛋白结合与药效

药物与血浆蛋白结合的变化影响游离药物浓度，可能导致药物分布、代谢、排泄以及与作用靶点结合的变化，从而影响药理效应，最终决定药效的强度与持续时间。药物的药理效应或毒性与血液中游离药物相关，而不是与药物的总浓度相关。例如，极性大的抗炎药替诺昔康约有99%与血浆蛋白结合，药物穿越细胞膜很慢。组织分布很差，关节滑液中药物浓度仅为血浆中的30%，同时与血浆蛋白的结合导致血浆清除率很低。手术和肾功能衰竭时，体内的AGP水平显著上升，一些主要与AGP结合的药物如普萘洛尔、利多卡因、丙米嗪等的体内血浆结合率明显增加。因此临床上常将药物的血浆蛋白结合率作为影响治疗的重要因素优先考虑。图4-9表明了不同蛋白结合率的药物在血浆中的量与体内的药物量的关系。

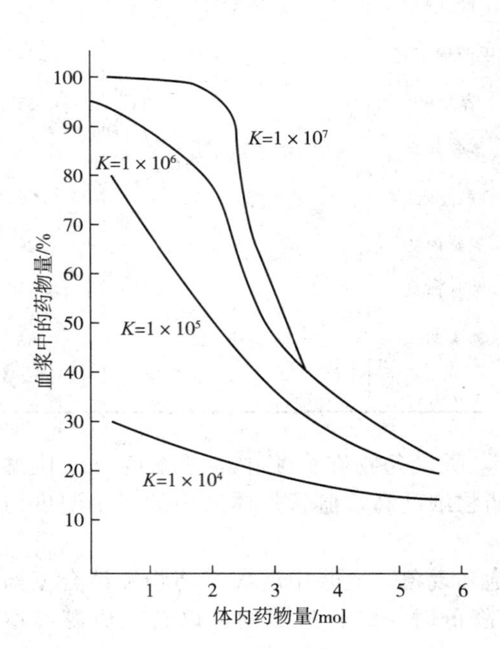

图 4-9　不同蛋白结合率的药物在血浆中的量与体内药物量的关系

对于安全性小的药物，血浆蛋白结合率变化对药效和毒性的影响，还取决于药物的清除特性、分布容积和药动-药效平衡时间等因素。如普罗帕酮等平衡半衰期短的药物，其治疗指数窄、清除率低、血浆蛋白结合率高，血浆蛋白结合率下降导致游离药物浓度波动，很容易出现毒副反应。通常高血浆蛋白结合药物的总清除率小，蛋白结合型药物不能进入肝实质细胞，在肝代谢减少。同样蛋白结合型药物不能通过肾小球滤过，消除半衰期延长。因此，药物与血浆蛋白结合对疗效的影响需要全面考虑，在分析药物血浆蛋白结合对药效或毒性的影响时，应充分考虑到更多其他因素的影响。

3. 影响药物与蛋白结合的因素

药物与蛋白结合除了受药物的理化性质、给药剂量、药物与蛋白质的亲和力、药物相互作用等影响外，还与下列因素有关。

（1）动物种类差异

由于各种动物的血浆蛋白对药物的亲和性不同，药物蛋白结合率因动物种类不同差异较大。故从大鼠等低等哺乳动物得到的数据不能简单作为预测人体数据的依据。

（2）性别差异

关于动物性别差异影响蛋白结合的研究，以激素类药物报道为最多。此外，女性体内白蛋白的浓度高于男性，故水杨酸的蛋白结合率女性高于男性。

（3）生理和病理状态

血浆容量及其组成随年龄而改变，因此年龄是影响蛋白结合的一个重要生理因素。新生儿的血浆白蛋白浓度比成人低，药物蛋白结合率亦较低，血浆中游离型药物的比例较高，这是小儿对药物较成人敏感的原因之一。

机体某些组织发生病变时，蛋白结合率可发生变化。如肾功能不全时，血浆内蛋白含量降低，导致血中的游离型药物明显增高，如头孢西丁从正常的73%的蛋白结合率下降至20%。

4. 蛋白结合率的测定方法

研究药物与血浆蛋白结合的方法主要有平衡透析法（equilibrium dialysis）、超滤法（ultra-filtration method）、超速离心法（ultracentrifugation method）、凝胶过滤法（gel filtration）、光谱法（spectroscopy）和光学生物传感器法（optical biosensors）。根据药物的理化性质及试验条件，可选择使用一种方法进行至少3个浓度（包括有效浓度）、平行3次的血浆蛋白结合试验，以了解药物的血浆蛋白结合率是否具有浓度依赖性。

三、药物理化性质的影响

大多数药物以被动扩散的方式通过细胞膜微孔或膜的类脂质双分子层透过细胞膜，这种转运方式直接与药物的理化性质密切相关。由于药物的分布过程属于跨膜转运过程，因此与第二章中介绍的药物转运机制相似。

细胞外液与血液相同，弱酸、弱碱的穿透受到细胞外液pH的影响，解离型、非解离型药物的比例符合Henderson-Hasselbalch方程。弱酸如水杨酸等，在此pH下大部分解离，因而不易进入组织。弱碱如米帕林、氯喹等，在血液pH下甚少解离，故易进入组织。碳酸氢钠可以明显改变弱酸性药物苯巴比妥的分布，给予碳酸氢钠使血浆pH升高，苯巴比妥的解离型增加。血浆中药物浓度增加，排泄增加，可用来减少中枢神经系统中苯巴比妥的浓度而起解毒作用。

药物跨膜转运时，分子量越小越易转运，透过速度也快，分子量为200～700Da的药物易于透过生物膜。脂溶性高的药物或分子量小的水溶性药物易于进入细胞内。而脂溶性差的大分子或离子则不易转运，或通过特殊转运方式进行。

主动转运是通过转运体（transporter）的转运（transport）作用、受体介导的内化作用（internalization），将药物从细胞外（低浓度）向细胞内（高浓度）转运。由于转运体和受体具有特异性识别药物分子的能力，因此转运效率受到药物化学结构、立体构象等因素的影响。胞饮作用与细胞吞噬作用机制相同，系借助细胞膜的一部分产生凹陷，继而形成内涵体，消耗细胞能量，把所需物质摄取到细胞中，例如肝、脾等单核吞噬细胞系统多属于这种非特异性的摄取方式。

除了药物的脂溶性、分子量、解离度、异构体以及与蛋白质结合能力等理化性质外，采用现代制剂技术制备的微粒给药系统，由于改变了药物的表面性质也会明显地影响药物的体内分布。另外，微粒给药系统利用粒径的控制，根据病灶组织的特点，将药物向肿瘤和炎症组织靶向富集。脂质体可通过肝的单核吞噬细胞的胞饮作用进入细胞内，增加药物在单核吞噬细胞系统的分布，可用于单核吞噬细胞系统的病变组织的靶向药物治疗。

另外，利用EDTA盐可与重金属离子（如Cu^{2+}、Pb^{2+}、Hg^{2+}）螯合的性质，使重金属离子从组织及血液中排出体外，治疗重金属离子过多而引起的中毒。

四、药物与组织亲和力的影响

药物与组织的亲和力也是影响体内分布的重要因素之一。在体内与药物结合的物质，除血浆蛋白外，其他组织细胞内存在的蛋白、脂肪、DNA、酶以及黏多糖类等高分子物质，亦能与药物发生非特异性结合。这种结合与药物和血浆蛋白结合的原理相同。一般组织结合是可逆的，药物在组织与血液间仍保持着动态平衡。然而，不少药物在血中会与血液成分形成过强或近似不可逆的甚至共价的结合，药物从血浆蛋白解离成了清除的限速步骤。例如，大剂量对乙酰氨基酚的肝毒性是由于生成的活性代谢物与肝蛋白的相互作用。

在大多数情况下，药物的组织结合起着药物的贮存作用，假如贮存部位也是药理作用的部位，就可能延长作用时间。但许多药物在体内大量分布和蓄积的组织，往往不是药物发挥疗效的部位。对于与组织成分高度结合的药物，特别具有与血浆蛋白的不可逆结合特性的药物，向组织外转运的平衡速率很慢，在组织中的时间可以维持很长，甚至长期蓄积。如洋地黄毒苷的血浆蛋白结合率为91%，其作用维持时间比毒毛旋花子苷（蛋白结合率为5%）长。洋地黄一次治疗后，作用完全消失需14～20天，即使停药超过2周，再次使用时，也要防止残留药物与再次用药作用相加而致中毒。

五、药物相互作用的影响

药物相互作用主要对药物蛋白结合率高的药物有影响。对于与血浆蛋白结合不高的药物，轻度置换使游离药物浓度暂时升高，药理作用短暂增强。而对于结合率高的药物，与另一种药物竞争结合蛋白位点，使游离型药物大量增加，引起该药的表观分布容积、半衰期、肾清除率、受体结合量等一系列改变，最终导致药效的改变和不良反应的产生。

药物与血浆蛋白结合的程度分高度结合率（80%以上）、中度结合率（50%左右）和低度结合率（20%以下）。一般血浆蛋白结合率高的药物对置换作用敏感。例如，药物的血浆蛋白结合率从99%降到95%，其游离药物浓度从1%增加到4%（即4倍），有些会导致毒副作用的发生。但只有当药物大部分分布在血浆中（不在组织），这种置换作用才可能显著增加游离药物浓度，所以只有低分布容积高结合率的药物才受影响。保泰松能与磺脲类降糖血药的血浆蛋白结合部位发生竞争置换，使血浆游离的磺脲类降血糖药的浓度增高，增强其降血糖作用。

有些可以和组织中蛋白发生结合的药物，如米帕林能特异性结合于肝，但与扑疟喹啉同用时，大量米帕林被游离出来，导致严重的胃肠道以及血液学毒性反应或毒性作用。又如地高辛能特异性结合心肌组织，当与奎尼丁合用时，使地高辛游离，会引起血浆浓度明显升高，心毒性明显增加。

一些蛋白缺乏症的患者，由于血中蛋白含量降低，应用蛋白结合率较高的药物时易发生不良反应。如应用泼尼松治疗时，当白蛋白低于2.5%（正常值约为100mL血浆中含4g）时，泼尼松的副作用发生率增加一倍。在苯妥英钠试验中亦可观察到类似的结果。而碱性药物可与血浆α_1-酸性糖蛋白高度结合，但由于碱性药物的分布容积大，只有小部分在血浆中，临床用药影响不大。

第三节　药物的淋巴系统转运

药物吸收可以进入血液循环和淋巴循环，血流速度很快时，药物分布主要通过血液循环完成。但是对于脂肪、蛋白质等大分子物质，淋巴系统转运十分重要。一些传染病、炎症、癌转移的治疗，需要使药物向淋巴系统转运；淋巴循环可使药物不通过肝，从而避免首过效应。

一、淋巴循环与淋巴管的构造

淋巴是静脉循环系统的辅助组成部分，主要由淋巴管、淋巴器官（淋巴节、脾、胸腺等）、淋巴液和淋巴组织组成。

毛细淋巴管存在于组织间隙中，其管径很不规则，仅由一层上皮细胞形成管壁。管壁有小孔，细胞之间有缺口，因此毛细淋巴管的通透性非常高，透过血管的小分子通常容易转运至淋巴液中，而难以进入毛细血管的大分子，更易于进入淋巴系统转运。在身体各部位淋巴回流的要道上有淋巴结，它是淋巴液的过滤器，且多集合成群，起着控制淋巴液流的作用。淋巴结内的吞噬细胞还能吞噬微生物和异物，在机体免疫力方面具有重要意义，癌细胞转移也主要通过淋巴结。

淋巴循环由毛细淋巴管单向流入小淋巴管，继而汇合成大淋巴管。全身淋巴管汇成两条总淋巴管，其中大者为胸导管进入左侧锁骨下静脉；另一条右淋巴导管进入右侧锁骨下静脉。图 4-10 为哺乳动物的血液与淋巴液循环关系图。

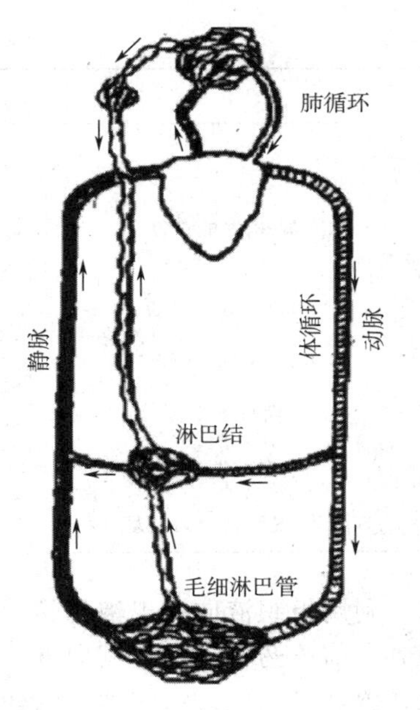

图 4-10　哺乳动物的血液循环与淋巴循环关系

消化道给药、组织间隙给药、黏膜给药、血管给药、腹腔给药都可以转运药物进入淋巴系统。进入血液的药物通过末梢组织中的淋巴液转运；进入组织间隙的药物从组织间液向该部位淋巴管转运；口服或直肠给药时，药物经过消化道的淋巴管进行吸收。

二、药物从血液向淋巴液的转运

药物由毛细血管向淋巴管转运时，需要经过血管壁和淋巴管壁两个屏障，由于毛细血管壁的孔径较小，毛细血管壁的通透性是转运的限速因素。根据各个组织淋巴管孔径等生理特征，药物从毛细血管向末梢组织淋巴液的转运速度依次为：肝＞肠＞颈部＞皮肤＞肌肉。药物从血液向淋巴的转运几乎都是被动扩散，故淋巴液中的药物浓度不会高于血药浓度。通过淋巴液药物浓度/血浆药物浓度的比值 R，可反映高分子化合物从血液向淋巴液的转运情况。

$$R=\frac{c_L}{c_P}=\frac{PS}{L+PS} \tag{4-11}$$

式中，c_L 为淋巴液中药物浓度；c_P 为血浆中药物浓度；L 为淋巴流量；PS 为血浆药物清除率（即透过性×表面积）。

由式（4-11）可知，淋巴液中药物浓度通常小于血浆中的浓度，淋巴液中的药物主要通过被动转运的方式从血管向淋巴管转运，因此 R 不会超过 1。机体中药物分子量从 20 000Da（半径为 3.2nm）向 40 000Da（半径为 4.9nm）过渡时，其 R 值急剧减少，从而可以推测血管壁上以半径 4nm 左右的细孔最多，尚有少数能容许大分子透过的比上述半径大 4～19 倍的细孔存在。

三、药物从组织液向淋巴液的转运

肌注、皮下注射等组织间隙给药时，分子量 5000Da 以下的小分子药物，如葡萄糖、尿素、肌酸等，由于血流量大大超过淋巴流量，故几乎全部由血管转运。而分子量 5000Da 以上的大分子物质，如蛋白、脂蛋白、蛇毒、右旋糖酐等难以进入血管，而经淋巴管转运的选择性倾向很强，随着分子量增大，向淋巴系统的趋向性也会增强，最后进入血液循环。肌内注射、皮下注射的吸收途径与分子量见表 4-7。

表 4-7　肌注、皮下注射的吸收途径与分子量

	分子量	给药法	吸收途径
$^{24}NaCl$	58	肌内	血管
士的宁	＞334	皮下	血管

续表

	分子量	给药法	吸收途径
蛇毒	2500～4000	皮下	血管
山梨醇-枸橼酸铁复合物	＜5000	肌内	淋巴管 16% 血管 50%～60%
Black tiger 蛇毒	＞20 000	皮下	淋巴管
Russel Viper 蛇毒	≈30000	皮下	淋巴管
白喉类毒素	≈70000	皮下	淋巴管
铁-多糖类复合物	10000～20000	肌内	淋巴管
新霉素-聚甲基丙烯酸复合物	高分子	肌内	淋巴管

利用组织液向淋巴液的转运特点，改造药物分子，如大分子物质与抗肿瘤药物偶联成高分子前体药物，促进其向淋巴转运；或者采用淋巴靶向纳米给药系统，如脂质体、纳米粒、微乳等，经过组织间隙给药靶向到淋巴结。乳液和脂质体由于在注射部位局部吸收较慢，靶向淋巴后释药更为持久，并能大幅减少全身系统的毒副作用。

四、药物从消化管向淋巴液的转运

口服给药时，大分子脂溶性药物、微粒以选择淋巴管转运为主，可透过小肠上皮细胞，对小肠上的淋巴集结如派伊尔氏淋巴集结，口服时大分子脂溶性药物可能形成混合胶束。在小肠上皮细胞内，长链脂肪酸在滑面内质网内重新酯化形成甘油三酯和糙面内质网产生的初始脂蛋白结合，核扩张形成乳糜微粒。乳糜微粒由高尔基体加工分泌后，选择性地进入毛细淋巴管。药物进入淋巴系统，需要和乳糜微粒核中的甘油三酯结合，通过小肠上皮细胞中的甘油硬脂酸通路进入肠系膜淋巴管中。

处方中亲脂性成分比例大的微乳与淋巴具有较强的亲和性，加之粒径小、比表面积大，在淋巴转运时几乎没有障碍，也已被用于口服药物淋巴靶向。环孢素的自微乳给药制剂新山地明，是通过口服达到淋巴转运发挥疗效的新制剂，明显增加药物的口服生物利用度。另外，由脂质构成的脂质体、固体脂质纳米粒，口服时其大分子脂溶性物质可在胆酸的作用下形成混合胶束，与大分子脂溶性药物类似，以乳糜微滴的形式靶向于肠系膜淋巴。

第四节　药物的脑分布

大脑属于人体的中枢神经系统，可分为血液、脑脊液以及脑组织三部分。本节以脑组织和脑脊液为中心，讨论药物从血液向中枢神经系统的转运，以及药物从中枢神经系统向血液的排出。

一、脑脊液

脑脊液由各个脑室内脉络丛分泌和滤出而产生，从左右两侧的侧脑室经室间孔流入第三脑室，经中脑导水管流入第四脑室，再经第四脑室正中孔（门氏孔）和两侧孔（路氏孔），进入蛛网膜下隙，分布于脑和脊髓表面，再通过蛛网膜绒毛上较大的空隙进入硬隙静脉窦，返回至血液循环。平时脑室与蛛网膜下隙充满着脑脊液，成人脑脊液总量约为

120mL，与脑组织的新陈代谢、物质转运有关。

二、脑屏障

脑部的毛细血管在脑组织和血液之间构成了体内最为有效的生物屏障，包括以下三种屏障：①血液中直接转运全脑内时的血液-脑组织屏障，即血脑屏障（blood-brain barrier，BBB）；②从血液转运至脑脊液时的血液-脑脊液屏障；③通过脑脊液转运至脑组织内时的脑脊液-脑组织屏障。

血脑屏障存在于血液循环和脑实质之间，限制着内源性、外源性物质的交换。它由单层脑毛细血管内皮细胞形成连续性无膜孔的毛细血管壁，细胞之间存在紧密连接，几乎没有细胞间隙。毛细血管基膜（脑侧）被星形胶质细胞包围，形成了较厚的脂质屏障。同时，外排药泵蛋白如P-gp、MRP、BCRP等可识别小分子脂溶性药物，主动将其排出脑外。实际上，血脑屏障包括由生理结构构成的被动物理屏障，以及由外排转运体形成的主动屏障两部分。这种严密的天然屏障，为脑组织提供了相对稳定的内环境，维持大脑正常的生理功能，却极大地限制极性小分子、大分子药物透入脑组织。

大分子药物和水溶性药物很难进入脑内，成为中枢神经系统疾病治疗的主要障碍。例如具有极大治疗前景的蛋白、基因药物难以自主透过血脑屏障到达脑实质发挥作用。水溶性小分子蔗糖从血液向肌肉等组织转移容易，但几乎测不出脑内浓度，因而常用作检测血脑屏障完整性的标记物。而另一些物质如乙醚、氯仿、硫喷妥等脂溶性较高的麻醉剂，能迅速地向脑内转运，血液中浓度与组织中的浓度瞬时可达平衡。

三、药物由血液向中枢神经系统转运

通常只有极少数的小分子药物和必需的营养物质可以通过被动扩散、主动转运的方式透过血脑屏障进入脑内。少数脂溶性较高、分子量很小的强效镇痛剂、吩噻嗪类、三环抗抑郁剂、抗胆碱和抗组胺类药物以及高脂溶性的麻醉药硫喷妥钠等，可以进入脑内。

药物的非解离型易于透过细胞膜进入脑内，而离子型向中枢神经系统转运极其困难。在pH7.4的血浆中，弱酸性药物主要以解离型存在，而弱碱性药物主要以非解离型存在，弱碱性药物容易向脑脊液转运。

除了药物在血液中的解离度和油/水分配系数外，药物与血浆蛋白结合程度也能在一定程度上影响血液-脑脊液间的药物转运，但对于以被动扩散方式进入中枢神经系统的药物，亲脂性高的药物更易于透过血脑屏障。吩噻嗪类安定药例如氟丙嗪、异丁嗪、氯丙嗪、氟吩嗪以及丙嗪等，均有很高的脂溶性，故均能迅速向脑内转运，它们的脑内浓度与血浆浓度的比值显著大于1，很可能是由于与脑组织成分产生非特异性结合所致。

四、提高药物脑内分布的方法

由于血脑屏障的作用，给许多脑内疾病的药物治疗带来很大困难。增加脑部药物传递常用方法如下。

（1）对药物结构进行改造

引入亲脂性基团，制成前药，增加化合物的脂溶性。该法受化合物自身结构的限制，有条件能够进行结构改造的药物不多。另外血脑屏障的血管内皮细胞膜腔两侧的P-糖蛋白和MRP等，发挥着高效的作用，原本透过血脑屏障的药物很多又被泵回循环系统中。因此前药和外排泵抑制剂合用效果更佳。

（2）药物直接给药

通过开颅手术将药物直接放入脑室内或大脑注射进入脑内。该方法可将不同类型的药物直接运送至病灶部位，选择合适的制剂处方也可达到持续释放的目的。但是开颅手术伤害性较大，并且不宜进行长期治疗，脑内局部给药使药物在脑中的广泛分布受到限制。

（3）暂时破坏血脑屏障

高渗甘露醇溶液、缓激肽类似物给药后，使血脑屏障暂时打开，增加药物入脑。该法虽然有效，但不安全。因为缺乏特异性，所以某些有毒有害物质可能在血脑屏障打开的同时也进入脑内，影响中枢神经系统的正常生理功能。

（4）利用血脑屏障跨细胞途径

利用血脑屏障上的载体参与的转运机制，可将小分子药物、大分子药物和给药系统有效地向内靶向转运。

由于血脑屏障的存在，显著限制了药物的脑内递送。根据脑毛细血管内皮细胞膜的生理特征，选用具有特异性靶向功能的分子修饰脂质体、纳米粒和胶束等已经用于提高药物的脑内分布。

（5）通过鼻腔途径给药

由于鼻腔与脑组织之间存在着直接解剖学通道，药物可以通过鼻腔嗅黏膜吸收绕过血脑屏障直接转运入嗅球或脑脊液，可以使药物绕过血脑屏障，直接进入脑组织。药物从鼻腔入脑主要有三条通路，即嗅神经通路、嗅黏膜上皮通路和血液循环通路。小分子药物如吡啶羧酸、苯甲酰爱康宁和多巴胺等可以经嗅黏膜上皮通路入脑。靶向功能分子修饰的微粒给药系统也可以通过主动转运的途径提高药物经鼻入脑的效率。

第五节　药物在红细胞和脂肪内的分布

一、红细胞的组成与特性

红细胞的组成以血红蛋白为主，还含有糖类、蛋白质、类脂、多糖、核酸、酶及电解质等。红细胞的膜主要由蛋白质和类脂组成，几乎没有多糖和核酸。红细胞的膜与其他组织细胞的生物膜组成相同，是一种类脂膜，与其他组织膜一样也存在微孔，所以红细胞被广泛应用作为研究物质透过生物膜机制的材料。红细胞的性质以及红细胞对药物的透过性能随动物种属不同而存在差异。

药物的红细胞转运同样存在被动扩散、促进扩散以及主动转运三种转运机制，并且主要也是以被动扩散方式进行的。葡萄糖等糖类通过促进扩散转移至红细胞内，Na^+、K^+等通过主动转运进入红细胞。

二、药物的红细胞转运

1. 体外药物的红细胞转运

这种实验方法应用较广，系将红细胞悬浮于加有药物的介质中，然后测定介质中药物浓度的变化和转移至红细胞内的药物量。以被动转运方式透过红细胞膜的药物，其透过速度取决于药物的脂溶性、分子量或电荷等因素。例如硫胺衍生物的红细胞转运，取决于这些衍生物在生理 pH 时非解离型的浓度及其脂溶性。分配系数大、脂溶性强的药物易进入红细胞内。季铵盐类化合物很难进入红细胞内，除了分配系数因素外，这些离子所带电荷与红细胞膜电荷相斥也是原因之一。水溶性强的药物主要通过红细胞膜上的微孔进入细胞内，故其透过性取决于分子大小。

以上讨论的药物向红细胞内转运，是在没有血浆蛋白的情况下所测得的结果。实际上药物在血液中，还同时存在与血浆蛋白结合等因素。因此，上述体外实验结果与实际情况有一定差异。如维拉帕米在无血浆条件下，人和大鼠红细胞分布均无光学选择性，无种族差异，并与药物浓度呈线性关系。而在血浆中，出现光学选择性和种族选择性的种族差异，人体为 S-型>R-型，大鼠为 R-型>S-型。同时药物向红细胞中分布减少，出现非线性分布。

2. 体内药物的红细胞转运

一般认为，体内药物的红细胞内转运动力学与其血浆动力学具有平行性质。如氢化可的松静脉给药后，其血浆浓度-时间曲线、红细胞浓度-时间曲线的消除相几乎平行，半衰期相似。药物向红细胞内转运依赖于游离药物的浓度，红细胞内浓度随着血浆浓度的增减而呈线性变化，提高药物的血浆蛋白结合率，降低红细胞内的药物浓度。对大多数药物来说，与红细胞结合并不能明显影响药物的分布容积。例如苯妥英钠与红细胞亲和性强，其红细胞内浓度与血浆水性成分浓度比为 4∶2，由于苯妥英钠与血浆蛋白结合能力强，在全血中红细胞内浓度也仅占 25%，大约 75% 的药物仍存在于血浆中。但对于与红细胞结合能力很强的药物，机体的红细胞比容会影响血液中药物总量。对于这些药物应该测定全血中的药物浓度。

由于红细胞本身为人体细胞，不被人体免疫系统识别，其体内半衰期为 120 天。近年来，将红细胞膜包封在纳米给药系统的表面，获得了一种新型纳米红细胞药物载体。由于表面被红细胞膜覆盖，可成功躲避人体免疫系统识别，延长药物的体内循环时间。而且，红细胞膜也具有控制药物缓释特征。

三、药物的脂肪分布

一般情况下，成人的脂肪组织占体重的 10%～30%，女性通常比男性高。脂肪组织中血管较少，为血液循环最慢的组织之一，故药物向脂肪组织的转运较缓慢。脂肪组织内的药物分布，还会影响体内其他组织内的药物分布和作用，尤其是农药、杀虫剂等毒物通过脂肪组织分布和蓄积，可以降低这些药物在血液中的浓度，起着保护机体减轻毒性的作用。

影响药物在脂肪组织中分布的因素，主要有药物的解离度、脂溶性以及蛋白结合率等。药物的脂溶性越高，在脂肪组织中的分布和蓄积越多。体内脂肪起着药物的体内贮库作用。高度脂溶性的硫喷妥静注后可迅速分布到脑组织，之后快速从脑组织清除，同时药物向灌注缓慢的组织分布。一段时间后，药物从脂肪组织缓慢释放，再次被转运到脑组织，血药浓度又趋向稳定，形成药物的再分布，能延长麻醉药的作用时间。

第六节　药物的胎儿内分布

药物向胎盘的转运除了和药物本身的理化特性有关外，主要受胎盘屏障的影响。胎盘位于母体血液循环与胎儿血液循环之间，是一道天然屏障。它对母体与胎儿间的体内物质和药物交换，起着十分重要的作用。

一、胎儿的血液循环与胎盘构造

胎儿血液循环的基本特点是没有肺循环而有胎儿血液循环道，及卵圆孔、动脉导管和静脉导管。从脐静脉来的富有营养物质和氧气的血液，一部分（约 1/9）通过胎儿独特的途径——动脉导管进入下腔静脉，一部分下腔静脉血液进入右心房，与从脑、头部来的上腔静脉血液汇合，绕过肺循环，经过动脉导管直接流入主动脉。而大部分下腔静脉血液

（约 3/5）通过心房间隔上的卵圆孔直接进入左心房和左心室，然后流入主动脉。由主动脉分出的血管供给全身器官和组织营养。血液给出氧气并摄取二氧化碳以后由胎儿的身体经脐动脉流入胎盘。

胎盘是母体养育胎儿的圆盘状器官，也是胎儿的营养、呼吸及排泄器官。由胎儿丛密绒毛膜和母体子宫的基蜕膜等构成。胎儿绒毛膜是一层胚胎性结缔组织，内含有脐带血的分支。绒毛膜向子宫蜕膜的一面，覆盖着滋养层细胞，与绒毛的滋养层连接。从绒毛膜发出若干大小绒毛，它有很多分支，形成小树。多数绒毛悬浮于绒毛间隙的母体血液中，与母体血只隔一层很薄的细胞膜。

人胎盘是由多核细胞的单层构成，即合胞滋养层。合胞滋养层形成了药物跨越人胎盘及母体胎盘间的限速屏障。合胞滋养层不对称表达转运体，导致药物的极性转运。

二、胎盘的药物转运

胎盘是母体血液循环和胎儿之间的一道天然屏障，进入母体循环系统的药物必须穿过胎盘和胎膜，才能到达胎儿。胎盘的物质交换过程类似于血脑屏障，这种交换可通过被动扩散或在转运体参与下进行。

非解离型、游离型药物脂溶性越大，越易透过。分子量 600Da 以下的药物，容易通过被动扩散转运透过胎盘。分子量 1000Da 以上的水溶性药物，难以透过。γ-球蛋白容易从母体进入胎儿，而白蛋白难以透入。随着妊娠的进行，胎儿生长逐渐达到高峰时期，胎盘活动力也相应增强，此时药物的转运作用也加速。

转运体分别存在于合胞体滋养层的母体侧刷状边缘膜和胎儿侧基底膜上，负责糖类、K^+、Na^+、氨基酸和嘧啶等营养、生理必需物质从母体侧转运进入胎儿内。许多种类的转运体蛋白转运需要依赖一些特殊的转运体参与，如氨基酸转运体、有机阴离子转运肽（OATPs)、单羧酸转运体（MCT)、Na^+/I^- 同向转运体（sodium iodide symporter，NIS）等。P-糖蛋白、MRP 等外排转运体在阻止外来异物干扰胎儿发育等方面具有重要作用。

影响药物通过胎盘的因素主要包括药物的理化性质，如脂溶性、解离度、分子量等；药物的蛋白结合率，用药时胎盘的功能状况，如胎盘血流量、胎盘代谢、胎盘生长等功能，以及药物在孕妇体内的分布特征等。

当孕妇患有严重感染、中毒或其他疾病时，胎盘的正常功能受到破坏，药物的透过性也发生变化，甚至可使正常情况下不能渗透到胎儿体内的许多微生物和其他物质进入胎盘。

三、胎儿体内的药物分布

透过胎盘的药物，由胎儿循环转运至胎儿体内各部分。胎儿与母体的药物分布是不同的，胎儿体内各部分的药物分布同样也有差异。这与药物的蛋白结合率、胎盘膜的透过性以及胎儿体内各组织屏障的成熟程度等均有关系。例如，将苯妥英钠连续注入母体达稳态后，发现胎儿血中浓度仅为母体的一半左右，这与胎儿血浆的总蛋白含量较母血低有关。苯妥英钠注射 1h 后，测得胎儿的脑/肝浓度比为 0.6，而母体的比值仅为 0.4，可见药物较易进入胎儿脑内。实验证明，许多药物易于透过胎儿以及幼小动物的血脑屏障，而较难通过成年动物的血脑屏障。这是因为胎儿的脑组织，不论在形态学或功能等方面，和其他组织比均尚未成熟。血脑屏障也同样尚未成熟，因此药物易于透入。如吗啡能迅速渗透至胎儿的中枢神经系统，并高度蓄积，故孕妇应禁用。硫喷妥、利多卡因以及氯烷等则在胎儿肝中有明显的蓄积性。

第七节　药物的体内分布与制剂设计

现代药剂学通过与分子生物学、高分子材料学、纳米科学等多学科的交叉融合，成为一个跨学科的研究领域。根据机体生理学和病理学特点设计递药系统，控制药物在体内的转运和释放过程，将药物定时、定位、定量地递送到特定组织、器官或细胞，可以提高药物治疗或诊断效果，降低药物的毒副作用。运用现代制剂技术制备的微粒给药系统，包括微球、微囊、微乳、纳米粒、脂质体等，利用物理、化学的原理将药物包埋或连接于载体高分子上，利用微粒的理化性质和选择性分布的特点，改变药物原有的分布特征，提高药物生物利用度和稳定性，或使药物向特定的靶器官、靶组织特异性浓集。本节着重讨论微粒给药系统在体内的分布特点及其制剂设计。

一、微粒给药系统在血液循环中的处置

微粒给药系统从给药部位到作用部位要穿越以下几个过程的多个屏障，见图 4-11。

(1) 首先在血液中分布，并随血液进行全身循环

微粒进入血液循环后，在到达靶部位前，可能被巨噬细胞吞噬、与血浆蛋白结合、被酶降解。如调理素（opsonin，即各种免疫球蛋白），可吸附到微粒的表面，导致微粒被网状内皮系统的巨噬细胞吞噬，而被快速清除。另外，血液中的蛋白质如高密度脂蛋白，能与脂质体结合，严重影响脂质体的稳定性，导致包载药物的泄漏。

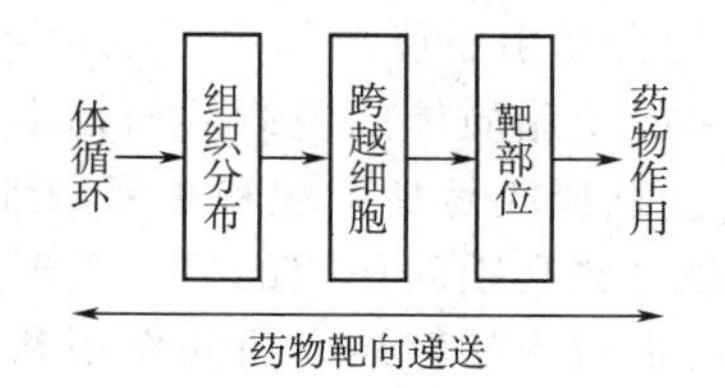

图 4-11　给药系统经历的体内屏障

(2) 穿过血管壁，在组织间隙积聚

微粒系统在体内分布根据其粒径的大小可到达特定组织。粒径大于 7μm 的通常被肺毛细血管机械截留，进入肺组织或肺泡。粒径小于 7μm 的则大部分聚集于肝脾网状内皮系统。而小于 200nm 的微粒可避免单核巨噬细胞的摄取，而粒径更小的微粒有可能向大脑、骨髓等组织转运。

(3) 通过细胞的内化作用向细胞内转运

积聚在组织间隙的微粒，可在局部进行细胞外释药和降解，也可进一步与细胞膜作用，转运进入细胞内降解后释药。所有的真核细胞都可以发生内吞作用，通过内涵体进入溶酶体，并被溶酶体破坏并释放药物。但生物大分子药物在溶酶体内很容易被降解，不利于疗效的发挥。因此微粒进入细胞后，应尽量加快微粒从溶酶体内的逃逸，另一方面被包载的药物直接从内吞体中释放进入细胞浆发挥治疗作用。

(4) 微粒的细胞核内转运

进入细胞的微粒有些可在细胞内释放药物发挥治疗作用，有些则进一步通过和细胞核孔内特定蛋白结合而被细胞核摄取进入核内。如基因治疗的 DNA 片段可被微粒载体携带通过细胞核膜的摄取进入核内，再和核内特定成分作用产生疗效。

微粒的细胞内转运是基因药物在靶标部位发生作用的关键步骤，调理素的介导与细胞的识别是微粒细胞内转运的必要条件，细胞的内吞作用是微粒细胞内转运的主要方式。概括起来，微粒的细胞内转运过程为：识别→结合→内吞→溶酶体→释放药物。大多数基因药物不仅要求药物能够转运进入靶细胞，还要求进一步进入细胞核，进而表达基因产物-活性蛋白发挥作用。

二、影响微粒给药系统体内分布的因素

细胞对微粒给药系统的内化作用是驱动微粒向细胞内转运的主要动力，另外微粒本身的理化性质如微粒的粒径、表面电性以及组成该微粒的高分子材料的性质等因素也会影响微粒的体内分布。

1. 细胞和微粒相互作用对体内分布的影响

细胞对微粒的作用主要存在以下几种方式。

① 内吞是指细胞外物质通过膜内陷和内化进入细胞的过程。内吞认为是细胞对微粒作用的主要机制，所有真核细胞都具有内吞功能。细胞内吞分为三类：第一类是吞噬，由专门吞噬细胞完成，如单核细胞-巨噬细胞；第二类称为胞饮；第三类是有受体介导的过程。受体存在于细胞表面，可结合配体启动内吞通路，将配体转运进入细胞。利用受体-配体的结合、转运机制，通过特异性配体修饰微粒给药系统，可实现其靶向递释。

② 吸附是指微粒吸附在细胞表面，是微粒和细胞相互作用的开始。属于普通的物理吸附、受粒子大小和表面电荷密度等因素影响。吸附作用后，必然导致进一步的内吞或融合。

③ 融合是由于脂质体膜中的磷脂与细胞膜的组成成分相似而产生完全混合作用。融合的结果导致脂质体内包载的药物全部释放进入细胞质。

④ 接触释放是指微粒和相邻的细胞膜间的脂质成分发生相互交换作用。

接触释放是膜间作用的另一种形式。它主要是由于微粒和细胞接触后，微粒中的药物释放并向细胞内的转运。膜间作用和接触释放是一种微粒不被破坏、不进入细胞内的作用方式。对于那些不具备吞噬能力的细胞摄取药物具有重要意义。

2. 微粒的理化性质对体内分布的影响

（1）粒径对分布的影响　微粒系统在体内的宏观分布主要受粒径的影响。前已述及，粒径较大的微粒主要通过机械性栓塞作用分布到相应的部位，再进一步和该部位的细胞发生相互作用。粒径较小的微粒则主要聚集于网状内皮系统，如肝和脾是小微粒主要分布的部位，更小的微粒有可能避免巨噬细胞的摄取，分布到其他组织中，并延长了体内半衰期。

（2）微粒表面的电荷对其体内的分布和降解影响　微粒表面的性质，包括微粒的表面电荷、微粒表面修饰等对其体内分布降解影响显著。白细胞表面通常带负电荷，带正电荷的微粒很容易和白细胞发生吸附作用，而带负电荷的微粒则由于排斥作用不易被白细胞吞噬。近年来研究表明，微粒表面的电荷对药物的细胞转运具有重要意义。由于细胞膜表面常常带负电，用阳离子脂质体作为药物载体，可促进药物的细胞内转运，明显提高 DNA 的转染效率，提高药物的基因治疗效果。

3. 微粒的生物降解对体内分布的影响

目前所用的微粒给药系统的材料大多为高分子聚合物，如蛋白类（明胶、白蛋白）、糖类（琼脂糖、淀粉、葡聚糖、壳聚糖）和合成聚酯类（聚乳酸、丙交酯乙交酯共聚物）。这些材料都具有体内生物可降解的特性，在各种体液环境下受各种酶催化作用可发生降解反应。这些体液环境因素可影响各种微粒给药系统的体内分布。

4. 病理生理情况对体内分布的影响

在一些病理情况下，机体血管通透性发生改变，会明显影响微粒系统的分布。如肿瘤组织由于快速生长的需求，血管生成很快，导致新生血管外膜细胞缺乏、基底膜变形，因而纳米粒能通过毛细血管壁的“缝隙”进入肿瘤组织，而肿瘤组织的淋巴系统回流不完善，造成粒子在肿瘤部位蓄积，这就是 EPR（enhanced permeability and retention）效应，

又称为增强渗透和滞留效应。现常利用 EPR 效应研究肿瘤的靶向制剂。

三、微粒给药系统的制剂设计

1. 根据微粒分布特性进行给药系统设计

利用载药微粒的特性，可改变药物原有的体内分布，设计更符合疾病治疗要求的给药系统。如利用微粒和网状内皮系统亲和力高的特点，将药物包封后，靶向分布于网状内皮系统，用于治疗那些与网状内皮系统有关的疾病。如果用脂质体将阿霉素包载，不仅大大降低药物的毒性，而且更加有效。脂质体剂型的治疗指数是普通剂型的 30～40 倍，剂量却降低到几百分之一。

2. 根据微粒粒径进行给药系统设计

微粒给药系统在体内的宏观分布主要受粒径的影响。因此可以根据治疗需求，设计不同大小的粒径达到给药目的。如利用粒径较大微粒（12～44μm）易在肺部截留的特性，制剂设计相应的载药微粒，又称为栓塞性微粒，用于癌变部位小动脉的栓塞，通过控制粒径使微粒滞留在癌症周围的毛细血管中，一方面由于栓塞作用切断肿瘤的营养供应，另一方面载药微粒在局部持续释放药物，可显著提高局部药物浓度，提高抗癌效果。

3. 针对微粒进行结构修饰的给药系统设计

根据微粒被网状内皮系统的摄取过程，关键步骤是首先和血浆中成分（如调理素）作用，使之能够被吞噬细胞识别（调理过程），然后黏附到吞噬细胞表面并随后被吞噬。因此研制长循环微粒给药系统主要围绕怎样减少和避免微粒被吞噬细胞的识别。研究发现，如果改善微粒的亲水性、增加微粒的柔韧性及其空间位阻，可明显延长微粒在血液循环中的半衰期。目前最常用的方法是采用表面修饰技术，该技术系通过一定的化学反应，将非离子型聚合物如聚乙二醇（PEG）以共价结合的方式引入到微粒表面，既提高了微粒的亲水性和柔韧性，又明显增加微粒的空间位阻，使微粒具有隐蔽性，不易被单核巨噬细胞识别和吞噬。如脂质体用 PEG 修饰，其表面被柔顺的而又亲水的 PEG 链部分覆盖，极性的 PEG 链增强了脂质体的亲水性，减少了血浆蛋白和脂质体膜的相互作用，降低了被巨噬细胞吞噬的可能性，延长了在循环系统中的滞留时间。

针对靶细胞的特异性识别能力，在长循环微粒设计的基础上，将抗体或配基进一步结合到 PEG 长链的末端或其他部位，则既能延长微粒的循环时间，又能使微粒对靶组织或细胞进行主动识别，达到靶向给药的目的。

4. 根据物理化学原理的微粒给药系统设计

① 磁性微粒的设计　磁性微粒是将磁性材料和药物同时包载入设计的微粒载药系统中，在应用时通过外加磁场，在磁力的作用下将微粒导向分布到病灶部位。

② 热敏微粒的设计　在相变稳定时，脂质体中的磷脂产生从胶态过渡到液晶态的物理转变，从而大大增加脂质体膜的通透性，此时药物释放最多。

③ pH 敏感性微粒的设计　利用肿瘤间质液的 pH 低于周围组织的特点，可制备 pH 敏感脂质体，这种脂质体在低 pH 范围内可释放药物。

第二十四章
药物的代谢

第一节　概述

药物被机体吸收后，在体内各种酶以及体液环境作用下发生化学结构改变的过程，称为药物代谢（drug metabolism），又称为生物转化（biotransformation）。代谢主要在肝中进行，也有可能发生在肠、肾、肺、血液和皮肤等器官中。一般可分为一相（Ⅰ相）和二相（Ⅱ相）代谢。药物分子上引入新的基团或除去原有小基团的官能团反应称为Ⅰ相代谢，包括氧化、还原和水解等反应。药物或Ⅰ相代谢产物与体内某些内源性小分子结合的反应称为Ⅱ相代谢，亦称为结合反应，如葡萄糖醛酸结合、磺酸化、甲基化、乙酰化、谷胱甘肽结合等反应。多数亲脂性药物吸收后，经Ⅰ相代谢可变为极性和水溶性较高的代谢产物，有利于Ⅱ相代谢的进行而增加极性。Ⅱ相代谢是真正的“解毒（detoication）”途径，其代谢产物通常具有更好的水溶性，更易经尿液和胆汁排出体外。

一、首过效应

口服药物主要经小肠和大肠吸收进入肠毛细血管，通过门静脉经过肝到达体循环；只有部分经淋巴系统或远端直肠吸收的药物才能绕过肝直接进入体循环。在消化道和肝中，口服药物部分被代谢导致进入体循环的原型药物量减少的现象，称为首过效应（first pass effect），亦称为首过代谢（first pass metabolism）。首过效应主要包括胃肠道首过效应和肝首过效应。药物经过消化道而被代谢，使进入体内的原型药物量减少的现象，称为胃肠道首过效应；从胃肠道吸收的药物，经肝门静脉进入肝，药物部分在肝中被代谢，或随胆汁排泄，使进入体循环的原型药物量减少的现象，为肝首过现象。肠上皮细胞存在许多与肝内相同的药物代谢酶如细胞色素 P450 酶（CYP450）、葡萄糖醛酸转移酶（UGT）和磺基转移酶（SULT）等，是胃肠道首过效应的主要发生部位；肝实质细胞则是肝首过效应的主要部位。首过效应常使药物的生物利用度明显降低，有些药物甚至由于首过效应强烈，大部分被代谢而失去活性，导致无法口服给药，例如硝酸甘油片必须舌下给药，吞服则无效。近年来，一些新型给药技术也可达到降低首过效应而提高药物生物利用度的目的，如经皮肤给药的贴剂、经呼吸道吸收的气雾剂和粉雾剂以及经口腔黏膜吸收的口腔黏附片等。

二、肝提取率和肝清除率

经消化道吸收的药物，因首过效应可导致最终进入体循环的原型药物量明显减少，其减少的比例可用肝提取率（extraction ratio，ER）来描述：

$$ER=\frac{c_A-c_V}{c_A} \tag{4-12}$$

式中，c_A 和 c_V 分别代表进入和流出肝的血中药物浓度；ER 指药物通过肝从门脉血清除的分数。

肝提取率往往受到多种因素的影响，如药物与血细胞结合、药物与血浆蛋白结合、未结合药物进入肝细胞、肝细胞内未结合药物进入胆汁、肝细胞内未结合药物被肝药酶代谢转化为代谢产物等。通常对于肝提取率高的药物，如去甲丙米嗪、利多卡因、吗啡、硝酸甘油、普萘洛尔、哌替啶、水杨酰胺等，肝血流量是主要影响因素，首过效应显著；而肝提取率低的药物，如地西泮、洋地黄毒苷、异烟肼、保泰松、苯妥英钠等，肝血流量影响不大，而受血浆蛋白结合的影响较大，首过效应不明显；对于肝提取率中等的药物，如阿司匹林、奎尼丁、地昔帕明、去甲替林等，肝血流量和血浆蛋白结合率对其均有影响。如药物与血浆蛋白结合率高，血中游离药物减少，进入肝细胞及胆汁的药物减少，因而肝清除率减少。

肝对药物的消除能力可进一步用肝清除率（hepatic clearance，Cl_h）来描述，它是指单位时间内有多少体积血浆中所含的药物被肝清除，即单位时间肝清除药物的总量与当时血浆浓度（c）的比值，单位是 mL/min 或 L/h。

$$Cl_h=\frac{\frac{dX}{dt}}{c} \tag{4-13}$$

蛋白结合对肝清除率的影响目前还难以准确定量，通常对于肝提取率高的药物，蛋白结合对肝清除率影响不大。而对于肝提取率低的药物，蛋白结合可能影响其肝清除率。因为蛋白结合率的微小改变可能引起游离药物浓度显著增加，导致肝清除率的显著增加。

三、药物代谢的作用

通常药物代谢产物的极性都比原型药物大，以利于从机体排出。但是也有一些药物代谢产物的极性反而降低，如磺胺类的乙酰化或酚羟基的甲基化产物。另外，可吸收的药物在体内不一定都发生代谢，有些药物仅部分发生代谢，而有些药物在体内不被代谢，以原型从尿液等排出。大部分药物代谢都是由药物代谢酶所介导，而药物代谢酶的种类和数量十分复杂。药物在体内的代谢与其药效及安全性密切相关，其药理学、毒理学和临床意义主要表现在以下几方面。

（1）代谢使药物失去活性

代谢可以使药物作用钝化，即由活性药物变为无活性的代谢物，使药物失去治疗活性，如局麻药普鲁卡因，在体内被水解后，迅速失去活性；又如磺胺类药物在体内通常是经乙酰化反应后生成无活性的代谢物。

（2）代谢使药物活性降低

药物经代谢后，其代谢物活性明显下降，但仍具有一定的药理作用，如氯丙嗪的代谢产物去甲氯丙嗪，其药理活性比氯丙嗪差。

（3）代谢使药物活性增强

药物经代谢后，表现出药理效应增强。有些药物的代谢产物比其原型药物的药理作用更强，如临床上常用的解热镇痛药非那西丁在体内转化为极性更大的代谢物对乙酰氨基酚，其药理作用比非那西丁明显增强。

(4) 代谢使药理作用激活

有一些药物本身没有药理活性，在体内经代谢后产生有活性的代谢产物。通常的前体药物（pro-drug），就是根据此作用设计的。即将活性药物衍生成药理惰性物质，但该惰性物质能够在体内经代谢反应，使活性药物再生而发挥治疗作用，如左旋多巴在体内经酶解脱羧后再生成多巴胺而发挥治疗作用。

(5) 代谢产生毒性代谢物

有些药物经代谢后可产生毒性物质，如异烟肼在体内的代谢物乙酰肼可引起肝的损害。

药物代谢不仅直接影响药物作用的强弱和持续时间的长短，而且还会影响药物治疗的安全性，一种药物的作用时间、作用强度和个体敏感性的变异常常与其代谢性质有关。对于治疗指数窗窄的药物，这些变异可导致不良反应和毒性；基于代谢的“药物-药物相互作用”是导致药物不良反应的重要原因；药物对代谢酶的诱导或抑制作用，可引起药效的放大或失效。因此，具有以上代谢性质的药物，其临床使用受到了严重的限制。掌握药物代谢的原理与规律，对于设计合理的给药途径、给药方法与给药剂量，以及对制剂处方设计、工艺改革和指导临床用药等都具有重要意义。

第二节　药物的Ⅰ相代谢

绝大多数药物进入体内后，会在细胞内特异酶的催化作用下，发生一系列代谢反应，从而导致药物结构和理化性质发生改变。药物代谢主要发生在肝或其他组织的内质网。滑面内质网含有丰富的药物代谢酶，在体外匀浆组织中，滑面内质网可形成许多碎片，称为微粒体（microsomes），这些酶也称为微粒体酶（microsomal enzymes），在其他部分的代谢酶则称为非微粒体酶。

微粒体酶主要存在于肝、肺、肾、小肠、胎盘、皮肤等部位，以肝微粒体酶活性最强。药物的Ⅰ相代谢中最常见的反应有氧化、还原和水解等。

一、氧化反应

1. 氧化酶及其组织分布

(1) 细胞色素 P450 酶

细胞色素 P450（cytochrome P450，CYP450），又称 CYP450 依赖的混合功能氧化酶，在外源性化合物的生物转化中发挥着十分重要的作用。1958 年由 Klingberg 和 Grfinkle 鉴定出它在还原状态下与 CO 结合，在波长 450nm 处有一最大吸收峰而得名。CYP 是一个超基因家族，参与编码 500 多种酶蛋白。CYP450 酶系可能存在于所有生命机体内，如微生物、酵母、植物、昆虫、鱼类及哺乳动物。在人体内，除肝含有丰富的 CYP450 酶外，肾、脑、肺、皮肤、肾上腺、胃、肠等器官也均存在。人类 CYPs 具有 57 个基因和超过 59 个假基因，被分为 18 个家族和 41 个亚家族，大部分的药物被 CYP1、CYP2 和 CYP3 家族所代谢。

CYP450 酶催化反应原理如图 4-12 所示。药物首先与氧化型细胞色素（CYP-Fe^{3+}）结合成 CYP-Fe^{3+}-药物复合物，然后接受还原型辅酶Ⅱ提供的电子，形成 CYP-Fe^{2+}-药物复合物。CYP-Fe^{2+}-药物复合物再结合一分子氧，形成 CYP-Fe^{2+}-O^{2}药物复合物，并接受一个电子，使 O_2 活化成氧离子。第二个电子的来源尚不清楚，可能是由还原型辅酶Ⅰ提供，并经还原型辅酶Ⅰ-细胞色素还原酶传递。活化的氧离子与两个质子生成水，同时把与 CYP 结合的药物氧化。此时，CYP-Fe^{2+} 失掉一个电子，又变成氧化型细胞色素 CYP-Fe^{3+}，如此周而复始发挥催化作用。

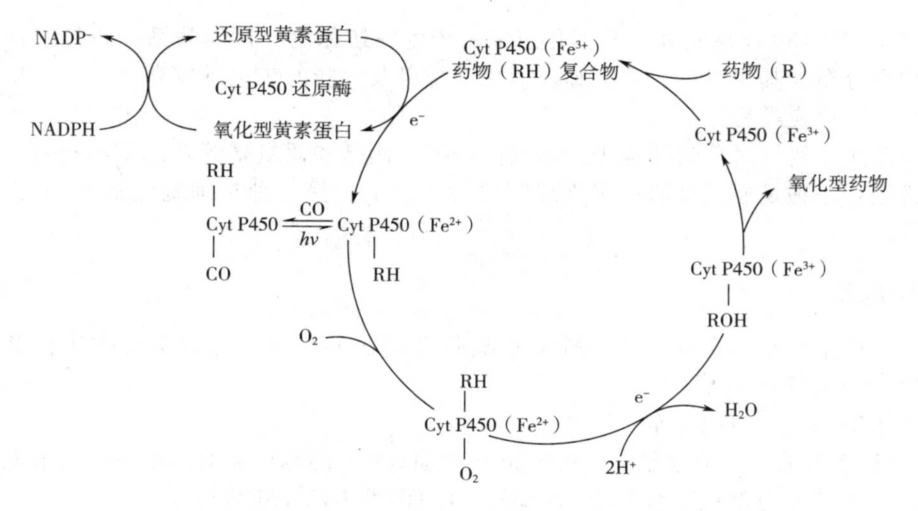

图 4-12　药物氧化过程中细胞色素 P450 的催化原理

（2）黄素单加氧酶

黄素单加氧酶（flavin-containing monooxygenases，FMOs）是一组依赖黄素腺嘌呤二核苷酸（FAD）、还原型烟酰胺腺嘌呤二核苷酸（nicotinamide adenine dinucleotide phosphate，NADPH）和分子氧的微粒体酶，是重要的肝内药物和化学异物代谢酶，可催化含氮、硫、磷、硒和其他亲核杂原子的化合物和药物的氧化。该酶主要分布在肝、肾和肺中。

（3）单胺氧化酶

单胺氧化酶（monoamine oxidases，MAOs）是机体内参与胺类物质代谢的主要酶类，其底物主要为单胺类物质，该酶主要分布在脑部。由于单胺类物质在机体内多具有重要的生理功能，因此 MAOs 的代谢作用显得十分重要。根据 MAOs 的作用底物分布位置和选择性抑制剂的不同，可将其分为两类，即 MAO-A 和 MAO-B。MAO-A 主要以儿茶酚胺类和含有羟基的胺类物质为作用底物；MAO-B 则主要代谢不含羟基的胺类物质。在脑内，MAO-A 主要存在于肾上腺素能神经元内，而 MAO-B 主要存在于 5-羟色胺能神经元和神经胶质细胞中。

2. 氧化反应的类型

细胞色素 P450 系统催化的氧化反应包括链烷基氧化反应、醛(酮）基氧化 、氮原子的氧化反应、硫原子的氧化反应以及连接在杂原子上的烷基氧化。

黄素单加氧酶催化的氧化反应包括在氮原子上的氧化反应与在硫原子上的氧化反应。

单胺氧化酶通常氧化单胺类化合物，如去甲肾上腺素、肾上腺素、多巴胺、5-羟色胺等神经递质以及酪胺、苯乙胺等。

二、还原反应

（1）还原酶及组织分布

还原反应主要针对药物结构中的羰基、羟基、硝基和偶氮基等功能基团进行反应。主要有两种机制：一种是通过还原型黄素腺嘌呤二核苷酸（$FADH_2$）；另一种是 CYP450 酶参与的还原反应。

机体内大部分的酶系都可以催化还原反应，而且不同酶系的反应底物没有明确界限。还原反应的酶系包括乙醇脱氢酶（ADHs）、醛-酮还原酶（AKRs）、羰基还原酶（CBRs）、醌还原酶、CYP450还原酶和一些消化道细菌产生的还原酶。还原酶系在机体不同的组织和器官均有分布，其中以肝、肾、肺、消化系统以及大脑的表达量较高。

（2）还原反应类型

还原反应主要针对药物结构中的羰基、羟基、硝基和偶氮基等功能基团进行，其主要有两种机制：一种是通过还原型黄素腺嘌呤二核苷酸；另一种是细胞色素P450酶参与的还原反应。

三、水解反应

水解反应主要是将含有酯键、酰胺和酰肼等结构的药物，通过水解作用使其生成羧酸，或使杂环水解开环等。

（1）水解酶及其组织分布

① 环氧水解酶　环氧水解酶（epoxid hydrolases，EHs）根据作用范围及底物特异性的不同，可将其分为微粒体型EH（MEH）及可溶性EH（SEH）。

微粒体型EH主要存在于内质网中，参与催化烯烃、芳烃氧化物以及多环芳烃的氧化反应。在许多组织和器官均有不同水平的表达，肝、小肠、肾和肺是微粒体型EH对外源性物质催化氧化的主要场所。可溶性EH的特异性底物为反式二苯乙烯，但可溶性EH对类固醇类及多环芳烃类的氧化反应不具有催化作用。除了胆管、肾小球，其他所有的组织和器官中均有表达，尤其在肝细胞、内分泌系统、肾和淋巴结等组织的表达量很高。

② 酯键水解酶　酯键水解酶（esterases）在体内可以水解多肽类、酰胺、卤化物、羧酸酯、硫酸酯和磷酸酯。很多药物可通过制备酯类衍生物前药的方式来改善药物的溶解度、生物利用度、体内稳定性或延长药物在体内的作用时间。因此，在临床应用上，酯类水解酶具有很重要的意义。羧酸酯酶（carboxylesterases，CESs）和胆碱酯酶（cholinesterases，CHEs）是人体内最重要的酯键水解酶系。CESs主要在肝、肠道和肾中表达，而CHEs则在血浆中含量很高。

（2）水解反应的类型

水解反应主要将含有酯、酰胺和酰肼等结构的药物水解生成羧酸，或将杂环化合物水解开环。

第三节　药物的Ⅱ相代谢

原型药物或Ⅰ相反应生成的代谢产物结构中的极性基团（羟基、氨基、硝基和羧基等）和体内某些内源性物质结合生成各种结合物的过程称为Ⅱ相代谢，这些参与结合反应的代谢酶统称为转移酶。结合反应生成的代谢物通常没有活性，但极性较大而易于从体内排出。Ⅱ相代谢主要包括葡萄糖醛酸结合反应、磺酸结合反应、乙酰化反应、甲基化反应和谷胱甘肽结合反应。

一、葡萄糖醛酸结合反应

葡萄糖醛酸转移酶（uridine diphosphoglucuronosyl transferases，UGTs）是一种以尿苷-5′-二磷酸葡萄糖醛酸（uridine diphosphoglucuronic acid，UDPGA）为糖基供体与底物反应的酶。一般含羧基或酚羟基的药物被该酶催化后，代谢产物水溶性增加，易于排出体外。UGTs广泛分布于机体各个组织器官，包括肝、肠道和肾等，在肝中的表达最高。UGTs可以分为UGT1、UGT2、UGT3和UGT8四个基因家族，迄今为止已经确认了46

个 UGTs 亚型；其中 UGT1 主要参与酚和胆红素的代谢，UGT2 主要参与类固醇的代谢。

葡萄糖醛酸结合反应可能的机制是尿苷三磷酸（urinary nucleoside triphosphate）和葡萄糖反应生成尿苷二磷酸葡萄糖（UDPG），UDPG 进一步被氧化生成活性供体 UDPGA，然后 UDPGA 再和药物结构中的功能基团（如—OH、—NH_2、—COOH 等）生成葡萄糖醛酸结合物。酚类和醇类物质最容易发生葡萄糖醛酸化反应。

二、磺基结合反应

磺基转移酶（sulfotransferases，SULTs）是机体催化多种内源性和外源性物质磺酸化代谢的关键酶。SULTs 由 SULT1 和 SULT2 两个亚家族组成。SULT1 主要参与酚类物质的反应，至少存在 11 个亚型，在肝中有很高的表达量；SULT2 主要参与类固醇的反应，主要存在于肾上腺皮质、肝及肾。

药物发生磺酸化反应的部位主要是羟基和氨基。与羟基结合的产物称为硫酸酯，与氨基结合的产物称为氨基硫酸酯。发生磺酸结合反应时，ATP 和 SO_4^{2-} 在 Mg^{2+} 和转移酶的作用下，生成硫酸的活性供体腺苷-5-磷酸硫酸酯（Aps）或磷酸腺苷-5-磷酸硫酸酯（PAPS），然后在酶的作用下，与药物结构中的功能基团结合生成磺酸结合物。SULTs 可以对多种不同物质产生催化作用，包括酚类、醇类和氨基酸等。

三、甲基化结合反应

儿茶酚-*O*-甲基转移酶（catechol-*O*-methyltransferases，COMTs）是在机体各组织中广泛存在的甲基转移酶，在肝、肾、血细胞、脑、子宫内膜、乳腺以及中枢神经系统中含量较高。巯嘌呤甲基转移酶（thiopurine methyltransferases，TPMTs）是硫唑嘌呤、6-巯基嘌呤、6-硫鸟嘌呤等嘌呤类药物代谢过程中的重要代谢酶。*N*-甲基转移酶（*N*-methyltransferases）是一种胞内蛋白质，主要分布于消化系统、支气管、肾和大脑。在体内发生 *N*-甲基化的药物为数不多，但已知组胺和烟酰胺是 *N*-甲基转移酶的底物。

药物甲基化的部位通常在药物结构中的 N、O、S 等杂原子上，在甲基化作用的过程中，甲基的主要来源是蛋氨酸，经 ATP 活化后作为甲基供体，在甲基转移酶作用下发生结合反应，甲基化后的代谢产物极性减小，如烟酰胺在体内经甲基转移酶作用，生成 *N*-甲基烟酰胺。参与 *O*-甲基化的底物包括许多外源性物质以及一些药物如多巴胺；*N*-甲基转移酶的底物则主要是伯胺以及部分仲胺类化合物；巯嘌呤甲基转移酶则以硫唑嘌呤、6-巯基嘌呤和 6-硫鸟嘌呤等嘌呤类药物为底物。

四、乙酰基结合反应

N-乙酰基转移酶（*N*-acetyltransferases，NATs）是机体催化体内含氮物质使其发生乙酰化的酶系，对含氮外源性物质在体内的生物转化、活化及降解都有很重要的影响。人体 NATs 家族包括 NAT1、NAT2 和 NATP 三个亚家族，在人体多种组织器官中均有分布，具有显著的种族、家族和个体差异。

在乙酰化结合反应过程中，乙酰辅酶 A（CoA）具有很重要的作用。首先 CoA 通过它的游离巯基与活性型的羧酸反应生成乙酰 CoA 衍生物，然后把乙酰基转移到合适的受体上。通常情况下，药物发生乙酰化后其水溶性降低。乙酰化结合反应的主要底物为中等碱性的伯胺类物质，包括磺胺类药物、异烟肼以及一些具有致癌性的联苯化合物。

五、谷胱甘肽结合反应

谷胱甘肽-*S*-转移酶（glutathione *S*-transferases，GSTs）是一种球状二聚体蛋白，由

两个同源二聚体亚基组成的超基因家族，可催化机体内某些内源性及外源性物质的亲电基团与还原型谷胱甘肽结合。谷胱甘肽硫转移酶主要存在于细胞液中，在哺乳类动物各组织中均有不同种类和水平的表达，在哺乳动物的胎盘及肝中表达水平最高，约可占肝可溶性蛋白的5%。

谷胱甘肽中的巯基通过与代谢酶的活性位点结合后增强其酸性，GSTs再将谷胱甘肽转变成各种不同的亲电子基团。由于底物的性质不同，GSTs可以催化发生亲核取代反应或亲核加成反应，生成不同的代谢产物。谷胱甘肽在发生结合反应的过程中主要对电子缺失的C原子进行亲核攻击，也有研究表明N、S原子也是谷胱甘肽的靶原子。醌和醌亚胺类药物易发生谷胱甘肽结合反应。

第四节　影响药物代谢的因素

影响药物代谢的因素很多，主要有生理因素、病理因素和药物相互作用等。生理因素包括种属、种族、年龄、性别与妊娠等；病理因素主要指疾病特别是肝疾病对药物代谢的影响；药物相互作用包括酶的诱导和酶的抑制作用。此外，药物剂型、食物以及环境等因素也会对药物的代谢产生一定影响。

一、生理因素

1. 种属

同一种药物，在不同物种间的代谢存在种属差异。一般来说，不同种属动物的某些同工酶在蛋白质结构和催化能力上高度一致，其底物在不同种属间的代谢动力学表现出类似性，而对于不一致的酶，其底物的代谢则更多地表现出种属差异。

CYP3A4是重要的药物代谢酶，它具有可调节的活性部位，主要通过疏水基团相互作用与底物键合，其底物几乎包括所有亲脂性药物。CYP3A4在不同种属间明显一致，但大鼠体内不具有该酶。

Ⅱ相代谢反应所涉及的代谢途径的数目少于Ⅰ相代谢，种属间差异表现得更为明显。体内代谢所需核酸中间体的生物合成能力、转移酶的活性与含量、内源性结合物质的产生速度以及药物的性质等，都可导致结合反应出现种属间差异。

2. 个体差异与种族差异

药物代谢酶在人群中广泛存在着遗传多态性现象，这是造成人群中药物代谢个体差异明显的主要原因。所谓遗传多态性（genetic polymorphism）是指一个或多个等位基因发生突变而产生遗传变异，在人群中呈不连续多峰分布，其代谢药物的能力明显不同，根据其代谢快慢的不同，可分为超快代谢型（ultrarapid metablizer，UM）、快代谢型（extensive metabolizer，EM）、中间代谢型（intermediate metabolizer，IM）和慢代谢型（poor metabolizer，PM），后者发生不良反应的概率通常较高。

在高加索人中，52%为快乙酰化代谢型，而其他民族中慢乙酰化的比例不尽相同，其主要原因是肝中*N*-乙酰基转移酶的活性不同引起的代谢差异。日本人、因纽特人、美洲印第安人主要为快乙酰化者，而斯堪的那维亚人、犹太人及北非的高加索人多为慢乙酰化者。乙酰化率低的人服用异烟肼后，多神经炎等副作用的发生率较高。

3. 年龄

新生儿与老年人对药物的清除能力同其他年龄段的人群有很大差异。对新生儿，特别是早产儿，药物代谢酶系统尚未发育完全，因此胎儿及新生儿用药时，多数情况下不仅药效高，而且容易产生毒性。例如，新生儿黄疸是由于胆红素的葡萄糖醛酸化代谢不充分引起。葡萄糖醛酸转移酶直到出生时才开始表达，约3岁才达到正常水平，所以新生儿的葡萄糖醛酸化能力非常有限。又如新生儿肝中内质网发育不完全，CYP450含量低，CYP450和NADPH-CYP450还原酶的活性约为成年人的50%，使得药物的氧化代谢速率较慢。

药物在老年人体内的代谢表现为速率减慢，耐受性减弱。一般认为是代谢酶活性降低，或者是由于内源性辅助因子的减少所致，但缺乏足够的证据。老年人的肝血流量仅为青年人肝血流量的40%～50%，这也是造成药物代谢减慢的原因之一。此外，老年人功能性肝细胞减少也会影响药物的代谢。由于药物在老年人体内代谢比青年人慢，半衰期延长，因此相同剂量的药物，老年人血药浓度偏高，容易引起不良反应和毒性反应。

4. 性别

性别对药物代谢的影响主要受激素的控制。这种差异早在1932年被Nicholas和Barron发现，他们在给予雌性大鼠的巴比妥酸盐剂量仅为雄性大鼠的一半时即可达到同样效果的诱导睡眠时间，这是由于雌性大鼠对巴比妥酸盐的代谢能力低于雄性大鼠。大鼠体内的肝微粒体药物代谢酶的活性有性别差异，葡萄糖醛酸化、乙酰化和水解反应等也发现有性别差异。一般情况下，雄性大鼠的代谢活性比雌性大鼠要高。

5. 妊娠

妊娠期雌性体内激素平衡发生巨大变化，血压中肽和甾体类激素的水平也有很大的变化，这些都会影响药物的代谢，而妊娠也会使一些药物的血药浓度和清除半衰期发生变化。此外，孕妇机体的代谢能力也发生了变化，如由某些CYP450（CYP3A4、CYP2D6、CYP2C9）和UGTs（如UGT1A4、UGT2B7）催化的药物代谢增加，而CYP1A2和CYP2C19的活性降低。研究发现对乙酰氨基酚葡萄糖醛酸结合物的血浆清除率和代谢清除率，在妊娠妇女体内比非妊娠妇女分别高58%和75%。

二、病理因素

许多疾病影响药物的代谢，如肝硬化、酒精性肝病、病毒性肝炎、黄疸、肝细胞瘤、感染、心血管疾病和其他非肝肿瘤等，其中肝疾病是最主要的病理因素。

1. 肝疾病

肝是药物代谢的主要器官，肝发生病变显然会导致药物的生物转化能力降低。肝病变对CYP450酶活性造成不良的影响，例如CYP1A、CYP2C19和CYP3A的含量和活性在肝病状态下特别容易受影响，而CYP2D6、CYP2C9和CYP2E1则不那么明显。代谢受肝功能影响较大的药物有苯巴比妥、镇痛药、β-受体阻断药等。可能的影响机制包括肝药酶活性降低、肝血流量下降、血浆蛋白结合率降低（低蛋白血症）和肝组织对药物的结合能力改变等。首过效应大的药物受肝功能状态的影响较大。

2. 非肝疾病

许多非肝疾病如心血管疾病、癌症和感染等也可影响药物的代谢。应用咖啡因、美芬妥英、右美沙芬和氯唑沙宗为探针，分别反映CYP1A2、CYP2C19、CYP2D6和CYP2E1的活性，这些患者的TNF-α和IL-6水平显著增加，且它们血浆浓度与CYP2C19活性呈显著负相关，IL-6血浆浓度与CYP1A2活性也呈显著负相关。

三、基于代谢的药物-药物相互作用

基于代谢的药物-药物相互作用（metabolism-mediated drug-drug interactions，MDDIs）是指两种或两种以上药物在同时或前后序贯用药时，在代谢环节发生了相互作用，是影响药物代谢的重要因素。根据对药物代谢酶的作用结果，可以将代谢性相互作用分为酶诱导作用和酶抑制作用。临床常见酶诱导剂有巴比妥类（其中苯巴比妥的诱导能力最大）、乙醇（嗜酒慢性中毒者）、灰黄霉素、氨甲丙酯、苯妥英和利福平等，临床常见的代谢抑制剂有氯霉素、双香豆素、异烟肼、对氨基水杨酸、西咪替丁、保泰松以及乙酰苯胺等。

四、其他因素

1. 剂型因素

不同给药途径的制剂对药物代谢的影响主要与是否有首过效应有关，而药物代谢饱和与剂量有关。水杨酰胺口服时血药浓度-时间曲线下面积比静注时小得多，原因是水杨酰胺有60%以上在消化道黏膜发生结合反应，从而影响其吸收。普萘洛尔在人和其他动物体内可代谢产生4-羟基普萘洛尔和萘氧乳酸两个代谢物，且前者与普萘洛尔有相同的作用，而后者没有药理作用。普萘洛尔静注后，血液中未检测到4-羟基普萘洛尔，口服后却能检测到两种代谢产物的血药浓度几乎相等。因此，同样的剂量，口服时的药理作用比静注时强2～5倍。说明口服后，由于首过效应，产生了活性代谢产物4-羟基普萘洛尔，导致药理作用增强。

2. 饮食

饮食对药物代谢的影响主要取决于饮食中糖、蛋白质、脂肪、微量元素和维生素等营养成分。虽然有报告提出葡萄糖能减慢巴比妥酸盐的代谢，导致该药引起嗜睡反应，但不是主要影响因素。食物蛋白对药物的代谢影响更为重要。蛋白质缺乏时，可使肝细胞分化减慢，同时CYP450及NADPH-CYP450还原酶活性下降，导致药物代谢能力降低。

脂类作为膜组成部分影响药物代谢酶的催化能力，因此食物中的脂肪会影响药物的代谢。食物中缺少亚油酸或胆碱类时，都可能影响微粒体中磷脂的产生，这不仅影响混合功能氧化酶的功能，也影响诱导作用，使药物代谢酶系统不适应性增强，从而影响药物的代谢。

微量元素如铁、锌、钙、镁、铜、硒和碘等，对药物代谢有一定影响。多数情况下微量元素缺乏会导致药物代谢能力下降。但缺铁时，CYP450等含量有明显变化，还可增加环己巴比妥或氨基比林的代谢。一般认为铁过多会破坏内质网上脂质而使混合功能氧化酶作用受影响，因此缺铁反而能增加一些药物的代谢。

维生素是合成蛋白质和脂质的必需成分，后两者又是药物代谢酶系统的重要组成部分，许多维生素能影响药物代谢，但不像蛋白质那样明显，仅在严重缺乏时才表现出来，其机制仍不清楚。

3. 环境

环境中存在多种能影响药物代谢的物质，如放射性物质、重金属、工业污染物、杀虫剂和除草剂等。

大鼠长期饮用铀污染水后，CYP3A1/A2和CYP2B1分别在代谢器官中的表达显著增高。动物长期接触铅可诱导CYP450，而短期与铅接触则会降低药物代谢能力。长期摄入无机汞可能诱导药物代谢，而有机汞则抑制药物代谢。镉作为蔬菜中的污染物及铝制品的杂质，大量摄入会抑制药物代谢酶，机制可能是镉能诱导血红蛋白氧化酶的活性。

杀虫剂是空气、食物和水中普遍存在的一种环境污染物，如全氯五环癸烷和十氯酮对CYP450有一定诱导作用，可增加联二苯及华法林的代谢，而马拉硫磷和对磷酸则对药物代谢有抑制作用。

第五节　药物代谢在合理用药及新药研发中的应用

各种影响药物代谢酶活性的因素都可能导致临床药物治疗时产生代谢差异，使药物在不同个体内的疗效和毒副作用产生差异。随着药物代谢酶的遗传多态性被理解，人们可以预测潜在个体间处置的差异，为临床合理个体化用药提供依据。药物代谢在机体处置药物中起着重要作用，在新药研发中使用药物代谢的方法可以快速筛选出代谢稳定、具有多种清除途径、相互作用可能性低的化合物，加快新药研发进程。通过对药物代谢性质的研究，探索药物代谢的规律，可有目的地提高药物的生物利用度和药效，避免和降低药物的毒副作用。由此可见药物代谢不仅与药效和毒副作用相关，而且与药物制剂设计和提高药物的有效性和安全性密切相关。

一、个体化用药和药物毒性的预测

1. 药物代谢酶与个体化用药

大多数药物代谢酶均产生具有临床意义的遗传多态性，包括Ⅰ相代谢酶（主要为CYP450）和Ⅱ相代谢酶（包括葡萄糖醛酸转移酶、*N*-乙酰基转移酶、磺基转移酶和谷胱甘肽-*S*-转移酶），代谢酶编码基因的多态性通常会导致酶的活性降低或丧失，偶尔可导致酶活性增加，可能改变对底物特异性识别。如氯吡格雷，该药为前体药物，主要依赖CYP2C19代谢生成活性代谢产物，发挥抗血小板凝聚作用。CYP2C19的基因多态性，其酶具有四种不同的代谢表型：超快代谢型、快代谢型、中间代谢型和慢代谢型。常规剂量的氯吡格雷，在慢代谢型患者中产生的活性代谢产物少，抑制血小板聚集作用下降，形成血栓的风险增加；而在超快代谢患者中，出血风险增加，因此CYP2C19基因表型检测结果可以为临床制订治疗方案提供参考。

2. 基于代谢的药物毒性预测

许多药物的毒性是由其代谢产物产生的，且药物代谢存在种属差异，因此，选择何种动物进行毒性研究显得十分重要。在新药研发早期进行体内外代谢研究可以了解药物在实验动物和人之间的代谢方式和途径及差异，为毒性研究特别是实验动物选择等提供重要依据，即尽可能选择与人代谢相近的实验动物进行毒性研究。如生物反应调节剂腈美克松（Ciamexon）在小鼠体内可形成细胞毒代谢物，在大鼠和人体内则无此代谢物，故不宜用小鼠进行其毒性研究。

3. 基于代谢的药物-药物相互作用的合理用药

临床上联合用药或应用数种药物的联合疗法已越来越常见，因此发生药物-药物的相互作用是不可避免的，已成为安全用药的一个重要问题。基于药物代谢的相互作用包括对药物代谢酶活性的诱导或抑制，当药物主要经具有多态性的代谢酶消除时，或由单一被诱导或抑制的代谢酶代谢时，基于代谢的药物相互作用对于临床用药至关重要。黑点叶金丝桃是治疗抑郁症的常用中药，其活性成分贯叶金丝桃素是CYP3A4的诱导剂。当与CYP3A4底物如环孢素、口服避孕药、抗惊厥药物及羟甲基戊二酰辅酶A还原酶抑制剂等合用时，会因血药浓度低于有效浓度而失去疗效。

药物的相互作用有可能产生毒性，这种毒性是十分危险的，应尽量避免。如特非那定与酮康唑合用时，酮康唑可以显著地抑制特非那定的代谢，造成特非那定的血药浓度显著升高，导致致命性的室性心律失常。对于那些治疗窗窄的药物如抗凝药、抗抑郁药和心脑血管药物在联合用药时应格外小心。

二、药物代谢研究在新药研发中的应用

通过药物代谢研究，可以确定药物在体内的主要代谢方式、代谢途径及代谢产物，在此基础上对原型药物及其代谢物的活性和毒性进行比较与分析，阐明药效或毒性产生的物质基础。由于联合用药已成为临床上一种重要的治疗手段，因此药物间的相互作用研究已成为新药研究的一个重要内容。在新药的开发研究阶段就应了解何种代谢酶参与了药物代谢及其本身对代谢酶的影响，对于那些治疗指数小又常与其他药物合用的药物尤为重要。近年来，建立了许多体外代谢模型，在体外进行大规模、高效率和低成本的代谢筛选成为可能，这加快了新药筛选和研发，提高了创新药物研发的成功率，缩短研究周期，降低开发成本。

（1）新药研发中药物代谢研究的作用

在一个药物的整个研发周期中，进行药物代谢研究的类型取决于药物研发的阶段。在药物发现早期，药物代谢实验主要用于筛选化合物和发现其潜在的弱点，而在发现化合物后，进行的代谢实验可以为药物申报提供必要的材料。

（2）筛选新化学实体

有效的药物不仅要有较高的体外活性，还应具有理想的药动学性质，即较高的生物利用度和理想的半衰期。药物早期发现阶段的代谢研究主要作用是筛选一系列化合物，它们具有高度的代谢稳定性、多重清除途径、酶的抑制或诱导可能性低，以及生成反应性中间体可能性低。

（3）药物代谢研究与前体药物设计

前体药物（pro-drug）是指将活性药物衍生化成药理惰性物质，但该惰性物质在体内经化学反应或酶反应后，能够转化成原来的母体药物，再发挥治疗作用。如左旋多巴在体内经酶解脱羧后生成多巴胺而发挥治疗作用。因此，在弄清楚药物代谢规律后，有利于新药的设计与开发研究。

（4）药物的代谢与制剂设计

目前许多药物不能口服给药或口服给药后生物利用度低的一个重要原因是被代谢清除。因此，如何利用制剂技术，尽量减少和避免首过作用，提高药物的生物利用度对临床应用具有重要意义。当药物代谢酶达到最大代谢能力时，会出现饱和现象，表现出代谢能力下降的特征。通过增大给药量或利用某种制剂技术，造成代谢部位局部高浓度，可使药酶饱和来降低代谢的速率，从而增加药物的吸收量。此外，药酶抑制剂可以减少或延缓药物的代谢，提高药物疗效或延长作用时间。根据药酶抑制剂的性质，可设计利用一个药物对药酶产生抑制，从而来减少或延缓另一个药物的代谢，达到提高疗效或延长作用时间的目的。

三、与药物代谢密切相关的外排转运体

P-糖蛋白和 CYP3A 在底物特异性和组织分布上有很大的交叉。P-糖蛋白通过控制底物与 CYP450 酶共同影响药物的代谢。大多数药物的葡萄糖醛酸结合物是 MRP2 或 BCRP 的底物，而大多数磺基结合物是 BCRP 的底物；因此外排转运体在调节胞内药物浓度及代谢产物的浓度中起到重要作用。如环孢素能增加所有他汀类药物的系统暴露，这是肝中代谢酶和外排转运蛋白共同介导的药物-药物相互作用。

第二十五章

药物排泄

药物经机体吸收、分布及代谢等一系列过程，最终排出体外。排泄（excretion）是指体内药物或其代谢物排出体外的过程，它与生物转化统称为药物消除（elimination）。肾排泄（renal excretion）与胆汁排泄（biliary excretion）是最重要的排泄途径。某些药物也可从肠、肺、乳腺、唾液腺或汗腺排出。头孢菌素类、庆大霉素抗生素等药物主要通过肾排泄。β-胆甾醇类药物、水飞蓟素、吲哚美辛等药物主要通过胆汁排泄。气体性以及挥发性药物如吸入麻醉剂、乙醇可以随肺呼气排出体外。地西泮、茶碱从乳汁中排泄的量较大。盐类（主要是氯化物）、水杨酸、尿素可以通过汗液分泌而排出体外。

药物的排泄与药效、药效维持时间及药物毒副作用等密切相关。当药物的排泄速度增大时，血中药物量减少，药效降低至不能产生药效。由于药物相互作用或疾病等因素使排泄速度降低时，血中药物量增大，此时如不调整剂量，往往会产生副作用，甚至出现中毒现象。多数药物经肾排泄，肾功能减退导致药物及其代谢产物在体内的蓄积是引起药物发生不良反应的重要原因之一。例如，去甲哌替啶是哌替啶的代谢物，其镇痛作用虽弱于母体药物但却有致惊厥活性，肾功能不足时去甲哌替啶半衰期显著延长，且易出现激动、震颤、抽搐、惊厥等不良反应。老年人由于肾功能减退，在应用对乙酰氨基酚时，该药半衰期延长可能致肾毒性，如慢性肾炎和肾乳头坏死，长期服用还可能造成肝坏死。因此，若不重视此类患者用药剂量的调整，往往造成药物在体内蓄积中毒而给患者带来严重的毒副作用。

第一节　药物的肾排泄

药物的肾排泄是许多药物的主要消除途径。水溶性药物、分子量小（＜300）的药物以及肝生物转化慢的药物均由肾排泄消除。肾是机体排泄药物及其代谢产物最重要的器官。

肾的基本解剖单位是肾单位，人的左右肾分别有100万～150万个肾单位。肾单位由肾小体、近曲小管、髓袢、远曲小管及集合管组成。肾小体包括肾小球和肾小囊两部分。肾小球是一团毛细血管网，其峡谷端分别与入球小动脉和出球小动脉相连。肾小球的包囊称为肾小囊。它有两层上皮细胞，内层（脏层）紧贴在毛细血管壁上，外层（壁层）与肾小管壁相连；两层上皮之间的腔隙称为囊腔，与肾小管管腔相通。尿的生成有赖于肾小球的滤过作用以及肾小管的重吸收和分泌作用。集合管在功能上和远曲小管密切相关，它在尿生成过程中，特别是在尿液浓缩过程中起着重要作用，每一集合管接收多条远曲小管运来的液体。许多集合管又汇入乳头管，最后形成的尿液经肾盏、肾盂、输尿管而进入膀胱，由膀胱排出体外。

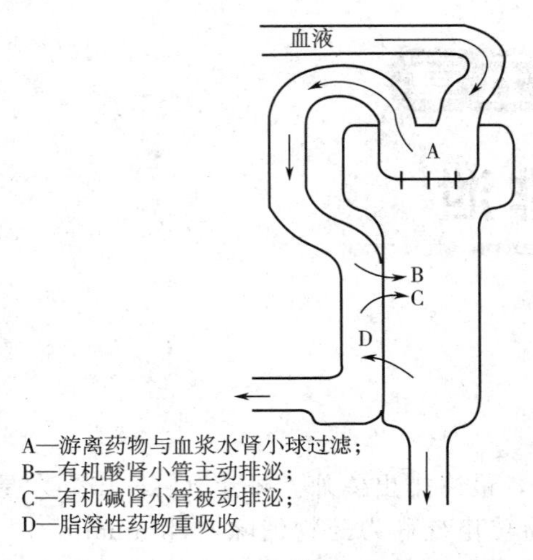

图 4-13　肾排泄药物的示意图

肾的血液供应很丰富。正常成人安静时每分钟有 1200mL 血液流过两侧肾，相当于心排血量的 1/5～1/4。来自肾动脉的血液，由入球小动脉进入肾小球，肾小球毛细血管汇合于出球小动脉离开肾小体。此后，出球小动脉又再次分成毛细血管网，缠绕于肾小管和集合管的周围。由此可见，进入肾的血液要两次经过毛细血管网后才进入静脉，离开肾。肾小球毛细血管网介于入球小动脉和出球小动脉之间，而且皮质肾单位入球小动脉的口径比出球小动脉的粗 1 倍。因此，肾小球毛细血管内血压较高，有利于肾小球的滤过作用；肾小管周围的毛细血管网的血压较低，可促进肾小管的重吸收。

药物的肾排泄模式如图 4-13 所示。药物的肾排泄是指肾小球滤过、肾小管分泌、肾小管重吸收的总和。前两个过程是将药物排入肾小管腔内，后一过程是将肾小管内的药物重新返回至血液中。所以总的排泄率可表示为：

药物肾排泄＝药物滤过＋药物分泌－药物重吸收

一、肾小球的滤过

1. 肾小球滤过

肾小球毛细血管内皮极薄，其上分布着许多直径 6～10nm 的小孔，通透性较高，药物可以以膜孔扩散的方式滤过。当循环血液经过肾小球毛细血管时，血浆中的水和小分子溶质，包括少量分子量较小的血浆蛋白，可以被滤入肾小囊的囊腔而形成滤过液。

肾小球滤过膜小孔的大小是决定其通透性的因素，一般只允许相当于或小于白蛋白分子量大小（约 68000）的分子滤过，因而滤过的蛋白质主要为白蛋白以及其他低分子量的蛋白如溶菌酶（分子量 14000）、β-微球蛋白（分子量 11800）及胰岛素等。这些滤过的蛋白质绝大部分又都在近曲小管被重吸收。

肾小球滤过膜的通透性增高是引起蛋白尿的重要原因。肾炎时产生的抗原-抗体复合物可沉积于基底膜，引起基底膜中分子聚合物结构的改变，从而使其通透性增高，可出现蛋白尿。肾小球滤过膜上皮细胞的间隙变宽时，也会增加肾小球滤过膜的通透性。近年发现，某一物质能否经肾小球滤过，不仅取决于该物质的分子量，而且还和物质所带的电荷有关。因为肾小球滤过膜表面覆盖一层带负电荷的黏多糖，所以带负电荷的分子如白蛋白因受静电排斥作用，正常生理条件下滤过极少。只有在病理情况下，滤过膜表面黏多糖减少或消失时，才会出现蛋白尿。

2. 肾小球滤过率

单位时间内（每分钟）两肾生成的超滤液量称为肾小球滤过率（glomerual filtration rate，GFR）。肾小球滤过率受肾血流量、肾小球有效滤过压、肾小球滤过膜的面积、通透性等因素影响。如果药物只经肾小球滤过，并全部从尿中排出，则药物排泄率与滤过率相等。肾小球滤过率可通过测定菊粉清除率和内生肌酐清除率等方法来测定。外源性物质菊粉（inulin）仅由肾小球滤过而被完全清除，既不存在肾小管重吸收，也不存在肾小管主动分泌，所以常用菊粉的清除率来表示肾小球滤过率。内生肌酐在血浆中的浓度相当低（仅 0.1mg/100mL），近曲小管分泌的肌酐量可忽略不计，因此内生肌酐清除率与菊粉清除率相近，可以代表肾小球滤过率。据测定，体表面积为 1.73m^2 的个体，其肾小球滤过率为 125mL/min 左右。菊粉清除率有性别和动物的种属差异，正常成年男子肾小球滤过率约为 125mL/min，妇女大约低 10%。某些疾病状态造成肾功能不全时，肾小球滤过率常常降低。

二、肾小管重吸收

1. 肾小管重吸收过程

肾小管重吸收是指肾小管上皮细胞将小管液中的水分和某些溶质，部分或全部地转运到血液的过程。正常人每天流过肾的血液为 1700～1800L，其中由肾小球滤过的血液为 170～180L（120～130mL/min）。但正常人的每日排尿量只有 1.5L（1mL/min）左右，可见滤过的绝大部分液体（约 99%）被重吸收。溶解于血浆中的机体必需成分和药物等也反复进行滤过和重吸收。例如，每天由肾小球滤过的葡萄糖约 250g，在近曲小管几乎被全部重吸收。此外，氯化钠（1kg 以上）、碳酸氢钠（500g）、游离氨基酸（100g）、维生素 C（4g）等许多机体所需成分每天都被大量滤过，但绝大部分都被重吸收。氯化钠虽然每天从尿中排出 5～10g，但是排泄量与滤过量相比很少，几乎可以忽略不计。代谢产生的废物、尿酸，几乎不被重吸收，而肌酸酐则完全不被重吸收。

2. 肾小管重吸收方式

如果药物的肾清除率小于预期滤过清除率，则一定有重吸收过程存在。药物的肾小管重吸收有两种方式，主动重吸收（active reabsorption）和被动重吸收（passive reabsorption）。主动重吸收的物质主要是身体必需的维生素、电解质、糖及氨基酸。维生素 C 在肾小管的重吸收依赖于钠离子依赖型载体（Slc23al），其重吸收具有饱和性，当剂量过大时（大于 200mg/d）重吸收不完全，尿液中会发现大量维生素 C。所以单次过量服用并不能达到提高维生素 C 摄入量的目的，应改为小剂量多次服用。

肾在葡萄糖代谢中具有重要作用。葡萄糖转运体是一类镶嵌在细胞膜上转运葡萄糖的载体蛋白质，它广泛分布于体内各种组织。根据转运葡萄糖的方式分为两类：一类是 SGLT，以主动转运的方式逆浓度梯度转运葡萄糖；另一类为 GLUT，以易化扩散的方式顺浓度梯度转运葡萄糖，其转运过程不消耗能量。在生理条件下，葡萄糖的重吸收几乎是完全彻底的，几乎没有葡萄糖从尿液中排出。

同葡萄糖相似，氨基酸同样不能自由通过细胞膜，需要细胞膜上相应转运蛋白的协助。在这个过程中，相关转运体的活性起着关键的作用。根据转运体的底物特异性和动力学特性，目前已经确定的氨基酸转运系统有 15 种以上。根据其转运氨基酸种类的不同，可以分为三大类：中性氨基酸转运体、碱性氨基酸转运体和酸性氨基酸转运体。

小肽转运体（PepT）属于依赖质子的寡肽转运体（POT）家族的成员，它主要转运绝大多数的二肽和三肽，以及一些肽类药物。它是以 H^+ 梯度为动力，将小肽从细胞外转运到细胞内的一种蛋白质。

被动重吸收是指物质顺电位梯度、浓度梯度或电化学梯度，从肾小管腔转运到小管外组织间隙液中的过程。被动重吸收无须消耗能量。一般来说，水、大部分 Cl^- 和尿素等都属于被动重吸收。被动重吸收取决于小管上皮细胞对所吸收的物质所具有的一定的通透性，被动重吸收主要在远曲小管进行。通过肾小球滤过的水分 80%～90%在近曲小管被重吸收，其余水分可在远曲小管和集合管重吸收。随着水分的重吸收，药物在原尿中浓缩，在管腔内液和肾小管体液间产生浓度梯度，有利于被动转运药物的重吸收。大多数外源性物质如药物的重吸收主要是被动过程，其重吸收的程度取决于药物的脂溶性、pK_a、尿量和尿的 pH。

三、肾小管的主动分泌

1. 肾小管的主动分泌过程

肾小管分泌是将药物转运至尿中排泄，该过程是主动转运过程。肾小管和集合管上皮细胞除了重吸收机体需要的物质外，还可将自身代谢产生的物质，以及某些进入体内的物质通过分泌过程排入肾小管液，以保证机体内环境的相对恒定。分泌时物质转运的方向与重吸收相反，如果药物的清除率超过肾小球滤过率，则提示该药有肾小管分泌现象存在。许多有机弱酸性和弱碱性药物都可以通过这种机制转运到尿中，如对氨基马尿酸等有机弱酸，胍和胆碱类有机弱碱等都在近曲小管处通过主动分泌排泄到尿中。青霉素、呋塞米和依他尼酸等药物由于血浆蛋白结合率高，很少被肾小球滤过，主要由近曲小管排入肾小管液，因而不经过肝代谢也能很快被消除。

2. 肾小管的主动分泌机制

肾小管分泌具有如下特征：①需要载体参与；②需要能量，可受 ATP 酶抑制剂二硝基酚（DNP）抑制；③由低浓度向高浓度逆浓度梯度转运，某些药物如青霉素 G 只需要通过一次肾血液循环就可以从血浆中几乎完全被清除；④存在竞争抑制作用；⑤有饱和现象，当血药浓度逐渐升高时，肾小管分泌量将达到特定值；⑥血浆蛋白结合率一般不影响肾小管分泌速度，是由于在主动分泌部位，未结合型药物转运后，结合型药物能很快解离之故。

从肾小管分泌的药物主要为有机酸和有机碱，它们是通过两种不同的机制进行分泌的。属于同一分泌机制的物质间可能存在竞争性抑制，但两种分泌机制之间不干扰，也互不影响。

（1）阴离子分泌机制

有机酸的分泌主要是通过阴离子分泌机制进行，故阴离子的分泌机制亦称为有机酸分泌机制。有机阴离子转运体可以表达在体内多种组织器官的细胞膜，尤以肝、肾、小肠等排泄器官为主。有机阴离子转运体（organic anion transports，OATs）具有相似的底物专属性，小分子的有机阴离子如对氨基马尿酸（paminohippuric acid，PAH）、甲氨蝶呤（methotrexate，MTX）、非甾体抗炎药以及抗病毒核苷类似物等均为 OATs 的底物。由于转运阴离子的载体特异性较差，许多阴离子都可与之结合而转运，同时根据其与载体的亲和力大小出现竞争性抑制作用。

（2）阳离子分泌机制

有机碱的分泌通过阳离子分泌机制进行，故阳离子的分泌机制亦为有机碱分泌机制。许多有机胺类化合物，在生理条件下呈阳离子状态，可通过近曲小管分泌，使其在尿液中的排泄速度增加。肾有机阳离子转运体家族主要包括有机阳离子转运体、有机阳离子/肉毒碱转运体、多药及毒素外排转运体和多药耐药蛋白Ⅰ等。

四、清除率

1. 清除率的概念

常用肾清除率（renal clearance，Cl_R）定量地描述药物通过肾的排泄效率。严格地说，肾清除率应称为“肾排泄血浆清除率”，是指肾在单位时间内能将多少容量（通常以 mL 为单位）血浆中所含的某物质完全清除出去，这个被完全清除了某物质的血浆容积

（mL）就称为该物质的血浆清除率（常以 mL/min 表示）。在实际工作中简称为肾清除率。肾清除率能够反映肾对不同物质的清除能力，肾对某药物清除能力强时，就有较多血浆中的药物被清除掉。

2. 清除率的加和性

符合线性药物动力学的药物的清除率具有加和性，即：药物的清除率等于药物的肾清除率与非肾清除率的总和，可以用下式表示

$$Cl_{T}=Cl_{R}+Cl_{NR} \tag{4-14}$$

式中，Cl_{R}为肾清除率；Cl_{NR}为经非肾途径药物的清除率。

3. 肾清除率的计算

当药物的尿排泄率与血浆药物浓度成正比时，其排泄率为：

$$\text{肾排泄率(每分钟肾排泄率)}=\text{血浆浓度}(c)\times\text{肾清除率}(Cl_{R})$$

假定 U 为尿中某药物的浓度（mg/mL）；V 为每分钟的尿量（mL/min），则每分钟从尿中排出该药物的尿量为 $U\cdot V$ 除以该药物在每毫升血浆中的浓度 c(mg/mL)，就可以得到肾每分钟清除了 Cl_{R} 毫升的药物，故肾清除率应为：

$$Cl_{R}=\frac{\text{排泄速度}}{\text{血药浓度}}=\frac{U\cdot V}{c} \tag{4-15}$$

从生理机制来看，肾清除率可以看作：

$$Cl_{R}=\frac{\text{滤过速度}+\text{分泌速度}-\text{重吸收速度}}{\text{血浆药物浓度}} \tag{4-16}$$

肾清除率是一个抽象的概念，所谓每分钟被完全清除了的某物质的体积（mL），仅是一个推算的数值。实际上，肾并不一定把 1mL 血浆中的某药物完全清除掉，可能仅仅清除其中的一部分。但是，肾清除该药物的量可用相当于多少毫升血浆中所含的该物质的量表示，可见肾清除率所表示的血浆毫升数是一个相当量。以青霉素为例，例如青霉素在血浆中的浓度为 2μg/mL，尿中青霉素浓度为 30μg/mL，每分钟排出的尿液为 2mL，那么每分钟排泄的青霉素量就是 30(μg/mL)×2(mL/min)=60(μg/min)，则青霉素的清除率为 $Cl_{R,\text{青霉素}}$=60(μg/min)/2(μg/mL)=30(mL/min)，即肾每分钟能将 30mL 血浆中的青霉素排出体外。

4. 肾清除率和肾功能

影响肾清除率的因素包括血浆药物浓度、药物-血浆蛋白结合率、尿液的酸碱度、尿量和肾疾病状态等。药物通过肾小球滤过和分泌进入肾小管，而滤过的药物仅为未与蛋白结合的药物。当肾小球的滤过能力由于疾病的影响减弱时，主要依靠此机制排泄药物的排泄量减少，药物的半衰期延长。

5. 基于肾清除率推测排泄机制

通过肾清除率能够推测药物排泄的机制。若一种药物只有肾小球滤过而没有肾小管分泌或吸收，则该药肾清除率等于肾小球的滤过率，即该药的肾清除率的正常值为 125mL/min。实际工作中可以采用肾小球滤过率 GFR 为指标，来推测其他各种物质通过肾的变化。若某一物质在血浆中未结合药物的比例分数为 f_{u}，且只有肾小球滤过，所有滤过的物质均随尿排泄，则肾清除率等于 $f_{u}\cdot$GFR（125mL/min）。若某一物质的肾清除率低于 $f_{u}\cdot$GFR，则表示该物质从肾小球滤过后有一定的肾小管重吸收。反之若肾清除率高于 $f_{u}\cdot$GFR，则表示除肾小球滤过外，肯定存在肾小管分泌排泄，可能同时存在重吸收，但必定小于分泌。例如尿素的肾清除率为 78mL/min，由此可判断尿素可被肾小管重吸收；菊粉的肾清除率为 125mL/min，可以推断菊粉仅由肾小球滤过排泄，无肾小管重吸收和肾小管分泌。

第二节　药物的胆汁排泄

胆汁排泄是肾外排泄中最主要的途径。对于那些极性太强而不能在肠内重吸收的有机阴离子和阳离子来说，胆汁排泄是其重要的消除机制。

一般来说，药物通过门静脉或肝动脉进入肝血液循环，经肝细胞的血管侧膜摄取进入肝细胞内，在肝细胞内药物经过氧化、还原、水解和结合等代谢反应后其最终产物经肝细胞的胆管侧膜排泄入胆汁，最后经胆汁排入肠道。在肝细胞的血管侧膜和胆管侧膜上存在着很多药物转运蛋白，这些药物转运蛋白将药物从血管侧膜摄取入肝，然后通过胆管侧膜向胆汁分泌，以排至肝外。

机体中重要的物质如维生素 A、维生素 D、维生素 E、维生素 B_{12}、性激素、甲状腺素及这些物质的代谢产物从胆汁中排泄非常显著。某些药物及食品添加剂也主要从胆汁中排泄。药物包括其代谢产物都可以由胆汁排泄，并往往是主动分泌过程。多数药物的胆汁清除率很低，但也有一些药物胆汁清除率较高。高胆汁清除率的药物往往具有以下特点：能主动分泌；药物是极性物质；分子量超过 300。

肾和肝胆是机体重要的排泄器官，二者的排泄能力存在相互代偿现象。如大鼠结扎肾动脉和静脉后，头孢唑林经胆汁排泄增加 4.5 倍。而结扎胆管，头孢唑林的肾排泄率从 16%增加到 50%。

一、药物胆汁排泄的过程与特性

1. 胆汁清除率

胆汁中未被重吸收的药物通过粪便排出体外，其排泄率可用清除率来表示：

$$胆汁清除率=\frac{胆汁排泄速度}{血浆药物浓度}=\frac{胆汁流量\times 胆汁药物浓度}{血浆药物浓度} \tag{4-17}$$

胆汁由肝细胞分泌产生，经毛细胆管、小叶间胆管、左右胆管汇入肝总管，再经胆囊管流入胆囊中贮存和浓缩。当消化活动开始时，胆汁从胆囊排出至十二指肠上部。成年人一昼夜分泌胆汁 800～1000mL。

2. 药物胆汁排泄的机制

药物胆汁排泄是一种通过细胞膜的转运过程，其转运机制可分为主动转运和被动转运。

（1）胆汁排泄的被动转运

血液中的药物向胆汁被动转运有两种途径：一种是通过细胞膜上的小孔扩散，即膜孔滤过，小分子药物通过此种方式转运；另一种是通过细胞膜类脂质部分扩散，油/水分配系数大和脂溶性高的药物通过此种方式转运。被动转运在药物胆汁排泄中所占比重很小。甘露醇、蔗糖、菊粉的胆汁排泄均属于被动转运过程。这类物质从胆汁中的排泄量较少。

（2）胆汁排泄的主动分泌

许多药物或其代谢物在胆汁中的浓度显著高于血液浓度，它们从胆汁中的排泄属于主动转运过程。通常情况下，药物经血液进入肝，在肝细胞内通过Ⅰ相或Ⅱ相酶介导的代谢反应转化为多种氧化或结合代谢产物，或以原型或其代谢物通过胆汁分泌过程排至体外。在这一系列过程中，除被动扩散外，肝细胞血窦侧的摄取转运体协助底物运输至肝细胞内；而胆小管侧和血窦侧的外排转运体则负责将药物或代谢物排至胆汁或重新转运回血液。目前已知肝细胞至少存在 5 个转运系统，分别转运有机酸（如对氨基马尿酸、磺溴酞钠、青霉素、丙磺舒、酚红、噻嗪类药物等）、有机碱（如普鲁卡因、红霉素等）、中性化合物（如强心苷、甾体激素等）、胆酸及胆汁酸盐和重金属（如铅、镁、汞、铜、锌等）。肝中外排转运体包括表达于血窦侧的 MRP3、MRP4、MRP6 以及 OSTα-OSTβ，和胆小管侧的 P-gp、MRP2、BCRP、BSEP 以及 MATE1，见表 4-8。

表 4-8　肝胆管侧膜药物转运体

转运体	转运物质	典型药物
P-糖蛋白（P-gp）	脂溶性较高的阳性或中性药物	多柔比星、长春新碱、红霉素、塞利洛尔、地西泮等
多药耐药相关蛋白 2（MRP2）	阳离子化合物及共轭代谢物	普伐他汀、替莫普利拉、甲氨蝶呤、多柔比星、顺铂
胆酸盐外排转运蛋白（BSEP）	未共轭结合的胆酸盐	牛磺胆酸盐、甘氨胆酸盐、胆酸盐、牛磺石胆酸、牛磺鹅去氧胆酸、牛磺脱氧胆酸钠、牛磺熊去氧胆酸、他莫昔芬
乳腺癌耐药蛋白（BCRP）	某些药物的胆汁排泄	多种抗癌药如甲氨蝶呤、多柔比星等

二、肠肝循环

1. 肠肝循环的概念

从胆汁排出的药物，先贮存在胆囊中，然后释放进入十二指肠。有些药物可由小肠上皮细胞吸收，有些在肝代谢为与葡萄糖醛酸结合后的代谢产物，在肠道被菌丛水解成母体药物而被重吸收。如氯霉素、酚酞等在肝内与葡萄糖醛酸结合后，水溶性增高，分泌入胆汁，排入肠道，在肠道细菌酶作用下水解释放出原型药物，又被肠道吸收进入肝。这种经胆汁或部分经胆汁排入肠道的药物，在肠道中又重新被吸收，经门静脉又返回肝的现象，称为肠肝循环（enterohepatic cycle）。吲哚美辛是一种人工合成的非甾体类解热镇痛抗炎药，在胆汁中以葡萄糖醛酸-吲哚美辛的形式出现，吸收后进入肝肠循环经胆道排泄入肠，再由肠道吸收，其肠肝循环途径如图 4-14 所示。此外，己烯雌酚、洋地黄毒苷、氨苄西林、卡马西平、螺内酯、胺碘酮、雌二醇、多柔比星、氯丙嗪等药物都存在肠肝循环。

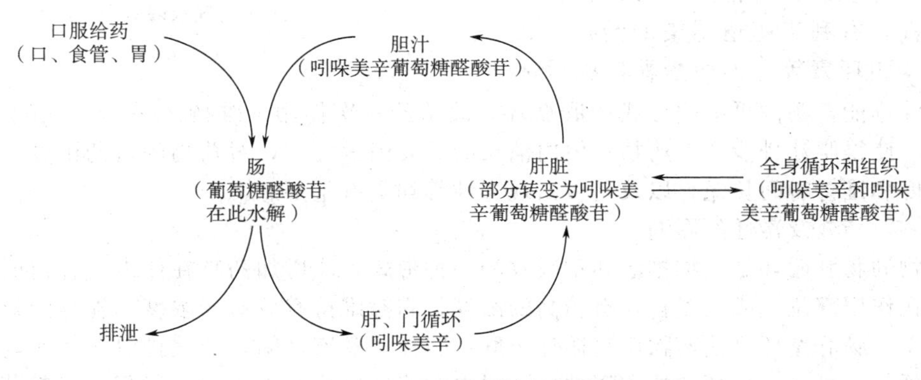

图 4-14　吲哚美辛的肠肝循环

肠肝循环的影响因素包括药物的性质（化学性质、极性以及分子大小）、肝内生物转化作用、在胆小管内的重吸收，肠道内吸收的程度，肠壁上 P-gp 的数量以及肠壁的代谢作用等。例如葡萄糖醛酸化是对乙酰氨基酚在肝内所进行的主要代谢反应，对乙酰氨基酚-

葡萄糖醛酸由胆汁排泄，到达小肠后受肠道菌群作用随即进行水解，释放出游离的对乙酰氨基酚被大量重吸收，从而形成肠肝循环。对乙酰氨基酚-葡萄糖醛酸的胆汁排泄受多药耐药相关蛋白 3（MRP3）的调节，上调 MRP3 的表达可在一定程度上降低该药的肠肝循环作用。另外，他汀类药物如普伐他汀的胆汁排泄受肝细胞摄取转运蛋白和外排转运蛋白产生的协同作用的影响。因而，上述转运蛋白的活性就会影响普伐他汀的胆汁排泄，进而影响到药物的肠肝循环。

吲哚菁绿、地高辛、红霉素等药物以原型形式从胆汁排出。吲哚美辛、酚酞、吗啡等药物则以葡萄糖醛酸苷形式从胆汁排泄，在消化道中受消化酶、肠壁酶或肠内菌丛分解转变为原来的化合物，脂溶性增大，被肠道重吸收入肝静脉。如果这些酶或肠道内菌丛被抑制，则肠肝循环减少，药物体内半衰期缩短。若用葡萄糖二酸 1,4-内酯抑制肠内 β-葡萄糖醛酸苷转移酶，则肠肝循环受抑制。又如用新霉素或卡那霉素抑制肠内细菌，则肠肝循环也减少。

2. 药物的双峰现象

某些药物因肠肝循环可出现第二个血药浓度高峰，称为双峰现象（如图 4-15 所示）。安普那韦是一种抗 HIV 蛋白酶抑制剂，其和葡萄糖醛酸的结合物通过胆汁排泄到小肠，在肠道内受酶和细菌的作用分解为原型药物，脂溶性增大，被肠道重新吸收进入门静脉，随后进入全身血液循环，出现第二个血药浓度的高峰并且药物的清除速率减慢。

对某些口服给药的药物来说，肠肝循环是引起血药浓度-时间曲线双峰现象最主要的原因。此外出现双峰现象的原因还有胃排空延迟药物在不同部位吸收速率不同和制剂原因，如同时含有速释成分和缓释成分等。

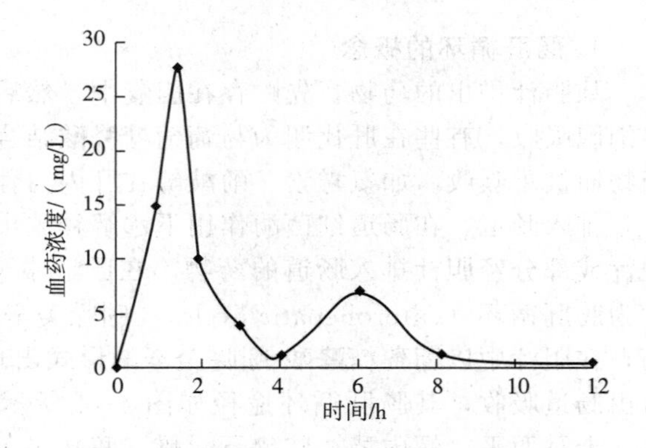

图 4-15 肠肝循环引起血药浓度-时间曲线图出现双峰现象

3. 肠肝循环的意义

具有肠肝循环的药物，药物血药浓度下降减慢，药物作用时间延长，药物的生物利用度提高。如果阻断药物的肠肝循环，则会加速该药物的排泄。有的抗菌药物存在胆汁排泄，因而在胆道内浓度较高，有利于胆道感染的治疗，如红霉素、四环素等。再如酚酞口服后部分由胆汁排泄，肠内再吸收形成肠肝循环，故给药一次作用可维持 3～4 天。由于存在肠肝循环，使得胆汁排泄成为药物在体内消长的重要因素之一，对药物的血药浓度、药物疗效的强度和维持时间长短，以及是否出现毒性等均具有重要意义。

（1）对药效及毒性的影响

药物的肠肝循环是药物排泄和重吸收的一种形式，能增加药物在体内的存留时间，保证药物在作用部位（或靶器官）有较高的浓度，它对维持有效血药浓度，提高疗效有一定临床意义。肠肝循环可使药物反复循环于肝、胆汁、肠道之间，延缓排泄而使血药浓度维持时间延长，可以提高药物的利用效率，但也可能造成药物在体内的蓄积，引起药物中毒反应。临床应用时应该对这一类药物进行血药浓度监测，必要时可应用考来烯胺等药物人为终止肠肝循环。

（2）对给药间隔及合并用药的影响

由于具有肠肝循环的药物体内作用时间延长，因此在药物的给药剂量和给药时间间隔上均与无肠肝循环的药物不同，特别是具备多次肠肝循环的药物，应适当延长给药间隔，防止药物过量服用。另外，合并用药时也应考虑肝肠循环因素。如利福平可促进雌激素的代谢或减少其肠肝循环，降低口服避孕药的作用，导致月经不规则，月经期间出血和计划外妊娠。所以，患者服用利福平时，应改用其他避孕方法。

（3）对前药设计的意义

胆酸具有刚性的甾体骨架结构，对映异构体纯度高，易于制备成各种衍生物，运载药物能力强以及具有肠肝循环的器官特异性。这些特点使得胆酸成为研发具有药理活性前体药物和杂交分子很受欢迎的工具。为了改善药物的肠道吸收，提高药物（尤其具有肠肝循环现象的药物）制剂的代谢稳定性，也为了将活性药物的血药浓度长期维持在合理的治疗范围内，可以将胆酸和药物连接制备胆酸-药物杂交分子或者开发属于胆酸衍生物的前药。

另外，靶向肠肝循环中胆盐再吸收相关载体，属于胆酸衍生物的前药，也是前药设计中非常重要的设计原则之一。例如，胆酸的肠肝循环需要一种钠离子依赖型转运蛋白（ASBT）的参与。Taslim A. Al-Hilal 等人，将低分子量肝素与脱氧胆酸相连，得到四种前药。低分子量肝素-脱氧胆酸四聚物与 ASBT 的亲和性最高，且 ASBT 介导的药物细胞摄取增加，细胞穿透能力也增强。实验表明与低分子肝素单药相比，低分子量肝素-脱氧胆酸四聚物具有更显著的抗血栓作用，且口服时生物利用度提高了 3 倍。

肿瘤治疗中化疗药物因为不能有效地在肿瘤细胞中聚积，应用受到限制。氟脲苷常用于肝癌的治疗，Diana Vivian 等人将其与鹅去氧胆酸连接制备了一种前药，并且证明该前药的细胞摄入依赖于 Na^+ 依赖型胆酸载体，即 Na^+ 牛磺胆酸盐-同向转运多肽（NTCP）的作用。NTCP 在很多种肝肿瘤细胞表面均有表达，能够以高亲和性的方式有效地介导肝细胞对氟脲苷-鹅去氧胆酸的摄取，达到靶向肝组织治疗癌症的目的。

在前药设计中，制备葡萄糖醛酸苷化的药物是非常重要的一类前药设计原则，如抗肿瘤药物发生苷化反应制备的 β-葡萄糖醛酸-药物结合物。将多柔比星用葡萄糖醛酸苷化制备多柔比星前药，该药能选择性地在肿瘤细胞中被细胞外的 β-葡萄糖醛酸酶激活，其治疗作用也相应地提高。另外，靶向肠肝循环中胆盐再吸收相关载体，也是前药设计中非常重要的设计原则之一。

三、药物的其他排泄途径

1. 药物从乳汁排泄

化学物质通过乳汁排泄可使婴儿的安全受到一定影响，在新药开发过程中往往要求进行乳汁排泄试验。药物从母血通过乳腺转运，血浆和乳汁被乳腺的上皮细胞膜分隔开，药物的转运主要受下列因素影响：①药物的浓度梯度；②药物的脂溶性；③血浆与乳汁的 pH；④药物分子量大小。虽然大多数药物进入乳汁的量不多，但由于婴儿的肝、肾功能未发育完全，对药物的代谢与排泄能力低，有可能造成一些药物在婴儿体内累积，导致婴儿产生毒副作用。

2. 药物从唾液中排出

药物主要通过被动扩散方式由血浆向唾液转运。转运速率与药物的脂溶性、pK_a 和蛋白结合率等因素有关。游离的脂溶性药物以原型在唾液与血浆之间形成扩散平衡，与蛋白结合的药物和非脂溶性药物不能进入唾液，因此药物在唾液中的浓度近似于血浆中游离药物的浓度。蛋白结合率高的药物，则唾液浓度较血浆低得多。脂溶性的弱酸性或弱碱性药物，唾液 pH 是影响解离型药物唾液浓度的主要因素。也有一些药物是以主动转运方式，由血浆向唾液转运。可以利用唾液中药物浓度与血浆药物浓度比值相对稳定的规律，以唾液代替血浆样品，研究药物动力学。

3. 药物从肺排泄

吸入麻醉剂、二甲亚砜以及某些代谢废气可随肺呼气排出，该类物质的共同特点是分子量较小、沸点较低。影响药物肺排泄量的因素有肺部的血流量、呼吸的频率、挥发性药物的溶解性等。其中药物在血液中的溶解度是决定药物经呼吸系统排泄速率的判断指标。

4. 药物从汗腺和毛发排泄

某些药物及机体正常代谢产物可以随汗液向外界排泄。药物由汗液排泄主要依赖于分子型的被动扩散。毛发中虽然只有微量的药物排泄，但对于某些有毒物质的检测来说，测定毛发中的药物排泄具有重要意义。

第三节　影响药物排泄的因素

本节主要探讨影响药物肾排泄和胆汁排泄的因素。

一、生理因素

1. 血流量

当肾血流量增加，经肾小球滤过和肾小管主动分泌两种机制排泄的药物量都将随之增加。血流量对肾小球滤过率影响较大，肾血流量增加时有效滤过压和滤过面积增加，肾小球滤过率将随之增加。通常情况下，在一般的血压变化范围内，肾主要依靠自身调节来保持血流量的相对稳定，以维持正常的泌尿功能。实验证明，当全身平均动脉压波动在10.7～24kPa（80～180mmHg）时，通过肾的自身调节，肾血液灌流量仍可维持相对恒定。但当平均动脉压低于8.0kPa（60mmHg）时，肾血液灌流量即明显减少，并有肾小动脉的收缩，因而可使GFR减少，使药物排泄量明显减少。

肝提取率高的药物，肝血流量增加，药物经肝消除加快对于肝提取率低的药物，肝血流量对肝清除率影响不大。主要通过主动扩散被肝细胞摄取的药物，其胆汁排泄主要是受药物向肝中的运输速度，比如血流量所限制。但是对于极性大的药物，通过主动转运机制进入细胞的药物受肝血流量的影响不大。

2. 胆汁流量

胆汁流量的改变会影响经胆汁排泄药物的排泄。胆汁的生成过程非常复杂，每天的生成量为100～200mL，随着人们的活动、饮食的质和量以及饮水量的不同而变化，进餐时肝产生的胆汁比平时要多。如在蛋白质分解产物、脂肪等物质作用下，小肠上部的黏膜可生成胆囊收缩素，它通过血液循环兴奋胆囊平滑肌，引起胆囊的强烈收缩和括约肌的舒张，因而促进胆汁的排出。当胆汁流量增加时，肝细胞中药物扩散进入胆汁的量以及由胆囊排泄进入肠道内的药物量均增加，因此主要经胆汁排泄途径排出的药物量增加。降低胆汁流量，则会降低某些以胆汁排泄为主要排泄途径的药物的排泄量。

3. 尿量

尿量增加时，药物在尿液中的浓度下降，重吸收减少；尿量减少时，药物浓度增大，重吸收也增多。临床上有时通过增加液体摄入合并应用甘露醇等利尿剂，以增加尿量而促进某些药物的排泄。这种方法对于某些因药物过量而中毒的患者解毒是有益的。但在强迫利尿时，肾排泄必须是药物的主要排泄途径。如果药物的重吸收对pH敏感，那么在强迫利尿的同时控制尿液pH将会更有效。如尿液呈酸性和碱性时，苯巴比妥（$pK_a=7.2$）的肾清除率均与尿量呈线性关系；当采用渗透性利尿药或甘露醇增加利尿作用，使24h内尿量达12L，并用碳酸氢钠或乳酸钠碱化尿液时，苯巴比妥离子化程度提高，肾小管重吸收量减少，尿排泄量增加，可使苯巴比妥中毒昏迷的时间缩短2/3左右。苯巴比妥肾清除率随尿量的变化如图4-16所示，可见其肾清除率既对尿pH敏感，又呈尿量依赖性。

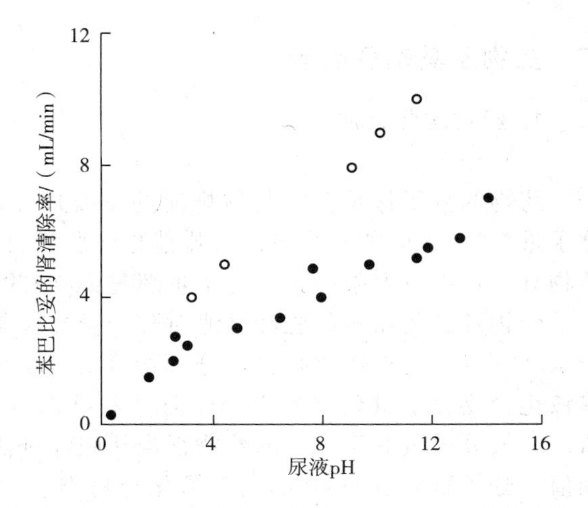

图4-16 苯巴比妥肾清除率随尿量和尿pH值的变化

○碱化尿液 ●未碱化尿液

4. 尿的pH

对于弱酸和弱碱来说，尿pH是影响重吸收的另一因素，尿液pH影响药物的解离度，从而影响药物的重吸收。临床上可用调节尿液pH的方法影响药物的解离度，从而影响药物的重吸收。例如巴比妥类、水杨酸类等弱酸性药物中毒，可服用碳酸氢钠碱化尿液，加速药物的排出；相反，氨茶碱、哌替啶及阿托品等弱碱性药物中毒，酸化尿液可加速药物的排泄。

对于弱酸来说，pH升高将增加解离程度，因此重吸收减少，肾清除率增加。pK_a等于或小于2的弱酸，在通常尿pH环境下完全解离，因此不被重吸收，其肾清除率通常较高且对尿pH变化不敏感。反之，pK_a大于8.0的弱酸，如苯妥英，在正常尿pH范围内基本不解离，其清除率始终较低，对尿液pH变化不敏感。只有pK_a介于3和7.5之间的非极性酸，其肾清除率与尿的pH变化密切相关。

一般来说，pK_a接近或大于12的强碱性药物，如胍乙啶，在尿的任何pH范围内均呈解离状态，几乎不被重吸收，其肾清除率也不受尿液pH的影响。pK_a等于或小于6的弱碱非极性药物，由于其解离部分具有足够的通透能力，在尿的任何pH时均可被重吸收。这类药物的肾清除率可能会随尿的pH有所波动，但清除率仍然很低，尤其是在血浆蛋白结合率较高时。pK_a介于6与12之间的非极性药物的重吸收变化较大，可以从无重吸收到完全重吸收，其肾清除率可随尿pH的变化而波动。

5. 药物转运体

肾转运体在肾处置药物过程中发挥重要作用。肾小管分泌和重吸收过程是由多种转运体介导的。肾小管分泌主要是由位于基底侧膜的摄取型转运体和位于刷状缘侧膜的外排型转运体介导的，摄取型转运体包括OATs、OCT；外排型转运体包括OCT4、P-gp、多药耐药相关蛋白（MRPs）等。肾小管重吸收转运体包括OAT-K2、OAT4、PEPT2、GLUTs等。在药物排泄中，有机阴离子和有机阳离子转运体是参与肾小管分泌的两大主要载体系统；葡萄糖转运体、氨基酸转运体和小肽转运体是参与肾小管药物重吸收的重要载体系统。

目前已知有很多位于肝窦状隙和肝小管膜转运体家族成员在药物胆汁排泄中发挥着重要的作用。由于药物的胆汁排泄绝大多数情况是主动转运机制，因此，影响到主动转运过程的因素都会影响到药物的胆汁排泄。

6. 其他（年龄、种族、性别等）

经肝肾消除的药物量也受年龄和性别的影响，幼儿和老年人的肝肾功能均低于成年人，所以药物消除能力也较低。研究发现成年男性肾清除能力比女性要高10%。其他的因素如遗传因素（基因组成）、生理节律、种属差异等也会影响药物的排泄特征。

二、药物及其剂型因素

1. 药物理化性质

(1) 分子量

药物的分子量是影响药物排泄的重要理化因素。分子量<300 的药物主要经肾排泄，分子量 300～500 的药物既经肾排泄也经胆汁排泄，分子量>500 的药物主要经胆汁排泄。药物分子量亦有上限阈值，分子量超过 5000 的大分子化合物胆汁排泄量极少。

药物及其代谢物的胆汁排泄对分子量要求非常严格。对于大鼠、豚鼠及家兔来说，分子量 200 以上的季铵化合物，分子量 300 以上的芳香族阴离子易从胆汁排泄。对于人体，季铵化合物分子量只有大于 300 时才易从胆汁排泄，此称为季铵化合物分子量的下限阈值。一般分子量低于 300 的药物很难从胆汁排泄，主要从尿中排泄。药物分子量亦有上限阈值，分子量超过 5000 的大分子化合物难以向肝细胞内转运，故胆汁排泄量极少。分子量在 500 左右的药物有较大的胆汁排泄率。

(2) 水溶性/脂溶性

与体内其他生物膜一样，肾小管管腔壁细胞的类脂膜结构是水溶性电解质物质的屏障。因此，脂溶性大的非解离型药物重吸收程度大，如脂溶性大的硫喷妥，经肾小球滤过后，几乎全部通过肾小管的重吸收返回血液循环，自尿中排泄量很小。相反，一些季铵盐类药物脂溶性很小，几乎不被重吸收，能迅速自尿中排泄。

对于胆汁排泄来说，一般极性大的药物易于从胆汁排泄。如磺胺噻唑及其 N_4-乙酰化物的胆汁排泄率极少，在 N_4上引入羧酰基时排泄量增大。利福霉素是胆汁排泄显著的药物，给药后不能充分向体内组织转运，口服时这种倾向更加显著。但只要把利福霉素的结构适当改造，使其极性减小，胆汁排泄就会发生明显变化。根据这一理论合成的衍生物利福平胆汁排泄量少，口服能达到预期效果。

(3) 药物的 pK_a和解离状态

药物由于其 pK_a不同，在体内不同的 pH 环境中解离状态不同，影响药物的扩散或重吸收而影响经肾或胆汁排泄。对于弱酸性药物来说，pH 升高将增加解离程度，因此重吸收减少，肾清除率增加。对于弱碱性药物来说，pH 升高则解离程度减少，重吸收增加，肾清除率减少。但是强酸性、强碱性药物以及在尿液 pH 范围内不会发生解离的弱酸和弱碱类非极性药物受 pH 的影响较小。

2. 药物血浆蛋白结合率

药物和血浆蛋白结合后不能经肾小球滤过消除，经肾小球滤过的原尿中主要含游离的原型药物和代谢物，所以主要依靠肾小球滤过排泄的药物量减少，如胆囊造影剂碘酚酸与血浆白蛋白高度结合，半衰期长达 2.5 年。但是经主动分泌机制排泄的药物量受其影响较小。通过扩散过程进入肝细胞被代谢消除的药物与药物和血浆蛋白的结合率成反比，如果涉及主动转运机制，其消除不受结合影响。

3. 药物体内代谢过程及代谢产物的性质对排泄的影响

到达肝的药物与葡萄糖醛酸、谷胱甘肽结合或者是发生其他生物转化后，可使药物的极性或水溶性增加，有利于从尿或胆汁排出；但是甲基化和乙酰化会使药物的极性下降，不利于排泄。

4. 药物制剂因素对排泄的影响

(1) 不同剂型和给药途径对药物排泄的影响

剂型对药物的排泄也有重要影响。服用不同剂型（颗粒剂、混悬剂、溶液剂）的水杨酰胺 1g 后，发现颗粒剂中药物的硫酸结合物排泄量最多，混悬剂次之，溶液剂最少。颗粒剂服用后药物要经一个溶出过程才能到达吸收面，有一个逐渐吸收的过程，因而不易出现药物-硫酸结合反应的饱和状态，最终使尿中药物-硫酸结合物排泄量明显增加。给药途径也会影响药物的胆汁排泄，比如，口服给药与静脉注射给药相比，药物更大程度上被运入肝，经胆汁排泄途径而排出体外。

（2）制剂中不同药用辅料或赋形剂对药物排泄的影响

制剂中一些常用的辅料如二甲亚砜（DMSO）、丙二醇、Tween 80 等会影响药物的排泄。DMSO 具有渗透性利尿作用，可以使肾小球滤过率增加。丙二醇作为注射剂的辅料使用时具有肾毒性，可以改变药物的肾排泄。研究报道 Tween 80 可以增加甲氨蝶呤在尿液和胆汁中的排泄量。非离子表面活性剂如 Tween 80、PEG 400、聚氧乙烯蓖麻油、聚氧乙烯醚（40）可以通过抑制细胞色素 P450 的活性，影响药物在体内的生物转化作用，间接影响药物的排泄。

（3）新型制剂对药物排泄的影响

近年来，药物被装载于纳米载体中制备新型制剂应用于临床疾病治疗，载体的粒径大小会影响药物的排泄。载体在肾小球滤过需要通过血管内皮细胞膜、肾小球基膜和肾小球上皮细胞膜三层，通过三层膜的生理空隙为 4.5～5nm，因而，一般认为粒径小于 6nm 的纳米药物载体会被肾滤出清除。一些具有主动靶向的纳米药物载体可靶向递送药物于特定器官或组织，对药物的排泄具有一定影响。如肾靶向前体药物雷公藤内酯醇-溶菌酶结合物，其可以靶向于肾近端小管细胞，因而倾向于通过肾排泄。

根据药物排泄的理念可以用于设计新型药物递送载体。纳米药物粒径在 60nm 以上可以有效避免肾的清除，粒径在 200nm 以下可以降低药物在肝和脾的摄取。因此，纳米载体一般设计在 100～150nm 之间可以提高药物的体内循环时间。

三、疾病因素

1. 肾疾病

肾的急性病或者是外伤会使肾小球滤过受损或下降，导致药物排泄量减少，体内血药浓度和含氮产物蓄积。例如，糖尿病肾病患者由于肾小球滤过率下降，体内代谢产物肌酐在体内积累，血清肌酐浓度为正常组的 2～3 倍。当肾小球的滤过或主动分泌能力降低时，导致弱酸/弱碱性药物经肾排泄降低，血药浓度增加，使药效/毒性增加，从而引起尿毒症。例如，对于肾功能不全及老年患者，不适宜食用磺酰脲类降血糖药物格列本脲，因格列本脲作用维持时间 15h，肾功能不全时，其在体内的活性代谢产物排泄减少，使降血糖作用相对增强，易发生低血糖反应。此外，一些有机酸类利尿剂（如呋塞米）必须经主动分泌进入肾小管发挥作用，故尿毒症患者应用利尿剂必须加大剂量。

2. 肝疾病

肝疾病，如肝炎、胆汁淤积症、肝血管疾病等会造成胆汁排泄障碍、肝药酶功能降低、蛋白质结合能力降低、门静脉血流量减少，这些疾病都将降低肝清除药物的能力。如对于肝功能减退的患者，其肝细胞对药物（如地高辛、红霉素、利福平）的贮存、分泌能力降低，药物胆汁排泄降低，使药物血浆浓度增加，易产生药物中毒现象。

大部分的肝消除反应同时伴随着肝代谢的发生，形成的代谢物的极性一般比母体药物要大。因此即使对于那些仅通过肝代谢而消除的药物来说，其最终代谢物也是通过肾排泄最终排出体外。因此肾疾病也会影响一些经肝代谢消除的药物的排泄。在给患有肾疾病但是肝正常的患者用药时，应选用主要通过胆汁排泄的药物，避免使用排泄依赖于肾的药物。

四、药物相互作用对排泄的影响

1. 对血浆蛋白结合的影响

血浆蛋白和药物的结合会影响药物的消除行为。药物和血浆蛋白亲和力的强弱是影响药物相互作用的重要因素，如阿司匹林、依他尼酸、水合氯醛等均具有较强的血浆蛋白结合力，与口服磺酰脲类降糖药、抗凝血药、抗肿瘤药等合用时可竞争与血浆蛋白的结合，使后三者的游离型药物增加，血浆药物浓度升高，排泄速度加快。

2. 对肾排泄的影响

药物相互作用在以下几种水平上影响药物的肾排泄。

（1）影响药物的肾小球滤过

有些药物可以通过影响肾的血液供应，如普利类可以提高肾血流量来影响其他药物或者其代谢产物经过肾的排泄速率。

（2）影响药物在肾小管的主动分泌

由肾小管分泌排泄的药物与同一排泄机制药物间可出现竞争性抑制排泄。两种或两种以上通过同种机制排泄的药物联合应用时，可在排泄部位发生竞争，易于排泄的药物占据了载体或孔道，使那些相对较不容易排泄的药物排出量减少而潴留。OATs在多种药物的体内消除过程中起关键性作用，在消除过程中产生的药物相互作用也不容忽视，头孢菌素类与丙磺舒相互作用的报道很多，由于丙磺舒可竞争性抑制肾OATs对头孢类的摄取，降低了肾清除率，减少药物在肾小管细胞中的蓄积，从而显著延长其体内半衰期并降低其肾毒性。同时给予丙磺舒后，头孢羟氨苄的药代动力学参数发生显著变化，头孢羟氨苄的峰浓度及半衰期分别增加1.4和1.3倍；尿排泄速率常数下降58%，提示OATs介导了这两种药物的排泄过程。

（3）药物竞争性结合重吸收位点

导致重吸收减少，排泄增加。PepT2在药物的肾重吸收过程中发挥着不可或缺的作用。各种沙坦类药物可不同程度地抑制二肽模型药物Gly-Sar在PepT2高表达SKPT细胞中的摄取。其机制为沙坦类药物与二肽在肾排泄过程中竞争PepT2结合位点，导致二肽重吸收减少，即细胞内摄取减少。

利尿药（diuretics）是一类直接作用于肾，影响尿液生成过程，促进电解质和水的排出，消除水肿的药物，利尿药也用于高血压等某些非水肿性疾病的治疗，其利尿作用可通过影响肾小球的滤过、肾小管的再吸收和分泌等功能而实现，主要是影响肾小管的再吸收。因此，当其他药物与之合用时，其他药物的肾排泄过程必定受到利尿药物的影响。

（4）尿液的pH或尿量变化导致解离型药物排泄量的变化

药物的相互作用也可以通过改变尿液的pH，影响弱酸性和弱碱性药物的离子化程度来改变这些药物的肾排泄。氯化铵可以酸化尿液提高弱碱性药物的肾排泄。碳酸氢钠可碱化尿液加速弱酸性药物的肾排泄。利尿药通过增加尿量可提高水溶性药物的胆汁排泄。

3. 对胆汁排泄的影响

药物相互作用在以下几种水平上影响药物的胆汁排泄。

（1）影响胆汁流量

胆汁贮存在胆囊内，当人吃了食物后，胆汁才直接从肝和胆囊内大量排出至十二指肠，帮助食物的消化和吸收。有些药物可影响胆道的运动，如吗啡可使括约肌收缩，硫酸镁可使胆囊收缩和括约肌松弛，而阿托品、硝酸甘油等又能使胆囊和括约肌同时获得松弛。所以，这些药物会影响胆汁流量，从而影响到同服药物的胆汁排泄。再如利胆药物茵陈、郁金、金钱草等，都可促进胆汁的分泌，前列腺素（prostaglandin）也是利胆剂，而生长抑素（soma tostatin）是胆汁分泌的强烈抑制剂等。

（2）竞争性地和载体蛋白结合

肝细胞和肠道上皮存在大量的转运蛋白，如表达在肝细胞基底膜的 Na^+/牛磺胆盐共转运体（NTCP）和表达在回肠壁腔侧膜上的顶膜钠依赖性胆盐转运体（ASBT）参与药物的胆汁排泄和肠肝循环，使用和这些载体亲和力大的药物可以影响其他药物的胆汁排泄。

（3）改变胆汁排泄中相关药物转运体的表达

一种药物使转运体的表达水平上调，即诱导该转运体的生成，同时服用另一种底物导致后者吸收或分泌增多；一种药物抑制了转运体的表达使合用的另一种药物的吸收或分泌减少。例如，利福平是肝窦状隙细胞转运蛋白的抑制剂，它能够显著地减少肝对瑞舒伐他汀的摄取，因而增加了血液中瑞舒伐他汀的浓度。但是，他汀类药物在肝外血浆中浓度过高时可以引发一些严重的副作用，在少数情况下还可能发展为横纹肌溶解症。因此，控制由于药物和药物之间相互作用引发的药物胆汁排泄减少现象具有重要的临床意义。

（4）影响肠道中相关细菌中酶的活性

抗生素可以影响肠道内菌丛的活性，干扰药物和葡萄糖醛酸结合物的水解反应和其他代谢反应，从而影响药物的胆汁排泄。

参考文献

[1] 国家药典委员会. 中华人民共和国药典 [M]. 北京：中国医药科技出版社，2020.
[2] 高峰. 工业药剂学 [M]. 北京：化学工业出版社，2021.
[3] 潘卫三，杨星钢. 工业药剂学 [M]. 北京：中国医药科技出版社，2019.
[4] 吴正红，周建平. 工业药剂学 [M]. 北京：化学工业出版社，2021.
[5] 周建平，唐星. 工业药剂学 [M]. 北京：人民卫生出版社，2014.
[6] 方亮. 药剂学 [M]. 北京：人民卫生出版社，2016.
[7] 刘建平. 生物药剂学与药物动力学 [M]. 北京：人民卫生出版社，2016.